飞行原理（第3版）

主　编◎叶　露　杨　俊　杨军利

西南交通大学出版社
·成　都·

图书在版编目（CIP）数据

飞行原理 / 叶露，杨俊，杨军利主编. -- 3 版. -- 成都：西南交通大学出版社，2025.7. -- ISBN 978-7-5774-0517-9

Ⅰ. V212

中国国家版本馆 CIP 数据核字第 20252ZG998 号

Feixing Yuanli (Di 3 Ban)
飞行原理（第 3 版）

主 编 / 叶 露 杨 俊 杨军利	策划编辑 / 罗小红 罗爱林 何明飞
	责任编辑 / 何明飞
	封面设计 / GT 工作室

西南交通大学出版社出版发行
（四川省成都市金牛区二环路北一段 111 号西南交通大学创新大厦 21 楼 610031）
营销部电话：028-87600564　　028-87600533
网址：https://www.xnjdcbs.com
印刷：四川玖艺呈现印刷有限公司

成品尺寸　　185 mm × 260 mm
印张　21　　字数　524 千
版次　2004 年 4 月第 1 版　　2012 年 1 月第 2 版　　2025 年 7 月第 3 版
印次　2025 年 7 月第 1 次（累计印刷 33 次）

书号　ISBN 978-7-5774-0517-9
定价　58.00 元

课件咨询电话：028-81435775
图书如有印装质量问题　本社负责退换
版权所有　盗版必究　举报电话：028-87600562

第 3 版前言

本书是飞行技术专业的专业教材。第 1 版于 2004 年 4 月出版，第 2 版于 2012 年 1 月出版。第 3 版根据最新的中国民用航空规章 61 部（CCAR61）《民用航空器驾驶员和飞行教员合格审定规则》的要求再次进行了修订。

在本书的编写中，注意吸收国内外同类教材的优点，把握飞行员应该掌握的航空知识主线，贯穿必要的知识点，着重从物理概念的角度讲清问题的实质，突出基本原理的学习和基本方法的训练。注重知识的系统性和适用性，力求做到文字通俗易懂、内容博而不杂，起到为飞行打好理论基础的作用。

全书共分 10 章。第 1 章为飞机和大气的一般介绍，主要讲述飞机的基本组成和飞行的大气环境；第 2 章为飞机的空气动力，包括低速和高速空气动力学，主要介绍飞机升力、阻力的产生原理和变化规律等空气动力学知识；第 3 章为螺旋桨空气动力，主要介绍螺旋桨拉力的产生原理、变化规律以及螺旋桨的副作用等有关知识；第 4 章为飞机的平衡、稳定性和操纵性，主要介绍飞机稳定性和操纵性的基本概念、影响因素等有关知识；第 5 章为平飞、上升、下降，主要介绍飞机平飞、上升、下降的基本性能及操纵原理；第 6 章为盘旋，主要介绍飞机的基本机动性能和转弯的操纵原理；第 7 章为起飞和着陆，主要介绍飞机起飞和着陆性能及操纵原理；第 8 章为特殊飞行，主要介绍飞机失速、螺旋、在扰动气流中飞行、空中一台发动机失效后的飞行等有关知识；第 9 章为重量与平衡，主要介绍飞机重量和重心计算方法及检查；第 10 章为飞行计划，主要介绍飞行计划基础知识、航空器运行管理规定、航空器加油量规定及 ICAO 飞行计划。

第 1 版教材的第 1 章、第 6 章、第 7 章和第 9 章由中国民航飞行学院余江编写，第 2 章、第 5 章和第 8 章由中国民航飞行学院杨俊编写，第 3 章、第 4 章和第 10 章由中国民航飞行学院王大海编写。

第 2 版教材对第 3、4、6、8、10 章内容作了部分调整，增加空中一发失效后的飞行。其中第 2 章、第 5 章、第 6 章和第 8 章由中国民航飞行学院杨俊编写，第 1 章、第 7 章和第 9 章由中国民航飞行学院杨军利编写，第 3 章、第 4 章和第 10 章由中国民航飞行学院叶露编写。刘志强负责教材大部分插图的绘制。全书由杨俊统稿。

本次改版将原来的第 10 章高速空气力学基础与第 2 章进行了合并，同时在高速空气力学部分增加了抖振图的使用。对第 9 章进行了结构调整，使其前后逻辑更加清晰，增加了地板承重的计算及重心包线图的详细介绍。新增第 10 章飞行计划，主要介绍按照 CCAR91 部运行时，目视和仪表飞行规则下的飞行计划相关内容。同时，在部分知识点处，增加了 8 个与专业知识相关的课程思政典型案例，引导学生深入思考专业知识与社会发展的关系，达到弘扬社会主义核心价值观、践行当代民航精神、树牢"三个敬畏"意识、坚守航空安全底线、培养大国工匠品质等思政目标。另外，增加了数字资源，以帮助学习者更好地学习相关知识。通过本次修订，本书能够涵盖私用驾驶员和商用驾驶员执照理论考试大纲中的第 3 和第 8 部分内容以及仪表等级理论考试大纲中的第 3 部分内容。第 3 版的修订和统稿由叶露完成。

由于资料有限，加之编者水平所限，书中错误和不妥之处在所难免，恳请广大读者批评指正。

本书在编写过程中得到中国民航飞行学院教务处、飞行技术学院及飞行力学教研室的大力支持，并参阅了许多作者的著作，在此深表谢意。

叶 露

2025 年 03 月

第 2 版前言

本书是飞行技术专业的专业教材。第一版于 2004 年 4 月出版。第二版根据中国民航飞行学院 2010 年审定通过的《飞行原理》教学大纲和中国民用航空规章 61 部（CCAR61）《民用航空器驾驶员和飞行教员合格审定规则》的要求在第一版的基础上重新修订。

在本教材的编写中，注意吸收国内外同类教材的优点，把握飞行员应该掌握的航空知识主线，贯穿必要的知识点，着重从物理概念的角度讲清问题的实质，突出基本原理的学习和基本方法的训练。注重知识的系统性和适用性，力求做到文字通俗易懂、内容博而不杂，起到为飞行打基础的作用。

全书共分 10 章。第 1 章为飞机和大气的一般介绍，主要介绍飞机的基本组成和飞行的大气环境；第 2 章为飞机的低速空气动力，主要介绍飞机升力、阻力的产生原理和变化规律等空气动力学知识；第 3 章为螺旋桨空气动力，主要介绍螺旋桨拉力的产生原理、变化规律以及螺旋桨的副作用等有关知识；第 4 章为飞机的平衡、稳定性和操纵性，主要介绍飞机稳定性和操纵性的基本概念、影响因素等有关知识；第 5 章为平飞、上升、下降，主要介绍飞机平飞、上升、下降的基本性能及操纵原理；第 6 章为盘旋，主要介绍飞机的基本机动性能和转弯的操纵原理；第 7 章为起飞和着陆，主要介绍飞机起飞和着陆性能及操纵原理；第 8 章为特殊飞行，主要介绍飞机失速、螺旋、在扰动气流中飞行、空中一台发动机失效后的飞行等有关知识；第 9 章为重量与平衡，主要介绍飞机重心位置的确定原理以及一些主要的确定方法；第 10 章为高速空气动力学基础，主要介绍空气亚、跨音速流动的一些基本规律。

第一版教材的第 1 章、第 6 章、第 7 章和第 9 章由中国民航飞行学院余江编写，第 2 章、第 5 章和第 8 章由中国民航飞行学院杨俊编写，第 3 章、第 4 章和第 10 章由中国民航飞行学院王大海编写。

第二版教材对第 3、4、6、8、10 章内容做了部分调整，增加空中一发失效后的飞行。其中第 2 章、第 5 章、第 6 章和第 8 章由中国民航飞行学院杨俊编写，第 1 章、第 7 章和第 9 章由中国民航飞行学院杨军利编写，第 3 章、第 4 章和第 10 章由中国民航飞行学院叶露编写。刘志强负责教材大部分插图的绘制。全书由杨俊统稿。

由于占有资料难全，加之编者水平有限，书中错误和不妥之处在所难免，恳请广大读者批评指正。

本书在编写过程中得到中国民航飞行学院教务处、飞行技术学院及飞行力学教研室的大力支持，并参阅了许多作者的著作，在此深表谢意。

作　者
2011 年 11 月

第1版前言

本书是飞行技术专业的专业教材。根据中国民航飞行学院2000年审定通过的《飞行原理》教学大纲和中国民用航空规章61部（CCAR61）《民用航空器驾驶员和飞行教员合格审定规则》的要求进行编写的。

在本教材的编写中，注意吸收国内外同类教材的优点，把握飞行员应该掌握的航空知识主线，贯穿必要的知识点，着重从物理概念的角度讲清问题的实质，突出基本原理的学习和基本方法的训练。注重知识的系统性和适用性，力求做到文字通俗易懂、内容博而不杂，起到为飞行打基础的作用。

全书共分十章。第一章为飞机和大气的一般介绍，主要介绍飞机的基本组成和飞行的大气环境；第二章为飞机的低速空气动力，主要介绍飞机升力、阻力的产生原理和变化规律等空气动力学知识；第三章为螺旋桨空气动力，主要介绍螺旋桨拉力的产生原理、变化规律以及螺旋桨的副作用等有关知识；第四章为飞机的平衡、稳定性和操纵性，主要介绍飞机稳定性和操纵性的基本概念、影响因素等有关知识；第五章为平飞、上升、下降，主要介绍飞机平飞、上升、下降的基本性能及操纵原理；第六章为盘旋，主要介绍飞机的基本机动性能和转弯的操纵原理；第七章为起飞和着陆，主要介绍飞机起飞和着陆性能及操纵原理；第八章为特殊飞行，主要介绍飞机失速、螺旋、在扰动气流中飞行等有关知识；第九章为重量与平衡，主要介绍飞机重心位置的确定原理以及一些主要的确定方法；第十章为高速空气动力学基础，主要介绍空气亚、跨音速流动的一些基本规律。

本教材第一章、第六章、第七章和第九章由中国民航飞行学院余江编写；第二章、第五章和第八章由中国民航飞行学院杨俊编写；第三章、第四章和第十章由中国民航飞行学院王大海编写。全书由杨俊统稿，编写组成员交叉审稿。

由于编写时间仓促，占有资料难全，加之编者水平有限，错误和不妥之处在所难免，恳请广大读者批评指正。

本书在编写过程中得到中国民航飞行学院教务处、飞行技术与航空工程学院及飞行力学教研室的大力支持，并参阅了许多作者的著作，在此深表谢意。

作　者
2003年11月
中国民用航空飞行学院

符号说明

a——加速度

A——流管截面积

AR——展弦比

b——翼展

c——翼弦、音速

C_D——阻力系数

C_L——升力系数

C_L^α——升力系数曲线斜率

C_p——压力系数

C_Y——垂直于桨叶合速度方向的空气动力系数

C_X——平行于桨叶合速度方向的空气动力系数

D——阻力、螺旋桨直径

dR——叶素上的空气动力

dY——垂直于桨叶合速度方向的空气动力

dX——平行于桨叶合速度方向的空气动力

F——地面摩擦力

H——高度

K——升阻比

L——升力

l——距离

M——马赫数、力矩

N——地面支持力、功率

n_y——升力方向的载荷因数

n——载荷因数

P——拉力、压强

p——压力

Q——螺旋桨的旋转阻力

R——转弯半径、螺旋桨半径

S——机翼面积

u——风速

v——速度

v_2——起飞安全速度

v_{max}——平飞最大速度
v_{min}——平飞最小速度
v_{MD}——最小阻力速度
v_{MP}——最小功率速度
v_R——起飞抬前轮速度
v_s——失速速度
v_x——陡升速度
v_y——快升速度
W——重力、飞机重量
w——诱导速度、桨叶剖面的合速度
α——迎角
β——侧滑角
γ——坡度
ε——下洗角
η——滑翔比、效率
θ——上升角、下降角、性质角
λ——梢根比、相对进距
χ——机翼后掠角
ρ——空气密度
ω——转弯角速度
ϕ——桨叶角、飞机机翼的安装角

主要英美制单位与国际标准单位的换算关系

1 ft = 0.305 m
1 m = 3.281 ft
1 n mile = 1.852 km = 1 852 m
1 kt = 1.852 km/h
1 km/h = 0.540 kt
1 lb = 0.454 kg
1 kg = 2.205 lb
1 gal（美）= 3.785 L = 3.785 × 10^{-3} m^3
1 m^3 = 1 000 L = 264.169 gal（美）
1 inHg = 33.86 hPa
1 hPa = 1 mbar
1 hp（马力）= 745.7 W

二维码目录

序号	模块	名称	类型	编号	页码
1	第1章 飞机和大气的一般介绍	飞机的主要组成部分及其功用	视频	1.1	1
2		飞机驾驶舱主要设备	视频	1.2	4
3		操作系统	视频	1.3	5
4		机翼形状的描述	视频	1.4	6
5		大气特性介绍	视频	1.5	12
6	第2章 飞机的空气动力	空气动力学简介	视频	2.1	20
7		流体模型化、相对气流及迎角	视频	2.2	20
8		流动现象观测	视频	2.3	21
9		风洞	视频	2.4	21
10		连续性定理与伯努利定理	视频	2.5	23
11		伯努利定理的应用	视频	2.6	25
12		升力的产生原理	视频	2.7	29
13		翼型压力分布表示方法	视频	2.8	29
14		综合试验台（层流/紊流）	视频	2.9	30
15		升力公式	视频	2.10	33
16		阻力的分类及低速附面层	视频	2.11	36
17		摩擦阻力、干扰阻力、压差阻力	视频	2.12	38
18		诱导阻力	视频	2.13	41
19		升力特性与分离特性	视频	2.14	44
20		翼型的阻力特性	视频	2.15	46
21		升阻比曲线与极曲线	视频	2.16	46
22		地面效应	视频	2.17	49
23		前缘缝翼增升原理	视频	2.18	50
24		后缘襟翼增升原理	视频	2.19	50

续表

序号	模块	名称	类型	编号	页码
25	第2章 飞机的空气动力	高速气流特性	视频	2.20	54
26		高速定常一维流	视频	2.21	56
27		激波和膨胀波	视频	2.22	60
28		高速附面层	视频	2.23	63
29		翼型的亚音速空气动力特性	视频	2.24	63
30		临界马赫数与激波的形成	视频	2.25	66
31		翼型的跨音速空气动力特性	视频	2.26	68
32		高速翼型	视频	2.27	72
33		高速抖振和低速抖振	视频	2.28	73
34		后掠翼的高速空气动力特性	视频	2.29	76
35	第3章 螺旋桨的空气动力	螺旋桨介绍及变距	视频	3.1	86
36		影响螺旋桨拉力的因素	视频	3.2	94
37		螺旋桨的负拉力	视频	3.3	97
38		螺旋桨的副作用	视频	3.4	103
39	第4章 飞机的平衡、稳定性和操纵性	飞机的重心和坐标系	视频	4.1	111
40		飞机的俯仰平衡	视频	4.2	113
41		飞机的方向平衡	视频	4.3	115
42		稳定性的概念及条件	视频	4.4	118
43		俯仰稳定性	视频	4.5	120
44		方向稳定性	视频	4.6	122
45		横侧稳定性	视频	4.7	124
46		飞机方向稳定性与横侧稳定性的关系	视频	4.8	126
47		影响飞机稳定性的因素	视频	4.9	127
48		飞机的俯仰操纵性	视频	4.10	129
49		杆力与配平	视频	4.11	131
50		飞机的方向操纵性与横侧操纵性	视频	4.12	134
51		影响飞机操纵性的因素	视频	4.13	137

续表

序号	模块	名称	类型	编号	页码
52	第5章 平飞、上升、下降	平飞阶段的受力分析	视频	5.1	141
53		平飞阶段的受力分析和阻力曲线	视频	5.2	142
54		平飞性能	视频	5.3	145
55		光洁形态小速度飞行	视频	5.4	149
56		巡航性能图表的使用	视频	5.5	154
57		爬升和下降阶段的受力分析	视频	5.6	155
58		爬升性能	视频	5.7	155
59		上升性能图表的使用	视频	5.8	159
60		下降性能	视频	5.9	163
61		三态互换	视频	5.10	166
62	第6章 盘旋	转弯阶段的受力分析和载荷因素	视频	6.1	171
63		转弯性能	视频	6.2	172
64		转弯中的侧滑与盘舵协调	视频	6.3	175
65		大坡度盘旋	视频	6.4	181
66	第7章 起飞和着陆	小起落航线	视频	7.1	185
67		滑行和起飞	视频	7.2	187
68		滑行	视频	7.3	188
69		起飞的定义、阶段划分及性能	视频	7.4	190
70		起飞着陆	视频	7.5	190
71		起飞性能图表的使用	视频	7.6	194
72		着陆的定义、阶段划分及性能	视频	7.7	199
73		着陆性能图表的使用	视频	7.8	204
74		风对起飞、着陆的影响及修正	视频	7.9	209
75		着陆目测	视频	7.10	218
76		180度定点	视频	7.11	222
77		特殊情况下的起飞、着陆	视频	7.12	223

续表

序号	模块	名称	类型	编号	页码
78	第8章 特殊飞行	失速和螺旋	视频	8.1	237
79		临界迎角影响因素及失速警告	视频	8.2	237
80		影响失速速度的因素	视频	8.3	238
81		着陆构型无功率失速	视频	8.4	239
82		螺旋	视频	8.5	240
83		复杂气象条件下的飞行	视频	8.6	243
84		尾流	视频	8.7	256
85		性能相关限制	视频	8.8	261
86		双发飞机—发失效后的飞行	视频	8.9	263
87	第9章 重量与平衡	飞机重量与平衡	视频	9.1	269
88		重量术语	视频	9.2	269
89		地板承重	视频	9.3	273
90		表达重心的两种方法	视频	9.4	275
91		重心计算与合力矩定理	视频	9.5	277
92		合力矩定理的应用	视频	9.6	278
93		通用飞机重心计算实例	视频	9.7	280
94		装载包线的识读和使用	视频	9.8	285
95	第10章 飞行计划	飞行计划简介	视频	10.1	288
96		详细飞行计划的制订	视频	10.2	288
97		航空器运行管理规定	视频	10.3	290
98		ICAO飞行计划表	视频	10.4	308

目 录

第 1 章　飞机和大气的一般介绍 ·········· 1
1.1　飞机的一般介绍 ·········· 1
1.2　飞行大气环境的一般介绍 ·········· 11
复习思考题 ·········· 19

第 2 章　飞机的空气动力 ·········· 20
2.1　空气流动的描述 ·········· 20
2.2　升　力 ·········· 28
2.3　阻　力 ·········· 35
2.4　飞机的低速空气动力性能 ·········· 43
2.5　增升装置的增升原理 ·········· 49
2.6　高速空气动力学基础 ·········· 54
复习思考题 ·········· 84

第 3 章　螺旋桨的空气动力 ·········· 86
3.1　螺旋桨的拉力和旋转阻力 ·········· 86
3.2　螺旋桨拉力在飞行中的变化 ·········· 93
3.3　螺旋桨的有效功率和效率 ·········· 99
3.4　螺旋桨的副作用 ·········· 103
复习思考题 ·········· 109

第 4 章　飞机的平衡、稳定性和操纵性 ·········· 111
4.1　飞机的平衡 ·········· 111
4.2　飞机的稳定性 ·········· 117
4.3　飞机的操纵性 ·········· 129
复习思考题 ·········· 139

第 5 章　平飞、上升、下降 ·········· 141
5.1　平　飞 ·········· 141
5.2　巡航性能 ·········· 150
5.3　上　升 ·········· 154
5.4　下　降 ·········· 162
复习思考题 ·········· 169

第6章 盘　旋 ··· 170

- 6.1 盘旋中的作用力和盘旋性能 ··· 170
- 6.2 盘旋的操纵原理 ··· 175
- 6.3 侧滑和螺旋桨副作用对盘旋的影响 ··· 179
- 6.4 盘旋相关机动飞行简介 ··· 181
- 复习思考题 ··· 183

第7章 起飞和着陆 ··· 184

- 7.1 预备知识 ··· 184
- 7.2 地面滑行 ··· 187
- 7.3 起　飞 ··· 190
- 7.4 着　陆 ··· 199
- 7.5 风对起飞、着陆的影响及修正 ··· 209
- 7.6 着陆目测 ··· 218
- 7.7 特殊情况下的起飞、着陆 ··· 223
- 复习思考题 ··· 236

第8章 特殊飞行 ··· 237

- 8.1 失速和螺旋 ··· 237
- 8.2 在扰动气流中的飞行 ··· 243
- 8.3 在积冰条件下的飞行 ··· 248
- 8.4 低空风切变 ··· 252
- 8.5 "吃气流" ··· 256
- 8.6 飞机的操纵限制速度 ··· 261
- 8.7 空中一台发动机失效后的飞行 ··· 263
- 复习思考题 ··· 268

第9章 重量与平衡 ··· 269

- 9.1 重　量 ··· 269
- 9.2 重　心 ··· 275
- 复习思考题 ··· 287

第10章 飞行计划 ··· 288

- 10.1 飞行计划简介 ··· 288
- 10.2 航空器运行管理规定 ··· 290
- 10.3 航空器加油量规定 ··· 300
- 10.4 ICAO飞行计划 ··· 308

参考文献 ··· 320

第 1 章 飞机和大气的一般介绍

人类自古就有在空中飞行的愿望，并对飞行活动进行了数个世纪坚持不懈的探索。早期的飞行活动是以滑翔机或热气球的形式进行的。直到 1903 年 12 月 17 日，莱特兄弟在美国北卡罗来纳州的 Kitty Hawk，才实现了人类历史上第一次带动力的、持续的、可控的飞行，如图 1.1 所示。

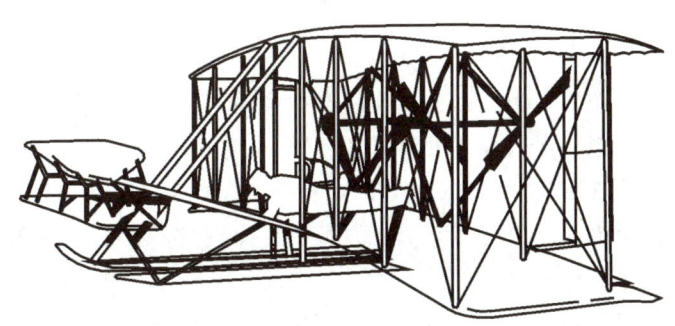

图 1.1 美国莱特兄弟的"飞行者"号

飞机是在大气中飞行的，我们要认识飞机在大气中运动的规律，就有必要先学习一些有关飞机和大气的基本知识。

1.1 飞机的一般介绍

飞机是目前最主要的飞行器。它广泛地用于军事和国民经济领域。本节简要地介绍飞机的主要组成部分及其功用、操纵飞机的基本方法以及机翼的形状等问题。

1.1.1 飞机的主要组成部分及其功用

自从世界上出现飞机以来，虽然飞机的结构形式在不断改进，飞机类型也不断增多，但是到目前为止，除了少数特殊的飞机之外，大多数飞机都是由 5 个主要部分组成，即机翼、机身、尾翼、起落装置和动力装置。它们各有其独特的功用。民航客机各主要部分名称如图 1.2 所示。

1. 机　身

机身的主要功用是装载机组、旅客、货物和其他必须设备，还可将飞机的其他部分，如尾翼、机翼、发动机连接成一个整体。轻小型飞机的机身内部通常是与外界连通的，机舱内气压与外部大气压相等。大型飞机的机身大多是气密座舱，在高空由人工提供增压。单发飞机的发动机通常直接连在机身的前部，在发动机与座舱之间由防火墙隔开。

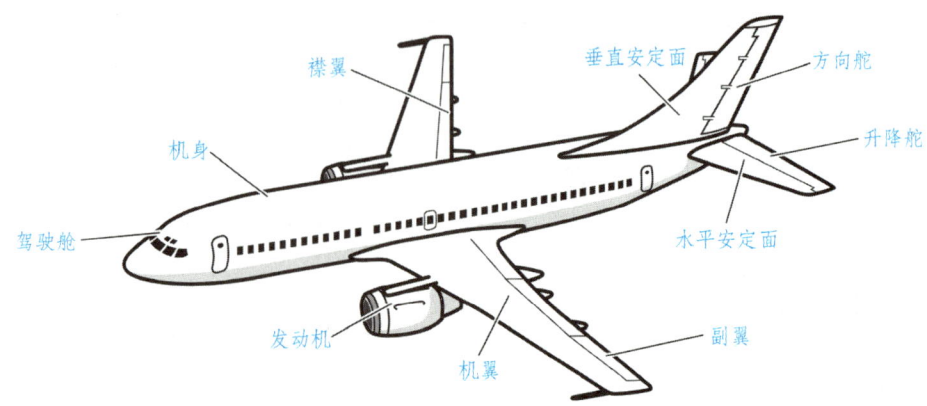

图 1.2　飞机的主要组成部分（Boeing-737）

2. 机　翼

机翼的主要功用是产生升力，以支持飞机在空中飞行。升力产生的效率是机翼设计时的主要考虑问题。机翼可以安装在机身的上部分、中间或下部分，这种设计分别称为上单翼、中单翼和下单翼。机翼的数目也可以变化，安装有一副机翼的飞机称为单翼机，两副机翼的飞机称为双翼机。历史上曾流行过双翼机，甚至还出现过多翼机，但现在飞机一般都是单翼机。

机翼对飞机的稳定性和操纵性起着重要的作用。机翼决定了飞机的横侧稳定性大小。机翼上安装的可操纵翼面主要有副翼和襟翼。副翼一般在机翼的后沿外侧，两边副翼偏转方向相反，当它偏转时导致两翼升力大小不同，可使飞机滚转；襟翼一般在机翼的后沿内侧，两边襟翼偏转方向相同，放下襟翼能使机翼升力增大，用于飞机起飞着陆时降低起降速度。较复杂的机翼设计还包含前缘襟翼、前缘缝翼，可改善飞机的低速特性。大型飞机机翼普遍使用减速板或扰流板，用于飞机空中机动和地面滑跑减速。

另外，机翼还可用于吊装发动机、安装起落架和设置起落架轮舱，机翼内部的空间一般可用于安装油箱。图 1.3 所示为大部分民航客机机翼外观结构。

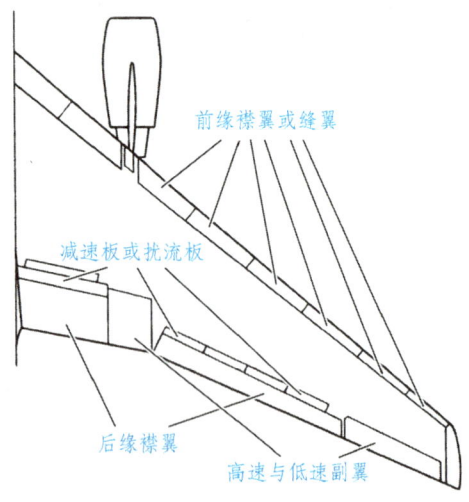

图 1.3　机翼结构

3. 尾翼

尾翼包括水平尾翼和垂直尾翼。在典型的设计中，水平尾翼由固定的水平安定面和可动的升降舵组成，垂直尾翼则包括固定的垂直安定面和可动的方向舵。尾翼主要用来操纵飞机的俯仰和偏转，升降舵上下偏转改变水平尾翼上的升力大小，分别使飞机转入上升或下降。方向舵左右偏转改变垂直尾翼上侧力的大小，使飞机向左或右偏转。另外，尾翼是飞机稳定性部件的重要组成部分，水平尾翼和垂直尾翼像箭上的羽毛一样，使飞机在飞行中能维持稳定直线飞行。

升降舵的后沿安装有一个可操纵的小活动面，称为配平片，用于飞行中减小和消除驾驶盘上的杆力。

在有的设计中，水平尾翼是一个可操纵的整体活动面，称为全动平尾。全动平尾可增加飞机的操纵性，广泛用于军用战斗机的设计中。

少量的小型飞机采用 V 形尾翼，V 形尾翼的差动偏转可提供方向舵的功能，同向偏转可提供升降舵的功能。

4. 起落装置

起落装置用于飞机的起飞、着陆及在地面上滑行并支撑飞机。陆上飞机的起落装置大都由减振支柱和机轮组成，主轮位于机身两侧，承载飞机的主要重量。前轮位于主轮之前，这种形式称为前三点式飞机。前三点式飞机具有良好的地面滑跑方向稳定性。尾轮置于主轮之后的形式称为后三点式飞机，现代飞机绝大多数为前三点式飞机。

前三点式飞机中，前轮一般为可偏转式，由座舱里的方向舵脚蹬控制，用于控制飞机在地面上滑行转弯。蹬左舵（脚蹬）时，前轮左偏，飞机左转弯。飞机主轮上装有各自独立的刹车装置，由方向舵脚蹬控制其刹车压力，当使用前脚掌下压脚蹬前部时，相应侧主轮上的刹车压力增加。两个主轮上可施加不同的刹车压力，从而使两主轮的摩擦力不同，这称为差动刹车技术，可用于飞机在地面上滑行时进行辅助的方向控制。

机轮在空中可收起来的设计称为可收放式起落架，不能收起来的称为固定式起落架。空中收起起落架可显著减小飞机在空中飞行的阻力。固定式起落架用于小型简单的飞机设计中。

水上飞机的起落装置采用浮筒式设计方案，由装于浮筒下的水中舵面进行方向控制。

5. 动力装置

动力装置主要用来产生拉力或推力，从而使飞机能够在空中以规定的速度飞行。飞机上采用的发动机可分为两大类：一类为活塞式发动机，通过气体的燃烧和扩张推动气缸里的活塞做往复运动，往复运动被连杆和曲轴转化成旋转运动，通过齿轮变速或直接带动螺旋桨产生拉力，广泛应用在低速小型飞机中。另外一类为涡轮喷气发动机，通过气体被连续地压缩、燃烧并扩张，驱动涡轮旋转并向后喷出，产生推力，它主要用在大型、高速的民航客机和军用飞机中。在涡轮喷气发动机的基础上，又衍生出涡轮螺旋桨发动机、涡轮轴发动机和涡轮风扇发动机。

发动机带动的发电机是飞机上用电设备的电源，从发动机引入的高压热气流可用于座舱加温或空调系统。

1.1.2 飞机座舱基本仪表介绍

民用飞机座舱里飞行员位置一般为并列两座布局，训练飞行时，左座为学员座，右座为教员座，而在日常飞行中，左座为机长座，右座为副驾驶座。

小型飞机飞行仪表主要包括（从左到右，从上到下，如图 1.4 所示）：空速表、姿态仪、高度表、转弯测滑仪、航向仪和升降速度表。下面分别简单加以说明。

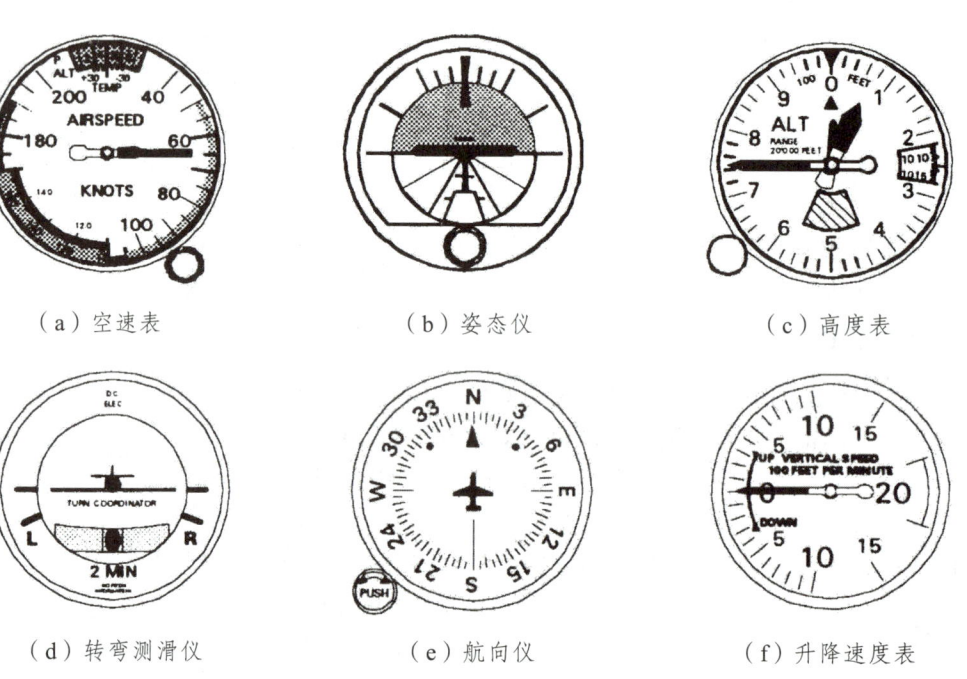

图 1.4　小型飞机的 6 个基本仪表

空速表（Airspeed Indicator）：指示飞机相对于空气的速度即指示空速 IAS（Indicated Air Speed）的大小，单位为海里/小时（kt）。

姿态仪（Attitude Indicator）：指示飞机滚转角（坡度）和俯仰角大小。由固定的小飞机和活动的人工天地线背景所组成，小飞机与人工天地线的相对姿态模拟了真实飞机与实际天地线的相对姿态，如图 1.5 所示。

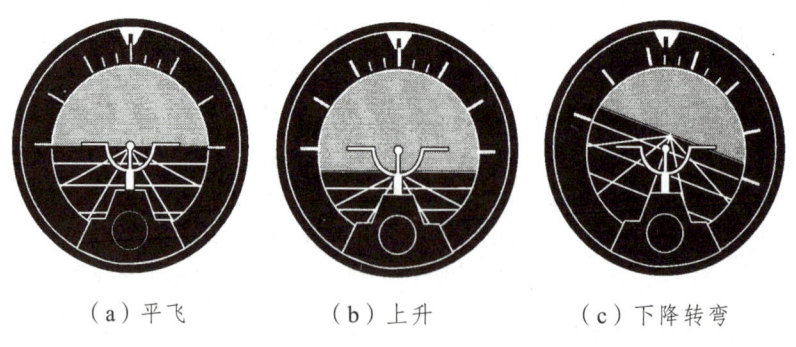

图 1.5　姿态仪在不同飞行状态下的指示

高度表（Altitude Indicator）：指示飞机相对于某一基准的气压高度，单位为英尺（ft）。拨动表左下部的旋钮可以设定基准气压，基准气压单位通常为英寸汞柱（inHg）或毫巴（mbar）。当基准气压设为标准大气海平面气压 29.92 inHg 时，高度表读数即为压力高度，即标准海压高度。

转弯侧滑仪（Turn Coordinator）：指示飞机转弯速率和侧滑状态。可以转动的小飞机指示转弯中角速度的大小和近似的坡度；可以左右移动的小球指示飞机是否带侧滑飞行。

航向仪（Heading Indicator）或水平状态指示器（HSI）：指示飞机航向，由固定的小飞机和可以转动的表盘组成。水平状态指示器为较高级的仪表形式，它除了可以提供航向仪的所有功能外，还可以用于 VOR 导航和仪表着陆系统进近使用。

升降速度表（Vertical Speed Indicator）：指示飞机垂直速度，单位为英尺/分（ft/min）。

这 6 个仪表的排列位置是标准的，分两排排列，从左到右上排依次为：空速表、姿态仪、高度表，下排依次为：转弯侧滑仪、航向仪、升降速度表。其中，空速表、姿态仪、高度表和航向仪，由于在飞行中的主导地位，构成 T 字形，常被称为 Basic T。

除这 6 个仪表外，小型飞机前仪表板上通常还有两个导航用的仪表，分别是：

甚高频全向信标 VOR：指示飞机基于 VOR 台的径向线方位。

自动定向仪 ADF：指示飞机基于 NDB 台的相对方位。

活塞发动机主要的功率指示仪表有表示油气混合气压力的进气压力表（Manifold Pressure）和表示发动机转速大小的转速表（Tachometer）。对于调速器控制的变距螺旋桨飞机，进气压力表由油门杆控制，转速表由变距杆控制，油门的增减并不影响转速。而对于简单的定距螺旋桨飞机，则是由油门杆直接控制转速。

现代大型飞机普遍采用多功能组合型仪表，将以前需要多个仪表才能提供的信息显示在单个仪表上，使用由计算机驱动的阴极射线管 CRT 或液晶屏显示飞行数据，除此之外，还提供了许多传统仪表无法提供的信息。

关于每个仪表的具体使用细节和构成，将在其他相关课程中讲授。

1.1.3 操纵飞机的基本方法

飞机的操纵方法如图 1.6 所示。

小型飞机操纵控制系统一般由座舱里的操纵器、钢绳、滑轮、连接件与飞机外部的活动舵面所组成。操纵系统可分为：主操纵系统与辅助操纵系统。主操纵系统包括副翼、升降舵和方向舵，辅助操纵系统包括配平片和襟翼。下面分别简述其功用。

俯仰控制（Pitch）：由飞机升降舵控制，前推驾驶杆（或称顶杆），升降舵下偏，飞机低头；后拉驾驶杆（或称带杆），升降舵上偏，飞机抬头。

滚转控制（Roll）：由飞机副翼控制，向左压驾驶盘（或称压左盘），左副翼上偏，右副翼下偏，飞机向左滚转；

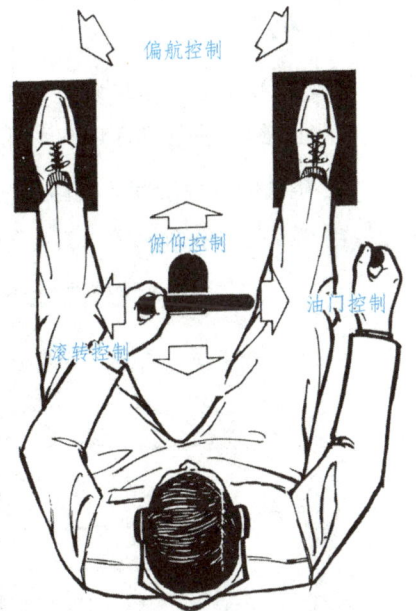

图 1.6　飞机的操纵方法

向右压驾驶盘（或称压右盘），左副翼下偏，右副翼上偏，飞机向右滚转。

偏转控制（Yaw）：由飞机方向舵控制，前蹬左脚蹬（或称蹬左舵），方向舵左偏，飞机机头左偏；前蹬右脚蹬（或称蹬右舵），方向舵右偏，飞机机头右偏。

配平可以消除操纵器上的杆力，一般包括俯仰配平、滚转配平和航向配平，分别可以消除杆、盘与舵上的力。俯仰配平操纵器一般为中央控制台侧面的可以旋转的圆盘，称为配平轮。配平轮的前后转动，通过操纵机构偏转升降舵后缘的配平片，减小或消除升降舵铰链力矩，从而减小或消除杆力。前推配平轮可以消除前推杆力，后拉配平轮可以消除后拉杆力。

襟翼的收放可以用座舱前面板上的襟翼收放手柄操纵，小型飞机的襟翼收放手柄一般分3个挡位，即收起、起飞、着陆。除此之外，前面板上还有用于控制起落架收放的起落架收放手柄。为便于区别，审定规范要求：襟翼收放手柄必须设计成翼剖面形状，而起落架收放手柄必须设计成机轮形状。

飞机操纵的另外一个重要方面是功率控制。座舱里用于发动机功率控制的操纵一般位于中央控制台上，对于较高级的装备调速器（包括油门杆、变距杆和混合比杆）的变距螺旋桨活塞式飞机，按从左到右的顺序排列。

油门杆用于控制进入发动机气缸油气混合气量的大小。前推油门，发动机功率增加，拉力增加。油门的大小可用进气压力表来指示；变距杆控制螺旋桨桨叶的桨距大小，用于调节转速。前推变距杆，转速增加；混合比杆用于调节发动机油气混合比，以适应高空飞行空气密度降低对发动机性能影响。前推混合比杆，油气混合气变得富油，混合比杆后拉至最后位，将切断发动机燃油供应。因此设计规定，混合比杆手柄为红色。

通过对飞机操纵的简单分析我们可以看出，飞机在空中有6个自由度：3个空间位置和4个空间姿态。对于常规布局的飞机而言，飞行员可直接控制改变的自由度只有4个：俯仰、滚转、偏转以及飞行速度方向的纵向位移。其他的2个自由度是通过间接的方法实现控制的。

1.1.4 机翼形状

机翼形状主要是指机翼的平面形状和剖面形状，它是影响机翼空气动力性能的主要因素。下面分别介绍机翼的剖面形和平面形。

1. 机翼的剖面形状（翼型）

各种机翼的剖面形状如图1.7所示。

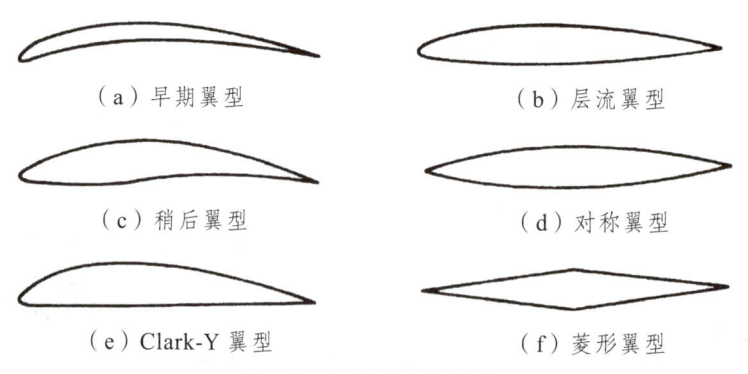

(a) 早期翼型　　(b) 层流翼型

(c) 稍后翼型　　(d) 对称翼型

(e) Clark-Y 翼型　　(f) 菱形翼型

图 1.7　机翼的剖面形状

最早的翼型是模仿风筝的，在骨架上缝张蒙布，基本上是平板。在实践中发现弯板比平板好，能用于较大的迎角范围。20 世纪初，经典流体动力学的方法已经可以成功地用于翼型设计，并且可能对某些简单翼型外形的升力特性进行数学计算。但是直到 1907 年俄国空气动力学家儒可夫斯基的机翼理论出来以后，才明确翼型应该有个圆头，应该有上下翼面。圆头能适应更大的迎角范围。在第一次世界大战期间，交战各国都在实践中摸索出一些性能较好的翼型。比如，德国的 Gottingen387、英国的 RAF-6、美国的 Clark-Y，都是当时优秀的翼型。战后，在 20 世纪 30 年代初期，美国的航空科研机构——国家航空咨询委员会 NACA（国家宇航局 NASA 的前身）对低速翼型进行了系统的实验研究。他们把当时的优秀翼型的厚度分布拿来进行比较。不管原来的弯度，一律把它改为对称翼型。结果发现，几种有名翼型的厚度分布，从前沿到后沿，几乎彼此重合在一起。于是他们确定厚度分布就用这个经实验证明很好的分布，而在中弧线的形状以及弯度的大小上做文章。1932 年他们确定了 NACA 4 位数字的翼型族，1935 年又确定了 5 位数字的翼型族，1939 年 NACA 发展了层流翼型，取名为 NACA 1 系列。这是第一批根据需要，人工设计出来的低速翼型，其目的是尽可能推迟附面层转捩，尽可能延长层流附面层，减小摩擦阻力。这个翼型族厚度分布是设计出来的，而不是凭经验的。接着又发展出 2 系列、3 系列，直到 6 系列、7 系列。2～5 系列都不太好，只在设计点左右不大的迎角范围内阻力特别低，离设计点稍远，阻力反而比一般的翼型还大。所以这几个翼型系列都被淘汰了，现在用的是 6 系列和 7 系列翼型。20 世纪 60 年代中期出现了一种称为超临界翼型的新翼型。它是美国 NASA 的 R.T.Whitcomb 首先在实验室里研究出来的。它可以在高亚音速飞行时延缓激波的到来，减小激波阻力。后来有许多理论工作者用理论设计改善这种翼型，使它的性能比原型有所提高。这种超临界翼型另外的优点是在低速中等迎角下，阻力系数较低，而最大升力系数比普通翼型高很多。根据这些优点，20 世纪 70 年代中期发展出来一种称为"通用翼型"的 NASA LS 翼型，专为一般低速飞机使用。

除此之外，苏联的中央空气和水动力学研究所、英国的皇家飞机研究院以及大型飞机设计制造厂商如波音和空客都对翼型进行了大量的研究，有自己的翼族系列。随着飞机的发展，翼型研究已经成为空气动力学研究的一个重要部分，现在仍在继续发展中。

平凸形和双凸形翼型的升力和阻力特性都较好，而且对结构布置和减轻重量也有利，是现代低速飞机广泛采用的翼型。

各种翼型的形状特点，可以用一些数据来表明，这些数据统称为翼型参数。翼型主要从翼弦、厚度分布、中弧线三个方面进行描述，如图 1.8 所示。

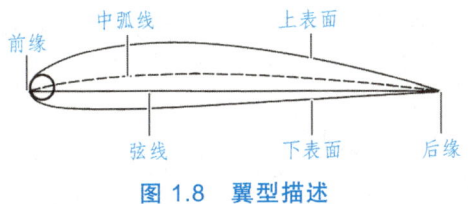

图 1.8　翼型描述

翼弦（Chord）。翼型前缘到后缘的连线称为翼弦，用符号 c 表示。

厚度分布。翼型是一个流线型物体，对于基本的对称翼型而言，厚度沿翼弦变化，其最大厚度和最大厚度位置是翼型设计的一个重要因素。描述翼型厚度的参数有：相对厚度，又称厚弦比，是翼型最大厚度与弦长的比值，用百分比表示，现代飞机的相对厚度为 4%～16%；

最大厚度位置，是最大厚度到翼型前沿的距离与弦长的比值，也是用百分比表示，现代飞机的最大厚度位置为30%~50%。

中弧线。在对称翼型基础上增加弯度可以增加翼型的性能，翼型中弧线是与翼型上下表面相切的一系列圆的圆心的连线，对于对称翼型，中弧线和翼弦重合，中弧线与翼弦的垂直距离称为弧高，描述翼型弯度的参数有相对弯度，是最大弧高与弦长的比值，用百分比表示。现代飞机的相对弯度为0%~2%。

2. 机翼的平面形状

仰视空中飞行的飞机时，所看到的体现飞机特征的机翼形状就叫作机翼的平面形状。机翼的平面形状根据飞机的使用目的和适用范围而变化，每种机翼平面形状的设计都有其优点和缺点，它是决定飞机空气动力性能的重要因素。

各种机翼的平面形状如图1.9所示。平直机翼有着极好的低速特性，而且便于制造，广泛地应用在早期和现代的低速飞机中；椭圆机翼的阻力最小，但难于制造，成本较高，因此只有少数的飞机使用；梯形机翼结合了矩形机翼和椭圆机翼的优缺点，具有适中的升阻特性和较好的低速性能，制造成本也较低；后掠翼飞机和三角翼飞机具有很好的高速性能，广泛应用于高亚音速飞机和超音速飞机中，但它的低速性能没有其他平面形状机翼的好。

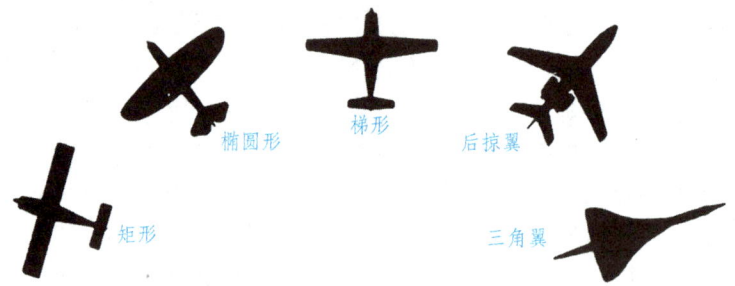

图1.9 机翼的平面形状

各种不同平面形状的机翼，其升力、阻力之所以有差异，与机翼平面形状的各种参数有关，机翼平面形状的各种参数如图1.10所示。

翼展（Span）。为机翼翼尖之间的距离，用符号b表示。

展弦比（Aspect Ratio）。为机翼翼展b与平均弦长c_{AVG}的比值，用符号AR表示，$AR = b/c_{AVG}$，它表示了机翼平面形状长短和宽窄的程度。低速飞机通常采用大展弦比机翼，如滑翔机；高速飞机可以采用小展弦比机翼，如超音速飞机和导弹。现代飞机的展弦比为2~10。

如果已知机翼面积S，则可用公式$AR = b^2/S$计算展弦比。

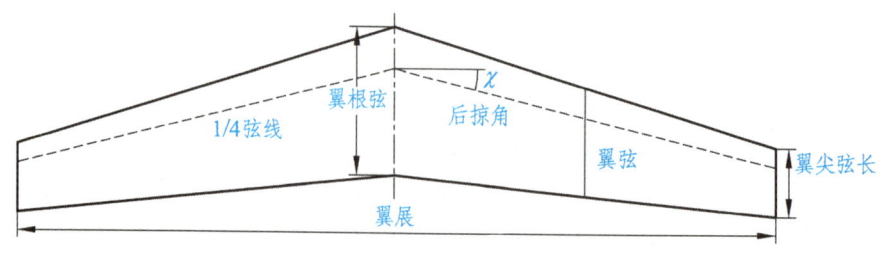

图1.10 机翼的平面形状描述

梢根比（Taper Ratio）。是机翼翼尖弦长 c_t 与机翼翼根弦长 c_r 的比值，用符号 λ 表示。梢根比表示机翼翼尖到翼根的收缩度，显然，矩形机翼的梢根比等于 1，梯形机翼的梢根比小于 1，三角形机翼的梢根比等于 0。现代飞机机翼的梢根比为 0～0.5。

后掠角（Sweep Angle）。为机翼 1/4 弦线与机身纵轴垂直线之间的夹角，用符号 χ 表示，它表示机翼的平面形状向后倾斜的程度。也有用前缘后掠角表示机翼后掠角的，此时称为前缘后掠角。现代飞机机翼的后掠角，小到几度，大到 60° 以上。表 1.1 给出了几种大型机的机翼参数。

表 1.1　典型民航飞机的机翼参数

项目/机型	A320-200	B737-300	B757-200	B747-400
展弦比	9.39	9.17	7.82	7.39
梢根比	0.240	0.240	0.243	0.275
1/4 弦线后掠角	25°	25°	25°	37.5°

1.1.5　飞机的分类

大气层内飞行的飞行器称为航空器，航空器由其任务和目的不同而分为若干种。对于民用飞机而言，在飞机审定获取合格证时，根据飞机的用途、操纵上的使用限制而将其分为不同的类别。根据美国联邦航空局 FAA 的划分，民用飞机常见的类别有以下几种。

正常类飞机，指座位设置（不包括驾驶员）为 9 座或 9 座以下，最大审定起飞重量为 12 500 lb，用于非特技飞行的飞机。非特技飞行是指：正常飞行中遇到的任何机动、失速（不包括尾冲失速）；坡度不大于 60° 的懒 8 字飞行、急上升转弯和大坡度盘旋。

实用类飞机，指座位设置（不包括驾驶员）为 9 座或 9 座以下，最大审定起飞重量为 12 500 lb，用于有限特技飞行的飞机。按实用类审定合格的飞机可作正常类飞机允许的任何飞行动作和有限特技飞行动作。有限特技飞行包括：尾旋（如果对特定型号的飞机已批准作尾旋）；坡度大于 60° 的懒 8 字飞行、急上升转弯和大坡度盘旋。

大部分小型飞机同时按照正常类和实用类审定取证，飞机实际中处于哪一类别，取决于它们的装载与平衡情况，按实用类装载时，飞机允许的重心范围更小，飞机可以比按正常类装载承受更大的应力。

特技类飞机，指座位设置（不包括驾驶员）为 9 座或 9 座以下，最大审定起飞重量为 12 500 lb，除了所要求的飞机试验结果表明是必要的限制以外，在使用中不加限制的飞机。特技类飞机可以用于特技飞行及训练，因此其强度要求比正常类和实用类都高。

通勤类飞机，指用于运载旅客，座位设置（不包括驾驶员）为 19 座或 19 座以下，最大审定起飞重量为 19 000 lb，用正常类飞机条款所描述的非特技飞行的螺旋桨驱动的多发动机飞机。

运输类飞机，指航线大型客机，用于定期客运或货运航班飞行。

其他的类别还包括限制类、限用类、娱乐类、试验类等。不同类别的飞机有其不同的强度要求，从而限制了其飞行范围和机动飞行能力。

对于飞行员的合格审定而言，飞机被分为类别、级别和型别。常见的类别包括定翼机和旋翼机。定翼机进一步的级别划分为单发陆地、多发陆地、单发水上、多发水上。型别是指飞机的具体型号，按型别划分的方法应用于飞行员的执照类别中。

思政小课堂

典型事件：中国大飞机的辉煌之路

中国大飞机的发展历程，可以分为四个阶段：

第一阶段，是二十世纪七八十年代的艰难起步，以运-10项目为代表。运-10是中国第一代大型客机，也是中国第一次尝试自主研发大型飞机的项目，采用了四台涡轮喷气发动机，最大起飞质量为103 t，最大载客量为178人，最大航程为5 000 km，最大巡航速度为900 km/h。运-10的研发始于1970年，首飞于1980年，但是由于技术水平和经济条件的限制，运-10的性能和安全性都难以达到国际标准，项目最终在1986年被迫终止。运-10的失败，是中国航空工业的一次沉痛的教训，也是那个时代的一个无奈的缩影。

第二阶段，是二十世纪九十年代到本世纪初的反复探索，以新舟60项目为代表。新舟60是中国第一代支线客机，也是中国第一次尝试自主研发支线客机的项目。新舟60采用了两台涡轮螺旋桨发动机，最大起飞质量为21.8 t，最大载客量为60人，最大航程为1 800 km，最大巡航速度为500 km/h。新舟60的研发始于1986年，首飞于1993年，但是由于市场需求和竞争对手的影响，新舟60的销售和运营都不理想，最终在2006年停产。新舟60的不成功，是中国航空工业的一次尝试和探索，也是那个时期的一个反思和总结。

第三阶段，是本世纪初的缓慢发展，以ARJ-21项目为代表。ARJ-21是中国第二代支线客机，也是中国第一次成功自主研发喷气式支线客机的项目。ARJ-21采用了国内外先进的技术和装备，采用了两台涡轮风扇发动机，最大起飞质量为40.5 t，最大载客量为90人，最大航程为3 700 km，最大巡航速度为830 km/h。ARJ-21的研发始于2002年，首飞于2008年，获得适航证于2014年，交付用户于2015年，目前已经交付超过120架，总产量超过130架。机队利用率、日飞行小时数和平均故障率等都达到了国际同类产品的水准。ARJ-21的成功，是中国航空工业的一次突破和进步，也是中国大飞机之路的一个转折点。

第四阶段，是目前的初见成效，以C919项目为代表。C919是中国第一代大型客机，也是中国第一次成功自主研发大型客机的项目。C919的设计采用了国内外先进的技术和装备，采用了两台涡轮风扇发动机，最大起飞质量为79.5 t，最大载客量为168人，最大航程为5 555 km，最大巡航速度为840 km/h。C919拥有完全自主知识产权，是建设创新型国家的标志性工程，凝聚了国内最优秀的设计人才和工程人才，针对先进的气动布局、结构材料和机载系统，研制人员共规划了102项关键技术攻关，包括飞机发动机一体化设计、电传飞控系统控制律设计、主动控制技术等。C919客机机头部件复杂，处于飞机的一级气动区，多处区域处于鸟撞范围。机头在材料选择上，采用了大量先进复合材料，如铝锂合金、钛合金等，其中复合材料使用量将达到20%，再通过飞机内部结构的细节设计，把飞机总质量往下压，与此同时增强外表强度。为此，C919机头鸟撞试验通过地面模拟飞机起飞、降落与"鸟"碰撞，验证"鸟"对飞机及驾驶员可能造成的伤害。重达4.5磅（约合2.0千克）的冷冻鸡，以800 km/h的速度迎面打过来，机头外表依然保持完好。冷冻鸡被震碎，但碎屑全部被阻挡在驾驶室外。C919 机身则采用了第三代铝锂合金材料，在国内尚属首次，达到了较好的减重作用，提高了飞机的安全性和经济性，并且起到了减排和环保的作用。而 C919 机翼同样采用了复合材料，并首次建立了"材料、设计、分析、工艺、装配、试验"全流程平台，首次按照 T800 级开展积木式试验，在国内航空制造领域实现了零的突破。C919 的崛起，是中国航空工业的一次成就和荣耀，也是中国大飞机之路的一个里程碑。

重要人物：C919 首飞机组成员

2017 年 5 月 5 日，C919 在上海浦东国际机场成功首飞，整个飞行过程顺利平稳，飞机各系统功能正常，运行良好。执行 C919 首飞任务的机长蔡俊、副驾驶吴鑫、观察员钱进等三名机组成员均毕业于中国民用航空飞行学院（简称"中飞院"）。他们从四川"起飞"，驾驶中国自己生产的大飞机，在祖国的蓝天上翱翔。如果说中国商飞（中国商用飞机有限责任公司的简称）是我国航空制造业的"国家队"，那中飞院就是我国民航飞行人才培养的"国家队"，是国家全过程培养民航人才的"主力军、主渠道、主阵地"，是全球飞行训练规模最大、能力最强、质量过硬的高校。

首飞机长蔡俊 1997 年开始飞行，在东航做了 11 年民航职业飞行员后，于 2011 年 5 月加入中国商飞，怀揣着"航空报国"的梦想，成为了一名试飞员。有人说，试飞员是第一个吃螃蟹的人，也有人说试飞员是勇敢者的游戏，甚至从某种意义上说，试飞的成败在很大程度上取决于试飞员。在我国，民机的试飞工作一直没有专门的试飞员。蔡俊表示，试飞员首先应该是一位研究者，要具有高度的洞察力、记忆力、分析思维能力和迅速果断动作的能力。因为在任何一次试验飞行中，都可能遇到新的、异常的因素，特别在复杂的情况下，试飞员应在数秒甚至一秒之内做出正确的决定并完成。同时，试飞员在评定飞机及其系统的工作时要有很高的原则性。当然，控制风险的敏感性、保持镇静和毅力、表现出勇敢精神和英雄品质，这些都是试飞员应具备的特征。为了做好试飞工作，蔡俊和几位同事前往美国，进行了"魔鬼式"的训练。平时安静内向的他，却憋着一股子冲劲，学习上也喜欢竞争，渴望胜利。在试飞学院的优秀学员栏里，他是少有的中国名字。C919 首飞只有短短 90 分钟，但背后凝聚着几代航空人的辛勤付出。对首飞团队而言，不论是在空中舞台"表演"的，还是在幕后作为"编导"的，都将因他们"第一代"的身份而成为"艰难困苦的开拓者"。

作为新时代大学生，要汲取"长期奋斗、长期攻关、长期吃苦、长期奉献"的大飞机创业精神，永不放弃，解决好国家"卡脖子"问题，走好具有中国自主知识产权的创新之路。要时刻牢记"守初心、担使命"的航空报国担当，为我国民族工业的发展贡献智慧和力量。

1.2 飞行大气环境的一般介绍

我们将包围地球的那一层空气看成一个整体，并把它叫作大气层，简称大气。飞机的空气动力、发动机工作的好坏都与大气密切相关，飞机上人员的生活也取决于大气条件。因此，有必要对大气进行基本的了解。

1.2.1 大气的组成

包围在地球外部的大气主要有三种成分：由多种气体混合而成的纯干空气、水蒸气以及尘埃颗粒。纯干空气含有78%的氮气和21%的氧气，余下的1%由其他各种气体组成，其中排列前9位的气体主要有：氩（0.934%）、二氧化碳（0.031 4%）、氖（0.001 818%）、氦（0.000 524%）、甲烷（0.000 2%）、氪（0.000 114%）、氢（0.000 05%）、氙（0.000 008 7%）、臭氧（0.000 007%）。水蒸气在气象中扮演了一个重要的角色，大气中水蒸气的比例决定了云的形成及其规模。它在大气中的比例随地点和时间的变化而变化。例如，在非常温暖潮湿的热带地区，大气中水蒸气的含量就比寒冷干燥的极地地区空气中的水蒸气含量高得多。大气中的尘埃是数量巨大的悬浮颗粒，大部分来自地球表面，如沙漠、海水中的盐粒、花粉、烟尘、汽车尾气等。

1.2.2 大气的分层

大气的底界明显，就是地面，而顶界则是模糊的。因为除大气之外，还有极其稀薄的星际气体。大气的密度随高度增加而减小，最后就和星际气体连接起来，因此，这两者间并不存在一个明显的界面。如果以空气密度接近于星际气体密度的高度来估计大气的顶界，这一高度为2 000～3 000 km。以气温变化为基准，可将大气分为对流层、平流层、中间层、电离层和散逸层5层，如图1.11所示。

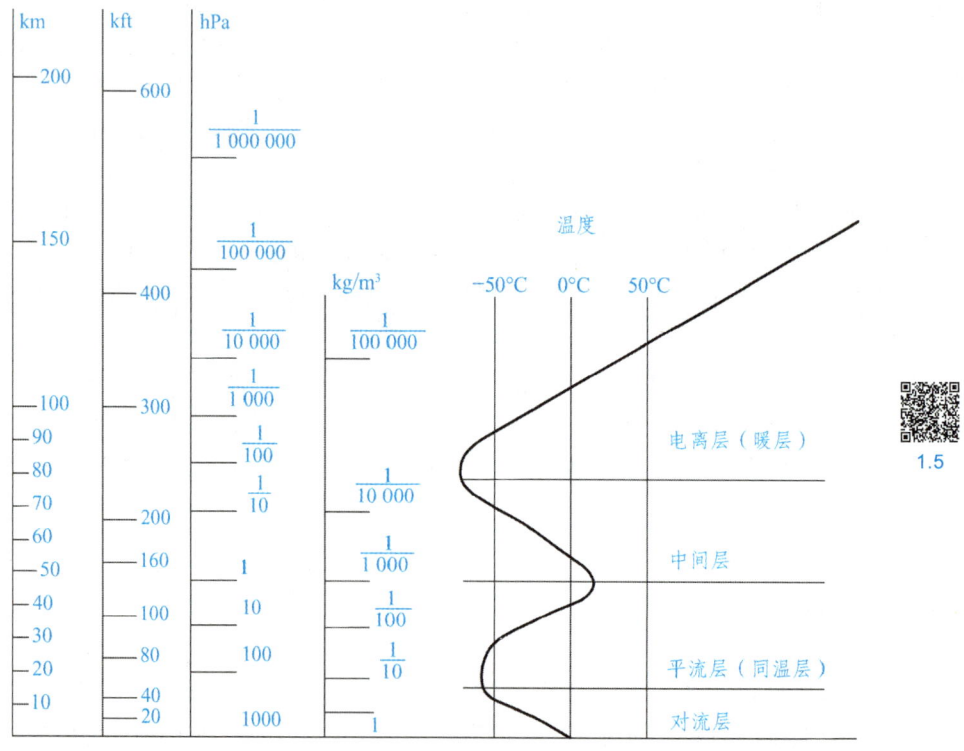

图1.11 大气的分层

对流层。对流层是大气中最低的一层。它的底界是地面，而顶界则随纬度、季节而变化。在赤道地区，对流层的厚度约为 16 km，而极地地区则减小到 8 km，在中纬度地区平均为 11 km。这是大部分飞行活动的范围，也是地球各种天气现象如云、雨、雾、雪发生的区域，含有大量的水蒸气及其他微粒。气温随高度的增加而降低，平均每升高 1 000 m 降低 6.5°C。气温、气压的变化造成空气在垂直方向和水平方向的强烈对流。现代大型民用运输机的巡航高度一般在 11 km 左右。

平流层（同温层）。平流层位于对流层之上，顶界离地面约 50 km。在平流层的下半部气温几乎不变，保持在 −56.5°C 左右。上半部分的气温又开始增加直到 0°C 附近，这是因为臭氧吸收太阳紫外线而引起的升温作用。在这层大气中，天空清晰湛蓝，几乎不存在水蒸气，没有云、雨、雾、雪等天气情况，只有水平方向的风，没有空气的上下对流。平流层的底部是民用运输机比较理想的飞行空间。对流层与平流层的交界，常称为对流层顶。

在平流层之上，还有中间层、电离层（暖层）以及散逸层，它们均是按照温度的变化来划分的。它们的高度均超出了民用飞机的正常飞行极限，因此，这些层对于民用航空活动来说，就显得不那么重要了。

1.2.3 大气的特性

1. 空气密度

空气密度是指单位体积内的空气质量。空气和其他物质一样，是由分子所组成。空气的密度大，说明单位体积内的空气分子多，比较稠密；反之，空气密度小，说明空气比较稀薄。

高度增加，空气密度减小。在海平面，压力 1 013 hPa，温度 15 °C 时的空气密度为 1.225 kg/m^3；在 22 000 ft 的高空（6 500 m），空气密度降为海平面密度的一半，如图 1.12 所示。

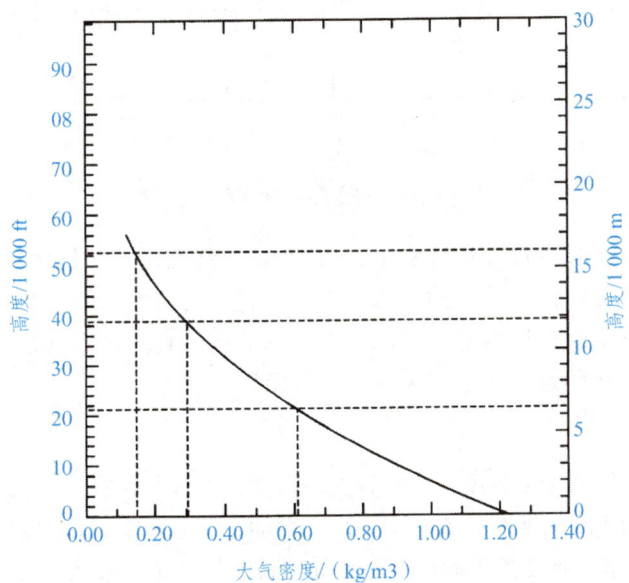

图 1.12　大气密度随高度的变化

2. 空气压力

空气压力即气压是指空气的压强，即物体单位面积上所承受的空气的垂直作用力。从数量上来说，在静止的大气中，大气压力就是物体单位面积上所承受的大气柱的重量。显然，这个重量是非常大的，在海平面，人体上的压强可以达到 15 lb/in^2，或约 20 t 的压力。人体之所以没被压垮是因为人体内部也存在着同样的压力，实际上，如果这个压力被突然释放的话，人体将会爆炸。

随着高度增加，空气压力减小。在 18 000 ft 的高度上，气体压力约为海平面压力的一半（500 hPa），人体吸入的氧气也只有海平面的一半。在这个高度上，人的反应速度将明显低于正常水平，可能出现意识丧失。实际上，在 10 000 ft 高度，大部分人的反应速度将受到缺氧的影响；在 34 000 ft 的高度上，压力只有 250 hPa。因此在高空飞行时，必须使用氧气设备或增压座舱，以使气压和氧气维持在一个正常的范围。

对流层中的气压随高度近似为线性变化，如图 1.13 所示，高度每增加 1 000 ft 气压降低约 1 inHg。实际中如果已知某点的气压值，可以用这一数值来估算高度值。

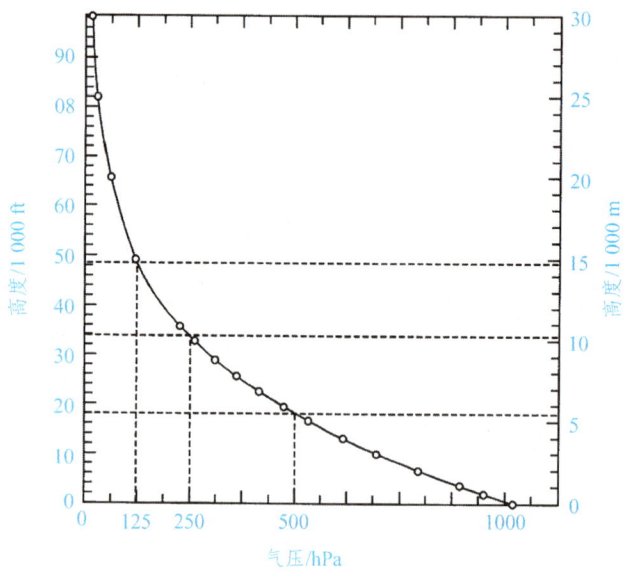

图 1.13　大气压强随高度的变化

气压的大小可通过各种仪表进行测量，飞行活动中常使用的气压单位有英寸汞柱（inHg）、毫巴（mbar）或百帕（hPa）。单个的气压数据对飞行员也许意义不是很大，但各个气象台或同一气象台不同时刻的气压读数常常预示着天气的走向。比如说，一般而言，气压的降低预示坏天气的到来，气压的增高预示着天气会变得晴朗。

3. 空气温度

空气温度是指空气的冷热程度。空气温度的高低，实质上表明了空气分子做不规则运动的平均速度大小。在 11 km 以下的对流层中，高度增加，气温降低，近似为线性变化。气温降低的数值，随地区、季节、高度的不同而有所差异。就平均而言，高度每升高 1 km，气温降低约 6.5 ℃。在平流层下半部分，11～25 km 的高度范围内，气温大体不变，保持在 -56.5 ℃ 左右。

气温的高低可以用温度表来测量。我国和大多数国家一样，使用摄氏温度 T_C（Celsius，°C），摄氏温度以水的冰点为 0 °C，以水的沸点为 100 °C。有的国家和地区如美国，使用华氏温度 T_F（Fahrenheit，°F），在华氏温度中，水的冰点为 32 °F，水的沸点为 212 °F。两种单位的换算可用以下公式实现：

$$T_F = \frac{9}{5}T_C + 32 \quad 或 \quad T_C = \frac{5}{9}(T_F - 32)$$

理论计算中，常用绝对温度来表示。将空气分子停止做不规则的热运动时，即分子的运动速度为零时的温度，作为绝对温度的零度。绝对温度有两种单位，如果其刻度增量与摄氏温度相同，则称为开氏温度 T_K（Kelvin，°K）；如果其刻度增量与华氏温度相同，则称为兰氏温度 T_R（Rankine）。开氏绝对温度与摄氏温度的换算关系见下式：

$$T_K = T_C + 273.15$$

摄氏温度、华氏温度、开氏温度的换算也可用图 1.14 进行。

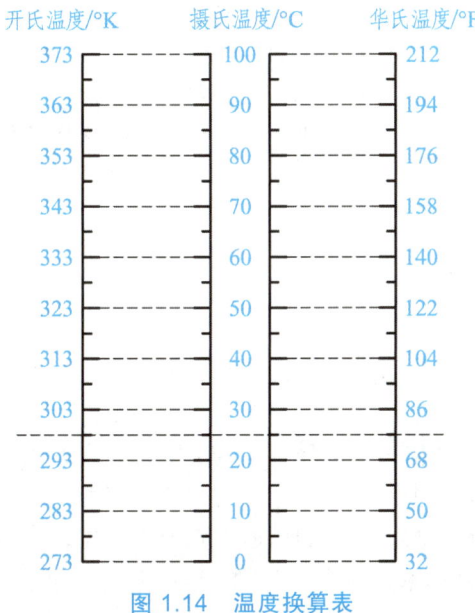

图 1.14　温度换算表

4. 空气湿度

湿度是指空气的潮湿程度，气象学中经常使用相对湿度的概念。相对湿度是空气中所含湿气与空气中所能包含的最大湿气之比。空气的温度越高，它所能包含的水分就越多。当相对湿度等于 100%时，空气中包含的水分达到最大，称为饱和状态。对于给定体积的气体来说，当温度降低时，其相对湿度增大，当温度降低至相对湿度为 100%时的温度称为露点温度。

露点温度对飞行来说非常重要，因为它表示了空气中水分的临界状态。当气温降至其露点温度时，大气中的水分开始凝结，变成看得见的雾、云、降水等天气现象。所以航空气象预报中通常同时给出大气的温度值和露点温度值。一个通常的错误观念是水蒸气比同等体积的干空气重。实际上，水蒸气只是同等体积的干空气重量的 62%。因此，温度和露点温度越接近，空气的湿度越大，空气的密度就越小。

5. 空气的黏性

河中间的水流得快，河岸边的水流得慢，是因为水具有黏性，同河岸之间发生摩擦的结果。空气和水一样，也有黏性。空气的黏性与水相比要小得多，因此我们不易察觉。空气的黏性可通过图 1.15 的实验证明。上下两个圆盘，彼此靠近，但不接触，当电机带动下圆盘转动一段时间后，上圆盘也慢慢跟着下圆盘朝同一方向转动起来。导致这种现象的原因是空气具有黏性，是两个圆盘间的无数个空气微层相互牵扯的结果。

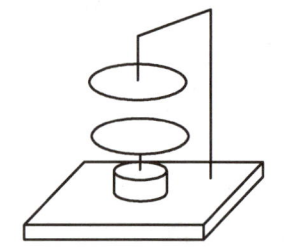

图 1.15 空气黏性验证实验

空气分子的不规则运动，是造成空气黏性的主要原因。相邻两层空气之间有相对运动时，会产生相互牵扯的作用力，这种作用力叫作空气的黏性力。实验和研究表明，空气黏性力大小取决于以下几个方面：

速度梯度。相邻两层空气的速度差 ΔV 与两层间距 ΔH 之比，$\Delta V / \Delta H$，称为速度梯度。速度梯度大，相邻两层空气间的摩擦剧烈，黏性力大。

空气温度。空气温度高，分子运动速度大，空气层间交换的分子多，黏性力大。

气体性质。不同类型的气体，分子运动速度不同，黏性力不同。例如，空气的黏性比氧气的黏性大。

接触面积。空气层间接触面积越大，交换的分子数就越多，黏性力就越大。

6. 空气的压缩性

任何气体都是可压缩的。空气的压缩性是指一定量的空气当压力或温度改变时，其密度和体积发生变化的特性。

当空气流过物体时，在物体周围各处，气流速度会有增大或减小的变化，相应的，气体压力会有减小或增大的变化。因此，气体密度会有减小或增大的变化，这就是空气具有压缩性的体现。空气流动速度不大时，空气的压缩性表现不明显，但当空气的流速较大时（接近或超过音速），由速度变化所引起的压力和密度的改变就相当可观。这是高速空气动力学的研究范畴。

1.2.4 国际标准大气

现代大型民航飞机一般都在对流层或平流层内飞行。在这两层大气中，空气的物理性质经常随着季节、时间、地理位置、高度的不同而变化。大气状态的变化，会使飞机上产生的空气动力发生变化，从而使飞机的飞行性能也随之变化。因此，同一架飞机在不同的地点做飞行试验，所得出的飞行性能数据就会有所不同；即使同一架飞机，在同一地点、同一高度试飞，只要季节或时间不同，所得出的飞行性能数据也会有所不同；为了便于计算、整理和比较飞行试验数据并给出标准的飞机性能数据，就必须以不变的大气状态作为基准。为此，制订了国际标准大气。

所谓国际标准大气（International Standard Atmosphere，ISA），就是人为地规定一个不变的大气环境，包括大气温度、密度、气压等随高度变化的关系，得出统一的数据，作为计算和试验飞机的统一标准。国际标准大气由国际民航组织（International Civil Aviation Organization，ICAO）制订，它是以北半球中纬度地区（北纬 35°~60°）大气物理特性的平均值为依据，加以适当修订而建立的。

国际标准大气假设重力加速度为恒定值，包括如下规定：

海平面高度为 0，这一海平面称为 ISA 标准海平面。

海平面气温为 288.15 °K、15 °C 或 59 °F。

海平面气压为 1 013.2 mbar 或 1 013.2 hPa 或 29.92 inHg，即标准海压。

海平面音速为 661 kt。

对流层高度为 11 km 或 36 089 ft。

对流层内标准温度递减率为，每增加 1 km 温度递减 6.5 °C，或每增加 1 000 ft 温度递减 2 °C。

11~20 km 的平流层底部气体温度为常值：-56.5 °C 或 216.65 °K。

飞机飞行手册中列出的性能数据常常是根据国际标准大气 ISA 制订的，而实际的大气很少有和国际标准大气完全吻合的。因此，在使用飞机性能图时，常常需要进行实际大气与国际标准大气的相互换算。

实际大气与国际标准大气相互换算的主要工作是确定实际大气与国际标准大气的温度偏差，即 ISA 偏差（ISA Deviation，ISA Dev.）。ISA 偏差是指确定地点的实际温度与该处 ISA 标准温度的差值，常用于飞行活动中确定飞机性能的基本已知条件。

例 1 已知某机场温度 20 °C，机场压力高度 2 000 ft。求：机场高度处 ISA 偏差。

解 在压力高度为 2 000 ft 的机场处，ISA 标准温度应为

$$T_{标准} = 15\ °C - (2\ °C/1\ 000\ ft) \times 2\ 000\ ft = 11\ °C$$

而实际温度为

$$T_{实际} = 20\ °C$$

所以，ISA 偏差（温度差）为

$$ISA_{偏差} = T_{实际} - T_{标准} = 20\ °C - 11\ °C = 9\ °C$$

表示为　　　　ISA + 9 °C

例 2 飞机巡航压力高度 2 000 m，该高度处气温 -6 °C。求：该高度处 ISA 偏差。

解 高度为 2 000 m 处的 ISA 标准温度应为

$$T_{标准} = 15\ °C - (6.5\ °C/1\ 000\ m) \times 2\ 000\ m = 2\ °C$$

而实际温度为

$$T_{实际} = -6\ °C$$

所以，ISA 偏差（温度差）为

$$ISA_{偏差} = T_{实际} - T_{标准} = -6\ °C - 2\ °C = -8\ °C$$

表示为　　　　ISA - 8 °C

实际工作中,还经常将国际标准大气各参数随高度的变化预先计算出来,即国际标准大气表(表1.2),以便通过查表方式快速确定各参数。

表1.2 国际标准大气表

ALTITUDE /ft	TEMP /°C	PRESSURE			PRESSURE RATIO $\delta = P/P_0$	DENSITY $\sigma = \rho/\rho_0$	Speed of sound /kt	ALTITUDE /m
		hPa	PSI	inHg				
40 000	-56.5	188	2.72	5.54	0.185 1	0.246 2	573	12 192
39 000	-56.5	197	2.58	5.81	0.194 2	0.258 3	573	11 887
38 000	-56.5	206	2.99	6.10	0.203 8	0.271 0	573	11 582
37 000	-56.5	217	3.14	6.40	0.213 8	0.284 4	573	11 278
36 000	-56.3	227	3.30	6.71	0.224 3	0.298 1	573	10 973
35 000	-54.3	238	3.46	7.04	0.235 3	0.309 9	576	10 668
34 000	-52.4	250	3.63	7.38	0.246 7	0.322 0	579	10 363
33 000	-50.4	262	3.80	7.74	0.258 6	0.334 5	581	10 058
32 000	-48.4	274	3.98	8.11	0.270 9	0.347 3	584	9 754
31 000	-46.4	287	4.17	8.49	0.283 7	0.360 5	586	9 449
30 000	-44.4	301	4.36	8.89	0.297 0	0.374 1	589	9 144
29 000	-42.5	315	4.57	9.30	0.310 7	0.388 1	591	8 839
28 000	-40.5	329	4.78	9.73	0.325 0	0.402 5	594	8 534
27 000	-38.5	344	4.99	10.17	0.339 8	0.417 3	597	8 230
26 000	-36.5	360	5.22	10.63	0.355 2	0.432 5	599	7 925
25 000	-34.5	376	5.45	11.10	0.371 1	0.448 1	602	7 620
24 000	-32.5	393	5.70	11.60	0.387 6	0.464 2	604	7 315
23 000	-30.6	410	5.95	12.11	0.404 6	0.480 6	607	7 010
22 000	-28.6	428	6.21	12.64	0.422 3	0.497 5	609	6 706
21 000	-26.6	446	6.47	13.18	0.440 6	0.515 0	611	6 401
20 000	-24.6	466	6.75	13.75	0.459 5	0.532 8	614	6 096
19 000	-22.6	485	7.04	14.34	0.479 1	0.551 1	616	5 791
18 000	-20.7	506	7.34	14.94	0.499 4	0.569 9	619	5 406
17 000	-18.7	527	7.65	15.57	0.520 3	0.589 2	621	5 182
16 000	-16.7	549	7.97	16.22	0.542 0	0.609 0	624	4 877
15 000	-14.7	572	8.29	16.89	0.564 3	0.629 2	626	4 572
14 000	-12.7	595	8.63	17.58	0.587 5	0.650 0	628	4 267
13 000	-10.8	619	8.99	18.29	0.611 3	0.671 3	631	3 962
12 000	-8.8	644	9.35	19.03	0.636 0	0.693 2	633	3 658
11 000	-6.8	670	9.72	19.79	0.661 4	0.715 6	636	3 353

续表

ALTITUDE /ft	TEMP /°C	PRESSURE			PRESSURE RATIO $\delta = P/P_0$	DENSITY $\sigma = \rho/\rho_0$	Speed of sound /kt	ALTITUDE /m
		hPa	PSI	inHg				
10 000	−4.8	697	10.10	20.58	0.687 7	0.738 5	638	3 048
9 000	−2.8	724	10.51	21.39	0.714 8	0.762 0	640	2 743
8 000	−0.8	753	10.92	22.22	0.742 8	0.786 0	643	2 438
7 000	+1.1	782	11.34	23.09	0.771 6	0.810 6	645	2 134
6 000	+3.1	812	11.78	23.98	0.801 4	0.835 9	647	1 829
5 000	+5.1	843	12.23	24.90	0.832 0	0.861 7	650	1 524
4 000	+7.1	875	12.69	25.84	0.863 7	0.888 1	652	1 219
3 000	+9.1	908	13.17	26.82	0.896 2	0.915 1	654	914
2 000	+11.0	942	13.67	27.82	0.929 8	0.942 8	656	610
1 000	+13.0	977	14.17	28.86	0.964 4	0.971 1	659	305
0	+15.0	1 013	14.70	29.92	1.000 0	1.000 0	661	0
−1 000	+17.0	1 050	15.23	31.02	1.036 6	1.029 5	664	−305

复习思考题

1. 简述飞机的基本操纵方法与名词描述。
2. 飞机的审定类别是怎样划分的?
2. 机翼形状的几何参数是如何定义的?
4. 标准大气是如何定义的?

第 2 章 飞机的空气动力

飞机是重于空气的飞行器。当飞机在空气中运动时,空气相对于飞机流动,空气的速度、压力等参数发生变化,于是就会产生作用于飞机上的空气动力——升力和阻力。飞机是靠空气动力升空飞行的。本章第 1~5 节将讨论空气低速流动（$M<0.4$）时的运动规律,以及作用于飞机上的升力和阻力的产生原理以及变化规律。第 6 节简要介绍飞机的高速（$M>0.4$）空气动力。

2.1 空气流动的描述

空气动力是空气相对于飞机运动时产生的,要学习和研究飞机的升力和阻力,首先要研究空气流动的基本规律。

2.1.1 流体模型化

流体模型化,就是根据所研究问题的性质,突出问题的主要方面,忽略流体的某些物理属性,建立简单的流体模型,便于讨论。

1. 理想流体

忽略流体黏性作用的流体,称为理想流体。空气流过飞机时,一般只在贴近飞机表面的地方（附面层）考虑空气黏性的影响,其他地方则按理想流体处理。在确定飞机表面的压力分布及升力问题时,理想流体与实验结果符合得很好。在确定飞机的阻力问题时,则必须考虑流体的黏性。考虑黏性作用的流体称为黏性流体。

2. 不可压缩流体

忽略流体密度的变化,认为其密度为常量的流体,称为不可压缩流体。空气流过飞机时,密度要发生变化,其变化量的大小取决于 M 的大小。当 $M<0.4$ 时,我们可以忽略流体密度的变化,而把流体视为不可压缩流体。考虑流体密度变化的流体则称为可压缩流体,当 $M>0.4$ 时,必须考虑流体密度变化对流动参数的影响。

3. 绝热流体

不考虑热传导性的流体,称为绝热流体。空气低速（$M<0.4$）流动时,除了专门研究热问题（如发动机的散热）外,一般不考虑空气的热传导性,认为空气流过飞机时,温度是不变的。当空气高速（$M>0.4$）流动时,则要考虑空气热传导性的影响,即要考虑温度的变化对流动的影响。

4. 定常流体

流场中任一点处的流动参数——速度、压强、温度、密度等不随时间改变的流体称为定常流体，或稳态流动。如果流场中任一点处的流动参数随时间改变的流体称为非定常流体。真实流体在运动时，不同空间位置处的各参数几乎都会随着时间而改变。而在实际工程中，不少非定常流问题的各参数随时间变化非常缓慢，可视为定常流体。

2.1.2 相对气流

空气相对于地面的运动就是气流。有风时，我们会感到有空气的力量作用在身上；无风时，如骑自行车飞跑或乘敞篷车奔驰，同样会感到有空气的力量作用在身上。这两种情况虽不同：前者是空气流动物体不动，后者是空气不动而物体运动，但这两种情况都有空气的力量作用在身上。也就是说，只要空气相对于物体运动，就会产生空气动力。

相对气流是空气相对于物体的运动，相对气流的方向与物体的运动方向相反。飞机的相对气流就是空气相对于飞机的运动，因此，飞机的相对气流方向与飞行速度相反，如图 2.1 所示。

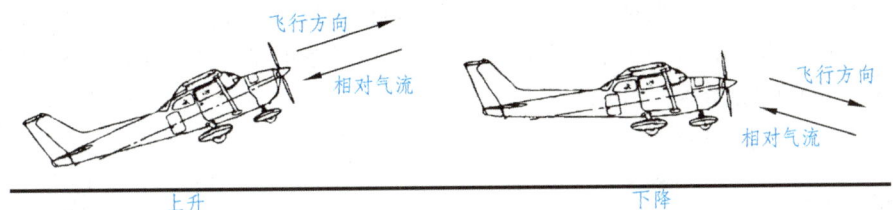

图 2.1 飞机的运动方向与相对气流的方向

只要相对气流速度相同，产生的空气动力也就相同。据此，我们在研究飞机空气动力的产生和变化时，就可以把飞机看成不动，让空气以与飞机相同的流动速度流过飞机，将飞机的运动问题转化为空气的流动问题，使飞机空气动力问题的研究得以简化。风洞实验就是根据这个原理建立起来的，风洞实验简图如图 2.2 所示。

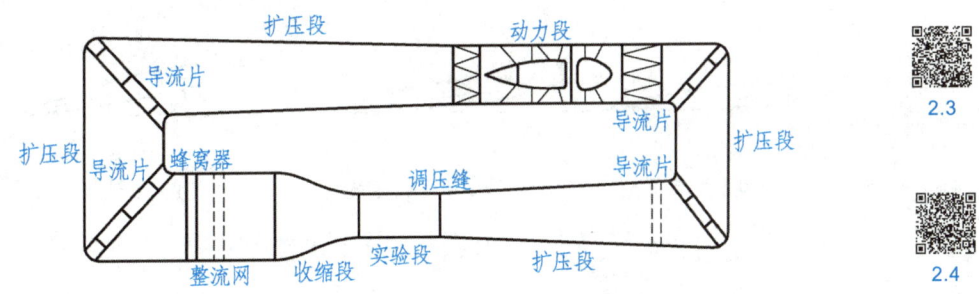

图 2.2 风洞实验简图

2.1.3 迎 角

相对气流方向（飞行速度方向）与翼弦之间的夹角，称为迎角，用 α 表示，如图 2.3 所示。相对气流方向指向翼弦下方为正迎角，相对气流方向指向翼弦上方为负迎角，相对气流方向与翼弦平行为零迎角。飞行中飞行员可通过前后移动驾驶杆来改变飞机的迎角大小。飞行中经常使用的是正迎角。

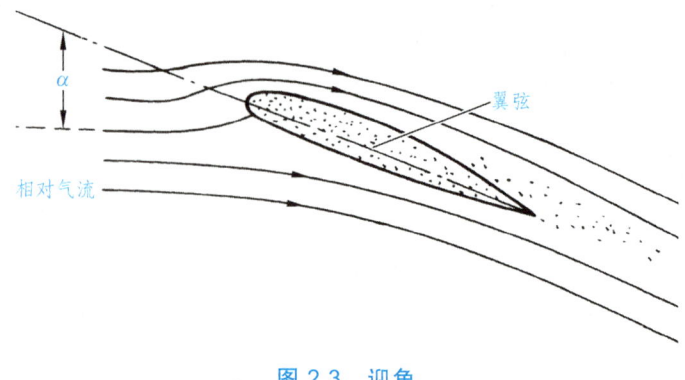

图 2.3 迎角

飞行状态不同,迎角的大小一般也不同。在水平飞行时,飞行员可以根据机头的高低来判断迎角的大小,机头高,迎角大,机头低,迎角小。其他的飞行状态,单凭机头的高低就很难判断迎角的大小,只能根据迎角的定义进行判断。图 2.4(a)~(c)所示为飞机在上升、平飞、下降时的迎角。下降时,虽然机头很低,但仍是正迎角;上升时,虽然机头很高,但迎角与水平飞行时的相等。另外,为保持飞行平稳,在不同速度下采用的迎角大小也不相同,如图 2.4(a)~(f)所示。

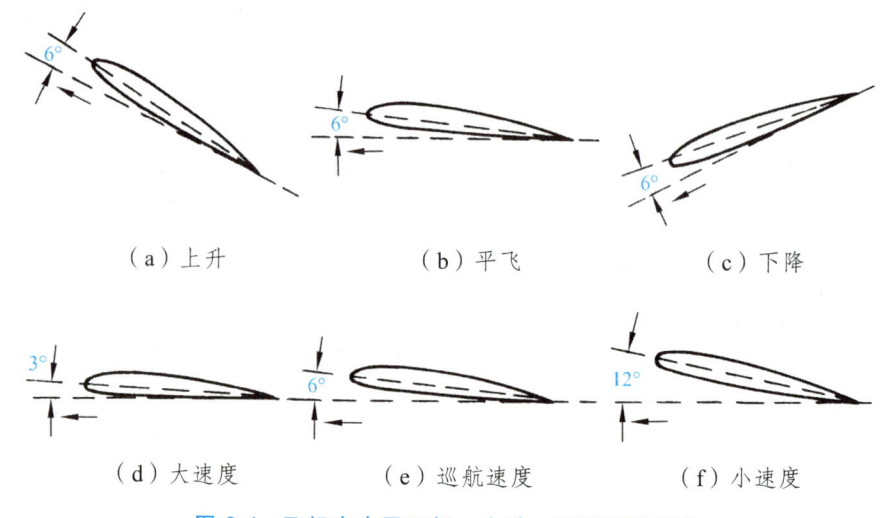

图 2.4 飞机在水平飞行、上升、下降时的迎角

2.1.4 流线和流线谱

空气流过物体时,要产生空气动力,流过物体时的情形不同,则产生的空气动力也不同。空气流动的情形一般用流线、流管和流线谱来描述。

流线是为了描述流体运动而引入的一条假想曲线,流线的定义为:流场中的一条空间曲线,在该曲线上每点的流体微团的速度与曲线在该点的切线重合,如图 2.5 所示。流场是指运动的流体所占据的空间。在定常流（流动参数如速度、压强、密度等，不随时间变化的流动）中，流体微团流动的路线与流线重合。本书只讨论定常流，因此，也可以这样来理解，流线就是流体微团流动的路线。我们日常生活中看到的烟流就显示了流线的形状。由流线的定义可知，一般情况下流线不能相交。因为流线上每点的流体微团只有一个运动方向，如两条流线相交，则流体微团将有两个运动方向，与定常流的特性不符。

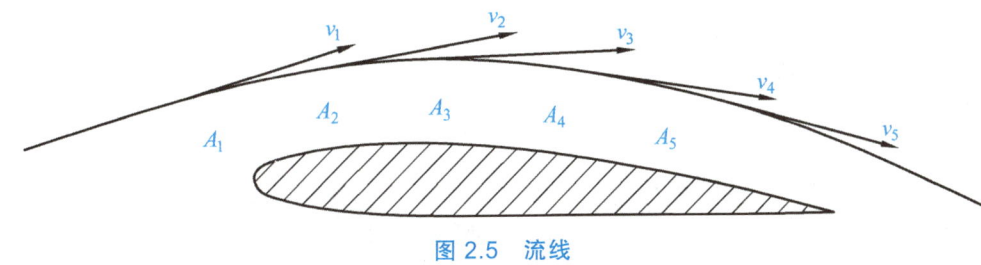

图 2.5　流线

所有流线的集合就是流线谱。流线谱反映了流体流过物体时的流动情况。流线谱的形状主要由物体的外形、物体与气流的相对位置决定。

由许多流线所围成的管状曲面称为流管。由于流管表面是由流线所围成，因此流体不能穿出或穿入流管表面。这样，流管好像真实的刚体管壁一样把流体运动局限在流管之内或流管之外。二维流线谱中，两条流线表示一根流管。这样，两条流线间的距离缩小，就说流管收缩或变细；两条流线间的距离增大，就说流管扩张或变粗。

图 2.6 所示为空气流过几个典型物体时的流线谱。由流线、流管和流线谱的定义，并比较图 2.6 上的流线谱，我们可以得出流线谱的一些特点：① 流线谱的形状与流动速度无关；② 物体形状不同，空气流过物体的流线谱不同；③ 物体与相对气流的相对位置（迎角）不同，空气流过物体的流线谱不同；④ 气流受阻，流管扩张变粗，气流流过物体外凸处或受挤压，流管收缩变细；⑤ 气流流过物体时，在物体的后部都要形成涡流区。

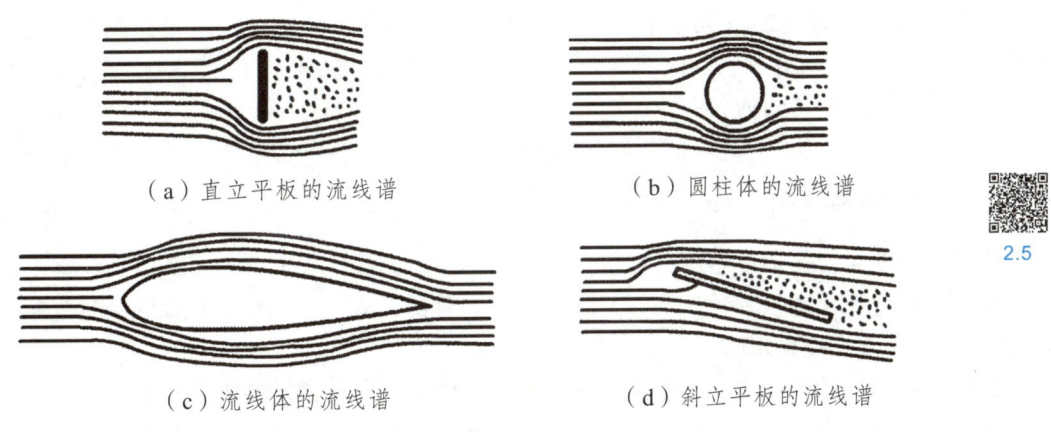

（a）直立平板的流线谱　　　　（b）圆柱体的流线谱

（c）流线体的流线谱　　　　（d）斜立平板的流线谱

图 2.6　几种典型物体的流线谱

2.1.5　连续性定理

流体在运动时，应遵循质量守恒定律。这条定律在空气动力学中称为连续性定理，其数学表达式称为连续性方程。

连续性定理表述为：当流体流过一流管时，流体将连续不断并稳定地在流管中流动，在同一时间流过流管任意截面的流体质量相等。

图 2.7 所示为流体流过一收缩扩张管——文丘里管。空气流过截面 1 的速度为 v_1，密度为 ρ_1，截面面积为 A_1；空气流过截面 2 的速度为 v_2，密度为 ρ_2，截面面积为 A_2。根据连续性定理，同一时间流过任意截面的流体质量相等，则

$$\rho_1 v_1 A_1 = \rho_2 v_2 A_2 \tag{2.1}$$

或

$$\rho v A = C \tag{2.2}$$

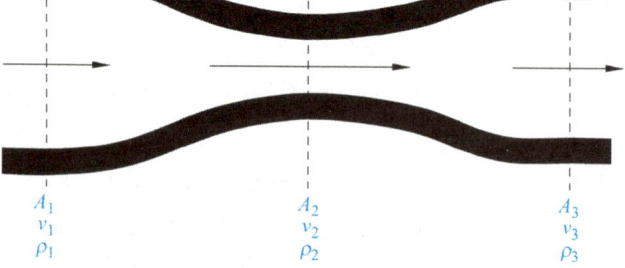

图 2.7 文丘里管

式（2.1）和式（2.2）是连续性定理的数学表达式——连续性方程。当空气低速流动时（$M<0.4$），可以认为密度是常数，则式（2.1）和式（2.2）中的密度 ρ_1 和 ρ_2 可消去，得

$$v_1 A_1 = v_2 A_2 \tag{2.3}$$

或

$$v A = C \tag{2.4}$$

由式（2.3）和式（2.4）可以看出，空气稳定连续地在一流管中流动时，流管收缩，流速增大；流管扩张，流速减慢，即流速大小与流管截面面积成反比。这就是空气低速流动时，流速与流管截面面积之间的关系。

2.1.6 伯努利定理

流体在运动时，除了遵循质量守恒定律外，还要遵循能量守恒定律。这条定律在空气动力学中称为伯努利定理，其数学表达式称为伯努利方程。该定律是瑞士物理学家丹尼尔·伯努利于 1738 年首先提出来的。

根据能量守恒定律可知：能量不会消失，它只能从一种形式转换为另一种形式，其总能量不变。空气稳定流动时，主要有四种能量：动能、热能、压力能、重力势能。当空气低速流动时，可以认为没有热量的产生，不考虑压力能的变化。流管高度变化小时，也可以认为重力势能不变。这样，空气低速流动时参与能量交换的只有压力能和动能，此时的能量关系可表示为

$$动能 + 压力能 = 总能量$$

现利用图 2.7 来简单推导伯努利方程。设流入截面 1 的动能为 $E_{动1}$，压力能为 $E_{压1}$；流出截面 2 的动能为 $E_{动2}$，压力能为 $E_{压2}$。

从物理学知，$E_{动}=\frac{1}{2}mv^2$，其中 $m=\rho vA\Delta t$，则流过任意截面的动能为 $E_{动}=\frac{1}{2}\rho vA\cdot\Delta tv^2$。由功的定义可得出压力所做的功即为压力能，则流过任意截面的压力能为 $E_{压}=pAv\Delta t$。若取单位体积的空气，则动能为 $E_{动}=\frac{1}{2}\rho v^2$，压力能为 $E_{压}=p$。总能量用 P_0 表示，则能量关系可表示为：

$$\frac{1}{2}\rho v^2+p=p_0 \tag{2.5}$$

式中 $\frac{1}{2}\rho v^2$——动压，单位体积空气所具有的动能。这是一种附加的压力，是空气在流动中受阻，流速降低时产生的压力；

p——静压，单位体积空气所具有的压力能。在静止的空气中，静压等于当时当地的大气压；

p_0——总压（全压），它是动压和静压之和。总压可以理解为，气流速度减小到零时的静压。

式（2.5）是伯努利定理的数学表达式——伯努利方程。

这样，伯努利定理可以表述为：稳定气流中，在同一流管的任意截面上，空气的动压和静压之和保持不变。由此可见，动压大，则静压小；动压小，则静压大。即流速大，压强小；流速小，压强大；流速减小到零，压强增大到总压值。

严格来说，伯努利定理在下列条件下才是适用的：

（1）气流是连续、稳定的，即流动是定常的；

（2）流动的空气与外界没有能量交换，即空气是绝热的；

（3）空气没有黏性，即空气为理想流体；

（4）空气密度不变，即空气为不可压流；

（5）在同一条流线或同一条流管上。

2.1.7 连续性定理和伯努利定理的应用

1. 用文丘里管测流量

如图 2.8 所示，文丘里管的大截面面积 A_1 和小截面面积 A_2 都是已知的。把文丘里管水平插接在一条有低速流体流动的管道里（串联），如果测得 A_1 和 A_2 两截面上的流体静压差（p_2-p_1），我们就能用连续性方程和伯努利方程算出管道中的流量。

按式（2.5）有

$$\frac{1}{2}\rho v_1^2+p_1=\frac{1}{2}\rho v_2^2+p_2 \tag{2.6}$$

利用连续性方程，得

$$v_1=v_2\cdot A_2/A_1 \tag{2.7}$$

2.6

将此式代入前式，得

$$v_2 = \sqrt{2(p_1 - p_2)/[\rho(1 - A_2^2/A_1^2)]} \qquad (2.8)$$

最后的体积流量为

$$Q = v_2 A_2 = A_2 \sqrt{2(p_1 - p_2)/[\rho(1 - A_2^2/A_1^2)]} \qquad (2.9)$$

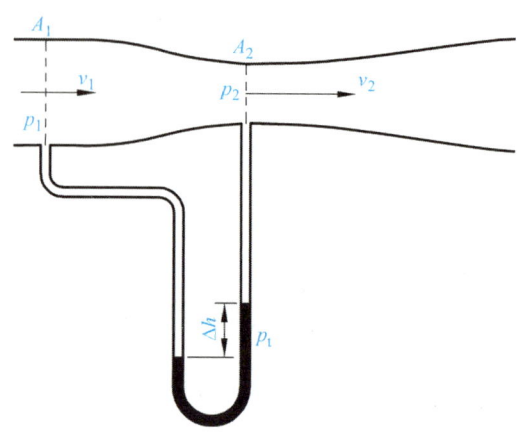

图 2.8　文丘里管测流量

2. 空速管测飞行速度的原理

利用伯努利方程，我们可以容易地测出飞机的飞行速度。图 2.9 所示为空速管测飞行速度的示意图。空速管的管轴与气流方向一致，其头部有一小孔 O 正对来流方向，由于空气在这一点上完全滞止，流速减为零，所以孔 O 受到的就是总压 p_0，孔 O 称为总压孔。在管子的侧壁距端头一定距离的地方开一小孔（或一圈小孔）B，孔 B 是垂直于管壁的（即垂直来流），它感受到的就是气流的静压，孔 B 称为静压孔。将总压孔和静压孔分别与压力传感器相接，便可测出总压和静压，计算出气流的速度。

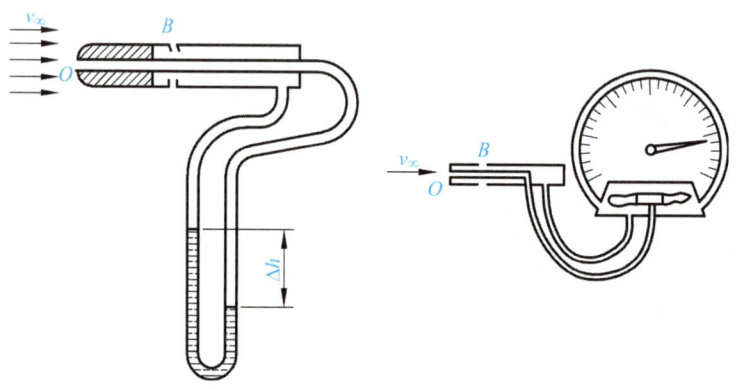

图 2.9　空速管的测速原理

由伯努利方程可得

$$v = \sqrt{\frac{2(p_0 - p)}{\rho}} \qquad (2.10)$$

用导管将总压孔与空速表膜盒的内腔连接，静压孔与膜盒的外部相接，空速表膜盒在总压与静压之差（即动压）的作用下膨胀，并相应地带动指针转动。

2.1.8 飞行中的速度

速度是飞机飞行时的重要参数，飞行员常常需要根据速度来正确操纵飞机，还可以根据速度计算飞行时间和距离。在实际飞行中，常用到的速度有以下几种：

（1）指示空速（IAS），也称为表速，是飞机上空速表指针指示的速度。指示空速是空速表根据动压 $\frac{1}{2}\rho_0 v_\text{表}^2$ 的大小换算得来的，动压不变，则指示空速不变。

（2）校正空速（CAS），是在指示空速的基础上修正了仪表误差（空速表构造不完善而产生的误差，也称为机械误差）和位置误差（当地测量的静压与自由流静压之差，取决于迎角、侧滑角、空速和飞行器外形）后得到的空速。

（3）当量空速（EAS），是在特定高度上对校正空速修正空气压缩性误差后得到的空速。当飞机的指示空速低于 200 kt 或飞行高度低于 200 00 ft 时，该误差可以忽略不计。

（4）真空速（TAS），是飞机相对于空气运动的真实速度。在标准海平面条件下，TAS=IAS。

（5）地速（GS），是飞机相对于地面的运动速度。无风条件下的地速等于真空速。

虽然表速在通常情况下不等于真空速，但它反映了动压的大小，即反映了飞机上空气动力的大小，以及飞机气动性能的好坏，飞行员根据表速来操纵飞机比用真空速更方便。因此，表速一般用于飞行员对飞机的操纵，而真空速一般用于领航的计算。现代飞机上的组合型速度表能同时指出表速和真空速。

风是由空气流动引起的一种自然现象。风常指空气的水平运动，衡量参数包括风向和风速，即所谓的顺逆风和侧风。根据风向和风速大小的变化情况，顺逆风又分为稳定的顺/逆风、侧风和顺/逆风切变、侧风切变。不同的风对飞行的影响也不同，如稳定的侧风会让飞机产生偏流，航迹偏离预定航线；顺/逆风切变会改变飞机的空速，进而改变作用在飞机上的作用力，使得飞机高于或低于正常的飞行轨迹；稳定的顺/逆风会改变飞机的地速，进而影响飞机的性能。稳定的顺风，会使得地速增加，导致航程增大，同时地速的增加也会使得起飞滑跑距离和着陆滑跑距离增加。

思政小课堂

典型事件：为什么飞机起飞着陆要尽可能选择逆风？为什么飞机去和回的时间不一样呢？

遇到稳定的顺风，会使得飞机的地速增加。然而，地速的增加，对不同飞行阶段的性能影响不一样。在起飞和着陆阶段，地速增加会使得起飞滑跑距离和着陆滑跑距离增长，飞机需要更长的跑道才能够起飞和降落，这是不利的影响。而在巡航阶段，地速增加会使得航程增加，飞机相对于地面会飞得更快，这就是同一条航线，去和回的飞行时间不一样的原因。地速的增加会使得燃油经济性变好，这是有利的影响。如从成都飞北京，由于我国处于西风带，从成都飞北京是顺风，飞行时间约两小时十分钟，北京回成都是逆风，飞行时间就需要两小时四十分钟左右。

上述现象告诉我们，同一个事物在不同的场景下带来的影响可能是截然相反的，需要结合实际情况，多角度、全方位分析问题。辩证思维作为反映和符合客观事物辩证发展过程及其规律性的思维，是马克思主义哲学的重要组成部分。辩证思维是中国共产党始终遵循的理论，也是让中国共产党不断地从一个胜利走向另一个胜利的关键法宝。

党的二十大报告中也处处透着辩证思维。报告中提出："从现在起，中国共产党的中心任务就是团结带领全国各族人民全面建成社会主义现代化强国、实现第二个百年奋斗目标，以中国式现代化全面推进中华民族伟大复兴。"中国式现代化这条道路也蕴含着极富哲学特质的辩证逻辑：在发展规律层面，它体现了普遍性与特殊性的辩证统一；在发展要素层面，它体现了全面性与协调性的辩证统一；在发展过程层面，它体现了客观必然性与主观选择性的辩证统一；在发展意义层面，它体现了民族性与世界性的辩证统一。在推进中国式现代化发展的实践要求方面，也体现了辩证思维：坚持"守正"与"创新"相统一、坚持重点突破与统筹兼顾相统一、坚持党的领导与以人民为中心相统一、坚持民族内生性与世界开放性相结合。

习近平总书记指出："必须不断接受马克思主义哲学智慧的滋养，更加自觉地坚持和运用辩证唯物主义世界观和方法论"。作为新时代的大学生，要自觉运用唯物辩证法分析问题和解决问题，驾驭复杂局面、应对各种挑战。人生也是如此，不可能总是一帆风顺，当面对逆境时，须懂得坚韧与沉淀、反思与调整、希望与信念，面对顺境之时，须懂得谦逊与敬畏、珍惜与规划、感恩与分享。无论是顺境还是逆境，本质都是人生的"镜子"——逆境照见韧性，顺境照见格局，懂得在不同境遇中保持平衡，才能走得更稳。

2.2 升　力

飞机在空中飞行时，就有相对气流流过飞机，就会产生作用于飞机的空气动力，飞机各部分所产生的空气动力的总和叫作飞机的总空气动力，通常用 R 表示，如图 2.10 所示。一般情况下，飞机的总空气动力是向上并向后倾斜的，根据它所起的作用，将飞机的总空气动力（R）分解为垂直于飞行速度（相对气流）方向和平行于飞行速度（相对气流）方向的两个分力。垂直于飞行速度（相对气流）的分力叫作升力，用 L 表示。升力是非常重要的空气动力，它将飞机支托在空中。平行于飞行速度（相对气流）方向的分力叫作阻力，用 D 表示。

飞行时，飞机的各个部分都产生升力，但绝大部分由机翼产生，尾翼通常产生负升力，其他部分产生的升力很小。下面以翼型为例说明飞机升力的产生原理及变化规律。

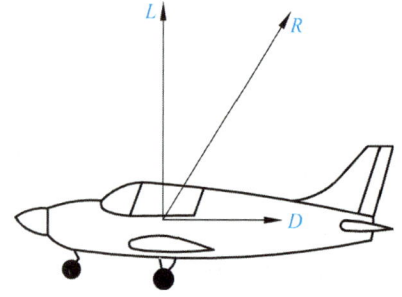

图 2.10　飞机的总空气动力、升力和阻力

2.2.1　升力的产生原理

相对气流流过翼型时，流线和流管将发生变化，引起绕翼型的压力发生变化，只要

上下翼面存在压力差，就会产生升力。下面就以气流绕翼型的流线谱来说明升力的产生原理。

图 2.11 是气流绕双凸形翼型的流线谱。从流线谱可以看出，空气流到翼型的前缘，分成上、下两股，分别沿翼型的上、下表面流过，并在翼型的后缘汇合后向后流去。在翼型的上表面，由于正迎角和翼面外凸的影响，流管收缩，流速增大，压力降低；而在翼型的下表面，气流受阻，流管扩张，流速减慢，压力增大。这样，翼型的上、下翼面出现压力差，总压力差在垂直于相对气流方向的分量，就是翼型的升力。

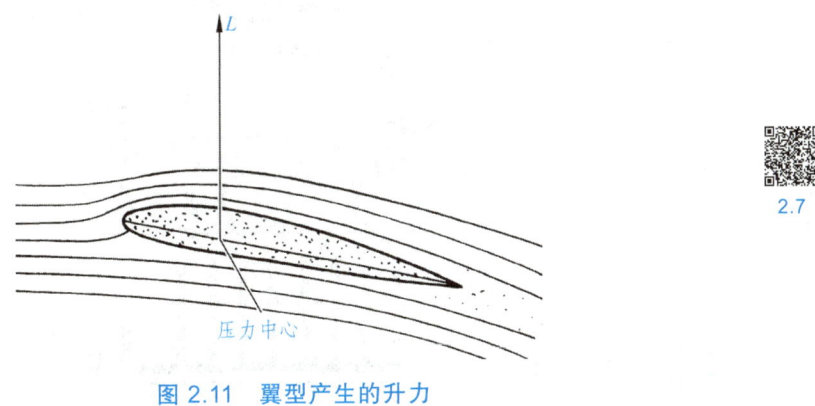

图 2.11 翼型产生的升力

机翼升力的着力点，叫作压力中心。对于非对称翼型，在迎角小于临界迎角的范围内，迎角增大，压力中心前移；在迎角大于临界迎角的范围内，迎角增大则压力中心后移。

2.2.2 翼型的压力分布

翼型的升力是由上、下翼面的压力差产生的，要想了解翼型各部分对升力的贡献大小，就需知道翼型的压力分布情况。描述翼型的压力分布情况常用矢量表示法和坐标表示法。

1. 压力分布的测定

在实验空气动力学中，通过风洞实验，可以测出翼型上、下表面的压力大小。图 2.12 所示为测量翼型上、下表面压力分布的实验示意。在翼型的上、下表面沿着气流方向各打一些小孔作为测量点，小孔的数量决定了测量的压力值的精确程度。用软管将小孔分别连到多管气压计上。当气流速度为零时，翼型上、下表面各测量点的压力值都是一样的，气压计上管口液面感受到的都是相同的大气压，即气压计各个液柱的高度均相同。一旦空气以某一速度流向翼型时，受迎角或翼型的影响，流经翼型上、下表面的速度发生变化，进而导致各测量点的压力发生变化，根据此时气压计各液柱的高度变化，可以算出翼型上这些点处的气流静压（p）与大气压（p_∞）之差：

$$\Delta p = p - p_\infty = -\rho g \Delta h \quad (2.11)$$

式中，p——翼型某一点处的静压；

p_∞——远前方空气的静压；

ρ——所用液体的密度；

g——重力加速度；

Δh——液柱与标准线 0-0 线的高度差。

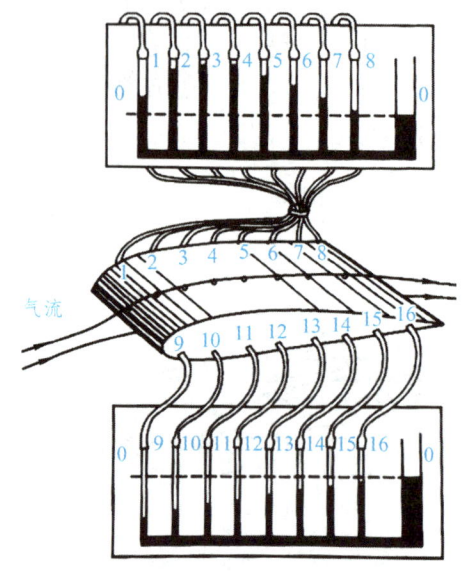

2.9

图 2.12 测定一面各点压力的实验

当测压计中的液柱低于标准线时，Δh 为负值，说明翼型表面测量点处的压力大于大气压，即 Δp 为正值，叫作正压，简称压力，其方向由外指向物面，如图中点 9~16。

当测压计中的液柱高于标准线时，Δh 为正值，说明翼型表面测量点处的压力小于大气压，即 Δp 为负值，叫作负压，简称吸力，其方向由物面指向外，如图中点 1~8。

通过风洞试验的结果可以看出，如果空气流过具有一定正迎角或者正弯度的翼型时，与上表面各测量点相连的气压计液柱均被吸至标准线以上，说明翼型上表面各点压力普遍低于大气压，为负压；与下表面各测量点相连的气压计液柱均被压至标准线以下，说明翼型下表面各点压力普遍高于大气压力，为正压。由此进一步说明了翼型升力是由上、下表面压力差产生的。

随着科学技术的不断发展，计算流体力学也被广泛运用于理论空气动力学中。通过数值模拟的方法也可以计算出翼型表面各点处的压力值，其误差取决于有限元网格的质量与数值算法。

2. 矢量表示法

矢量表示法就是用矢量来表示翼型表面的吸力与压力。矢量箭头的长度表示吸力或压力的大小。矢量方向与翼面垂直，箭头由翼面指向外，表示负压（吸力）；箭头指向翼面，表示正压（压力）。将各点矢量的外端用光滑的曲线连接起来，就得到了矢量表示的翼型压力分布图，如图 2.13 所示。从图上可以看到两个特殊的点，在翼型前缘，流速减小到零，正压最大的点，叫作驻点，如图 2.13 中的 A 点；吸力最大的点，称为最低压力点，是翼型上表面负压最大的点，如图 2.13 中的 B 点。

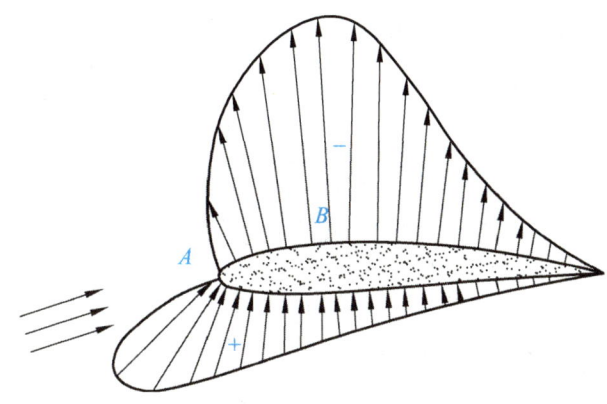

图 2.13 翼型压力的矢量表示法

3. 坐标表示法

在实际工程使用中,并不是直接测量或者计算翼型表面的压力值,而是压力系数值。压力系数(C_p)的计算为

$$C_p = \frac{\Delta p}{\frac{1}{2}\rho v_\infty^2} = \frac{p - p_\infty}{\frac{1}{2}\rho v_\infty^2} \qquad (2.12)$$

式中,p_∞、v_∞ 分别为远前方来流的压强和速度。

根据伯努利方程,有

$$\frac{1}{2}\rho v^2 + p = \frac{1}{2}\rho v_\infty^2 + p_\infty$$

于是,翼面各点的静压为

$$p = \frac{1}{2}\rho_\infty v_\infty^2 + p_\infty - \frac{1}{2}\rho_\infty v^2$$

这样,压力系数可写成

$$C_P = \frac{\left(\frac{1}{2}\rho v_\infty^2 + p_\infty - \frac{1}{2}\rho v^2\right) - p_\infty}{\frac{1}{2}\rho v_\infty^2} = 1 - \left(\frac{v}{v_\infty}\right)^2 \qquad (2.13)$$

式中,v 为翼面某点的流速。

压力系数(C_p)是无量纲参数。在低速流动时,根据连续性方程,有 $v_1/v_2 = A_2/A_1$。当迎角和翼型的形状一定,翼型的流线谱不变,翼面某点的流速就是一确定值,由式(2.13)可知,翼面上该点的压力系数(C_p)也是一确定值。这表明,翼面各点的压力系数主要取决于迎角和翼型的形状,与动压(流速)无关。因此,对于缩比后的飞机模型的风洞试验,只要保证飞机模型(翼型)的迎角与真实飞机一致,所得到的压力系数也就与真实飞机一致,风洞试验所得到的数据也就有了实质性意义。飞机设计,就是通过设计合适的翼型外形来达到所需压力系数值。与压力系数对应的是升力系数、阻力系数、力矩系数等概念,这些无量纲参数被广泛地运用在飞机设计中。

图 2.14 所示为坐标表示法表示的翼型压力分布图。以弦长相对量作为横坐标,将翼型各测量点投影在横坐标(翼型)上,然后将各测量点上的压力系数作为纵坐标画出,正压画在横坐标下方,负压画在横坐标上方,再用平滑曲线依次连接图上各点,就是坐标表示法表示的压力分布图。图上 $C_P=1$ 的点就是驻点, C_P 最小的点就是最低压力点。

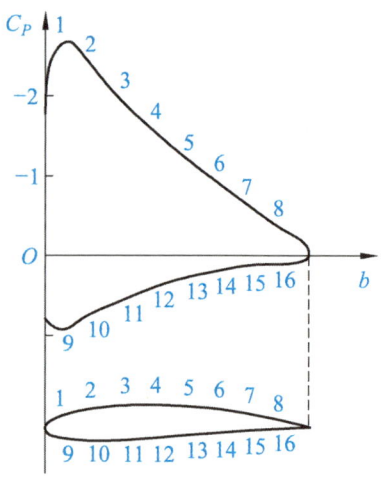

图 2.14 翼型压力分布的坐标表示法

从翼型的压力分布图可以看出,翼型升力主要靠翼型上表面吸力作用产生,尤其是上翼面的前段,而不是下翼面正压的作用。由上翼面吸力所产生的升力,一般占总升力的 60%~80%;而下翼面正压所产生的升力只占总升力的 20%~40%。如果翼型迎角为 0° 左右,或翼型的下翼面凸出较显著,下翼面可能形成向下的吸力,在此种情况下,翼型的升力就完全由上翼面的负压所产生。

4. 影响压力分布的因素

翼型压力分布表示翼型表面压力的大小,而翼面各点的压力分布主要取决于迎角的大小和翼型的形状。

1) 翼型形状对压力分布的影响

以对称翼型和正弯度翼型(在相同迎角和相同的相对厚度下)为例,当气流流经 0° 迎角的对称翼型时,流经上、下表面的流线谱形状一样,压力分布也一样,此时没有升力产生,如图 2.15(a)所示。当气流流经 0° 迎角的正弯度翼型(非对称翼型)时,受上翼面外凸的影响,上翼面流管收缩,流速加快,压力减小,产生了吸力。因此,在绕正弯度翼型的流动中,在翼型的迎角为 0° 时就已经产生了升力,如图 2.15(b)所示。

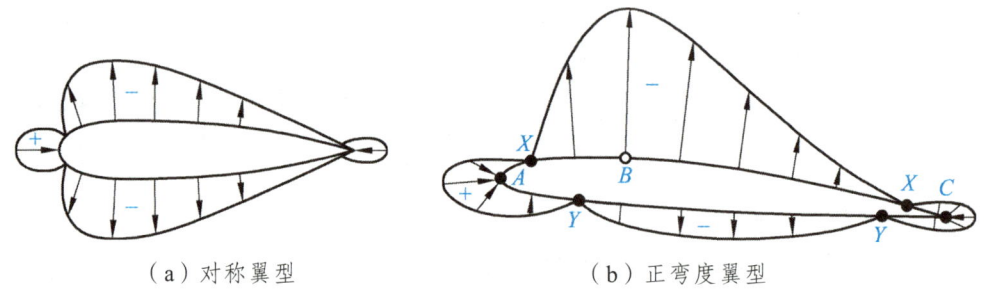

(a) 对称翼型　　　　　　　　(b) 正弯度翼型

图 2.15 在 0° 迎角时对称翼型和正弯度翼型的压力分布

2) 迎角对压力分布的影响

以对称翼型为例,当气流流经 0° 迎角的对称翼型时,流经上、下表面的流线谱形状一样,压力分布也一样,如图 2.16(a)所示,此时没有升力产生。当气流流经正迎角的对称翼型时,由于上翼面外凸程度大于下翼面,使得上翼面流管收缩,流速加快,压力减小,产生了吸力,如图 2.16(b)所示,此时产生升力。

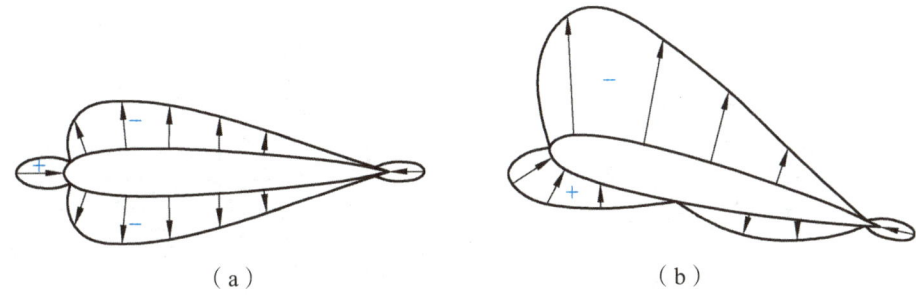

图 2.16 对称翼型在 0°迎角和正迎角下的压力分布

因此，在绕对称翼型的流动中，0°迎角时，升力为 0；在翼型具有正迎角时，翼型才具有正升力。正迎角越大，上翼面外凸影响越大，升力也越大。但是，当迎角达到一定值时，受气流分离的影响，随着迎角的继续增加，升力反而会减小，如图 2.17 所示。

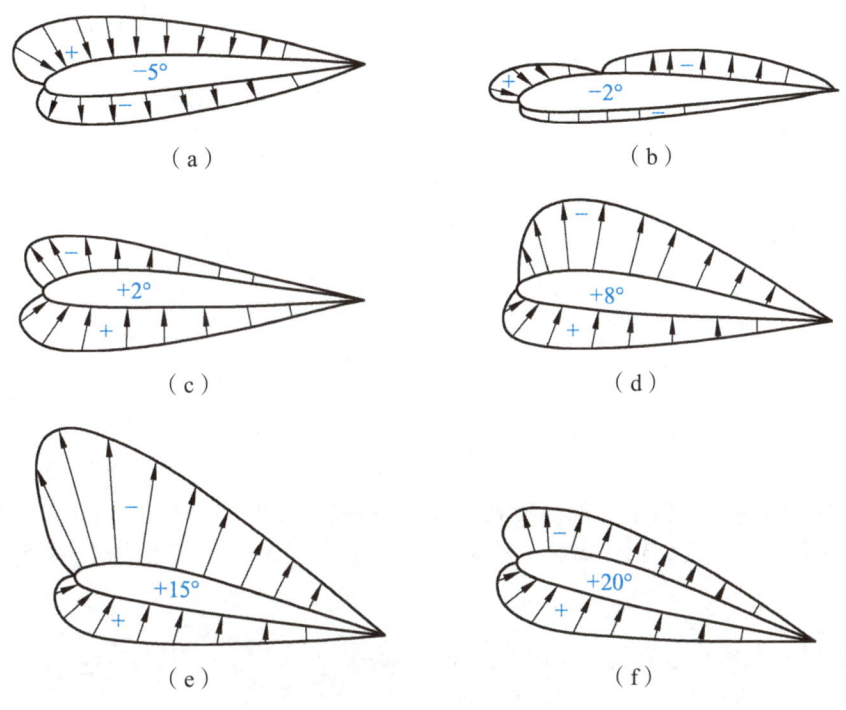

图 2.17 同一翼型不同迎角下的翼型压力分布

2.2.3 升力公式

飞机的升力是由机翼上、下翼面存在压力差而产生的，因此引起机翼压力变化的因素都会引起升力的变化。影响机翼升力的因素主要有迎角、机翼形状、空气密度、气流速度、机翼面积等，这些因素是怎样影响机翼升力的，它们的关系又如何？下面通过升力公式将它们联系起来。

1. 升力公式的推导

图 2.18 所示为某一迎角下，气流流过翼型的流线谱。

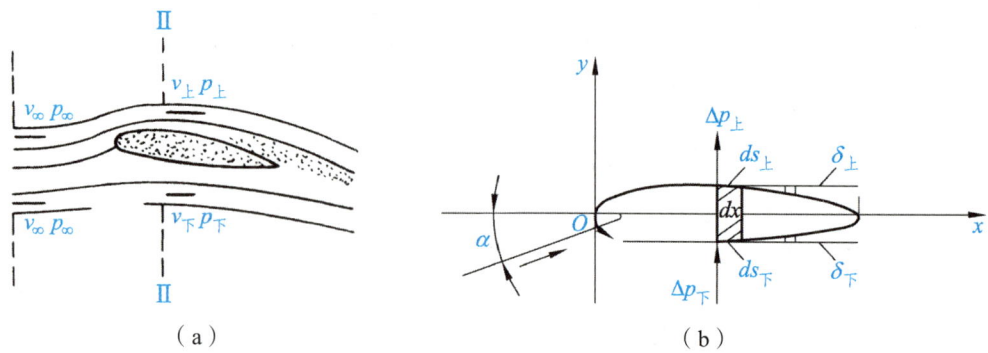

图 2.18 某迎角时的流线谱

设流过翼型上、下表面的气流速度和压力在 Ⅱ—Ⅱ 截面处分别为 $v_上$、$p_上$ 及 $v_下$、$p_下$。根据伯努利方程,有

$$\frac{1}{2}\rho v_\infty^2 + p_\infty = \frac{1}{2}\rho v_上^2 + p_上$$

$$\frac{1}{2}\rho v_\infty^2 + p_\infty = \frac{1}{2}\rho v_下^2 + p_下$$

整理后得

$$\Delta p_上 = p_上 - p_\infty = \frac{1}{2}\rho_\infty v_\infty^2 \left(1 - \frac{v_上^2}{v_\infty^2}\right) = \frac{1}{2}\rho v_\infty^2 \cdot C_{P上} \tag{2.14a}$$

$$\Delta p_下 = p_下 - p_\infty = \frac{1}{2}\rho_\infty v_\infty^2 \left(1 - \frac{v_下^2}{v_\infty^2}\right) = \frac{1}{2}\rho v_\infty^2 \cdot C_{P下} \tag{2.14b}$$

在单位展长机翼上,沿弦向取微段 dx,设其上表面的微段弧长为 $ds_上$,下表面的微段弧长为 $ds_下$,它们的切线与 x 轴(翼弦)的夹角分别为 $\delta_上$、$\delta_下$,如图 2.18(b)所示,则作用在该微段上的升力为

$$dL = (\Delta p_下 \cos\delta_下 - \Delta p_上 \cos\delta_上)\cos\alpha$$

因为 $ds_上 = ds_下 = dx$,于是作用在单位展长机翼上的升力

$$L_型 = \int_0^b (\Delta p_下 \cos\delta_下 - \Delta p_上 \cos\delta_上)\cos\alpha dx \cdot 1 \tag{2.14c}$$

将式(2.14a)和式(2.14b)代入式(2.14c),得

$$L_型 = \frac{1}{2}\rho_\infty v_\infty^2 \int_0^b (C_{p下}\cos\delta_下 - C_{p上}\cos\delta_上)\cos\alpha dx \cdot 1$$

$$= \frac{1}{2}\rho_\infty v_\infty^2 \cdot b \cdot 1 \cdot \int_0^1 (C_{p下}\cos\delta_下 - C_{p上}\cos\delta_上)\cos\alpha d\bar{x} \tag{2.14d}$$

式中 $\bar{x} = x/b$,令

$$C_{L型} = \int_0^1 (C_{p下}\cos\delta_下 - C_{p上}\cos\delta_上)\cos\alpha \,d\overline{x} \tag{2.14e}$$

则式（2.14d）可以表示为

$$L_型 = C_{L型} \cdot \frac{1}{2}\rho_\infty v_\infty^2 \cdot b \cdot 1 \tag{2.14f}$$

式（2.14f）就是翼型的升力公式，式中的（$b \cdot 1$）是机翼的面积（S），$C_{L型}$ 称为翼型的升力系数。

同理，飞机的升力公式可以表示为

$$L = C_L \cdot \frac{1}{2}\rho v^2 \cdot S \tag{2.15}$$

式中　C_L——飞机的升力系数；
　　　$\frac{1}{2}\rho v^2$——飞机的飞行动压；
　　　S——机翼的面积。

2. 升力公式的物理意义

从式（2.15）可见，飞机的升力与升力系数、飞行动压及机翼面积成正比。

由式（2.14e）可以看出，升力系数与机翼形状、机翼的压力分布有关。一般 $\cos\delta_下$、$\cos\delta_上$ 近似等于1，于是

$$C_{L型} = \cos\alpha \int_0^1 (C_{p下} - C_{p上})d\overline{x} \tag{2.16}$$

上式的 $C_{L型}$ 等于用坐标法表示的机翼上、下翼面压力系数曲线所围成的面积在垂直于相对气流方向上的分量。低速飞行时，机翼的压力分布主要随机翼形状和迎角变化，因此，升力系数综合表达了机翼形状、迎角等对飞机升力的影响。升力系数是无量纲参数。应该注意，升力系数仅仅是影响升力的一个因素，系数本身并不是升力。在讨论飞机的空气动力时，为了突出迎角和机翼形状对升力的影响，我们一般用升力系数的变化来分析升力的变化。

升力与来流动压成正比。可以这样解释：因为

$$\Delta p = \frac{1}{2}\rho_\infty v_\infty^2 \left(1 - \frac{v^2}{v_\infty^2}\right) \tag{2.17}$$

当迎角、机翼形状一定时，(v^2/v_∞^2) 的值恒定，则 Δp 与来流动压成正比；而从式（2.14c）可知，升力是由 Δp 所决定的，因此，升力与来流动压成正比。

2.3　阻　力

阻力是与飞机运动轨迹平行、与飞行速度方向相反的力。阻力阻碍飞机的飞行，但没有阻力飞机又无法稳定飞行。飞机低速飞行时，根据阻力形成的原因，飞机的阻力一般分为摩

擦阻力、压差阻力、干扰阻力和诱导阻力，其中摩擦阻力、压差阻力和干扰阻力合称为废阻力（或寄生阻力）。

飞机的废阻力主要与空气的黏性有关，飞机的诱导阻力主要与飞机的升力有关。在讨论飞机阻力前，我们需要了解与空气黏性联系非常紧密的一个概念——附面层。

2.3.1 低速附面层

2.11

1. 附面层的形成

有黏性的气流流过物体时，由于物体表面不是绝对光滑的，且对空气分子有吸附作用，这样，紧贴物体表面的一层气流受到阻滞和吸附，气流速度变为零。这层速度为零的空气层又通过黏性影响到其外层的气流，使其外层气流速度减小。这样一层层地向外影响下去，在紧贴物体表面的地方就出现了气流速度沿物体表面法线方向逐渐增大的薄层。附面层就是指在紧贴物体表面，气流速度从物面速度为零处逐渐增大到99%主流速度的很薄的空气流动层，如图2.19（a）所示。沿物面法向的速度分布称为附面层的速度型，如图2.19（b）所示。

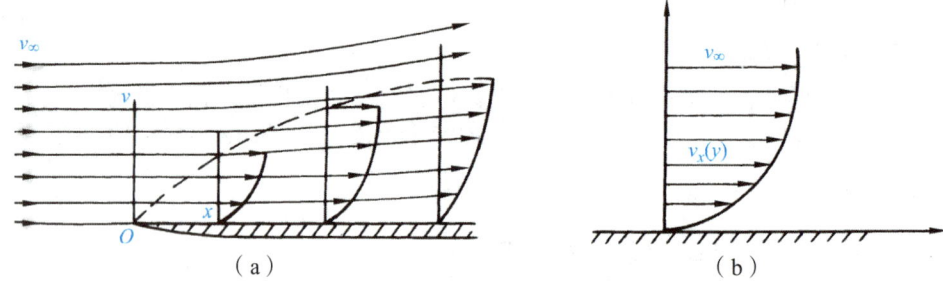

图2.19 平板表面的附面层

2. 附面层的特点

（1）附面层内沿物面法线方向压强不变且等于法线主流压强。

在附面层内有一极其重要的特点。如果沿物面法线方向（以 y 表示）测量附面层沿着 y 方向的静压强 p 的变化，其结果是压强 p 在附面层内沿 y 方向几乎不变，即

$$\frac{\partial p}{\partial y} = 0 \tag{2.18}$$

附面层内沿物面法线方向的压强不变且等于法线主流压强这个特点非常重要。只要测出了附面层边界主流的静压强，便可得到物面上各相应点的静压强，它使理想流体的结论有了实际意义。

（2）附面层的厚度随气流流经物面距离的增长而增厚。

由物面沿法向到附面层边界（速度为99%主流速度处）的距离为附面层的厚度，用 δ 表示，如图2.20所示。附面层厚度随空气流经物面的距离的增长而增厚。这是因为，空气沿物面流动时，紧贴附面层的一层空气要不断受到附面层内空气黏性的影响，逐渐减速变为附面层内的气流，因而空气沿物面流过的距离越长，附面层的厚度也就越厚。对飞机而言，从机翼前缘开始，翼面附面层逐渐增厚，距机翼前缘 1～2 m 处的附面层厚度从数毫米到数十毫米不等。

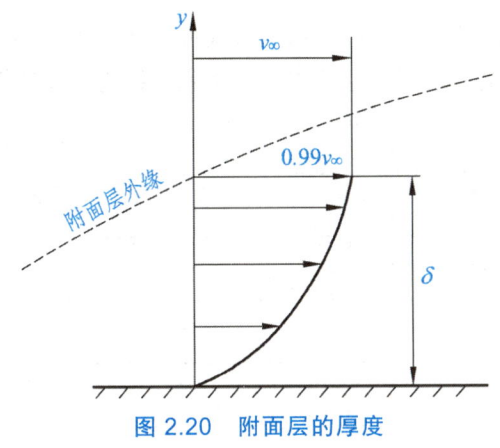

图 2.20　附面层的厚度

3. 层流附面层和紊流附面层

实验发现，黏性气体的流动存在两种基本流态，即层流和紊流。所谓层流，就是气体微团沿物面法向分层流动，互不混淆。也就是说，空气微团没有明显的上下乱动的现象（从微观角度看，层流中的分子运动仍是杂乱无章的，否则就不存在黏性了）。所谓紊流，就是气体微团除了沿物面流动外，还有明显地沿物面法向上下乱动的现象，使各层之间有强烈的混合，形成紊乱的流动。

气流沿物面流动时，在物面的前段一般是层流，后段是紊流，层流与紊流之间的过渡区称为转捩段，如图 2.21 所示。

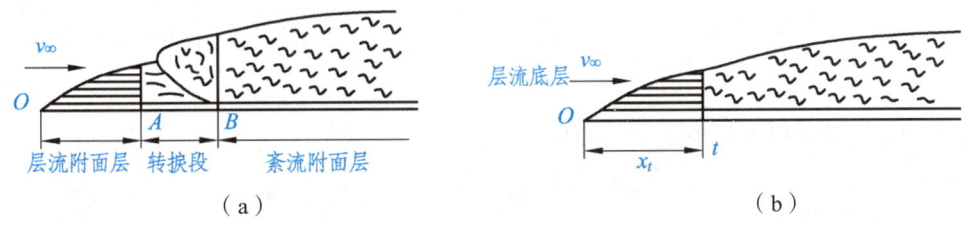

图 2.21　附面层的转捩

附面层由层流转捩为紊流的内因是层流本身的不稳定，外因是物面的扰动作用。层流附面层本身为什么不稳定，有一种解释，如图 2.22 所示，取 a、b、c 流线，如果流线 b 受到扰动而变形，则 1～2 之间 ab 流管截面变细，流速增大，压强降低；而 bc 流管截面变粗，流速减慢，压强增高（这是由于流管变形而影响流速变化，而不是黏性力影响，所以仍可应用伯努利定律）。流线 b 在两侧压力差的作用下，不但不能自动恢复到原来位置，而且还要继续增大变形，同时流线 a、c 在两侧压力差作用下也要发生变形，可见层流本身是不稳定的。

物面是怎样对气流施加扰动的呢？这是由于物面不是绝对光滑的，凹凸不平的物面使低层气流出现上下脉动，并通过气流的不稳定性，逐步将扰动传给相邻的上层气流，使上层气流也随之出现上下脉动。

随着气流流过物面的距离增长，附面层上层气流不断受到扰动，气流上下脉动也将越来越剧烈，当脉动增大到一定程度时，层流附面层也就转捩为紊流附面层。

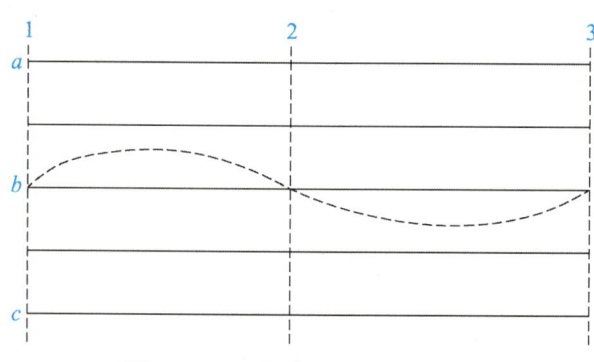

图 2.22 层流附面层的不稳定性

层流附面层与紊流附面层的厚度不同，前者较薄，后者较厚；两者的速度型也不同，与层流附面层相比，紊流附面层由于空气微团上下乱动的结果，相邻各层的流速差较小；在紊流附面层靠近物面部分，由于空气微团的上下乱动受到物面的限制，仍保持为层流（称为紊流的层流低层），就紊流的层流低层来看，物面处的速度梯度要比层流附面层大得多，如图 2.23 所示，即

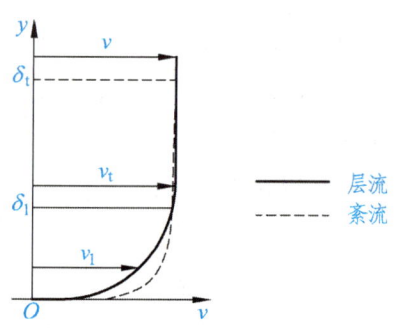

图 2.23 附面层的速度梯度

$$\left(\frac{\partial v}{\partial y}\right)_{y_{紊}=0} > \left(\frac{\partial v}{\partial y}\right)_{y_{层}=0}$$

紊流的层流低层厚度约为整个附面层厚度的 1%。

2.3.2 阻力的产生

1. 摩擦阻力

由附面层理论可知，空气流过机翼时，紧贴机翼表面的一层空气，其速度恒等于零，就好像粘在机翼表面一样，这是由于这些流动的空气受到了机翼表面给它的向前的力作用的结果。由牛顿第三定律可知，这些速度为零的空气也必然给机翼表面一个反作用力，这个反作用力就是摩擦阻力。

2.12

摩擦阻力与附面层的类型密切相关。由于在紧贴飞机表面，紊流附面层的速度梯度比层流附面层的大，即在紊流附面层底层，飞机表面对气流的阻滞作用大，因此，紊流附面层的摩擦阻力也就比层流附面层的大。

摩擦阻力除了与附面层的类型有关外，其大小还取决于空气与飞机的接触面积和飞机的表面状况。飞机的表面积越大，摩擦阻力就越大；飞机表面越粗糙，则摩擦阻力也就越大。

2. 压差阻力

压差阻力是由于物体前后的压力差而产生的阻力。飞机的机翼、机身和尾翼等部件都会产生压差阻力。压差阻力的产生与附面层分离密切相关。我们先介绍与附面层分离有关的一些知识。

1）顺压梯度和逆压梯度

流体流过曲面时，由于曲面弯度的影响，主流沿流动方向压强变化，即存在压强梯度，如流动方向以 x 向表示，压强梯度可表示为 dp/dx。压强梯度对附面层气流的流动将产生很大的影响。

如图 2.24 所示，由前面的知识可知，从 O 到 A，流线逐渐变密，流速增快，压强降低，$dp/dx<0$，称为顺压梯度；从 A 到 B，流线逐渐变稀，流速减慢，压强升高，$dp/dx>0$，称为逆压梯度。A 点为最低压强点。

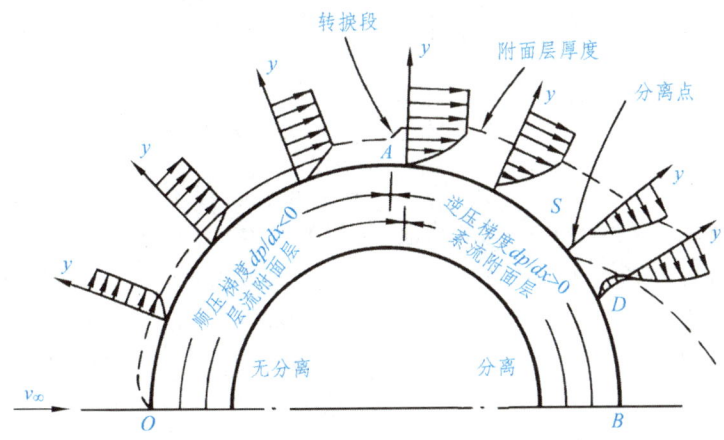

图 2.24　顺压梯度和逆压梯度

2）附面层分离

附面层分离（亦称气流分离）是指附面层内的气流发生倒流，脱离物体表面，形成大量旋涡的现象，如图 2.25 所示。气流开始脱离物体表面的点称为分离点，如图 2.25 中的 Q 点。附面层分离的内因是空气具有黏性，外因则是物体表面弯曲而出现的逆压梯度。

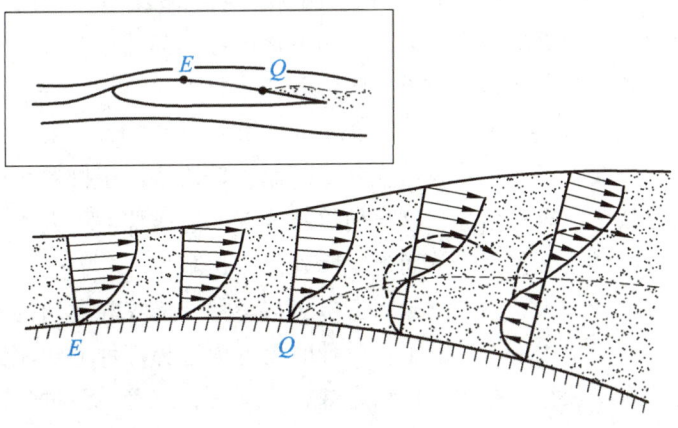

图 2.25　附面层分离

在顺压梯度段（图 2.25 中 E 点之前），附面层内空气黏性的作用虽然使气流减速，但在顺压的作用下却使附面层内的气流加速，总的来说，附面层内的气流还是加速流动的。

然而，在逆压梯度段（图 2.25 中 E 点之后），情况却不是这样。附面层气流在空气黏性和逆压梯度的双重作用下减速，以致在 Q 点速度减小到零。在 Q 点之后，附面层低层的气流在逆压梯度的作用下发生倒流。倒流而上的气流与顺流而下的气流在 Q 点相遇，使附面层气流拱起脱离物体表面，并被主流卷走，形成大的旋涡而使附面层气流产生了分离。这些旋涡一方面被相对气流吹离机翼，一方面又连续不断地从机翼表面产生，如此周而复始地变化，这样就在分离点后形成了涡流区。这种旋涡运动的周期性，是引起飞机机翼、尾翼和其他部分产生振动的重要原因之一。

附面层分离后，涡流区的压强降低（这种压强的降低是相对物体前部而言的）。其原因是：在涡流区，由于产生了旋涡，空气迅速旋转，一部分动能因摩擦而损耗，这样压强就降低了。例如，汽车在行驶中，车身后部的灰尘被吸在车后，就是由于车身后部涡流区内的空气压强比其周围的大气压强低的缘故。

实验结果表明，涡流区内各处的压强几乎是相等的，且等于分离点处的压强。

3）压差阻力的产生

气流流过机翼后，在机翼的后缘部分也会产生附面层分离形成涡流区，压强降低；而在机翼前缘部分，由于气流受阻压强增大，这样机翼前后缘就产生了压力差，从而使机翼产生压差阻力。飞机其他部分产生压差阻力的原理与此相同。

由于涡流区的压强等于分离点处的压强，当分离点靠近机翼前缘，涡流区压强进一步降低，压差阻力就会增大；分离点靠近机翼后缘，涡流区压强增大，压差阻力减小。机翼气流分离点的位置主要取决于迎角的大小。机翼迎角越大，分离点越靠近机翼前缘。

总的来说，飞机压差阻力与迎风面积、形状和迎角有关。迎风面积大，压差阻力大。像水滴那样，前端圆钝，后端细尖的流线型体，压差阻力小。迎角越大，压差阻力也越大。

3. 干扰阻力

实验表明，飞机的各个部件，如机翼、机身、尾翼等，单独放在气流中所产生的阻力总和小于把它们组成一个整体时所产生的阻力。我们把这种飞机各部分之间由于气流的相互干扰而产生的额外阻力，称为干扰阻力。它产生于飞机上各个部件结合部。

下面我们以机翼和机身为例，说明干扰阻力的产生原理。

如图 2.26 所示，气流流过机翼和机身的结合部，在结合部中段，由于机翼表面和机身表面都向外凸出，流管收缩，流速加快，压强降低。而在后段，由于机翼和机身表面都向内弯曲，流管扩张，流速减小，压强增大。这样使得结合部的逆压梯度增大，促使气流分离点前移，使翼身结合部后的涡流区扩大，从而产生额外的干扰阻力。

不但机翼和机身结合部会产生干扰阻力，机身与尾翼、机翼和发动机短舱等也会产生干扰阻力。因此，为了减小干扰阻力，除了在设计时要考虑选择部件形状和安装位置外，在飞机的各个部件结合部应安装整流蒙皮，使结合部较为圆滑，流管不致过分扩张，以免产生气流分离。

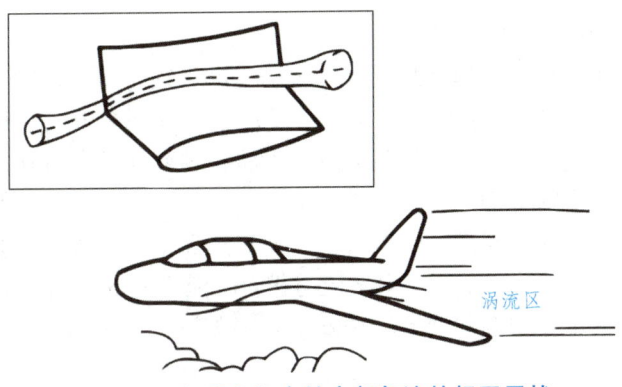

图 2.26　机翼和机身结合部气流的相互干扰

4. 诱导阻力

前面介绍的三种阻力与空气的黏性有关，除了这三个阻力，飞机在飞行时还要产生另一个阻力——诱导阻力。诱导阻力的产生与翼尖涡和下洗流有关，与升力的产生有关。

1）翼尖涡的形成

当机翼产生正升力时，下翼面的压强比上翼面高，在上、下翼面压强差的作用下，下翼面的气流就绕过翼尖流向上翼面，这样就使下翼面的流线由机翼的翼根向翼尖倾斜，而上翼面的流线则由翼尖偏向翼根，如图 2.27 所示。由于上、下翼面气流在后缘处具有不同的流向，于是就形成旋涡，并在翼尖卷成翼尖涡，翼尖涡向后流即形成翼尖涡流。机翼上产生的升力越多，翼尖涡也就越强。从飞机的后部向前看，右翼尖涡是逆时针旋转，左机翼的翼尖涡是顺时针旋转。

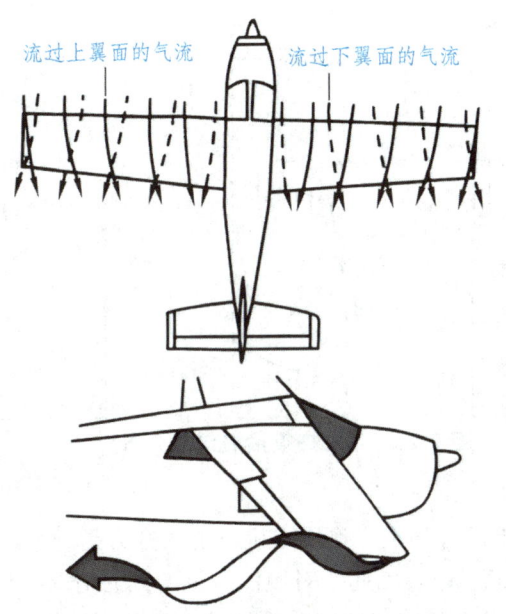

2.13

图 2.27　飞机的翼尖涡后翼尖涡流

飞行中，因翼尖涡内的空气压强低，如果空气中含有足够的水蒸气，就会因膨胀冷却而结成水珠，形成由翼尖向后的两道白雾状的涡流索。

2）下洗流和下洗角

由于机翼后缘存在旋涡，旋涡在机翼剖面会诱起沿竖轴方向（垂直于相对气流方向）的诱导速度（用 w 表示），它的指向在整个机翼展长范围内都是向下的，称为下洗速度。下洗速度沿翼型的翼弦方向是变化的，为简便起见，可将机翼弦向的下洗速度用一个平均下洗速度来代替，表示整个翼型的下洗速度。

下洗速度的存在，改变了翼型的气流方向，使流过翼型的气流向下倾斜，这个向下倾斜的气流称为下洗流，其流速用 v' 表示。下洗流与相对气流之间的夹角称为下洗角，用 ε 表示。下洗流与翼弦之间的夹角称为有效迎角，用 α_t 表示，如图 2.28 所示。

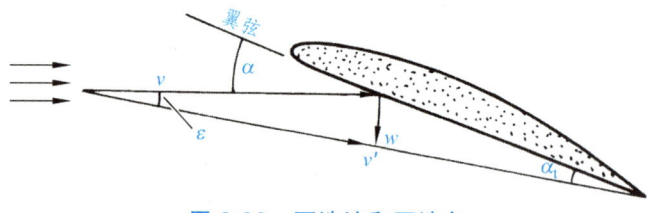

图 2.28 下洗流和下洗角

机翼剖面的有效迎角比机翼的迎角小，它们的关系是

$$\alpha_t = \alpha - \varepsilon$$

下洗速度沿展向一般也不一样。椭圆形机翼的下洗速度沿展向是相同的，其他平面形状的机翼则不相同。图 2.29 给出了椭圆形机翼、梯形机翼、矩形机翼的下洗速度沿展向的分布图。由图 2.29 可看出，梯形机翼的下洗速度从翼根到翼尖是逐渐减小的，而矩形机翼的下洗速度从翼根到翼尖是逐渐增大的。

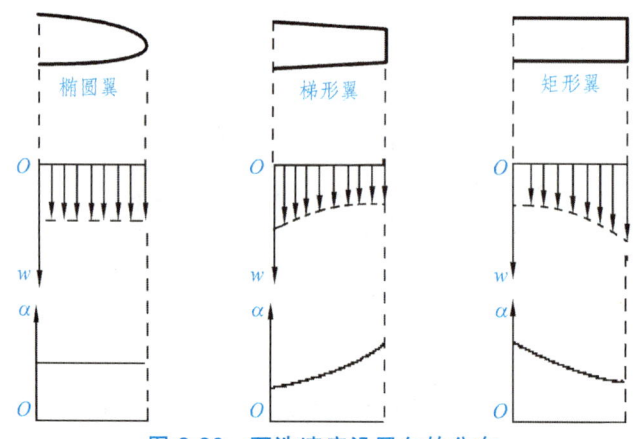

图 2.29 下洗速度沿展向的分布

3）诱导阻力的产生

当气流流过机翼时，如果没有下洗，作用在机翼上的升力是垂直于相对气流 v 的；有了下洗，实际升力应垂直于下洗流 v'。因此，对照没有下洗流的情况（也就是对照相对气流）来说，实际升力 L' 相对于相对气流的方向向后倾斜了一个角度 ε，如图 2.30 所示。这样，实际升力 L' 对飞机的运动起着两个作用：一是垂直于相对气流方向的分力（图 2.30 中的 L）起着升力的作用；二是平行于相对气流方向的分力（图 2.30 中的 D）起着阻碍飞机前进的作用，这个阻力就是诱导阻力。

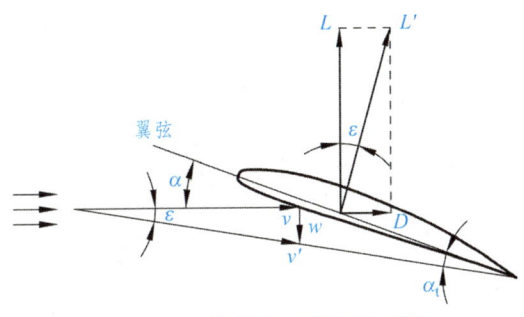

图 2.30 诱导阻力的产生原理

诱导阻力主要受到机翼形状（特别是机翼的平面形状）、展弦比、升力大小、飞行速度的影响。椭圆翼的诱导阻力最小。展弦比大，诱导阻力小。升力大，诱导阻力大。在平直飞行中，诱导阻力与飞行速度的平方成反比。

5. 阻力公式

至此，我们讨论完了飞机在低速飞行中的所有阻力：摩擦阻力、压差阻力、干扰阻力和诱导阻力。与升力类似，飞机的阻力主要与机翼形状及表面质量、飞机迎角、机翼面积、飞行动压有关。其中，机翼形状及表面质量和飞机迎角对飞机阻力的影响用阻力系数表示，这样就可以得到与升力公式类似的阻力公式，如式（2.19）。

$$D = C_D \cdot \frac{1}{2}\rho v^2 \cdot S \tag{2.19}$$

式中，C_D 为飞机的阻力系数，它表达了飞机迎角、机翼形状及表面质量对飞机阻力的影响。

从式（2.12）可以看出，飞机的阻力与动压及机翼面积成正比。

2.4 飞机的低速空气动力性能

飞机的空气动力性能是决定飞机飞行性能的一个重要因素。飞行员既要熟悉飞机空气动力的产生和变化，同时也要清楚飞机空气动力性能的基本数据。这对于更好地认识飞机的飞行性能，正确处理飞行中遇到的相关问题非常重要。

飞机的空气动力性能主要包括飞机的升力特性、阻力特性、升阻比特性；主要的空气动力性能参数包括飞机的最大升力系数、最小阻力系数和最大升阻比等。

2.4.1 升力特性

飞机的升力特性是指飞机的升力系数的变化。飞机的升力系数表示飞机的迎角、机翼形状对飞机升力的影响。我们只讨论飞机迎角对升力系数的影响，机翼形状对升力的影响在下一节增升装置中讨论。

1. 升力系数的变化规律

图 2.31 所示为某型飞机的升力系数曲线，即升力系数随迎角的变化规律曲线。

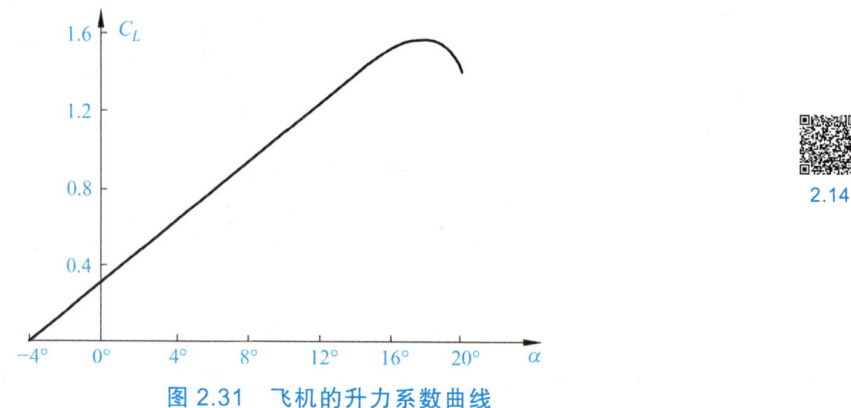

图 2.31 飞机的升力系数曲线

从升力系数曲线可以看出，在中小迎角范围，升力系数呈线性变化，即升力系数随迎角的增大线性增大。这是因为在中小迎角，涡流区只占上翼面后段很小一段，对翼面压强分布影响很小。随迎角增大，如图 2.32（a）到（b）所示，上翼面前部流线更弯曲，流管更为收缩，流速更快，压强更低，吸力更大；与此同时，下翼面的阻挡作用更强，压强更高，压力更大，升力系数呈线性增大。

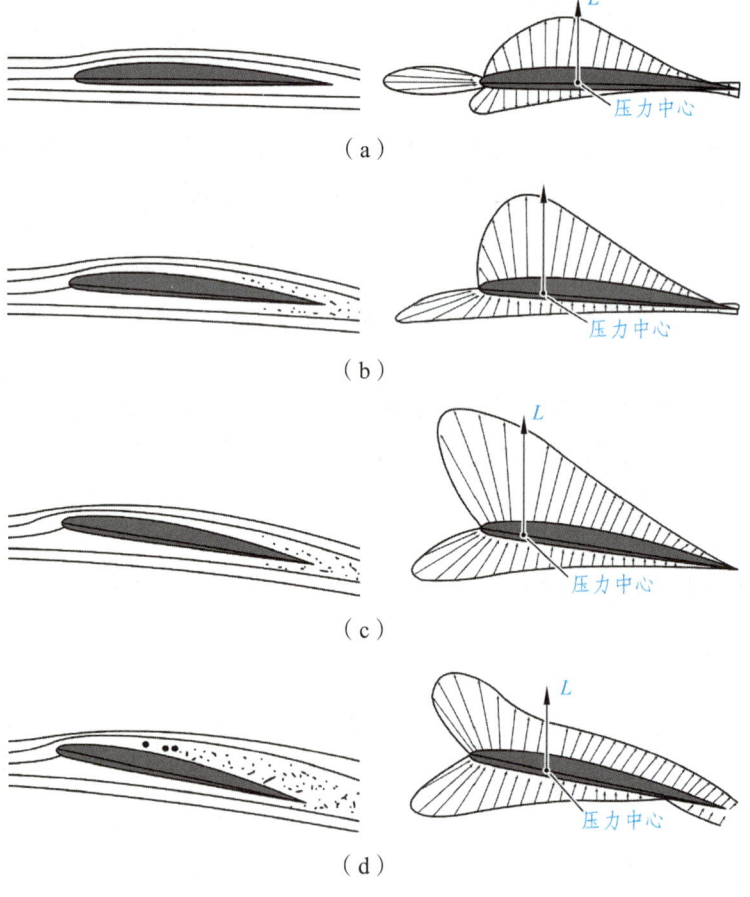

图 2.32 翼型在不同迎角下的压强分布

在较大的迎角范围，随迎角的增大，升力系数增大的趋势减缓，呈曲线增大。如图2.32（b）到（c）所示，随迎角的增大，最低压强点的压强进一步降低，逆压梯度增强，分离点前移，涡流区扩大，它对整个翼型的压强分布都有影响。除前缘附近很小一段上翼面的吸力仍增长较快外，上翼面大部分翼段上的吸力和下翼面的正压力的增长都很缓慢。这样，升力系数虽仍随迎角的增大而增大，但已呈非线性的变化，增长势头渐渐减缓。

迎角达到临界迎角时，升力系数达到最大；迎角超过临界迎角后，随迎角增大升力系数降低。这是因为，迎角超过临界迎角以后，如图2.32（d）所示，在上翼面最低压强点后的逆压梯度继续增强，分离点很快前移，涡流区迅速扩大，影响整个流场。上翼面前段，流线变稀，流速减慢，吸力峰陡落，在涡流区所在的一段翼面，吸力虽稍有增加，但补偿不了前段吸力的丧失，因而升力系数降低。

2. 升力特性参数

1）零升迎角（α_0）

零升迎角是飞机升力系数等于零时的迎角。对于非对称翼型，如相对弯度大于零，零升迎角（α_0）为负值。这是因为，当$\alpha=0$时，上下翼面的流线不对称，有一定的上下压力差，升力系数大于零；当升力系数等于零时，迎角（α）必然小于零而为一负值。对称翼型的零升迎角（α_0）等于零，这是因为，当$\alpha=0$时，上下翼面的流线对称，没有上下压力差，升力系数等于零。

2）升力系数曲线斜率（C_L^α）

升力系数曲线斜率（C_L^α）是升力系数增量与迎角增量之比的极限值，即$C_L^\alpha=\partial C_L/\partial\alpha$。它反映迎角改变时升力系数变化的大小程度，是影响飞机操纵性和稳定性的重要参数。

在中小迎角范围，升力系数与迎角呈线性变化，线性段的升力系数可由式（2.20）估算。

$$C_L = C_L^\alpha(\alpha-\alpha_0) \tag{2.20}$$

在升力系数的非线性段，C_L^α随迎角的增大而不断减小；当迎角等于临界迎角时，$C_L^\alpha=0$；当迎角超过临界迎角，$C_L^\alpha<0$。

3）临界迎角（α_{cr}）和最大升力系数（$C_{L\max}$）

升力系数曲线最高点所对应的迎角和升力系数就是临界迎角（α_{cr}）和最大升力系数（$C_{L\max}$）。即当升力系数最大时，飞机达到临界迎角；或飞机达到临界迎角时，升力系数最大。

最大升力系数是决定飞机起飞和着陆性能的重要参数。从升力公式可以看出，C_L越大，速度就越小。速度越小，需要的跑道就越短，飞机起飞和着陆也就越安全。

临界迎角是一个非常重要的空气动力性能参数，它决定飞机的失速特性。超过临界迎角，升力系数突然下降，飞机进入失速而不能保持正常的飞行状态。

2.4.2 阻力特性

飞机的阻力特性是指飞机的阻力系数的变化。飞机的阻力系数表示飞机的迎角、机翼形状和机翼表面质量对飞机阻力的影响。在此我们重点讨论飞机迎角对阻力系数的影响。

1. 阻力系数的变化规律

阻力系数的变化规律可以用阻力系数曲线表示。阻力系数曲线反映了阻力系数随迎角变化的规律。图 2.33 所示为某型飞机的阻力系数曲线。从曲线可以看出，阻力系数随迎角的增大而增大，近似于抛物线规律。

在中小迎角范围，随迎角增大，阻力系数增加缓慢。这是因为，在中小迎角，飞机的阻力主要为摩擦阻力，迎角对其的影响很小。

迎角较大时，随迎角增大，阻力系数增加较快；接近或超过临界迎角时，阻力系数急剧增大。这是因为，在较大迎角，飞机的阻力主要为压差阻力和诱导阻力，迎角增大，压差阻力和诱导阻力都增大，特别是在接近或超过临界迎角时，由于涡流区的急剧扩大，压差阻力急剧增大，从而使阻力系数急剧增大。

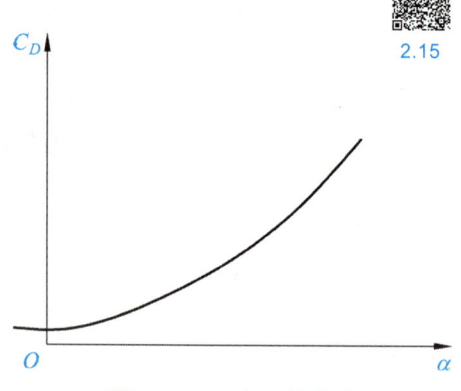

图 2.33 阻力系数曲线

2. 阻力特性参数

1）最小阻力系数（$C_{D\min}$）和零升阻力系数（C_{D0}）

阻力系数永远不等于零，但它存在一个最小值，即最小阻力系数（$C_{D\min}$）。零升阻力系数指升力系数为零时的阻力系数（C_{D0}）。飞机的最小阻力系数非常接近零升阻力系数，一般认为零升阻力系数（C_{D0}）就是最小阻力系数（$C_{D\min}$）。

2）中小迎角时的阻力公式

在中小迎角时，阻力公式可以表示为

$$C_D = C_{D0} + AC_L^2 \tag{2.21}$$

式中，A 为诱导阻力因子，其值与飞机机翼形状有关。

2.4.3 升阻比特性

1. 升阻比

升阻比是相同迎角下，升力系数与阻力系数之比，用 K 表示。由于升力系数和阻力系数的大小主要随迎角变化，所以升阻比的大小也主要随迎角变化。也就是说，升阻比与空气密度、飞行速度、机翼面积的大小无关。

升阻比大，说明在同一升力的情况下，阻力比较小。升阻比越大，飞机的空气动力性能越好，对飞行越有利。

2. 升阻比曲线

图 2.34 所示为某机型的升阻比曲线。升阻比曲线

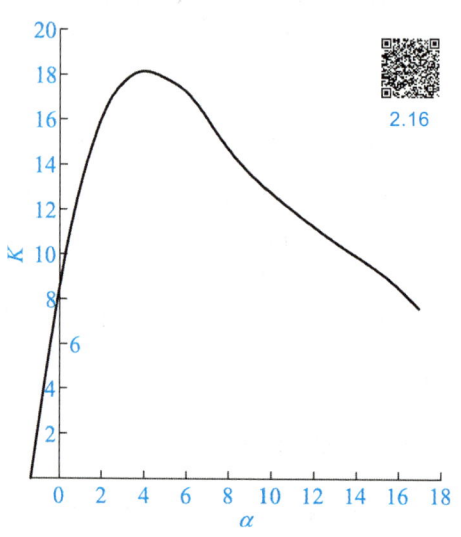

图 2.34 升阻比曲线

表达了升阻比随迎角而变化的规律。从曲线可看出，升阻比存在一个最大值，此时对应的迎角称为最小阻力迎角（也称有利迎角）。

从零升迎角到最小阻力迎角，随迎角增大，升力系数呈线性增加，阻力系数增加缓慢，升阻比增大；达到最小阻力迎角时，升阻比最大。

超过最小阻力迎角后，随着迎角增大，在升力系数变化的线性段，由于诱导阻力系数按 C_L^2 的规律增加，使阻力系数的增加量超过了升力系数的增加量，升阻比减小；在升力系数变化的非线性段，升力系数增加更缓慢，在迎角超过临界迎角后，由于压差阻力的急剧增大，升阻比急剧降低。

3. 性质角

所谓性质角，就是飞机总空气动力与飞机升力之间的夹角，以 θ 表示。

$$\cot\theta = \frac{L}{D} = \frac{C_L}{C_D} = K \tag{2.22}$$

式（2.15）表明，性质角的余切等于升阻比。性质角越小，总空气动力向后倾斜得越少，升阻比越大。

2.4.4 飞机的极曲线

1. 极曲线

从综合衡量飞机的空气动力性能出发，需要将飞机的升力系数、阻力系数、升阻比随迎角变化的关系综合地用一条曲线表示出来，此曲线就是飞机的极曲线。

图 2.35 所示为某机型的极曲线，横坐标为阻力系数，纵坐标为升力系数，曲线上的每一点代表一个与坐标所表示的升力系数、阻力系数对应的迎角。

从零升迎角开始，随迎角增大，升力系数和阻力系数都逐渐增大。在中小迎角范围内，$C_D = C_{D0} + AC_L^2$，曲线呈平方抛物线。迎角增大时，受气流分离影响，阻力系数增加快，升力系数增加变缓，曲线偏离平方抛物线而倾向 C_D 轴。超过临界迎角以后，升力系数随迎角的增大而减小，但阻力系数却继续增大，曲线向右下方延伸。

在极曲线上，曲线与 C_D 轴交点为零升迎角（α_0）和零升阻力系数（C_{D0}）。曲线最高点为临界迎角（α_{cr}）和最大升力系数（$C_{L\max}$）。

从坐标原点向曲线引切线，切点对应最小阻力迎角和最大升阻比。这是因为，当从坐标原点向曲线引的射线与曲线相切时，性质角最小，故升阻比最大。从图 2.36 可见，从零升迎角起，随迎角逐渐增大，性质角逐渐减小，升阻比逐渐增大；当连线与曲线相切时，性质角最小，升阻比最大，对应迎角为最小阻力迎角；当迎角大于最小阻力迎角时，随迎角增大，性质角增大，升阻比降低。

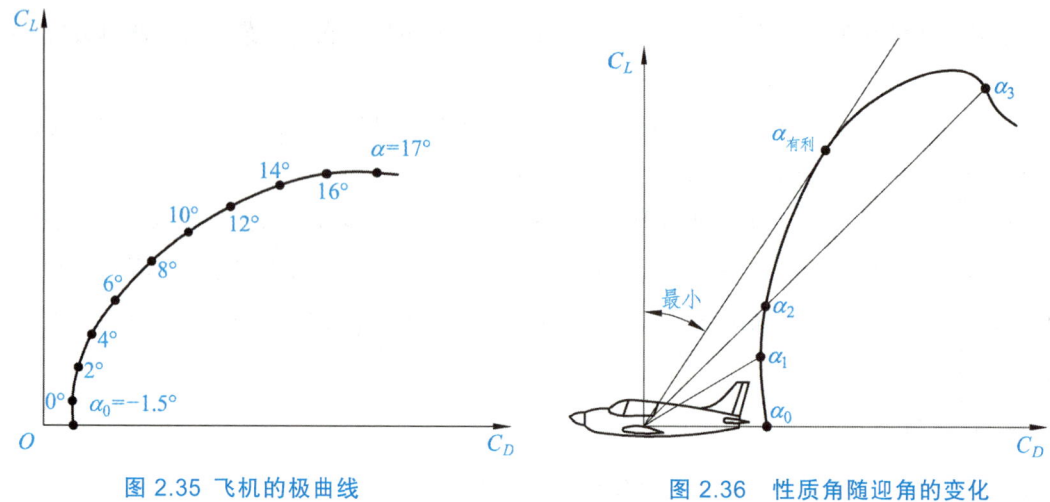

图 2.35 飞机的极曲线　　　　　图 2.36 性质角随迎角的变化

2. 不同滑流状态下的极曲线

螺旋桨飞机的机翼受螺旋桨滑流的影响较大，在不同的滑流状态下，飞机的极曲线将发生变化。

受螺旋桨滑流影响的机翼部分，实际的气流速度增大（大于相对气流速度），使升力和阻力都增大，但受滑流影响的一般是机翼的中段，滑流对翼尖涡以及由它产生的诱导阻力的影响不大，阻力增加较少。所以，与弱滑流相比，同一升力系数下，强滑流的阻力系数小；同一迎角下，强滑流的升力系数提高，而阻力系数增加不多，性质角变小，升阻比增大；极曲线向右上方偏移，最大升阻比提高，与最大升阻比对应的升力系数降低，最小阻力迎角变小；升力系数斜率和最大升力系数均增大，如图 2.37 所示。

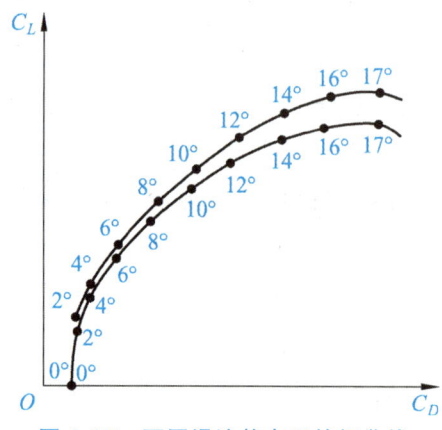

图 2.37 不同滑流状态下的极曲线

2.4.5 地面效应

飞机在起飞和着陆贴近地面时，由于流过飞机的气流受地面的影响，使飞机的空气动力和力矩发生变化，这种效应称为地面效应。

飞机贴近地面飞行时，流经机翼下表面的气流受到地面的阻滞，流速减慢，压强增大，形成所谓的气垫现象；而且由于地面的阻滞，使原来从下翼面流过的一部分气流改道从上翼面流过，于是上翼面前段的气流加速，压强降低，致使上下翼面的压强差增大，升力系数增大。同时，由于地面的作用，使流过机翼的气流下洗减弱，下洗角减小，诱导阻力减小，使飞机阻力系数减小，如图 2.38 所示。

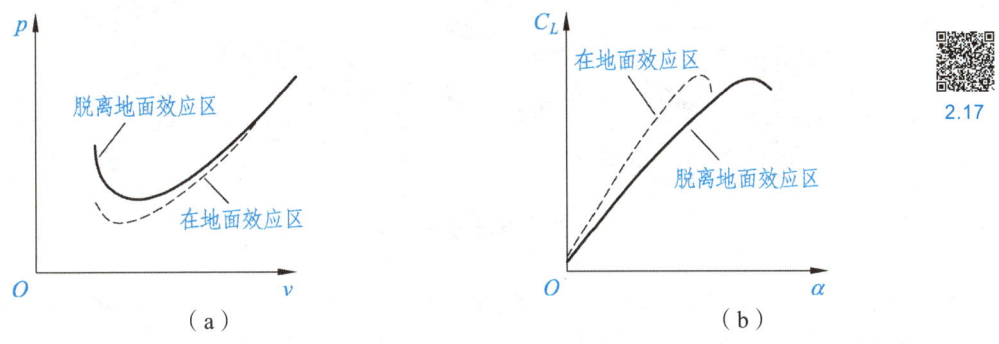

图 2.38 地面效应

另外，由于地面效应使下洗角减小，水平尾翼的有效迎角增大（负迎角绝对值减小），平尾产生向上的附加升力，对飞机重心形成附加的下俯力矩。

地面效应对飞机的影响与飞机距地面的高度有关。实验表明：飞机距地面在一个翼展以内，地面效应对飞机有影响，距地面越近，地面效应越强。飞机距地面高度在一个翼展以上，可以不考虑地面效应对飞机的影响。

2.5 增升装置的增升原理

飞机的升力主要随飞行速度和迎角的变化而变化。飞机在正常飞行时，升力基本是不变的，这样在大速度飞行时，只要求较小的升力系数和迎角，机翼就可以产生足够的升力，以克服飞机重量而维持飞行。如果以小速度飞行，则要求较大的升力系数和迎角，机翼才能产生足够的升力来维持飞机飞行。飞机在起飞和着陆时，为缩短飞机在地面的滑跑距离，要求较小的离地速度和接地速度，这就需要较大的升力系数。用增大迎角的方法来增大升力系数从而减小速度是有限的。因为飞机的迎角最多只能增大到临界迎角，实际上飞机在起飞和着陆时，由于受到擦尾角的限制，迎角是不可能增大到临界迎角的。

因此，为了保证飞机在起飞和着陆时仍能产生足够的升力，有必要在机翼上装设增大升力系数的装置。增升装置就是用来增大最大升力系数的装置。目前，使用较为广泛的增升装置有前缘缝翼、后缘襟翼、前缘襟翼等。

2.5.1 前缘缝翼

前缘缝翼位于机翼前缘，其作用是延缓机翼的气流分离，提高最大升力系数和临界迎角。

前缘缝翼打开时与机翼之间有一条缝隙，如图 2.39 所示。一方面，下翼面的高压气流流过缝隙后，贴近上翼面流动，给上翼面气流补充了能量，降低了逆压梯度，延缓气流分离，达到增大升力系数和临界迎角的目的；另一方面，气流从压强较高的下翼面通过缝隙流向上翼面，减小了上下翼面的压强差，又具有减小升力系数的作用。

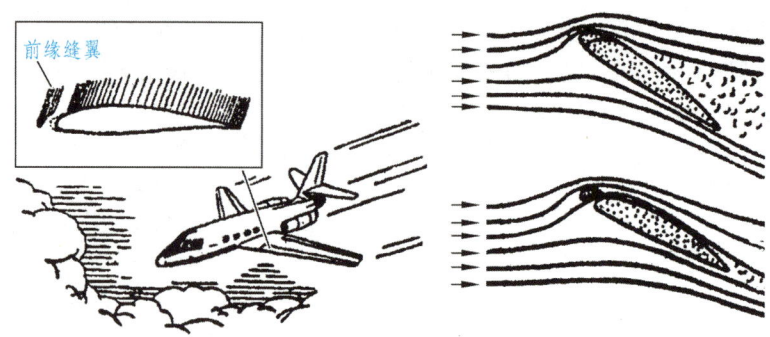

图 2.39 前缘缝翼打开延缓气流分离

在接近临界迎角时，上翼面的气流分离是使升力系数降低的主要原因，因而，在此迎角下，利用前缘缝翼延缓气流分离的作用，就能提高最大升力系数和临界迎角。但是，在迎角较小时，上翼面的气流分离本来就很弱，在这些迎角下，打开前缘缝翼，不仅不能增大升力系数，反而会使上下翼面的压强差减小而降低升力系数，如图 2.40 所示。因此，只有当飞机迎角接近或超过临界迎角时，即机翼气流分离现象严重时，打开前缘缝翼才能起到增大升力系数的作用。

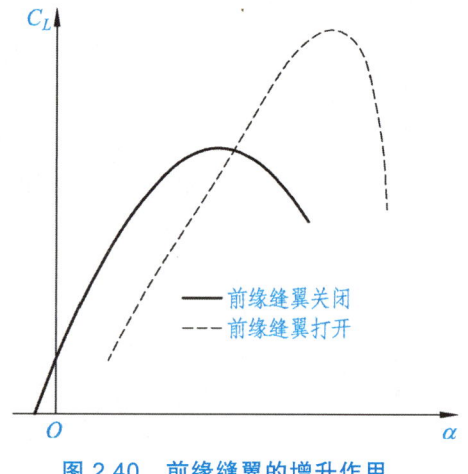

图 2.40 前缘缝翼的增升作用

目前所有的飞机，只在靠近翼尖且位于副翼之前装设有缝翼，称为翼尖前缘缝翼。它的主要作用是在大迎角下延缓翼尖部分的气流分离，提高副翼的效能，从而改善飞机的横侧稳定性和操纵性。

2.5.2　后缘襟翼

襟翼位于机翼后缘，称为后缘襟翼，较为常用的有：分裂襟翼、简单襟翼、开缝襟翼、后退襟翼、后退开缝襟翼等。放下后缘襟翼，既增大升力系数，同时也增大了阻力系数。因此，在起飞时一般放小角度襟翼，着陆时放大角度襟翼。

1. 分裂襟翼

分裂襟翼是从机翼后段下表面一块向下偏转而分裂出的翼面。放下襟翼后，一方面，在机翼和襟翼之间的楔形区形成涡流，压强降低，对机翼上表面的气流有吸引作用，使其流速增大，上下翼面压差增大，既增大了升力系数，同时又延缓了气流分离；另一方面，放下襟翼，翼型弯度增大使上下翼面压强差增大，升力系数增大。由于上述原因，分裂襟翼的增升效果很好，一般最大升力系数可增大 75% ~ 85%。但大迎角下放襟翼，上翼面最低压强点的压强更低，气流易提前分离，故临界迎角有所减小。分裂襟翼的增升效果如图 2.41 所示。

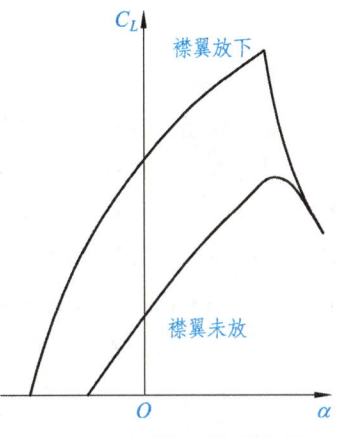

图 2.41 分裂襟翼的增升效果

2. 简单襟翼

简单襟翼与副翼形状相似，放下简单襟翼，改变了翼型的弯度，使机翼更加弯曲，如图 2.42 所示。这样，流过上翼面的气流流速加快，压强降低；而流过下翼面的气流流速减慢，压强提高。因而上、下翼面压强差增大，升力系数增大。

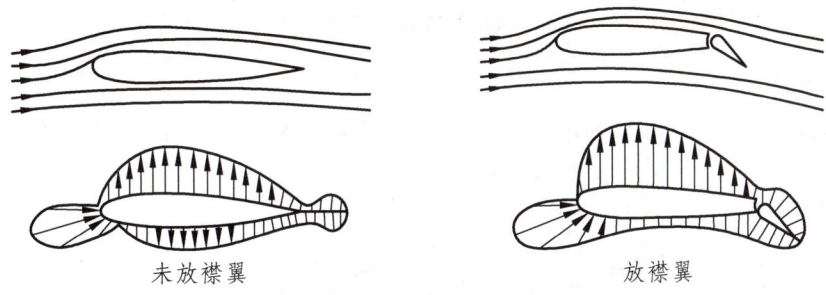

图 2.42 简单襟翼对流线谱和压强分布的影响

但是，简单襟翼放下后，机翼后缘涡流区扩大，机翼压差阻力增大，同时由于升力系数增大，诱导阻力增大，总阻力增大，且相对于升力来说，阻力增大的百分比更多。所以，放下简单襟翼后，升力系数和阻力系数均增大，但升阻比降低，如图 2.43 所示。

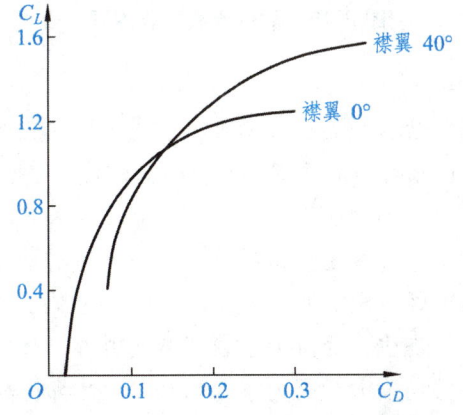

图 2.43 某机型放下简单襟翼后的极曲线

在大迎角下放简单襟翼，机翼弯度增大，使上翼面逆压梯度增大，气流提前分离，涡流区扩大，导致临界迎角降低。

3. 开缝襟翼

开缝襟翼是在简单襟翼的基础上改进而成的。开缝襟翼的流线谱如图 2.44 所示。放下开缝襟翼，一方面，襟翼前缘与机翼后缘之间形成缝隙，下翼面的高压气流通过缝隙高速流向上翼面后缘，使上翼面后缘附面层中空气流速加快，能量增多，延缓了气流分离，提高升力系数；另一方面，放下开缝襟翼，使机翼弯度增大，也有增升效果。所以，开缝襟翼的增升效果比较好，最大升力系数一般可增大 85%～95%，而临界迎角却降低不多。开缝襟翼一般开 1～3 条缝。开缝襟翼是中、小型飞机常用的襟翼类型。

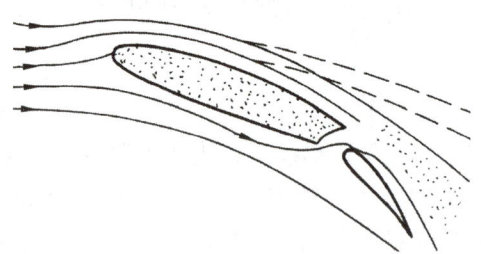

图 2.44　开缝襟翼的流线谱

4. 后退襟翼

后退襟翼的工作原理如图 2.45 所示。这种襟翼在下偏的同时，还向后滑动。它不但增大了机翼弯度，同时还增加了机翼面积，增升效果好，且临界迎角降低较少。

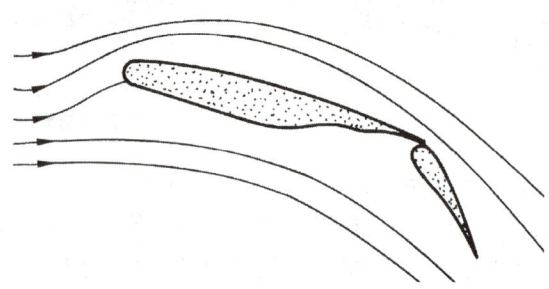

图 2.45　后退襟翼工作原理

5. 后退开缝襟翼

将后退襟翼和开缝襟翼结合就是后退开缝襟翼。当襟翼在放下和后退位置时，它的前缘和机翼后缘形成一条缝隙，它兼有后退襟翼和开缝襟翼的优点，增升效果很好。现代高速大、重型飞机广泛使用。

后退开缝襟翼有两种形式，一种是查格襟翼，另一种是富勒襟翼。

查格襟翼后退量不多，机翼面积增加较少，最大升力系数可增大 110%～115%。起飞时，襟翼下偏角度小，阻力系数增加少，而升力系数却增加很多，升阻比增大，有利于缩短起飞滑跑距离。着陆时，襟翼下偏角度大，阻力系数和升力系数都提高较多，有利于缩短着陆滑跑距离。

富勒襟翼的后退量和机翼面积的增加量都比查格襟翼的多,而且后退到某些位置时,与翼间形成的缝隙也更大,增升效果更好,其最大升力系数可增大 110%～140%。

2.5.3 前缘襟翼

位于机翼前缘的襟翼叫前缘襟翼,如图 2.46 所示。这种襟翼广泛用于高亚音速飞机和超音速飞机。

超音速飞机一般采用前缘削尖、相对厚度小的薄机翼。在大迎角下飞行时,机翼上表面就开始产生气流分离,如图 2.46(a)所示,使最大升力系数降低。如放下前缘襟翼,一方面可以减小前缘与相对气流之间的夹角,使气流能够平顺地沿上翼面流动,延缓气流分离,如图 2.46(b)所示;另一方面也增大了翼型弯度。这样就使得最大升力系数和临界迎角得到增大。

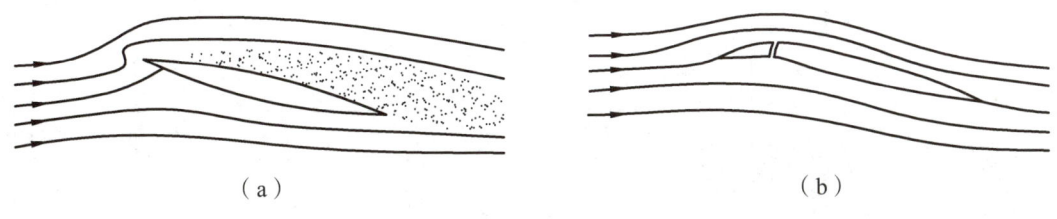

图 2.46 前缘襟翼

高亚音速飞机的前缘较超音速飞机的钝,前缘襟翼一般采用克鲁格襟翼,如图 2.47 所示。这种襟翼贴在机翼前缘下表面,放出时,它绕前缘向前下方翻转,这样既增大了翼型弯度和机翼面积,又改善了前缘绕流,具有很好的增升效果。

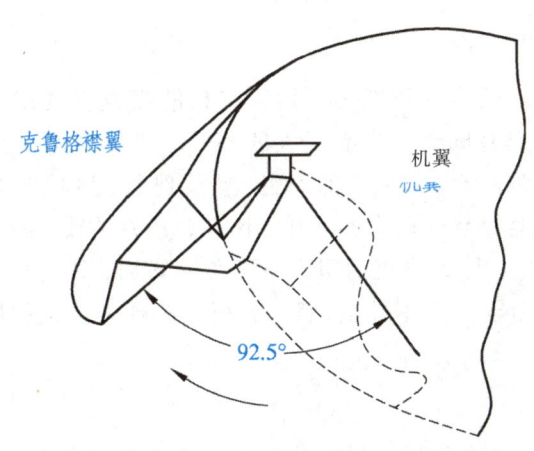

图 2.47 克鲁格襟翼

增升装置的种类虽较多,但就其增升原理来讲,一般主要通过三个方面来达到增升目的:一是增大翼型的弯度,增大机翼上下翼面的压强差,从而增大升力系数;二是延缓上翼面的气流分离,提高临界迎角和最大升力系数;三是增大机翼面积,从而增大升力系数。

2.6 高速空气动力学基础

由于空气压缩性的影响，不仅空气的高速流动规律与低速流动规律存在差异，而且飞机的高速空气动力特性与低速空气动力特性也存在差异，这种差异，在亚音速飞行阶段就已表现出来，到了跨音速和超音速阶段表现尤为突出。而这种差异都源于高速流动中的特有现象——激波的出现。

通常以马赫数 $M0.4$ 为界，将空气流动分为低速流动和高速流动。$M < 0.4$ 称为低速流动，$M > 0.4$ 统称为高速流动。对于高速流动，我们还可以将其分为：$0.4 < M < M_{cr}$，称为亚音速流动；$M_{cr} < M < M_{cr上}$称为跨音速流动；$M_{cr上} < M < 5$ 称为超音速流动；$M > 5$ 称为高超音速流动。一般情况下，临界马赫数 M_{cr} 大小为 0.85，而上临界马赫数 $M_{cr上}$ 大小为 1.3。除此之外，还有另外一种分类法，以 $M1$ 为界，$0.4 < M < M1$，称为亚音速流动；$M1 < M < 5$ 称为超音速流动。如图 2.48 所示。

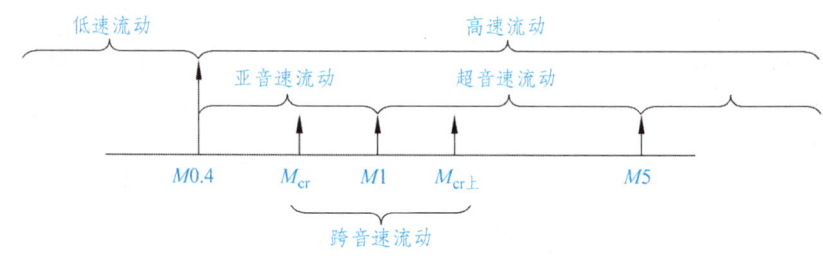

图 2.48 空气流动的分类

本节着重讨论高速气流特性、激波的产生及分类、高速飞机的空气动力特性及后掠翼的空气动力特性。

2.6.1 高速气流特性

研究空气高速流动的基本规律是为了研究飞机的高速空气动力特性。高速气流与低速气流相比，流动规律有共同点，也有很大的差异。飞机高速（$M > 0.4$）飞行，会出现一些不同于低速飞行的新现象，如激波的产生、音障现象、热障现象等。这些现象的产生，直接影响到作用于飞机上的空气动力的变化，比如，升力系数、最大升力系数和临界迎角会发生变化；激波的产生，导致飞机的阻力系数急剧增加；压力中心会前后移动等。下面先介绍一些高速空气动力学的基本理论，然后分析这些现象产生的原因以及高速飞机设计采取的措施。

1. 空气的压缩性

引起高速与低速空气动力学理论根本差别的是空气的压缩性，即密度的变化量大小。所谓的压缩性是指空气的压力、温度等条件改变而引起密度发生变化的属性，称为空气的压缩性。

当空气流过飞机各个部件时，密度变化的程度，主要取决于气流速度（外因）相对于音速（内因）的大小。

1)空气压缩性与气流速度的关系

不论是低速飞行或高速飞行,空气流过机翼,翼面上各处的速度和压力均发生变化,引起空气密度发生变化。飞行速度越大,空气流过机翼各处的速度和压力变化越大。空气密度变化的程度,可以用空气密度变化的百分比 $\Delta\rho/\rho$ 表示,$\Delta\rho$ 是空气密度的变化量,ρ 是空气原来的密度。表 2.1 给出了在标准大气条件下,不同流动速度时,机翼前缘驻点处空气密度增加的百分比。

表 2.1 空气密度随气流速度变化的关系

气流速度/(km/h)	200	400	600	800	1 000	1 200
空气密度变化的百分比($\Delta\rho/\rho$)	1.3%	5.3%	12.2%	22.3%	45.8%	56.5%

从表中可以清楚地看出,在速度不超过 360~400 km/h 的低速流动时,空气密度的变化程度是很小的,可以忽略不计。可是在高速飞行中,空气密度的变化量很大,因此,必须考虑空气压缩性的影响。

2)空气的压缩性与音速的关系

音速(也叫声速),是声波传播速度,即介质中微弱扰动的传播速度,其大小因介质的性质和状态而异。空气中的音速在标准大气条件下约为 340 m/s。空气中音速的表达式为

$$c^2 = \frac{dp}{d\rho} \tag{2.23}$$

从(2.23)式中可知,在空气中的音速,即微弱扰动的传播速度,它的平方由空气的压强改变量与密度改变量之比所决定。从这个公式可以看出,在同样的压强改变 dp 值之下,如果空气中的音速大,则空气的 $d\rho$ 必小,说明空气不易被压缩;反之,若在同样的 dp 之下,如果空气中的音速小,则空气的 $d\rho$ 必大,说明该介质容易被压缩。因此,音速 c 是表示空气压缩性的一个指标,即音速小空气容易压缩,音速大空气不容易压缩。

从式(2.23)看出,要想确定音速 c 的具体表达式,就必须要知道 p 与 ρ 的关系,而这个关系是由扰动传播的热力学过程决定的。空气的压强与密度的关系为

$$\frac{p}{\rho^\gamma} = 常数$$

式中,γ 是比热比,对于空气来说,$\gamma=1.4$。将上式代入式(2.23),得

$$c^2 = \frac{\gamma p}{\rho} \quad 或 \quad c = \sqrt{\gamma r T} \tag{2.24}$$

从式(2.24)可以看出,音速的大小只与气体的种类(用 γ 及 R 值表示)和气体的热力学温度有关。对于空气来说,音速的大小仅取决于温度,温度越低,音速越小。

2. 马赫数(M)

机翼和飞机部件表面空气密度变化程度既受飞行速度的影响(它表示局部压力变化的程

度），又受音速的影响（它表示空气本身密度容易变化的程度）。综合起来，也就是取决于二者比值的大小，这个比值叫作飞行马赫数，即

$$M = v/c \tag{2.25}$$

式中　M——飞行马赫数；
　　　v——飞行真速；
　　　c——飞机所在高度的音速。

飞行马赫数 M 的大小，可以说明空气流过飞机沿途的密度变化程度，即 M 是衡量空气被压缩程度的标志，M 大，表明飞机的飞行速度大或音速小。飞行速度大，空气流过飞机沿途的压力变化大，导致密度变化也大，也就是说空气压缩得厉害。音速小，空气容易压缩，在相同的压力变化量的作用下，空气密度变化也就大。而且，M 越大，表明空气被压缩得越厉害，空气的压缩性对空气动力特性的影响就越大。飞行实践表明：$M<0.4$ 时，空气压缩性的影响不大，可以不考虑压缩性的影响；$M>0.4$ 时，空气压缩性的影响较大，必须考虑压缩性的影响。

3. 压力、密度、温度、速度随流管截面积的变化规律

低速流动时密度和温度可以认为是不变的，速度、压力与流管截面积的变化规律为：流管截面积增加，速度减小，压力增大；流管截面积减小，速度增大，压力减小。但在高速飞行时，随着气流速度的加快，空气的压缩与膨胀的变化越来越显著，流速改变时，不仅引起压力的变化，而且密度和温度也有明显的变化，这对飞行器上的空气动力必然产生不同的影响。要了解飞行器上的空气动力在高速飞行时的变化规律，还需要了解高速气流的空气密度、温度与流速之间的关系。

1）高速流动时流管截面面积与流速之间的关系

考虑空气的可压缩性，从气流流动的最基本规律（连续方程和能量方程）出发，可以推导出下面的公式：

$$\frac{\mathrm{d}A}{A} = (M^2 - 1)\frac{\mathrm{d}v}{v} \tag{2.26}$$

式中　A——流管原来的截面积；
　　　$\mathrm{d}A$——流管截面面积的变化量；
　　　$\mathrm{d}A/A$——流管截面面积的变化程度；
　　　v——流管截面面积变化前空气原来的流速；
　　　$\mathrm{d}v$——流速的变化量；
　　　$\mathrm{d}v/v$——流速的变化程度。

式（2.26）表明了气体流速与流管截面面积之间的关系。现在分别讨论亚音速和超音速两种情况。

（1）亚音速气流，即 $M<1$ 的情况。

此时，式（2.26）中 $(M^2-1)<0$，这说明 $\mathrm{d}A/A$ 与 $\mathrm{d}v/v$ 的符号是相反的。而 A 和 v 总是正的，所以 $\mathrm{d}A$ 与 $\mathrm{d}v$ 的符号相反。也就是说，当 $\mathrm{d}A>0$ 时，$\mathrm{d}v<0$，即流管截面面积增加，速度减小；反之，当 $\mathrm{d}A<0$ 时，$\mathrm{d}v>0$，即流管截面面积减小，速度增加。可见，当气流亚音速流

动时,流速与流管截面面积之间的关系是:流管收缩,流速增加;流管扩张,流速减小。与低速流动($M<0.4$)完全一样。

(2)超音速气流,即$M>1$的情况。

此时式(2.26)中$(M^2-1)>0$,这说明dA/A与dv/v的符号是相同的。这说明,在超音速气流中,流速与流管截面面积一同增大或减小,即流管扩张,流速增加;流管收缩,流速减小。这和低速、亚音速时的情形正好相反。

另外,我们还可以通过表2.2的数据来解释高速流动时流管截面面积与流速之间的关系。根据空气连续性原理可知,沿同一流管,空气每秒钟流过各截面的质量保持不变,即

$$\rho vA = \text{const}$$

表2.2说明了保持同一流量下,气流速度、空气密度和流管截面面积三者在不同马赫数M下变化的百分数(正值表示增大,负值示减小)。从表中可以看出,在亚音速($M<1$)气流中,速度增加1%,空气密度减小不到1%,即是说,速度增加得快、密度减小得慢。在这种情况下,速度变化的影响居于主导地位,为了保持同一流量,流管截面面积必然减小(负值)。但在超音速($M>1$)气流中,流速增加1%,密度减小超过1%,也就是说,流速增加得慢、密度减小得快。在这种情况下,空气密度变化的影响跃居于主导地位,为保持相同流量,流管截面面积必然增大(正值)。

表 2.2 流速、空气密度、流管截面积的关系

气流 M 数	0.2	0.4	0.6	0.8	1.0	1.2	1.4	1.6
流速增加的百分比 ($\Delta v/v$)	皆为 1%							
空气密度变化的百分比 ($\Delta \rho/\rho$)	-0.04%	-0.16%	-0.36%	-0.64%	-1%	-1.44%	-1.96%	-2.56%
流管截面面积变化的百分比 ($\Delta A/A$)	-0.96%	-0.84%	-0.64%	-0.36%	0	0.44%	0.96%	1.56%

2)高速流动时流管流速与压力、密度、温度之间的关系

在高速流动时,密度及温度的变化不能再忽略,高速伯努利方程为

$$\frac{p}{\rho}+\frac{1}{\gamma-1}\frac{p}{\rho}+\frac{v^2}{2}=\text{常数} \quad (2.27)$$

由此可知,空气沿流管从一截面流到另一截面,如果动能增大(流速增大),则压力能和内能之和必然同时减小(压力、温度、密度同时减小);反之亦然。

要想气体在管道中流动并得到期望的流动参数,需要具备两个条件:首先要有压力差,并需要保持这个压力差,气体才能在管道内做定常流动;其次,要有适当的管道形状。根据上面的分析,要产生超音速气流,除了压力差以外,必须选择恰当的管道形状,即先收缩后扩张,这种管道称为拉瓦尔喷管或超音速喷管,如图2.49所示。该喷管中截面面积最小处称为喉部。当压力差驱动低速或亚音速气流从左向右在拉瓦尔喷管中流动时,低速或亚音速气流在收缩管道中加速,到喉部处产生$M=1$的等音速气流;紧接着用扩张管道使音速气流继续加速变成超音速气流。通过选择不同的出口截面面积与喉部截面面积的比值,就可以在出口截面处得到不同速度的超音速气流。

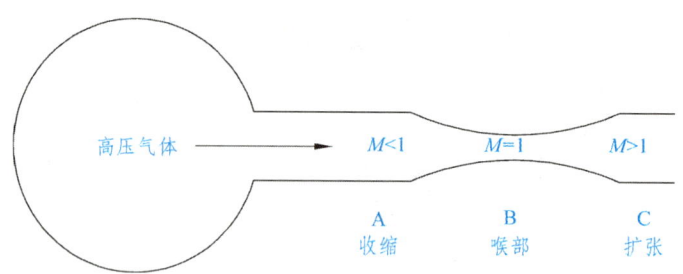

图 2.49 超音速气流的产生（拉瓦尔喷管）

4. 弱扰动的传播

1）扰动的概念

在流场中，任一点的流动参数与自由流（即远前方来流）中对应流动参数之差，称为扰动。例如，流场中某点的密度、压强和速度分别为 ρ、p、v，而远前方来流的密度、压强、速度分别为 ρ_∞、P_∞、U_∞，则流场上该点的流动参数可表示为 $\rho = \rho_\infty + \Delta\rho$，$P = p_\infty + \Delta p$，$v = v_\infty + \Delta v$，式中 $\Delta\rho$、Δp、Δv 称为该点对流场的扰动密度、扰动压强和扰动速度。当 $\Delta\rho$、Δp、Δv 值很小时，这种扰动称为弱扰动；反之，称为强扰动。如飞机在空中飞行时，它对周围的空气产生作用，使空气的密度、压强、速度等参数发生变化，也就是说飞机对空气产生了扰动。空气是可压缩的弹性介质，一处受到扰动，这个扰动便通过空气一层一层相互作用，向四面八方传播。

2）弱扰动的传播

假设有一个扰动源扰动了平静的空气，产生了声波，并以音速 c 向四面八方传播。根据扰动源运动的速度，我们分四种情况讨论弱扰动的传播。

（1）扰动源静止，即 $v=0$ 的情况。

如图 2.50（a）所示。假设弱扰动源 O 每隔 1 s 发出一次弱扰动波，图示为 4 s 后的一瞬间弱扰动波的 4 个波面位置，它们是 4 个同心的球面。最外边的球面半径是 $4c$，是 4 s 前发出的一个弱扰动波经过 4 s 后到达的位置。最里面的球面半径是 c，是 1 s 前发出的弱扰动波经过 1 s 后到达的位置。由于扰动源速度 $v=0$，因此每个扰动波面都以扰动源 O 为球心向四周传播。球面内的空气都已受到扰动，而球面外的空气尚未受到扰动。但只要有足够的时间，弱扰动波会波及整个空间。

（2）扰动源以亚音速运动，即 $v<c$ 的情况。

如图 2.50（b）所示。这时，每次从弱扰动源 O 发出的弱扰动波仍以音速 c 进行传播，但由于扰动波本身还跟随扰动源以速度 v 向左运动，所以，弱扰动波的运动是以上两个运动的叠加。因此，在运动方向上弱扰动波面的相对运动速度要慢一些，而在运动的反方向上的相对运动速度要快一些。此时弱扰动波的传播对扰动源 O 来讲已不再是球对称的了，而是向扰动源运动方向那边偏。但只要时间足够，弱扰动波仍然会波及整个空间。

（3）扰动源以等音速运动，即 $v=c$ 的情况。

如图 2.50（c）所示，因为 $v=c$，因此在运动方向上弱扰动波的相对运动速度等于零，这样，每次从弱扰动源 O 发出的弱扰动波就不能波及全部空间。它的分界面是由弱扰动波面构成的公共切平面 AOA。切平面右侧的半个空间是弱扰动源的影响区，切平面左侧的半个空间是无扰区。弱扰动源对切平面左侧的空间不能产生干扰。因此，扰动源以亚音速运动和以音速运动时对空气的干扰是有本质区别的。

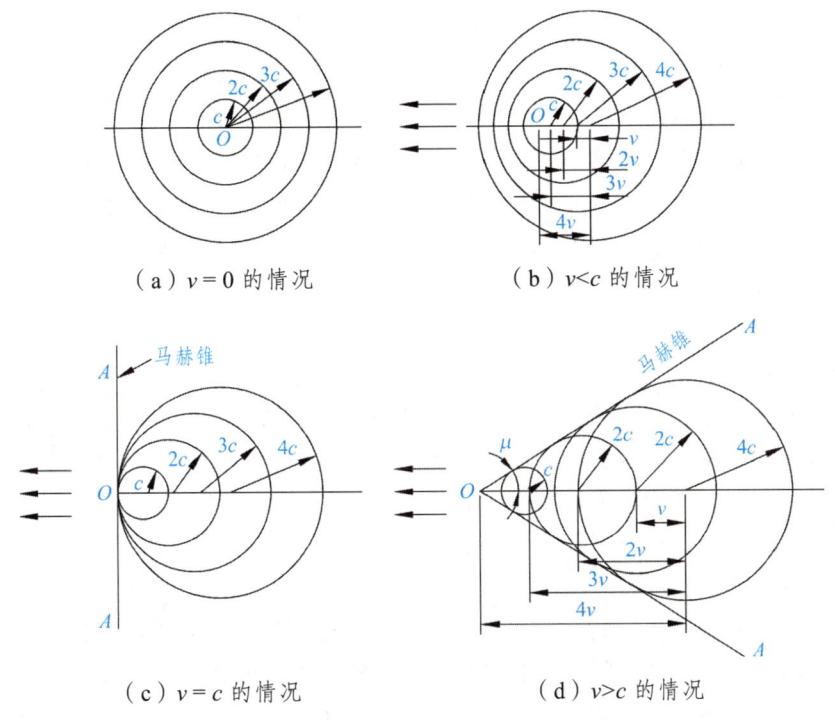

（a）$v=0$ 的情况　　（b）$v<c$ 的情况

（c）$v=c$ 的情况　　（d）$v>c$ 的情况

图 2.50　弱扰动波的传播

（4）扰动源以超音速运动，即 $v>c$ 的情况。

如图 2.50（d）所示。在第 4 秒末可以看到第 1 秒钟发出的弱扰动波面的球面半径已扩展为 $4c$，而球心则随扰动源向左移动了 $4v$ 的距离，由于 $v>c$，因此，弱扰动源 O 必然在球面的左边界的左侧。同样，第 4 秒钟初发出的扰动波的球面半径是 $1c$，而该球心随扰动源向左移动的距离为 v，由于 $v>c$，弱扰动源 O 也必然会处在弱扰动波球面的左边界的左侧。因此经过 4 s 后，这些被扰动源扰动的球面波的公切面将是一个母线为直线 OA 的圆锥波面，这个圆锥面称为马赫锥面，简称马赫锥。随着扰动源运动速度的增大，马赫锥将减小，扰动影响区也将缩小。在超音速扰动源运动过程中，扰动源 O 的影响区只在马赫锥面内；而在马赫锥外面，都是非干扰区的空间，此处的空气完全没有受到干扰。因此可以说马赫锥是把被干扰的空气和未被干扰的空气分开来的分界面。这个分界面，是由一系列互相邻近的弱扰动波组成的，因此叫作弱扰动"边界波"。空气通过弱扰动边界波之后，压力、密度只发生非常微小的变化。由图 2.50（d）可知：

$$\sin\mu = c/v = 1/M \quad \text{或} \quad \mu = \arcsin(1/M) \tag{2.28}$$

式中，μ 称为马赫角。

飞行器上和气流接触的每一个点，都是一个扰动源。通过上面的分析，可以得出这样的结论：如果飞行器的飞行速度小于音速，它所引起的扰动可以传到飞行器的前面去；如果飞行速度等于或大于音速，则扰动就不能传到飞行器的前面去，而只能在飞行器后面一定范围内传播。飞行速度比音速大得越多,这个范围就越狭小。低速飞机,它还没有飞到,我们就早已听到了它的轰鸣声,而超音速飞行时,飞过我们头顶很远,才能听到它的呼啸声,道理就在这里。

5. 激波和膨胀波

1)激 波

飞机飞行时所造成的扰动在空气中的传播,与弱扰动波在空气中的传播基本一样。在飞机跨音速或超音速飞行时,同样也会出现边界波。所不同的是,这时的边界波是由无数较强的波叠加而成的,在边界波面处受到强烈压缩,波前波后空气的物理性质发生突变。我们把由较强压缩波组成的边界波称为激波。

(1)激波的形成。

前面谈到,超音速飞行时,扰动不能够传到飞机的前面去。对于亚音速飞行,周围的空气在飞机到来前就感受到了飞机的扰动,当飞机到来时,空气已经让开;对于超音速飞行,周围的空气事先丝毫没有感受到飞机扰动的影响,当飞机到来时,空气来不及让开,因而突然遭到强烈的压缩,其压力、密度和温度都突然升高,流速突然降低,这个压力、密度、温度、速度突然发生变化的分界面就叫作激波。

(2)激波的分类。

飞机在空中以超音速飞行时,相当于气流以超音速流过飞机,因此在机身和机翼前缘部分气流受到阻滞,即不断受到压缩而形成激波。随着飞机外形和飞行马赫数 M 的不同,激波形状也是不同的,如图 2.51 所示。

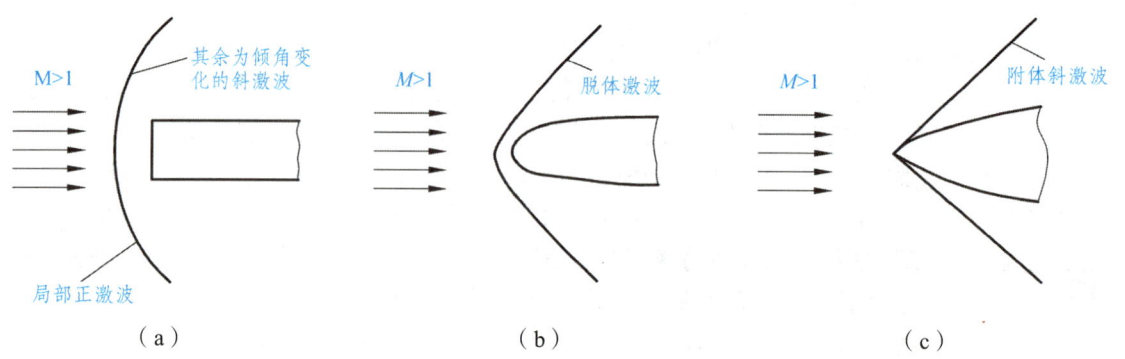

图 2.51 脱体激波与附体激波

图 2.51(a)、(b)中的激波称为脱体激波,图 2.51(c)中的激波称为附体激波。

激波面与运动方向垂直的部分称为正激波[见图 2.51(a)、(b)中激波的局部,只是小部分];与运动方向不垂直的部分称为斜激波。激波可以是平面的,也可以是曲面的或锥形的,超音速气流流过圆锥所形成的激波称为圆锥激波。

正激波是指其波面与气流方向接近于垂直的激波。气流流过正激波时,其压力、密度和温度都突然升高,且流速由原来的超音速降为亚音速,经过激波后的流速方向不变。在同一 M 数下,正激波是最强的激波,气流穿过正激波的能量损失是最大的。

斜激波是指波面与运动方向不垂直的激波。气流流过斜激波时,压力、密度和温度也都突然升高,但在同一超音速来流 M 数下,它们的变化程度不像通过正激波那样剧烈。波后的流速可能降为亚音速,也可能仍为超音速,这取决于激波倾斜的程度。斜激波向后倾斜的程度,通常用斜激波与气流方向之间的夹角 β 来表示,β 称为激波角,如图 2.52(a)所示。图中 δ 角为气流转折角。显然,物体表面的转折角 δ 越大,对气流的阻滞作用越强。于是,斜激波的激波角 β 也就越大,空气通过激波后的压力、温度、密度变化也就越多。表面转折角大到一定程度,转折处会产生正激波。气流经过斜激波时方向会发生偏转。

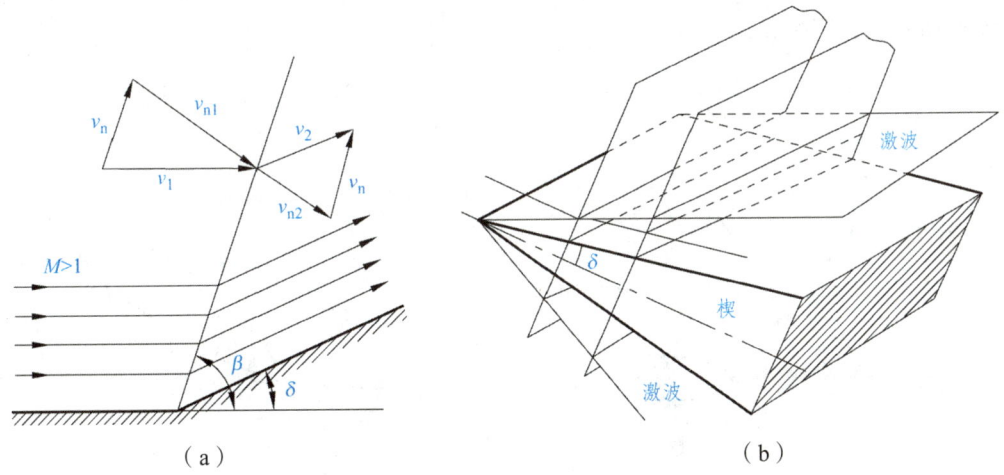

图 2.52 斜激波

如果超音速气流流过圆锥,则从圆锥的顶点处开始产生一道圆锥激波,如图 2.53(a)所示。圆锥激波的一个特点是其强度比平面激波弱。另一个特点是气流流过圆锥激波后,气流方向并不立刻与锥面平行,而是不断改变其速度大小和方向,就是说圆锥激波后的流线是弯曲的,而平面激波后的流线立刻与楔形体表面平行保持一直线,如图 2.53(b)所示。

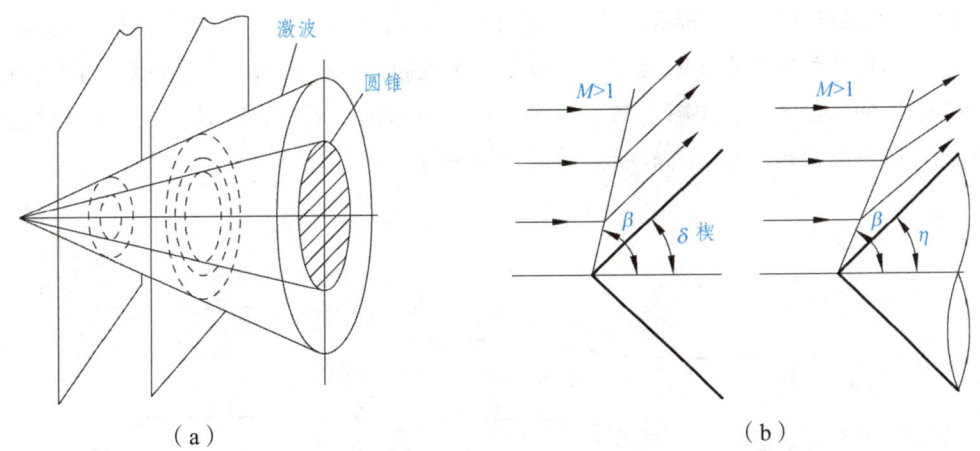

图 2.53 圆锥激波

超音速气流流过凹角的流动将产生斜激波[见图 2.54(a)],这种流动与绕楔形体的流动相类似[见图 2.53(b)]。可以看到,凹角的顶点 A 对气流产生一个扰动,扰动的边界波为激波。波后气流受到 A 处转折角 δ 的影响,气流受到压缩。如果转折角 δ 无限小,则扰动的边界波退化为马赫波,是一种弱压缩波[见图 2.54(a)]。如果物面有两个连续的微小转折,则将产生两道马赫波。由于压缩波后气流速度与 M 数降低,所以后一道马赫波的马赫角 μ_2 将大于前一道波的马赫角,如图 2.54(b)所示。因此,这两道波必然会在气流中某处相交,形成压缩强度较大的波。如果转折点很多,如图 2.54 中的 A、B、C…,则最后形成的压缩波强度必然很大,这就是激波。这说明了激波是无数弱扰动波(压缩)的叠加。超音速气流遇到压缩扰动时就会产生激波。

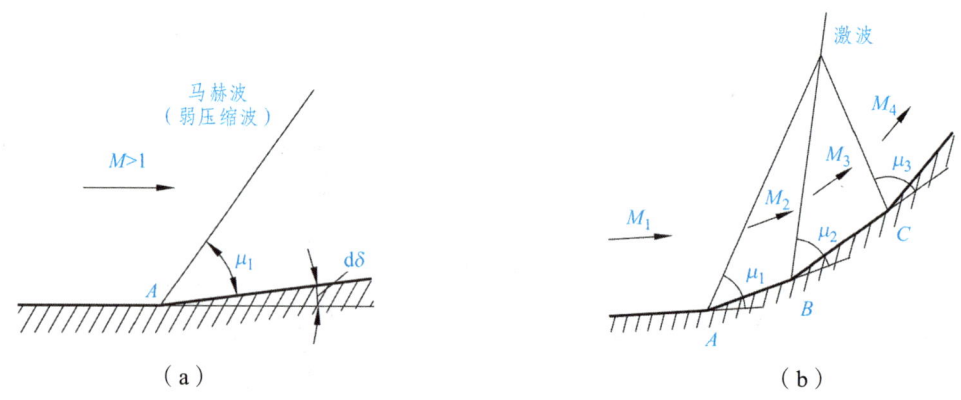

图 2.54　弱扰动的叠加形成激波

2)膨胀波

与上述情况相反,超音速气流绕凸角流动时,气流将产生膨胀。如果转折角很小,则扰动传播界面也将是一道马赫波,如图 2.55(a)所示。图中用虚线表示膨胀的马赫波,用实线表示压缩的马赫波。由于气流膨胀后,ρ、p、T 降低,速度 v 增大,因此波后马赫数增大,即 $M_2 > M_1$。如果壁面有几个转折,则后一道波的马赫角将小于第一道波的马赫角,如图 2.55(b)所示。如果这些转折点无限接近,形成了一个有限大的转折角,则这些膨胀的马赫波将形成一个扇形的膨胀区域,如图 2.55(c)所示。气流通过扇形膨胀区时,连续不断地进行膨胀,气流方向不断偏转,最后与转折点后的物面平行。

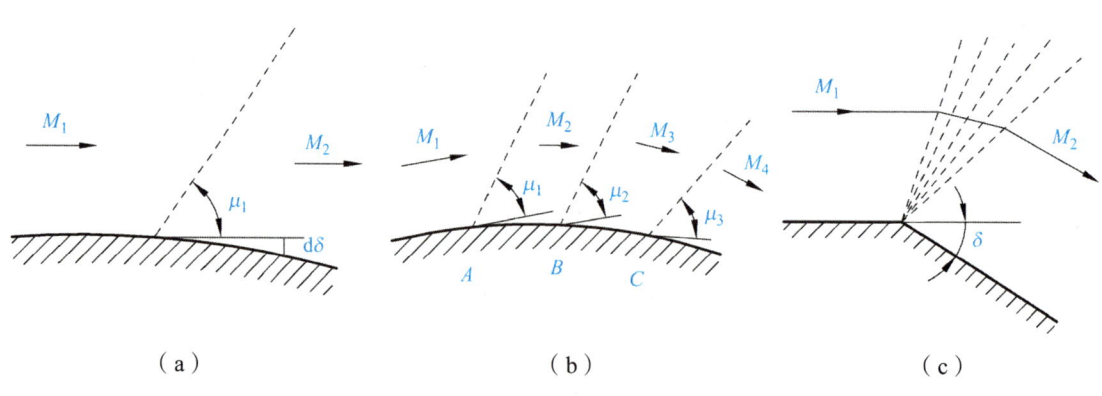

图 2.55　膨胀波

综上所述，由于空气的压缩性，在超音速时，气流因阻滞而产生激波，因扩张而产生膨胀波。或者说，激波是超音速气流减速时通常产生的现象；膨胀波是超音速气流加速时所必然产生的现象。激波使波前、波后参数发生突跃式变化，气流穿过激波时受到突然的压缩，压力、密度和温度升高，而速度和 M 数下降；而膨胀波波前、波后参数发生的是连续变化。此外，两者还有一个区别，即激波虽然厚度很小（大约为 10^{-5} cm 量级），但气流经过激波时，在激波内部气体黏性引起的内摩擦却很强烈，气流的部分机械能会因消耗于摩擦变成热能而使自身温度急剧升高，膨胀波则没有上述损失。

6. 激波阻力

激波的物理本质是受到强烈压缩的一层薄薄的空气，其厚度很小，只有千分之一到万分之一毫米。气流通过激波时，空气微团受到很强烈的阻滞，速度锐减，同时其他物理特性也发生急剧的变化。气流经过激波时，气流的部分机械能会因消耗于摩擦变成热能而使自身温度急剧升高（这种现象常被称为气动力加热），而膨胀波没有上述损失。这种损失类似于附面层，因气体黏性使气体动能变成了热能，造成了动能损失，通常把这一损失所引起的阻力称为激波阻力，简称波阻。

另外，不同形状的物体在超音速条件下由于产生的激波不同，因而产生的波阻也不一样。物体的形状对气流的阻滞作用越强，产生的激波越强，波阻就越大。钝头体或前缘曲率半径较大的翼剖面，在其钝头前端，常产生脱体激波，脱体激波对气流的阻滞作用很强，因此会产生很大的波阻，如图 2.51（a）、（b）所示。而尖头形状的物体或翼剖面，在其尖头前端常产生附体斜激波，此激波对气流的阻滞作用比较弱，如图 2.51（c）所示。物体前缘越尖，气流受阻滞越小，激波越倾斜，产生的波阻越小。因此，大部分超音速飞机的机身、机翼等部分的前缘设计成尖锐的形状，就是为了减小激波强度，进而减小激波阻力。

2.6.2 翼型的亚音速空气动力特性

为了研究问题方便，先讨论无限翼展矩形翼（翼型）单位展长机翼的情况，并且按亚音速、跨音速两个阶段分析研究。

1. 亚音速阶段翼型压力分布的特点

对于不可压流动，翼型表面的压力分布仅取决于翼型形状和迎角，与来流 M 数无关。而对于亚音速阶段的可压流动，由于空气密度显著的变化，根据一维定常绝热流的连续性方程和能量方程可知，在负压区，流速增加，密度减小，压力会额外降低，即吸力会额外增加；同样，在正压区，流速减慢，密度增加，压力会额外增加。因此，当翼型形状、迎角一定时，气流速度从低速增加到亚音速时，由于空气压缩性的影响，与低速流动时相比，在亚音速阶段翼型的压力分布呈"吸处更吸，压处更压"的特点，且飞行 M 数越大，压缩性的影响越明显，正压区压力更大，负压区吸力更大，如图 2.56 所示。

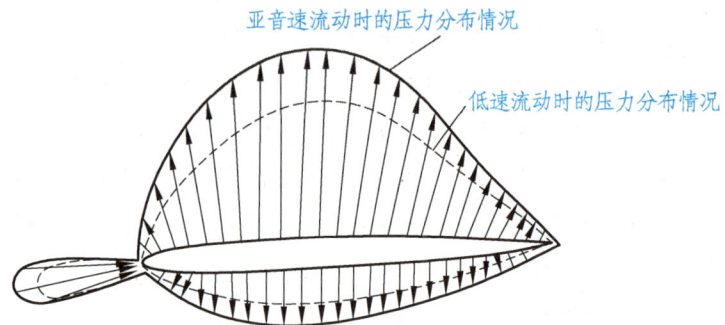

图 2.56 翼型低速和亚音速阶段的压力分布比较

2. 翼型的亚音速空气动力特性

空气密度显著的变化，导致翼型的压力分布呈"吸处更吸，压处更压"的特点，结果升力系数曲线斜率 C_L^α 和同一迎角下的升力系数增大，临界迎角和最大升力系数降低，翼型的阻力系数基本不变，压力中心位置前移。如图 2.57 ~ 图 2.59 所示。

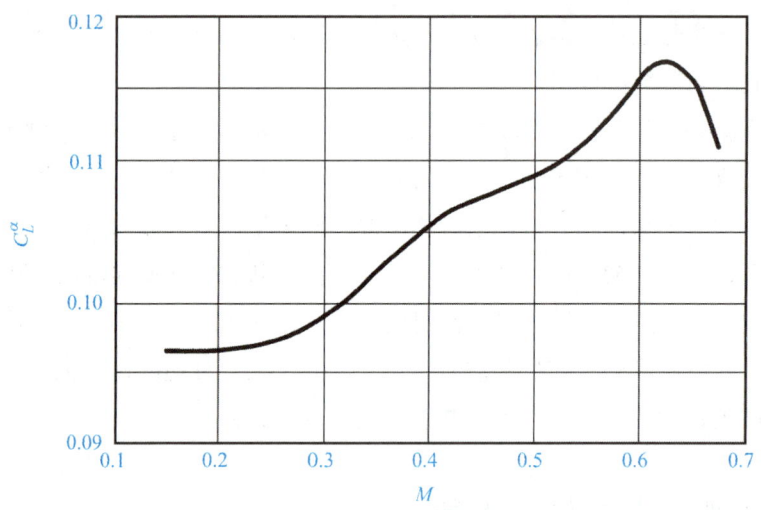

图 2.57 某飞机升力系数曲线斜率与马赫数的关系（$\delta_{iy} = 0°$）

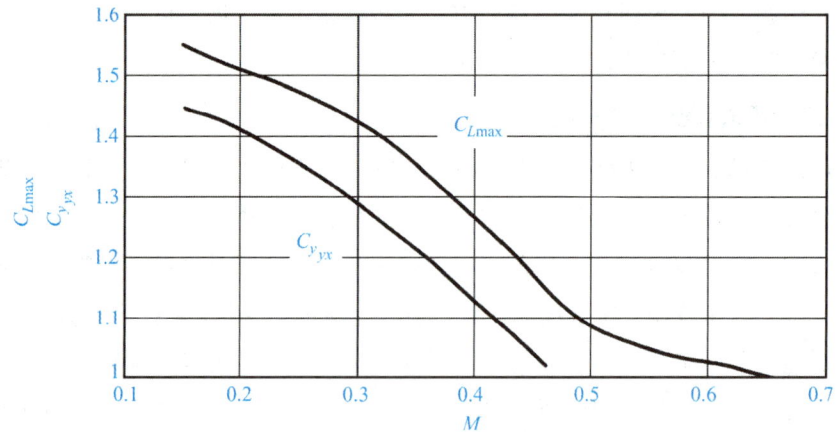

图 2.58 某飞机最大允许升力系数与马赫数的关系（$\delta_{iy} = 0°$）

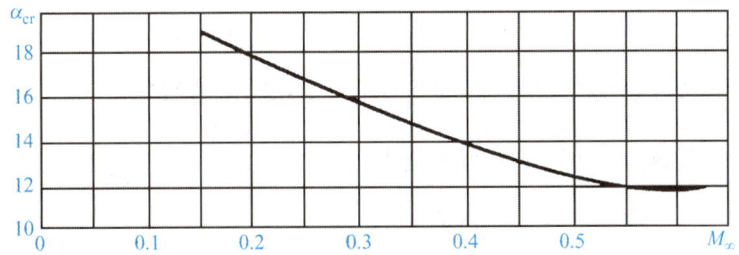

图 2.59 某飞机临界迎角与马赫数的关系（$\delta_{iy}=0°$）

1）飞行 M 数增大，同一迎角下 C_L 和 C_L^α 增大

根据压缩性修正公式，在可压缩性气流中，翼型上、下表面的压力系数可表示为

$$C_{p上可压}=\frac{C_{p上不可压}}{\sqrt{1-M^2}} \quad \text{及} \quad C_{p下可压}=\frac{C_{p下不可压}}{\sqrt{1-M^2}}$$

将它们代入升力系数公式，得

$$(C_L)_{可压}=\int_0^1 \frac{1}{\sqrt{1-M^2}}(C_{p下不可压}-C_{p上不可压})\mathrm{d}\overline{x}=\frac{(C_L)_{不可压}}{\sqrt{1-M_\infty^2}} \quad (2.29)$$

将式（2.29）对 α（迎角）求导，得

$$(C_L^\alpha)_{可压}=\frac{\mathrm{d}(C_L)_{不可压}}{\mathrm{d}\alpha}\cdot\frac{1}{\sqrt{1-M^2}}=(C_L^\alpha)_{不可压}\cdot\frac{1}{\sqrt{1-M_\infty^2}} \quad (2.30)$$

在亚音速阶段，压力分布呈现"吸处更吸，压处更压"的特点，致使上表面负压更大，进而导致其升力系数更大。通过式（2.29）和式（2.30）可以看出，与低速空气动力相比，在亚音速阶段，同一迎角下 C_L 和 C_L^α 增大了 $\dfrac{1}{\sqrt{1-M_\infty^2}}$ 倍。

2）飞行 M 数增大，$C_{L\max}$ 和 α_{cr} 减小

飞行 M 数增大，翼型表面压力系数虽都按 $\dfrac{1}{\sqrt{1-M_\infty^2}}$ 成比例增长，但各点增长的绝对值不同，最低压力点增长多，往后部分增长少，结果逆压梯度变大，在较小的迎角就出现严重的气流分离，使翼型的临界迎角 α_{cr} 减小及最大升力系数 $C_{L\max}$ 下降。

3）翼型的亚音速阻力特性

空气的压缩性对阻力特性的影响，一方面使摩擦阻力系数减小；另一方面，由于 $|C_p|$ 增加，使压差阻力系数略有增大，综合考虑，翼型的阻力系数基本不随飞行 M 数变化。

4）翼型的压力中心位置的变化

按压缩性修正公式，亚音速飞行受空气压缩性影响，整个翼型表面的压力系数都放大 $\dfrac{1}{\sqrt{1-M_\infty^2}}$ 倍，可以认为翼型压力中心位置基本保持不变，但零升力矩应增大 $\dfrac{1}{\sqrt{1-M_\infty^2}}$ 倍。

压缩性修正公式只是一近似计算公式,在低亚音速下还较准确,到高亚音速,误差就大了。更精确的理论表明,压缩性使翼面各点的压力系数放大的倍数,并不都等于 $\dfrac{1}{\sqrt{1-M_\infty^2}}$ 倍,而是和各点的压力系数的大小有关,可表示为

$$C_{p可压} = \dfrac{C_{p不可压}}{\sqrt{1-M_\infty^2} + \dfrac{1}{2} \cdot (1-\sqrt{1-M_\infty^2}) C_{p不可压}} \qquad (2.31)$$

式(2.31)称为卡门-钱学森公式。由式(2.31)可知,在上翼面前段,因 $|C_{p不可压}|$ 较大,压力系数放大倍数较大,在翼面后段,$|C_{p不可压}|$ 较小。这样,随 M_∞ 数增大,压力中心位置就逐渐向前移动。

2.6.3 翼型的跨音速空气动力特性

跨音速是指飞行速度还没有达到音速,而机翼表面的局部地区就已经出现超音速气流并伴有激波的产生。出现这种现象时,表明飞机进入跨音速飞行,但此时出现的超音速气流和激波是在机翼表面的局部地区出现,故称之为局部超音速气流和局部激波。

一旦翼型表面出现局部超音速气流和局部激波,就会显著改变翼面的压力分布,使翼型的空气动力特性发生显著变化。下面先分析翼型表面局部超音速气流和局部激波的形成和发展,再在此基础上讨论翼型的跨音速空气动力特性。

1. 临界马赫数(M_{cr}）

飞机以一定速度飞行时,来流流经翼上表面凸起的地方,流管收缩,局部流速加快,局部温度减小,随之局部音速也降低。飞行速度不断增大,翼上表面最低压力点处的局部流速不断增加,局部音速不断降低,局部流速逐渐接近局部音速。

2.25

当飞行马赫数 M 增大到某一值时,翼型表面最低压力点的气流速度等于该点的局部音速,该点称为等音速点,这时对应的飞行马赫数称为临界马赫数,用 M_{cr} 表示,如图 2.60 所示。因此,临界马赫数 M_{cr} 是指当飞行马赫数增大到某一数值时,翼型表面最低压力点的气流速度等于该点的局部音速时对应的飞行马赫数。

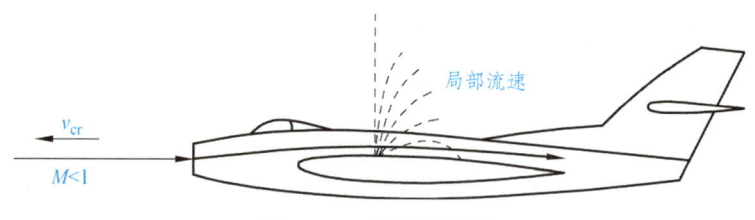

图 2.60 临界马赫数

临界马赫数 M_{cr} 可表示为临界速度 v_{cr} 与飞机所在高度音速 c 的比值,即 $M_{cr} = v_{cr}/c$。

例如,在 2 000 m 高度上,音速 c = 1 200 km/h,当某飞机飞行速度(v)增大到 900 km/h 时,机翼表面最大流速为 1 150 km/h,而该点的音速也降低到 1 150 km/h,这时的飞行速度

（900 km/h）就是该飞机在此高度上的临界速度，这时的飞行马赫数就是该飞机在该高度上的临界马赫数，即

$$M_{cr} = v_{cr}/c = 900 \text{ (km/h)}/1\,200 \text{ (km/h)} = 0.75$$

当 $M < M_{cr}$ 时，说明整个流场中任意一点的气流速度低于音速，我们称为亚音速阶段。当 $M > M_{cr}$ 后，说明流场中已经出现了局部超音速区，并产生局部激波，说明飞机已经进入到跨音速阶段。临界马赫数 M_{cr} 的高低，可说明翼面上出现局部超音速区的时机早晚，是翼型空气动力特性将发生显著变化的标志。

临界马赫数 M_{cr} 的高低由翼型的几何形状和迎角的大小而定。翼型的相对厚度和相对弯度增大，或迎角增大（C_L 增加），翼上表面最低压力点的气流速度变得更快，局部音速变得更低，在较小的飞行速度下，翼上表面就可能出现等音速点，临界速度 v_{cr} 或临界马赫数 M_{cr} 降低；反之，翼型的相对厚度和相对弯度减小，或迎角减小（C_L 减小），临界马赫数 M_{cr} 提高。除此之外，超临界翼型和后掠翼都能够影响 M_{cr} 的大小。我们将在后面详细介绍。

2. 局部激波的形成和发展

1）局部激波的形成

当飞行马赫数 M 增加到临界马赫数 M_{cr} 时，翼上表面首先出现等音速点。如继续增大飞行马赫数 M，等音速点的后面流管扩张，空气膨胀加速，出现局部超音速区。在局部超音速区内，压力下降，比远前方大气压小得多，但翼后缘处的压力却接近大气压力，于是这种压力差必然从翼表面后部以较强的压缩波形式逆超音速气流向前传播。由于是强扰动波，传播速度大于当地音速。随着压缩波向前传播，压强增量和传播速度渐渐降低，当其传播速度等于迎面的局部超音速气流速度时，就稳定在该位置上，形成一道压力突增的界面，这就是局部激波，如图 2.61 所示。气流通过局部激波后，减速为亚音速气流向后流去，同时压力、密度、温度突然升高。局部激波前、等音速线（所有等音速点组成的线）后是超音速区，其他则是亚音速区。

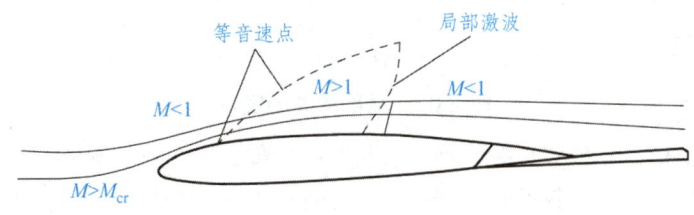

图 2.61　局部激波的形成

翼面的局部激波，视翼面形状而定，可能是斜激波，也可能是正激波。

2）局部激波的发展

为便于分析机翼局部激波发展的一般规律，现以接近对称的薄翼型在 2° 迎角下的实验结果为例说明，该翼型的 $M_{cr} = 0.74$。

当来流 M 数等于 0.75，即 M 大于 M_{cr} 不多时，只在翼上表面有很小的超音速区，尚未形成局部激波，如图 2.62（a）所示。

来流 M 数再增大一些，等于 0.81 时，局部超音速区扩大，等音速点略前移，激波形成，如图 2.62（b）所示。

M 数等于 0.85，上表面激波慢慢后移，等音速点仍略向前移，同时翼下表面也形成超音速区并产生激波，如图 2.62（c_1）所示。

M 数进一步增大，等于 0.89 时，下表面激波迅速移到后缘，上表面的激波也仍向后移动，如图 2.62（c_2）所示。到 M 数略小于 1、等于 0.98 时，上翼面的激波亦移到了后缘，如图 2.62（d）所示。

$M=1.4$，前缘出现脱体激波，后缘激波向后倾斜，除前缘附近 $M<1$ 外，翼面绝大部分 $M>1$，如图 2.62（e）所示。这时虽然 $M>1$，但仍处于跨音速流态。

根据局部激波发展过程，可归纳出以下几个特点：

（1）翼上表面先产生激波。通常飞行迎角是正迎角，等音速点先在上翼面出现，上表面先形成局部超音速区和局部激波。

（2）随着 M 数增加，等音速点前移，局部激波后移。这是因为，随着 M 数增加，翼表面上各点的速度皆对应增大，故等音速点前移。局部激波之所以后移，是因为 M 增大后，激波前的当地速度增大，迫使激波后移；随着激波后移，激波强度和激波传播速度增大，当激波传播的速度等于气流流动速度时，激波位置就会稳定下来。

（3）下翼面的局部激波后移快。正迎角时，下翼面的最低压力点靠后，产生的激波位置就靠后，又因下翼面后段的流管扩散较小，压力变化比上翼面小，激波弱，激波传播速度较小，所以下翼面的激波比上翼面先移到后缘。

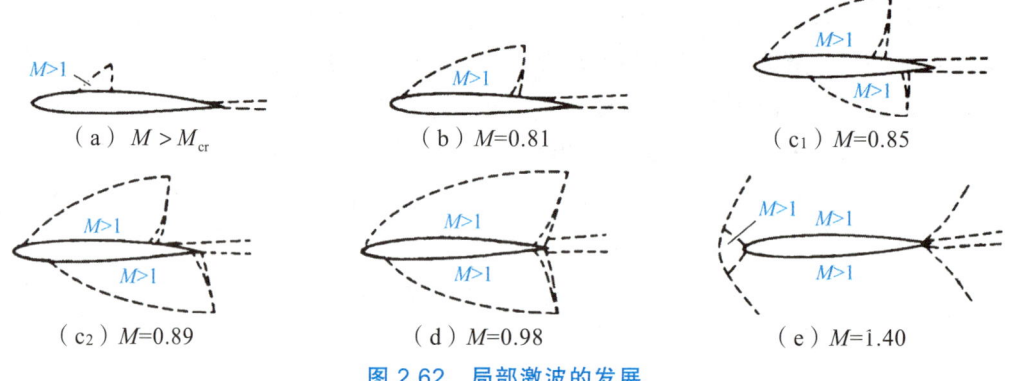

图 2.62 局部激波的发展

上述关于局部激波在上、下翼面的形成和发展过程，只是某一翼型在一定的迎角下的实验结果，对于其他翼型和中小迎角，尽管在数值上有差别，但规律大体上是一致的。因此，研究翼型的跨音速空气动力特性，我们就以上述局部激波的发展趋势和过程作为依据。

3. 翼型的跨音速空气动力特性

1）升力系数随飞行 M 数的变化（一定的 α）

2.26

图 2.63 所示为某一翼型在一定迎角下的升力系数随飞行 M 数的变化曲线。从曲线可看出，在跨音速阶段，随着飞行 M 数的增大，升力系数先增大，后减小，接着又增大，而后又减小。升力系数"二起二落"的变化，是翼型上下表面出现局部超音速区和局部激波的结果。

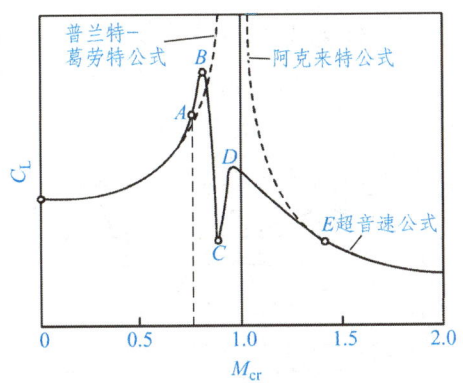

图 2.63 翼型升力系数随飞行 M 数的变化

M 小于 M_{cr}，翼上下表面全是亚音速气流，升力系数按亚音速规律变化，即随着 M 数的增加，升力系数增大，如图中 A 点前的一段曲线。

图中 A 点所对应的 M 数为 M_{cr}。超过 M_{cr} 后，翼上表面已出现了局部超音速区和局部激波，并随着 M 数的增大而不断扩大。在超音速区里，压力降低，吸力增强，导致升力系数随 M 数增大而迅速上升，如图中 AB 段曲线所示。

图中 B 点所对应的 M 数是翼下表面开始出现等音速点的 M 数。飞行 M 数继续增大，翼下表面也出现了局部超音速区和局部激波，产生向下的附加吸力，C_L 转为下降。随着 M 数进一步增大，翼下表面的局部激波迅速向后扩展使翼上下表面的压力差急剧减小，因此 C_L 迅速下降，如图中曲线 BC 段所示。

图中 C 点对应的 M 数，为翼下表面局部激波移至后缘时的飞行 M 数。飞行 M 数继续增大，C_L 又重新上升。因为该时翼下表面的局部激波已移至后缘，不再移动，而上表面局部激波仍随 M 数的增大继续后移，超音速区扩展，压力继续降低，吸力继续增加，使翼上下压力差增大，C_L 于是重新上升，如图中曲线 CD 段所示。

图中 D 点为翼上表面局部激波移到后缘时的飞行 M 数。飞行 M 数再增大，C_L 又转为下降。因为翼上表面局部激波移到后缘时，等音速点也接近前缘；而翼下表面由于局部激波后移迅速。当它移到后缘时，等音速点仍未移到前缘，所以随飞行 M 数增大，上表面超音速区不扩展，而下翼面的超音速区仍随等音速点前移而不断扩展，致使 C_L 减小，如图中曲线 DE 段所示。

飞行 M 数超过图上 E 点所对应的马赫数，翼面各点的局部 M 数都大于 1，翼型处于超音速流态，标志着跨音速阶段的终结，升力系数将按超音速规律变化。对应 E 点的飞行 M 数称为上临界马赫数（$M_{cr上}$）。从临界马赫数到上临界马赫数为跨音速流态范围。上临界马赫数的概念最初由我国科学家钱学森和郭永怀提出。做超音速飞行，上临界马赫数具有更重要的意义。

2）$C_{L\max}$ 和 α_{cr} 随飞行 M 数的变化

在小于 M_{cr} 范围内，按亚音速变化。超过 M_{cr} 以后，翼上表面出现了局部超音速区和局部激波。在局部激波前的超音速区，压力降低，激波后，压力突然升高，逆压梯度增大，引起附面层分离。当激波增强到一定程度，发生严重气流分离时，使得阻力系数急剧增大，升力系数迅速下降，这种现象称为激波失速。随飞行 M 数的增大，飞机将在更小的迎角（或升力系数）下开始出现激波失速，导致 α_{cr} 及 C_{Lmax} 均继续降低，如图 2.64 中 M 数大于 0.6 以后的一段曲线所示。

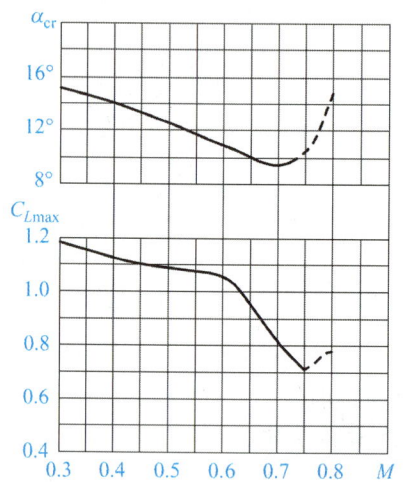

图 2.64　C_{Lmax} 和 α_{cr} 随飞行 M 数的变化

3）翼型阻力系数随 M 数的变化（迎角一定）

在跨音速阶段，随着飞行 M 数的增大，C_D 增加，M 数增大，到 1 附近，阻力系数达到最大，之后减小。

在翼型一定的条件下，翼型的阻力系数随 M 数的变化如图 2.65 所示。

在小于 M_{cr} 范围内，C_D 按亚音速规律变化。

超过 M_{cr} 以后，阻力系数增加的原因是翼型表面产生了激波，激波阻力的增加导致 C_D 增加。

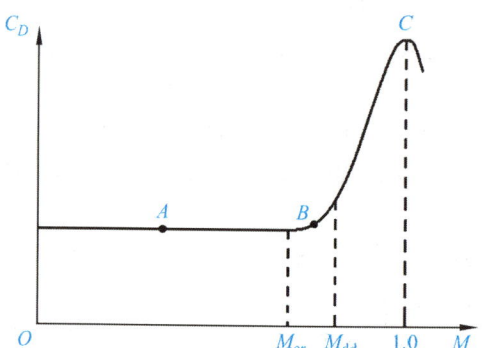

图 2.65　翼型阻力系数随飞行 Ma 的变化

（1）激波阻力（波阻）的产生。

飞行 M 数超过 M_{cr} 之后，翼型表面产生了局部激波，由于出现了激波而额外产生的阻力称为激波阻力，简称波阻。下面以迎角为零的对称翼型的压力分布来详细说明波阻的物理本质。

如图 2.66 所示，上翼面表示局部超音速区和激波，下翼面表示压力分布（注意，不是压力系数分布。对称翼型零度迎角的上下翼面的压力分布是一样的）。前缘驻点处压力最大，等

于 p_0,从 O 到 B,随流速增大,压力降低。在 A 点达到音速时,激波在 B 处出现,该处压力突增,速度降到亚音速。压力分布如折线 $DKBGH$ 所示。如没有激波,压力分布应如 $DKG'H'$ 折线所示。可见,激波的出现使翼型后半部的压力比无激波时的低,产生了附加的压差阻力,这是波阻的一部分。

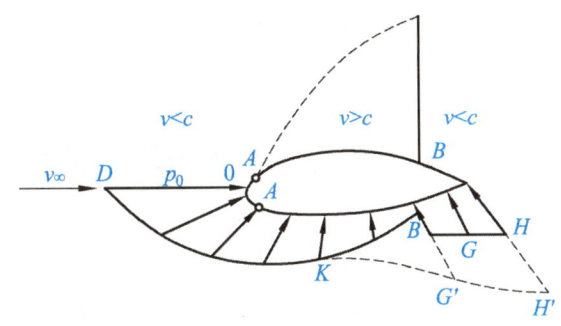

图 2.66　波阻的产生

局部激波与附面层之间的干扰,引起附面层分离(激波分离),也会使翼型前后压力差增大,形成附加阻力。λ 激波的激波损失比正激波小,从激波本身引起压差阻力看,层流附面层的 λ 激波的波阻比紊流附面层的正激波的波阻小。

因此,所谓波阻,是指激波本身和激波分离而引起的压差阻力之和。

(2)影响激波阻力大小的因素。

飞行 M 数、迎角及翼型表面的粗糙程度均会对激波阻力大小产生影响。

飞行 M 数越大,激波阻力越大。在飞行 M 数小于 1 的跨音速阶段,M 数增加,激波强度增强,导致激波阻力越大。

迎角增加,激波阻力越大。由于迎角增加,临界马赫数减小,翼型表面会更早地出现局部超音速区和局部激波。迎角增加,翼型上表面的吸力增大,且更加向后倾斜,致使前后压力差增大,阻力系数增加。

翼型表面越粗糙,激波阻力越大。翼型表面越粗糙,阻力发散马赫数减小,层流附面层提前变为紊流附面层,波阻增加。

(3)阻力发散马赫数 M_{dd}(Drag Divergence)。

根据图 2.65 可知,超过临界马赫数后,阻力系数并不是马上就急剧增加。原因是刚超过临界马赫数后,激波并未形成或者说激波强度并不很强,而且激波分离还没有开始,C_D 增加很少,如图 2.66 中 B 点。当飞行 M 数增加到一定程度,激波强度增强,出现了激波分离,波阻便急剧增大。常把 C_D 随 M 数变化曲线上 $dC_{D型}/dM = 0.1$ 的点定义为阻力发散马赫数,用符号 M_{dd} 表示。在 $M_{cr} < M < 1$ 范围内,翼型的波阻系数大致随 $(M - M_{cr})^3$ 成正比变化。M 数增大到 1 附近,阻力系数达到最大,见图中 C 点。飞行 M 数继续增大,由于翼型压力分布基本不变,而来流动压却变大,因而阻力系数渐渐下降。

对于高亚音速民用飞机,飞机飞行的最大速度 M_{MO} 一般小于阻力发散马赫数 M_{dd}。因此,提高 M_{dd} 能够提升飞机飞行的最大速度。提高 M_{dd} 有两种方式,一是增加临界马赫数,通常,阻力发散马赫数比临界马赫数大 10%~15%,如果临界马赫数增加了,阻力发散马赫数可随之增大;另一种就是超临界翼型的使用,可以直接提高 M_{dd},具体原因后面会详细介绍。

4）压力中心 C_p 随飞行 M 数的变化

在跨音速阶段，随着飞行 M 数的增大，压力中心先后移，接着前移，而后又后移。

当飞行马赫数超过临界马赫数后，翼型上表面首先出现局部超音速区和局部激波。随着马赫数增加，激波后移，超音速区域扩大。局部超音速区域位于翼型中后段，且流速最快的位于激波前，这就引起翼型上表面中部和后部的吸力增加，压力中心后移。飞行马赫数再增加，翼型下表面也出现了局部的超音速区域和激波，且下表面激波后移快，这就引起翼型下表面后半段吸力增大，产生负的附加升力，导致压力中心前移。当下表面激波移至最后缘时，随着飞行马赫数增加，上表面激波继续后移，超音速区域扩大，后半部分吸力增大，导致压力中心又后移。

一般情况下，飞机压力中心位于飞机重心之后，对飞机形成低头力矩。当飞机进入跨音速阶段时，压力中心后移，导致飞机出现低头的趋势，低头的趋势随着马赫数的继续增加越来越明显，这种现象称为马赫俯冲（Mach Tuck under），通常出现在 $0.80M \sim 0.98M$。

跨音速阶段压力中心的后移会严重影响飞行安全，需要采取措施来抵消压力中心后移所带来的额外的低头力矩，然而通过飞行员的人工操作是非常困难的。为了抑制马赫俯冲现象的发生，现代大型高亚音速飞机均安装了马赫配平机构（Mach trimming device）系统。当飞机的飞行马赫数增加至一定值时，该系统会自动地驱动升降舵偏转产生抬头力矩，用于抵消跨音速阶段压力中心的后移而产生的低头力矩。因此，马赫配平机构的主要作用是抑制跨音速阶段压力中心后移而产生的马赫俯冲现象。

4. 超临界翼型

从图 2.65 中可以得到一个启示：如果所设计翼型的临界马赫数 M_{cr} 能够提高，那么紧跟其后的阻力发散马赫数 M_{dd} 也会提高（一般情况下，M_{dd} 比 M_{cr} 大 10%～15%）。而这对于提高高亚音速飞机的飞行马赫数极为有利。这也构成了从 1945 年到 1965 年期间常用的一种设计理念。例如，NACA-64 系列翼型最初是为了保持上翼面尽可能多的层流段而设计的，但与别的 NACA 系列翼型比较后发现这种翼型具有较高的临界马赫数，因此，这种翼型后来被广泛用于高速飞机上。同时，相对厚度较薄的翼型也具有提高临界马赫数的作用，所以高速飞机设计者经常在高速飞机上使用相对厚度较薄的翼型。但是实际的翼型厚度不能取得太小，因为翼型要具有适当的厚度以保持足够的结构强度，同时要有足够的空间，以携带足够的燃油及放置其他设备。因此，对于给定厚度的翼型，可通过采用超临界技术来达到提高临界马赫数的目的。图 2.67 给出了某一超临界翼型的示意图。与普通翼型相比，超临界翼型的特点是：头部半径非常大，上下表面较为平坦，后缘弯曲较大，下表面有反凹。

图 2.67 超临界翼型与普通翼型的外形对比

超临界翼型的设计目的是增大翼型的阻力发散马赫数 M_{dd}。由于超临界翼型的前缘半径较大，气流很容易就在翼型的前缘加速到音速，但由于超临界翼型的上表面较为平坦，这样流线流过上表面时流管的变化很小，因而其当地超音速区域内的流动马赫数要比普通翼型的当地马赫数小,即超临界翼型上表面的超音速区域会很小,这样将导致其结束激波的强度也相对较弱,因而减小了翼型阻力。而普通翼型则相反,当上表面速度加速到音速时,由于上翼面弯度较大,会使得气流进一步加速,出现超音速区域,且该区域比超临界翼型的要大得多,于是就会导致更强的激波产生。

超临界翼型的主要作用是可以提高阻力发散马赫数,但它也有一些缺点。比如,升力系数比较小。原因是超临界翼型的上表面相对平缓,整个翼型大约60%为负弯度,这必然引起升力的损失。为了弥补超临界翼型升力的不足,在翼型的后缘大约30%处采用了正弯度翼型,特别是翼型下表面的反凹设计,就是为了能够提供足够的升力,这个也称为后部加载。然而这又引起了另外一个问题,就是由于超临界翼型后缘的后部加载会引起很大的低头力矩。

2.6.4 高速抖动和低速抖动

2.28

低速飞行时,随着迎角增加,翼型前后的逆压梯度逐渐增加,气流分离开始出现,旋涡形成,当迎角增大至某一数值时,气流出现严重分离,旋涡强度增强,飞机出现抖动,该迎角称为抖动迎角,此时飞机的抖动称为低速抖动。随着迎角继续增加至临界迎角,飞机失速。

高速飞行时,随着飞行速度的增加(迎角保持不变),机翼上表面逐渐出现局部的超音速区域,并形成局部激波,激波前为超音速气流,压力小,激波后流速减小,压力增加,激波前后的逆压梯度增大,促使翼面上表面气流出现分离,此时的气流分离称为激波分离;随着 M 数的继续增加,激波强度进一步增强,激波引起的气流分离越来越严重,飞机出现抖动,称为高速抖动,也叫作马赫抖振。随着 M 数继续增加,激波强度进一步增强,分离区增加,当上翼面被分离的气流覆盖时,说明飞机即将进入失速,此时的失速称为激波失速。

气动抖动是飞机失速前的有效告警,但是会损坏飞机的机体结构,应尽量避免飞机出现抖动,尤其是高速飞机。通过上面分析可知,飞机的低速抖振边界受失速速度限制,高速抖振边界受马赫抖振限制。通常情况下,失速出现在低速和大迎角,或者在高速出现激波失速时。在给定高度,在这两个限制之间可获得飞行速度的特定范围,图2.68给出了随着高度变化飞机的飞行速度范围。

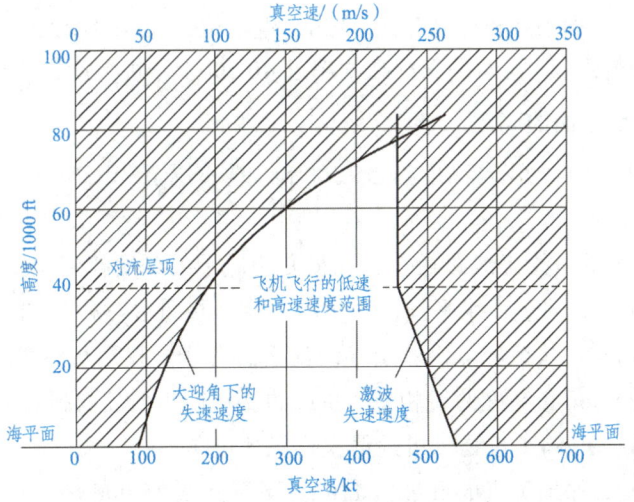

图 2.68 飞行速度范围边界图

低速飞机可以通过迎角大小判断是否会出现抖动，而对于高速飞机，哪怕是在小迎角飞行时，飞行速度的大小、飞行高度、飞机重量、重心位置，载荷因素（飞机坡度）等的变化均会引起飞机的高速抖动。因此，对于高速飞机，必须注意在小迎角下飞机出现的马赫抖振所带来的危害。

在实际飞行中，抖振边界图通常被用于确定可能发生抖振的情况，如图 2.69 所示。抖振边界图可以确定在特定飞行条件下的抖振升限，也可以确定发生抖振的速度范围等。

1. 空气动力升限的确定

根据图 2.68 可知，随着飞行高度的增加，飞行速度范围减小，当达到某一高度时，飞机只能用一个速度飞行，若此时飞机正好承受 1g 的过载，则将该高度称为空气动力升限，也称为抖振升限。

例 1 飞机重量 150 t，重心位于 30%MAC 处，飞行 M 数为 0.8，试确定空气动力升限。

解 如图 2.69，在最右边底下的刻度找到 1g 数值所在，向上做垂线与重量 110 t 线相交，向左作水平线进入重心一栏，在重心一栏找到 30% 的重心位置，向上作垂线与水平线相交，从该交点沿着引导线偏至参考线，找到与参考线的交点后继续水平线进入下一栏，找到 M0.8 刻度向上作垂线与水平线相交，交点所在位置即对应空气动力升限为 39 000 ft。

如果飞机在空气动力升限高度飞行，没有任何安全余度。为了保证安全，规章要求飞机必须能够承受最小抖振余量为 0.3g。因此，通过图 2.69 也可以确定 1.3g 的抖振升限。

例 2 飞机重量 110 t，重心位于 30%MAC 处，飞行 M 数为 0.8，试确定飞机承受 1.3g 过载时的抖振升限。

解 如图 2.69 中的所绘实线路径①，在最右边底下的刻度找到 1.3g 数值所在，向上作垂线与重量 110 t 线相交，向左作水平线进入重心一栏，在重心一栏找到 30% 的重心位置，向上作垂线与水平线相交，从该交点沿着引导线偏至参考线，找到与参考线的交点后继续水平线进入下一栏，找到 M0.8 刻度向上作垂线与水平线相交，交点所在位置即对应 1.3g 的抖振升限为 40 500 ft。

通过该例子可知，如果飞机的重量为 110 t，重心位于 30%MAC 处，承受了 1.3g 的过载（对应飞机带着 40°坡度）时，如果飞行高度超过 40 500 ft，将会产生抖振。

2. 发生抖振速度范围的确定

例 3 飞机重量 110 t，飞行高度为 35 000 ft，重心位于 30%MAC 处，试确定发生抖振速度范围。

解 如图 2.69 中的所绘虚线路径②，在最右边底下的刻度找到 1g 数值所在，向上作垂线与重量 110 t 线相交，向左作水平线进入重心一栏，在重心一栏找到 30% 的重心位置，向上作垂线与水平线相交，从该交点沿着引导线偏至参考线，找到与参考线的交点后继续水平线进入下一栏，与 35 000 ft 高度曲线相交，左边的交点即为低速抖振边界 M0.555，右边的交点即为高速抖振边界 M0.84（也是飞机的最大操纵速度）。

通过该例子可知，如果飞机的重量为 110 t，飞行高度 35 000 ft，重心位于 30%MAC 处，当飞机承受了 1g 的过载时,安全的飞速速度范围为 M0.555~M0.84,低于或高于该速度范围都将会发生抖振。

3. 承受最大过载(坡度)的确定

例 4 飞机重量 110 t,飞行高度为 35 000 ft,重心位于 30%MAC 处,飞行 M 数为 0.8,试确定当飞机承受多大过载时可能发生抖振。

解 求解过程如图 2.69 中的所绘实线路径③,通过查图,确定当飞机承受 1.7g 过载时可发生抖振。

通过该例子可知,如果飞机的重量为 110 t,飞行高度 35 000 ft,重心位于 30%MAC 处,飞行 M 数为 0.8,当飞机承受 1.7g 过载,或者说飞机所带坡度超过 54°时,将会发生抖振。

在实际飞行过程中,飞行员和管制员均需要结合实际飞行参数(飞机重量、飞行高度、飞行速度、坡度大小等),当需要改变飞行参数时,应密切关注飞机发生抖振的余度变化,防止抖振发生,保证飞行安全。

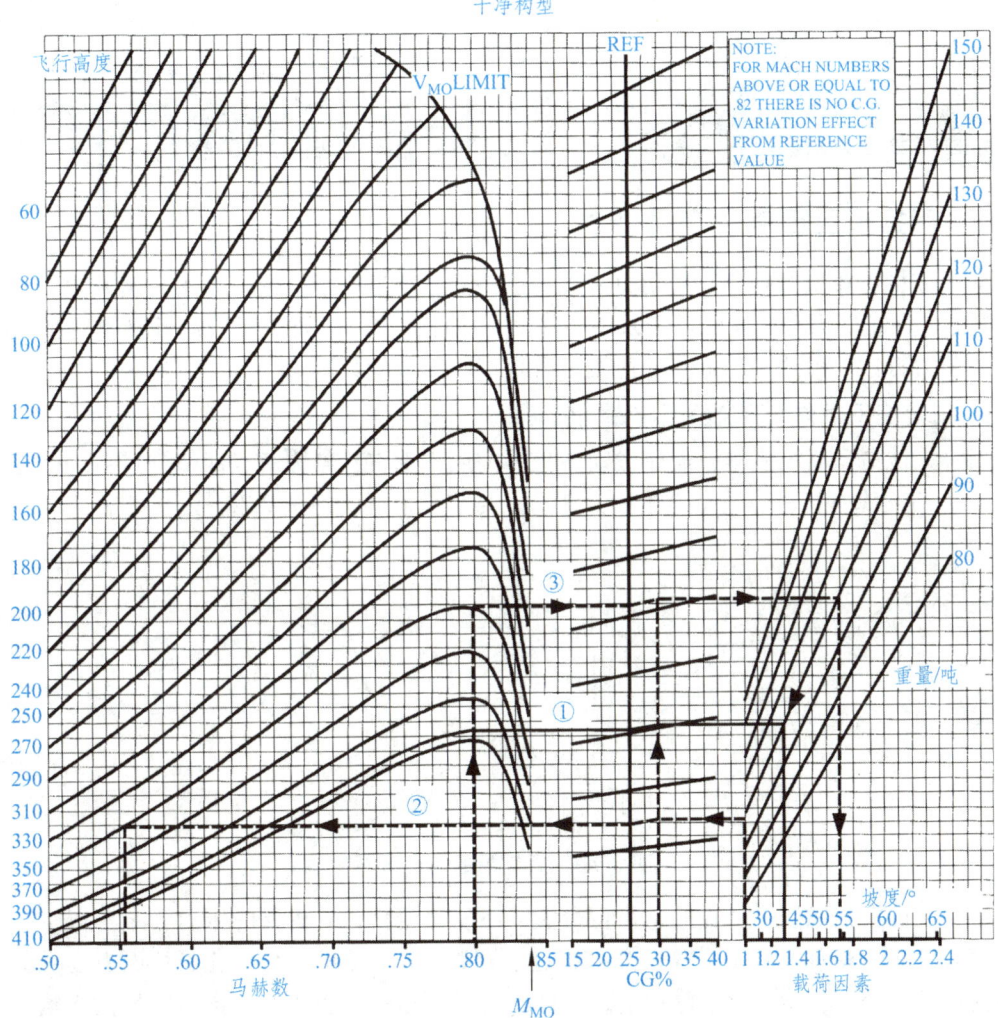

图 2.69 某机型的抖振边界

思政小课堂

典型事件：飞行员在飞行中碰到高速抖动问题

在一次航班飞行中，经过一段时间巡航后，机组向管制人员申请了一个新的高度。获得批准后，机组向飞机输入了新的高度指令。待飞机爬升到新的高度后，立马发生了剧烈抖动。机组报告塔台后下降了高度，飞机恢复正常。事后，飞行机组无法对发生抖振的原因做出解释。

该案例中，飞机发生高速抖振的原因是飞机超过了其抖振升限限制的最大飞行高度。飞行机组无法对发生抖振的原因做出解释的根本原因在于理论知识欠缺，专业素养不高，对发生高速抖振的原因不清楚，致使在实际飞行中盲目操纵。当机组给出一个操纵指令时，要对飞机可能出现的状态有预期的判断，这就需要理论和实践的高度统一。只有这样，才能避免盲目蛮干，才能对飞机可能出现的状况做好应对，确保飞行安全。

学习理论知识，不是为了学习而学习，而是为了解决实际问题。必须将理论与实际相结合，理论认识才能发挥它应有的作用，这就是毛泽东同志所强调的"有的放矢"。一方面，理论从实践中来，实践是理论的源泉和动力、目的和归宿，同时也是检验理论正确与否的唯一标准。另一方面，理论对实践具有反作用，正确的理论推动正确的实践。

2.6.5 后掠翼亚音速升/阻力特性

前面分析了翼型的高速空气动力特性，这一部分将进一步讨论机翼的高速升力、阻力特性。目前，大型民航飞机多采用后掠翼，因此我们有必要了解后掠机翼的高速升力、阻力特性。另外，后掠翼的使用也会提高临界马赫数。

2.29

1. 亚音速下对称气流流经后掠翼的情形

对称气流流向后掠机翼，流速方向与机翼前缘不垂直，可分解成两个分速：一个是垂直分速 v_n，与前缘垂直；另一个是平行分速 v_t，与前缘平行，如图 2.70 所示。

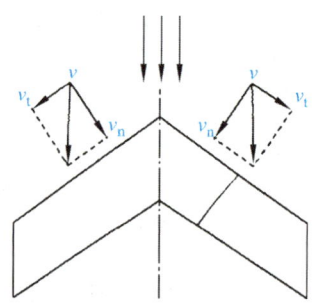

图 2.70 后掠翼的速度分解

机翼表面沿前缘线是平行的，平行分速 v_t 不发生变化，对机翼的压力分布不产生影响。而垂直分速 v_n，恰如气流从沿翼弦方向流过平直翼一样，不断发生变化，从而引起机翼沿翼弦方向的压力分布发生变化。也就是说，只有 v_n 才对机翼的压力分布起决定性的影响，所以 v_n 为有效分速。显然，后掠角越大，v_n 越小，其关系是

$$v_n = v\cos\chi$$

式中，v 为飞行速度；χ 为机翼后掠角。

空气流过后掠翼，由于 v_t 不变，而 v_n 不断变化，所以像流过平直机翼那样径直向后流去，流线会左右偏斜，如图 2.71（a）所示。

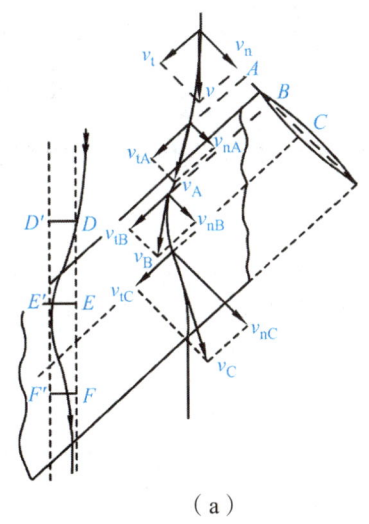
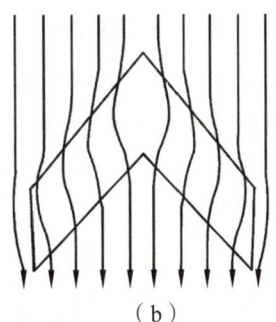

（a）　　　　　　　　　　　　　　（b）

图 2.71　气流流过后掠翼时，流线左右偏斜的分析

对称气流从机翼远前方流向机翼前缘，其垂直分速受到阻滞，越来越慢，（如图中 $v_{nA}<v_n$），平行分速则不受影响，保持不变。这样一来，越近前缘，气流速度不仅越来越慢，而且方向越来越向翼尖方向偏斜；经过前缘以后，气流沿上表面流向最低压力点（图中 C 点）途中，垂直分速又逐渐加快（$v_{nC}>v_{nB}$），平行分速仍保持不变（$v_{tC}=v_{tB}$），所以流速又逐渐加快，其方向则转向翼根；而后，又因垂直分速逐渐减慢，气流方向又再转向翼尖；于是便形成流线左右偏斜的现象。

流线左右偏斜的结果，引起所谓"翼根效应"和"翼尖效应"。如图 2.71（b）和图 2.72 所示，在翼根部分的上表面前段，流线偏离对称面，流管扩张变粗，而在后端，流线向对称面偏折，流管收敛变细。在亚音速气流条件下，前段流速减慢，压力升高，吸力峰降低；后段流速加快，压力降低，压力分布较正常平缓。与此同时，流管最细的位置后移，最低压力点向后挪动。这种现象称为翼根效应或中间效应。至于翼尖部分，则情况相反。因翼尖外侧气流径直向后，而翼尖部分表面前段流线向外偏斜，故流管收敛变细，流速加快，压力降低，吸力峰变陡；而在后段，因流线向里偏折，流管扩张变粗，流速减慢，压强升高，吸力峰减小。与此同时，流管最细位置前移，最低压强点向前挪动，这种现象称为翼尖效应。

翼根效应使翼根剖面上表面的平均吸力峰降低，升力减小，该剖面翼型的焦点位置后移；翼尖效应则使翼尖剖面上表面的平均吸力升高，翼型焦点位置前移。后掠翼各剖面升力系数沿展向的分布如图 2.73 所示。

通过以上分析可知，造成后掠翼亚音速空气动力特性不同于一般平直翼的基本原因有两个：一是后掠翼的空气动力主要取决于垂直机翼前缘的有效分速，且 $v_n<v_\infty$；二是空气流经后掠翼时，流线左右偏斜，形成翼根和翼尖效应，影响后掠翼的压强分布。

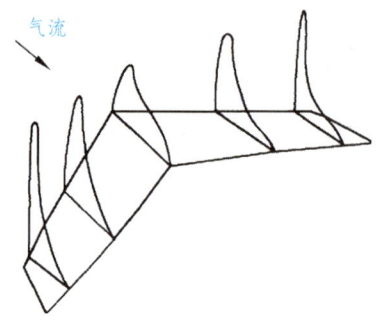

图 2.72 后掠翼的翼根效应和翼尖效应

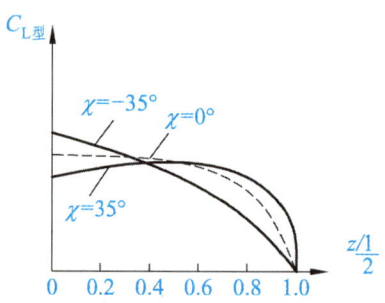

图 2.73 后掠翼各截面的升力系数沿展向的分布

2. 中小迎角下后掠翼的亚音速升阻力特性

按理论计算，若将无限翼展平直翼斜置成无限展长后掠翼，后掠翼在中小迎角下的升力和阻力系数将分别是平直翼的 $\cos^2\chi$ 倍，后掠翼的升力系数曲线斜率是平直翼的 $\cos\chi$ 倍，都变小了，这是由于后掠翼气动力取决于法向分速而造成的。

但在有限翼展后掠翼上，由于翼根效应和翼尖效应，升力系数的减小要少些，压差阻力系数的减小也比理论值小。还应指出，在亚音速下，后掠翼对最小型阻系数实际上并无影响，因为这时的阻力主要是摩阻，而它既与 v_n 有关，也受 v_t 的影响。

图 2.74 为后掠翼 $\chi=35°$ 的后掠翼和相同展弦比、相同翼型的平直翼的升力系数曲线。由图看出，同一迎角下，后掠翼的升力系数比平直翼小。后掠翼的升力系数曲线斜率也比平直翼小。

图 2.75 所示为后掠角不同的后掠翼的升力系数曲线斜率随展弦比的变化曲线。从图中可知，展弦比一定时，后掠角增大，升力系数斜率减小；当后掠角一定，升力系数斜率也减小。这是展弦比减小时，翼尖涡流对机翼上、下表面的均压作用增强的缘故。

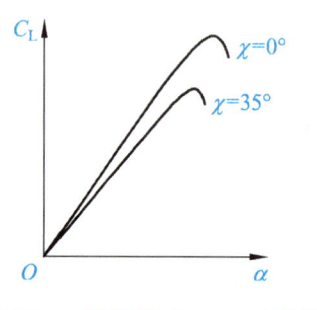

图 2.74 后掠翼对 C_L、C_L^α 的影响

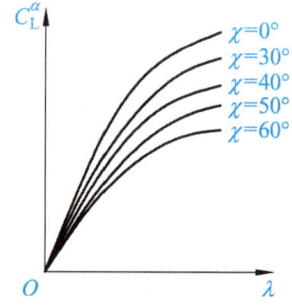

图 2.75 C_L^α 和 χ 的变化

3. 后掠翼在大迎角下的失速特性

1）翼尖先失速

其原因有二：一是在翼根的上表面，因翼根效应（即中间效应），平均吸力较小，而翼尖的上表面，因翼尖效应，平均吸力较大，于是，沿翼展从翼根到翼尖存在压力差，它促使附面层空气向翼尖方向流动，致使翼尖部分的附面层变厚，容易产生气流分离；二是由于翼尖

效应,翼尖部分上翼面前段流管变得更细,压力变得更低,在翼尖部分上翼面后段流管变得更粗,压力变得更高,于是翼尖上表面的后缘部分与最低压力点之间的逆压梯度增大,增强了附面层内空气的倒流趋势,容易形成气流分离。于是当迎角增大到一定程度,机翼上表面的翼尖部分首先产生气流严重分离,造成翼尖先失速。

气流分离从翼尖开始,然后逐渐蔓延到整个机翼。所以,后掠翼飞机在没有到达临界迎角以前,会较早地出现抖动,抖动升力系数同最大升力系数相差较大,一般 $C_{L抖} \approx 0.85 C_{L\max}$。

后掠翼翼尖区段出现的分离,还使机翼的俯仰力矩向抬头方向变化。此外,翼尖分离的不对称性及其发展的不稳定性,可能导致机翼横向阻尼特性的降低,甚至完全丧失进而引起机翼自转。

2)后掠翼的临界迎角和最大升力系数比平直翼小

后掠翼的有效分速与垂直于前缘的翼弦所构成的迎角 α_n,总是大于来流速度 v 与顺气流方向翼弦所构成的迎角 α。

参看图 2.76,即使不考虑翼尖先失速,当 α_n 增大到与平直翼的临界迎角相等时,后掠翼就开始出现严重的气流分离(即失速),而按 α 计算,后掠翼的临界迎角就比平直翼的小。

图 2.77 所示为临界迎角附近后掠翼升力系数的变化情形。曲线 1 是中间剖面的升力系数曲线,曲线 2 是翼尖剖面的升力系数曲线,曲线 3 是全机翼的升力系数曲线。由于翼尖失速,后掠翼的最大升力系数变小了。从图 2.74 也可以看出,$\chi = 35°$ 的后掠翼的最大升力系数比平直翼的降低了 20%,临界迎角减小了 3°。

需要指出的是,后掠翼的失速是从翼尖逐渐向全翼扩展的,所以在临界迎角附近升力系数的变化比较缓和。

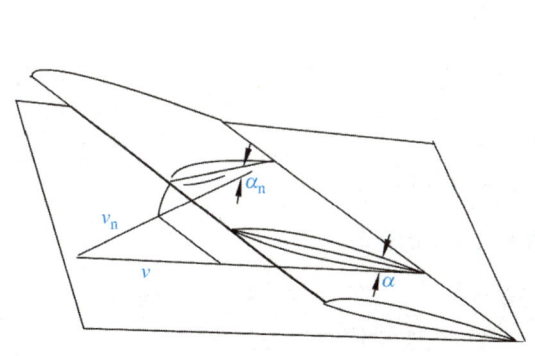

图 2.76 后掠翼的迎角

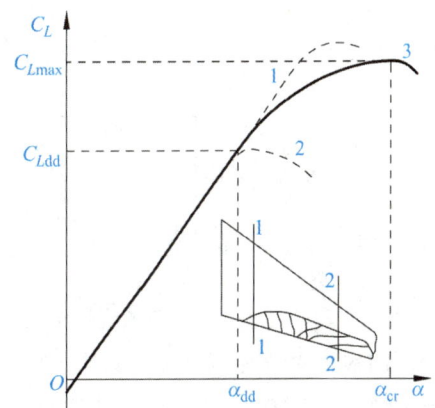

图 2.77 在临界迎角附近后掠翼的升力系数的变化

3)后掠翼飞机改善翼尖失速的措施

这些措施中,有些与改善有限翼展机翼失速特性采取的相同,如几何扭转、气动扭转和前缘装置缝翼等。然而,更多的措施是针对后掠翼的流动特点而采取的,如翼上表面翼刀、前缘翼刀、前缘翼下翼刀、前缘锯齿、涡流发生器等。

（1）翼上表面翼刀。它平行于对称面，如图 2.78 所示，可阻止后掠翼附面层气流的展向流动。

对后掠翼剖面升力系数的研究表明，在小迎角区，翼刀实际上不影响升力的展向分布，当接近分离的较大迎角，翼刀影响开始显露，如图 2.79（a）所示。

图 2.79 给出带与不带翼刀的后掠翼的实验结果。该机翼上装有两个翼刀，第一个在 $Z = 0.31$ 剖面，高度为 5% 弦长，第二个在 $Z = 0.55$ 剖面，高度为 3% 弦长。位于 $Z = 0.55$ 处的翼刀阻挡减慢了的附面层向翼尖流动，恢复翼尖的无分离绕流，位于 $Z = 0.31$ 处的翼刀阻碍外翼部分对机身附近附面层的吸出。

图 2.78 翼上表面翼刀

从图 2.79（b）看出，带翼刀后，翼中部剖面的最大升力系数有所减小，但外翼剖面的最大升力系数得到提高，全翼的升力系数增加了，外翼段的升力系数裕度增大，翼尖失速得到充分改善。

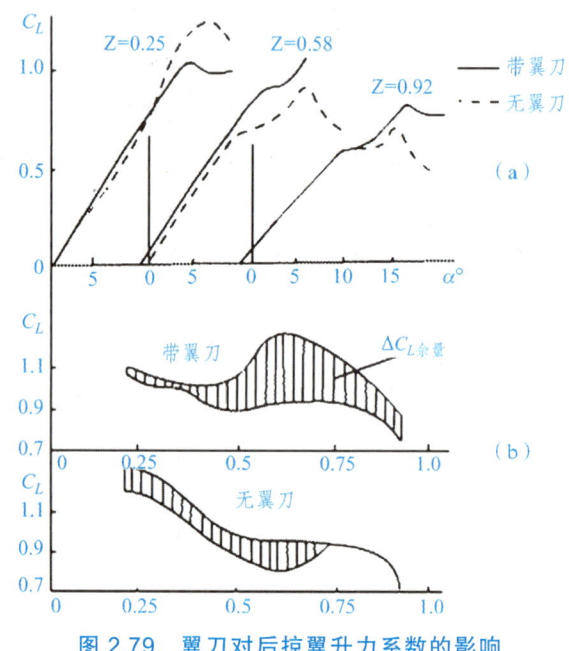

图 2.79 翼刀对后掠翼升力系数的影响

（2）前缘翼刀。如图 2.80（a）所示，其通常安装在 $Z = 0.35$ 处的前缘，不仅能阻挡附面层的展向流动，而且能在上表面形成一束强尾涡，起到类似涡流发生器的作用。

（3）前缘翼下翼刀。如图 2.80（b）所示，这种翼刀在接近失速的大迎角下，有着和前缘翼刀同样的作用。不过它装在前缘驻点的后下方，在巡航和爬升的中小迎角下，不至于干扰气流的正常流动。翼下挂吊发动机的挂架，实际上也起着前缘翼下翼刀的作用，这些挂架的前缘都位于机翼的前缘的下后方，就是这个原因。

（4）前缘锯齿。如图 2.80（c）所示，从锯齿处产生的旋涡可以阻挡附面层气流的展向流动，并给附面层气流输入能量，增大气流速度，延缓气流分离。

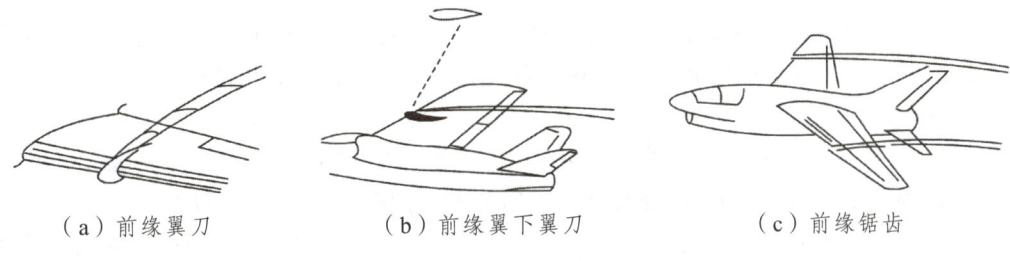

(a) 前缘翼刀　　　　　　(b) 前缘翼下翼刀　　　　　　(c) 前缘锯齿

图 2.80　改善后掠翼翼尖失速的几项措施

（5）涡流发生器。它一般安装在机翼外翼段的上表面前方，如图 2.81 所示。涡流发生器能产生旋转速度很大的小旋涡。这些小旋涡紧贴翼面流动，与附面层掺混，把外流的能量带进附面层，增强附面层承受逆压梯度的能力，推迟了气流分离。

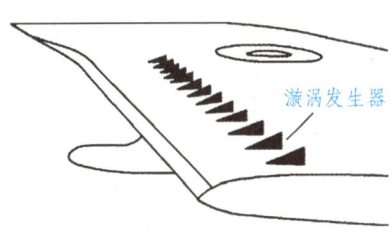

图 2.81　涡流发生器

2.6.6　后掠翼的跨音速升/阻力特性

1. 后掠翼的临界马赫数 M_{cr}

对于流过后掠翼的空气来说，其流速和压力的变化，主要取决于有效分速 v_n，而 v_n 恒小于 v，所以，尽管飞行速度增大到平直翼的临界速度，在后掠翼上还不致出现最大局部垂直分速等于音速的等音速点，这表明，后掠翼的临界马赫数 M_{cr} 比相同剖面平直翼的临界马赫数 M_{cr} 大。后掠角越大，有效分速越小，M_{cr} 也相应越大。这是高亚音速飞机采用后掠翼的原因。

但是，后掠翼的翼根部分和翼尖部分的临界马赫数 M_{cr} 并不是完全一致的。空气流过翼根剖面前缘附近，由于有中间效应，流速增加不多，只有在更大的飞行 M 数下，才会到达局部音速，所以临界马赫数 M_{cr} 较高；而气流流过翼尖剖面前缘附近，由于有翼尖效应，流速迅速加快，有可能在较小的飞行 M 数下就到达局部音速，所以临界马赫数 M_{cr} 较低。

受翼尖效应和中间效应影响，后掠翼的临界马赫数 M_{cr} 可用下面的经验公式计算：

$$M_{cr} = M_{cr\chi=0} \cdot 2/(1+\cos\chi_0)$$

式中，χ_0 为前缘后掠角。例如，$\chi_0 = 50°$，后掠翼的临界马赫数（M_{cr}）比平直翼的临界马赫数（$M_{cr\chi=0}$）提高 21.7%。

来流 M 数大于临界马赫数 M_{cr} 后，因后掠翼的翼尖效应，翼尖附近有可能首先出现局部超音速区，也就有可能先在翼尖附近出现所谓的翼尖激波。图 2.82 所示为前缘后掠为 50° 的后掠翼，在 $\alpha = 4°$、$M = 0.95$ 时，在翼尖形成的翼尖激波。其方向几乎与来流方向垂直，但激波强度还比较弱，并随飞行 M 数的增大而向后缘方向移动。

飞行 M 数继续增大，在机翼上表面还会形成所谓的"后激波"，它的产生与翼根附近流线呈"S"形有关。超音速气流过翼身组合处附近时，可将这个结合处看成一个固定的壁面，翼面气流从前缘到后缘是逐渐偏向面壁的，所以超音速气流受到机身的阻滞影响，就会出现一系列弱压缩波（见图 2.83），由于越往后流动是减速，就形成了一定强度的"后激波"。

开始形成的后激波，一般处于翼尖激波之前。实验表明，随着飞行 M 数增大，后激波向后缘移动的速度比翼尖激波来得快，会赶上翼尖激波并与之合并。与此同时，后激波还向翼根发展，并不断增强其强度。

飞行 M 数进一步增大，在机翼上表面，从翼尖到翼根相继出现局部超音速区，产生局部激波，称之为"前激波"。图 2.84 表示 $\alpha = 4°$ 时，在不同来流 M 数下形成的前激波的位置。

由实验可知，随着飞行 M 数增大，由于超音速区的扩大，前激波逐渐向机翼内侧和后缘移动，并与后激波相交后，在交点外侧形成一强度较强的"外激波"，如图 2.85 所示。外激波所在的外翼剖面上将发生较严重的激波气流分离。

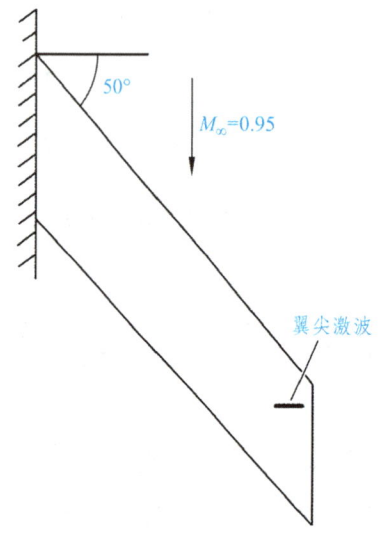

图 2.82　后掠翼的翼尖激波

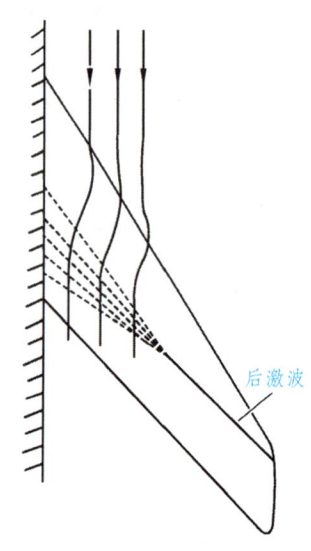

图 2.83　后掠翼的后激波

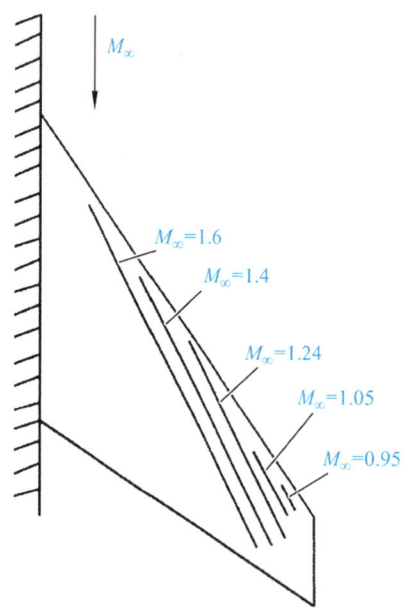

图 2.84　前激波的发展

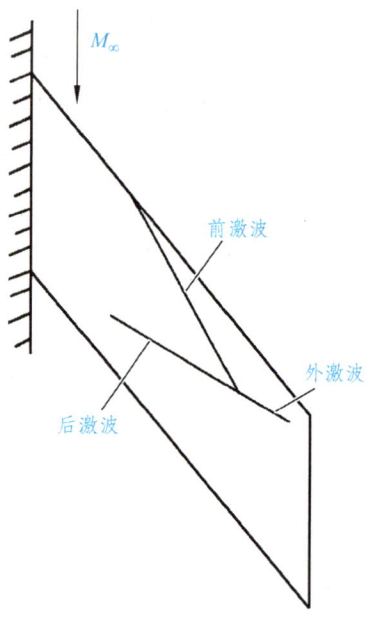

图 2.85　外激波的形成

2. 后掠翼的升力系数随飞行 M 数的变化（α 一定）

从图 2.86 上可以看出：

（1）后掠翼的临界马赫数 M_{cr} 比较大，C_L 在较大的飞行 M 数下才开始起伏变化。

（2）C_L 在跨音速阶段内的增减幅度比较小。因为后掠翼的空气动力由有效分速决定，而 C_L 却按飞行速度折算，所以 C_L 的增减幅度要小些。此外，由于中间效应和翼尖效应，后掠翼沿翼展各处的局部超音速区的产生有早有迟；翼尖激波、后激波、前激波的产生和发展也有先后快慢不同；致使升力系数增减的时机有了差异。比如说，随着飞行 M 数的增大，翼根部分的升力系数正处于上升过程中，但翼尖部分的升力系数却开始下降，随后，在翼根部分的升力系数正处于下降过程中，但翼尖部分的升力系数却开始上升，这也是造成整个后掠翼升力系数随 M_∞ 数变化缓和的原因。

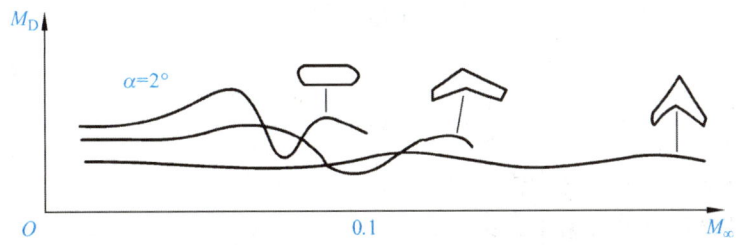

图 2.86　后掠角不同的后掠翼的 C_L 随 M 数的变化

（3）升力系数随飞行 M 数的变化比较平缓。因为平直翼的升力特性决定于飞机 M 数的大小，而后掠翼的升力特性主要决定于有效分速所对应的 M 数（M_n）的大小。既然 $v_n < v$，并在飞行 M 数增大的过程中，两者的差值越来越大，两者对应的 M 数（M 与 M_n）的差值也越来越大，致使后掠翼的局部超音速和局部激波的产生和发展比较缓慢，所以 C_L 随 M_∞ 的变化也就比较平缓。

后掠角越大，上述特点越突出。

3. 后掠翼的阻力系数随飞行 M 数的变化

如图 2.87 所示，后掠翼同平直翼相比，阻力系数随飞行 M 数的变化是不同的，从图中可以看出：

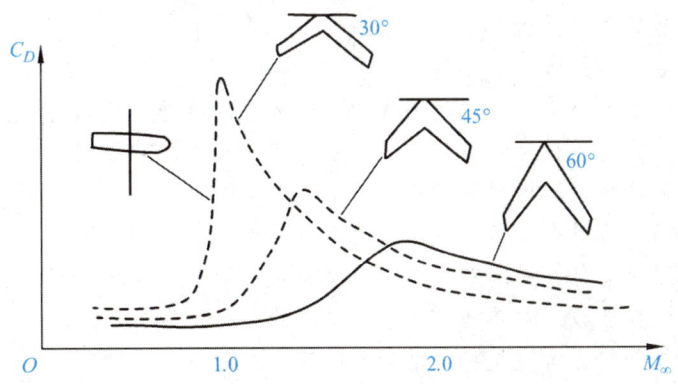

图 2.87　后掠翼的阻力系数随 M_∞ 数的变化

（1）阻力系数在比较大的飞行 M 数下才开始急剧增加，这是因为后掠翼的临界 M 数和阻力发散 M 数都比平直翼大的缘故。

（2）后掠翼的最大阻力系数，只有在超过音速更多的飞行速度下才会出现，而且数值也比较小。对平直翼而言，当飞行 M 数在 1 附近时，其阻力系数达到最大。但对后掠翼而言，在来流速度超过音速不多时，v_n 仍然小于音速，阻力系数尚未达到最大，只有来流速度超过音速很多时，v_n 达到音速左右，阻力系数才到达最大，此时按 v_∞ 折算出的阻力系数值当然比平直翼的小得多。

（3）阻力系数随飞行 M 数的变化比较平缓。其理由与升力系数的相同。

后掠角越大，上述 3 个特点越突出。

复习思考题

1. 什么是相对气流？说明飞机上升、平飞、下降的相对气流方向。
2. 什么是迎角？说明迎角与仰角的区别。
3. 如何理解流线定义？说明流线、流管、流线谱的特点。
4. 利用连续性定理说明流管截面积变化与气流速度变化的关系。
5. 利用伯努利定理说明气流速度变化与气流压强变化的关系。
6. 说明伯努利方程中各项参数的物理意义。
7. 利用伯努利定理说明测量飞机空速的基本原理。
8. 机翼的升力是如何产生的？
9. 什么是压力中心？其位置是如何随迎角变化的？
10. 利用翼型的压力分布图说明翼型各部分对升力的贡献。
11. 写出飞机的升力公式，并说明公式中各个参数的物理意义。
12. 附面层是如何形成的？附面层内沿物面的法线方向气流的速度和压强变化各有何特点？
13. 附面层气流分离是如何产生的？分离点的位置是如何随迎角变化的？涡流区的压强有何特点？
14. 飞机的摩擦阻力、压差阻力、干扰阻力是如何产生的？
15. 什么是飞机的翼尖涡流？它是如何引起气流下洗的？
16. 飞机的诱导阻力是如何产生的？
17. 写出飞机的阻力公式，并说明公式中各个参数的物理意义。
18. 画出飞机的升力系数曲线。说明升力系数随迎角变化的原因。
19. 什么是临界迎角？其对飞机的气动性能有何影响？
20. 画出飞机的阻力系数曲线。说明阻力系数随迎角变化的原因。
21. 什么是升阻比？什么是有利迎角？说明升阻比随迎角变化的规律。
22. 画出飞机的极曲线，并在曲线上注明主要的气动性能参数。
23. 地面效应是如何影响飞机的气动性能的？
24. 飞机的增升原理主要有哪几种？

25. 前缘缝翼、前缘襟翼、后缘简单襟翼、开缝襟翼、后退开缝襟翼的增升原理分别是哪种？
26. 简述马赫数的定义及其物理意义。
27. 简述音速与压缩性的关系及影响音速大小的因素。
28. 在低速流动和高速流动中，速度、压力、温度和密度与流管截面面积的关系是什么？
29. 简述激波产生的机理。
30. 正激波和斜激波的特点分别是什么？
31. 激波和膨胀波的区别是什么？
32. 如何获得超音速气流？
33. 当飞机上已出现激波时，飞行速度是否一定已经达到了音速或超过音速？为什么临界 M 数小于 1？
34. 当飞行 M 数大于 1 时，流过飞机的气流是否全是超音速气流？
35. 简述亚音速阶段作用于翼型上的空气动力特性。
36. 为什么高速飞机大多采用超临界翼型？超临界翼型的好处和缺点是什么？
37. 解释大型民机在跨音速阶段出现的自动俯冲现象，如何消除？
38. 机翼的后掠角的作用有哪些？
39. 高速飞行（大 M 数）时飞机不容易失速，这句话对吗？为什么？
40. 改善后掠翼飞机翼尖失速特性的措施有哪些？

第 3 章　螺旋桨的空气动力

活塞式发动机和燃气涡轮螺旋桨发动机的动力必须要借助于螺旋桨才能转化出来。螺旋桨产生的拉力是靠发动机带动螺旋桨桨叶旋转而产生的，是活塞式飞机和涡轮螺旋桨飞机前进的动力。螺旋桨工作的好坏直接关系到螺旋桨拉力的大小，而拉力的大小又关系到飞机的飞行性能。螺旋桨旋转方向分为左旋和右旋两种。如果从驾驶舱看，逆时针旋转的是左旋螺旋桨（也称左转螺旋桨），而顺时针旋转的是右旋螺旋桨（也称右转螺旋桨）。大部分现代单发飞机的螺旋桨都是右旋的，如图 3.1 所示。

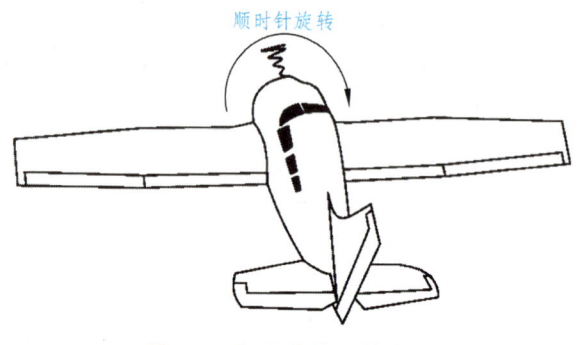

图 3.1　螺旋桨的旋转方向

为了帮助飞行员正确掌握活塞式螺旋桨飞机的动力特性，本章着重分析螺旋桨空气动力的产生及其变化规律，同时还介绍螺旋桨的功率、效率、负拉力及副作用等问题。

3.1　螺旋桨的拉力和旋转阻力

3.1.1　螺旋桨简介

现代的螺旋桨主要由桨叶、桨毂及桨叶变距机构等组成，如图 3.2 所示。

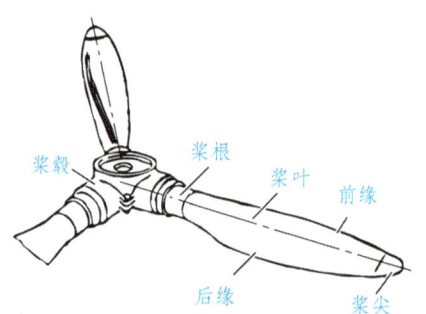

3.1

图 3.2　螺旋桨各部分名称

桨叶的平面形状很多，现代使用较多的有椭圆形、矩形和马刀形等，如图 3.3 所示。

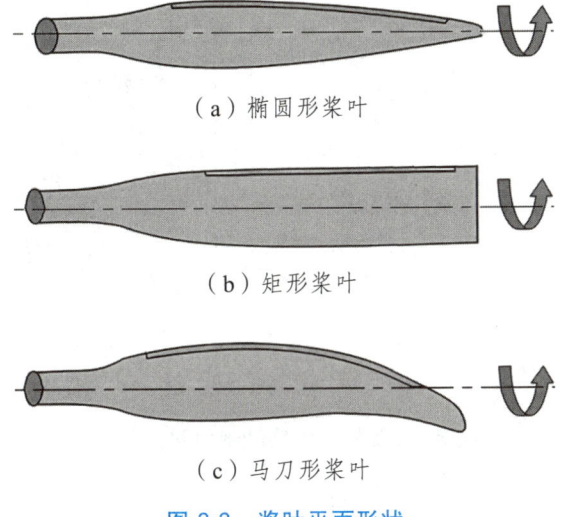

（a）椭圆形桨叶

（b）矩形桨叶

（c）马刀形桨叶

图 3.3 桨叶平面形状

螺旋桨旋转时，桨尖所画圆的直径，称为螺旋桨的直径（D）。该圆的半径，称为螺旋桨的半径（R）。螺旋桨旋转轴线至某一剖面的距离，称为该剖面的半径（r），比值 r/R 称为相对半径（$\bar{r}$）。桨叶旋转时桨尖所划过的平面叫作旋转面，它与桨轴垂直，如图 3.4 所示。

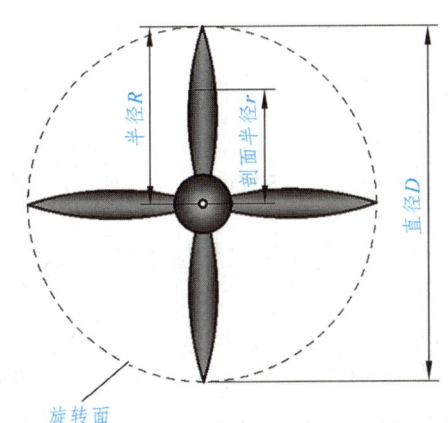

图 3.4 螺旋桨的直径、半径、相对半径和旋转面

与机翼类似，桨叶的截面形状称为桨叶剖面，相当于机翼的翼型；前、后桨面分别相当于机翼的上、下表面，如图 3.5 所示。

桨叶剖面前缘与后缘的连线，称为桨弦（b）或桨叶宽度。桨弦与旋转面之间的夹角称为桨叶角（φ）。桨叶角不能改变的螺旋桨称为定距螺旋桨；桨叶角能够改变的螺旋桨称为变距螺旋桨。桨叶角增大，称为变大距或变高距；桨叶角减小，称为变小距或变低距。现代飞机都使用自动变距螺旋桨。

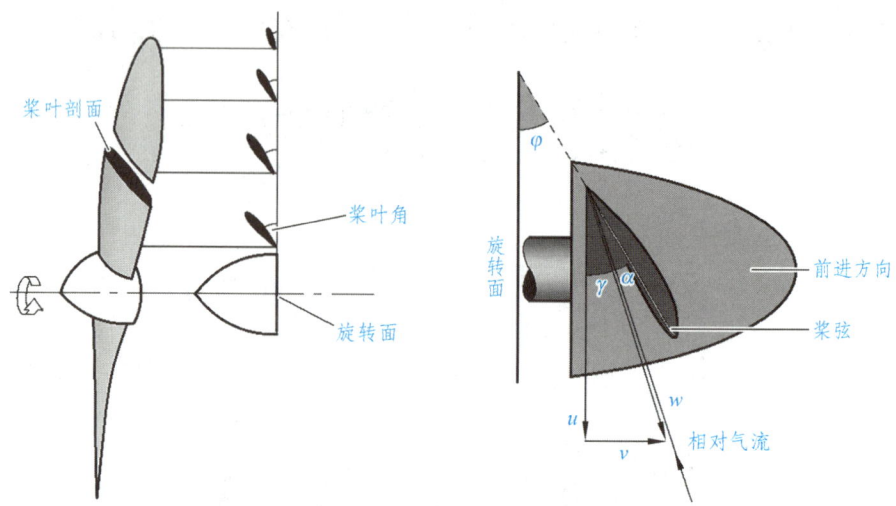

图 3.5 螺旋桨的桨叶剖面和桨叶角

3.1.2 螺旋桨的运动

飞行中，螺旋桨的运动是一面旋转、一面前进，如图 3.5 所示。因此，桨叶各剖面都具有两种速度：一是前进速度（v），即飞机的飞行速度；二是因旋转而产生的圆周速度，或叫作切向速度（u），其大小取决于螺旋桨的转速和各剖面的半径，即

$$u = 2\pi r n \tag{3.1}$$

式中，n 为螺旋桨转速（r/s）。

所以，螺旋桨桨叶上任意一点的运动轨迹就是一条螺旋线，如图 3.6 所示。

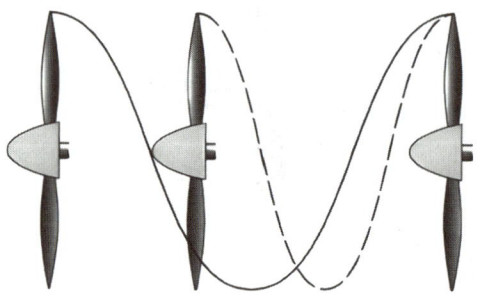

图 3.6 桨叶剖面某一点的运动

切向速度与前进速度的合速度，叫桨叶剖面的合速度（w），其大小为 $\vec{w} = \vec{u} + \vec{v}$，如图 3.5 所示。桨叶剖面合速度的方向，可用相对进距（λ）表示，相对进距是飞行速度同螺旋桨的转速与直径的乘积两者之比，即

$$\lambda = v / (nD) \tag{3.2}$$

合速度与旋转面之间的夹角称为入流角，用 γ 表示，所以

$$\tan \gamma = v / u = v / (2\pi r n) = (D / 2\pi r) \cdot \lambda \tag{3.3}$$

由式（3.3）可知，相对进距越大，γ 角也相应越大，说明合速度的方向偏离旋转面越多。反之，相对进距越小，说明合速度的方向越接近旋转面。

桨叶剖面相对气流方向与桨弦之间的夹角叫桨叶迎角（α），如图 3.5 所示。桨叶迎角可表示为

$$\alpha = \varphi - \gamma = \varphi - \arctan\frac{R\lambda}{\pi r} \tag{3.4}$$

桨叶迎角随桨叶角、飞行速度和转速的改变而变化。当飞行速度和转速一定时，桨叶迎角随桨叶角的增大而增大，随桨叶角的减小而减小。

当桨叶角和转速一定时，桨叶迎角随飞行速度增大而减小，飞行速度增大到一定程度时，桨叶迎角可能减小到零甚至变为负值，如图 3.7 所示。

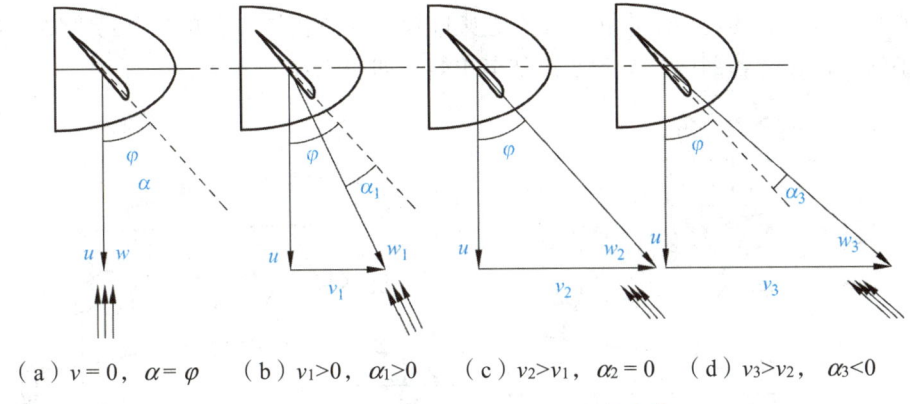

图 3.7　桨叶迎角随飞行速度的变化

当桨叶角和飞行速度一定时，桨叶迎角随转速增大而增大，随转速减小而减小，如图 3.8 所示。

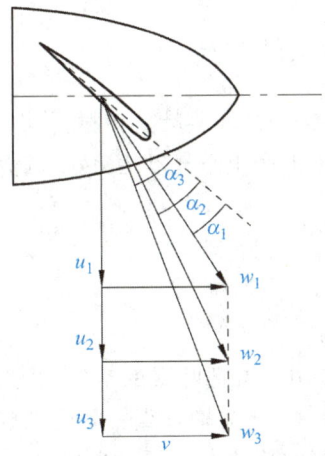

图 3.8　桨叶迎角随切向速度的变化

此外，从图 3.9 可看出，如果桨叶无几何扭转，即各桨叶剖面的桨叶角都相同，但桨叶各剖面的半径不同，导致各剖面的切向速度都不相等，合速度的方向也就不相同，所以桨叶

迎角也不一样。在飞行速度和桨叶角保持一定的情况下，桨尖处的切向速度最大，因而其桨叶迎角也最大。

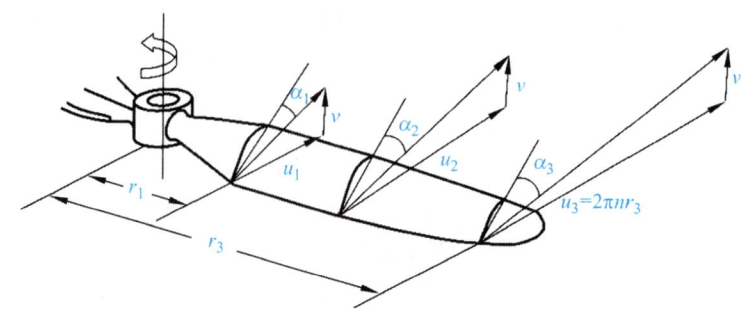

图 3.9　各桨叶剖面的合速度和桨叶迎角

为了使桨叶各剖面的迎角基本相等，常把桨叶设计成负扭转，即从桨根到桨尖，桨叶角是逐渐减小的，以保持各剖面的桨叶迎角基本相等，如图 3.10 所示。

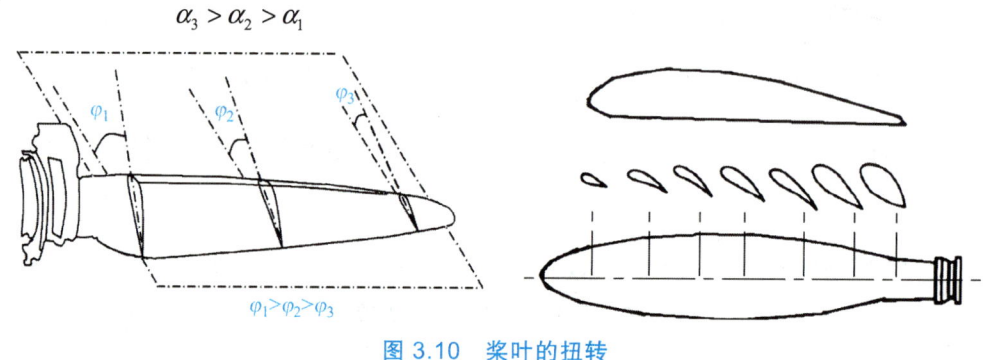

图 3.10　桨叶的扭转

对于几何扭转的桨叶，通常用桨叶剖面 75% r 处的桨叶角代表整个桨叶的桨叶角。

3.1.3　螺旋桨拉力和旋转阻力的产生

在桨叶半径 r 处取一宽度为 dr 的微元桨叶，该微元桨叶称为叶素（见图 3.11）。与翼型产生空气动力的道理一样，在叶素上产生空气动力 dR，其大小为

$$dR = C_R \cdot \frac{1}{2}\rho w^2 \cdot ds$$

式中　C_R——叶素的空气动力系数；
　　　ds——叶素面积，$ds = b \cdot dr$。

根据 dR 对桨叶运动所起的作用，可把叶素的空气动力分解为两个分力：一个与桨轴平行，拉螺旋桨前进的拉力 dP；另一个与桨轴垂直，阻碍螺旋桨旋转运动的旋转阻力 dQ。

各叶素拉力的总和形成螺旋桨的总拉力，可写为

$$P = k\int_{r_0}^{R} dP \tag{3.5}$$

式中，k 为桨叶数目；r_0 为桨毂的半径。

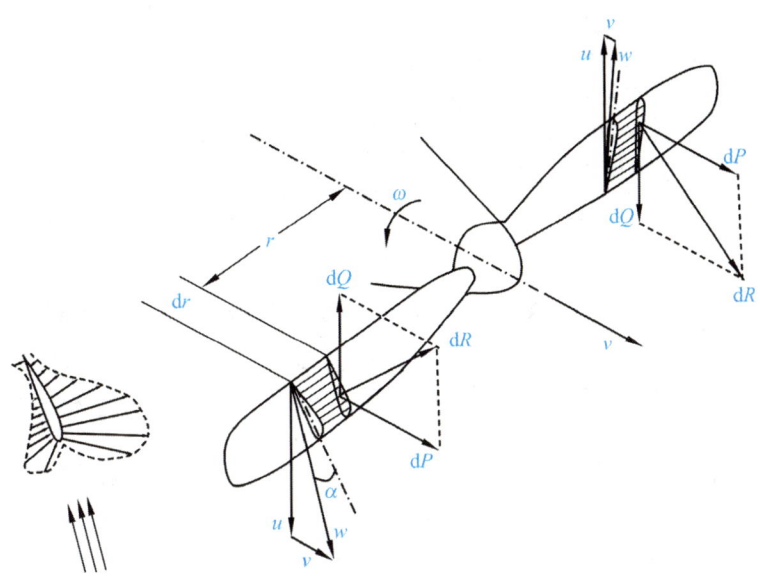

图 3.11 叶素的空气动力

如图 3.12 所示,空气动力 dR 分解为垂直于合速度方向和平行于合速度方向的两个分力 dY 和 dX,其大小按下式计算:

$$\left.\begin{array}{l} \mathrm{d}Y = C_Y \dfrac{1}{2}\rho\ w^2 \cdot b \mathrm{d}r \\ \mathrm{d}X = C_X \dfrac{1}{2}\rho\ w^2 \cdot b \mathrm{d}r \end{array}\right\} \tag{3.6}$$

式中 C_Y——垂直于桨叶合速度方向的空气动力系数,其大小由实验确定;
　　　C_X——平行于桨叶合速度方向的空气动力系数,其大小也由实验确定。

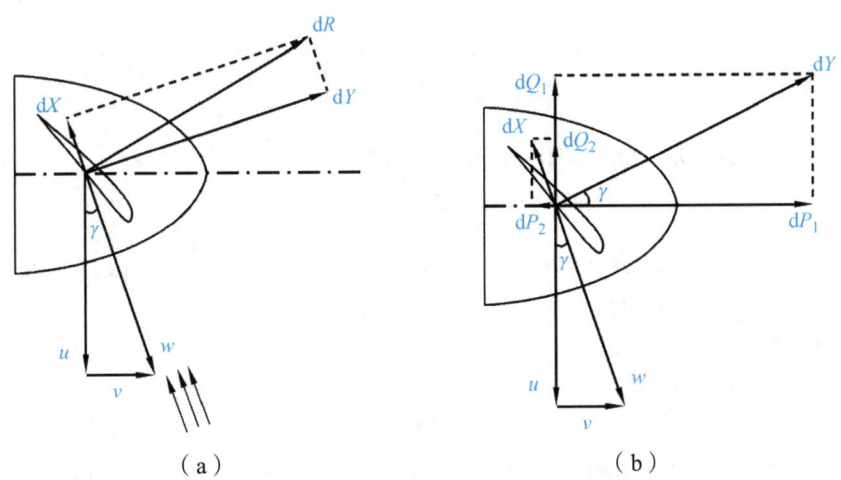

图 3.12 桨叶的空气动力及其分布

根据几何关系,可求得该叶素所产生的拉力为

$$\begin{aligned} dP &= dP_1 - dP_2 \\ &= dY\cos\gamma - dX\sin\gamma \\ &= (C_Y\cos\gamma - C_X\sin\gamma)(1/2)\rho w^2 \cdot b dr \end{aligned} \quad (3.7)$$

桨叶剖面的合速度 w 可表示为

$$w = \sqrt{u^2 + v^2} = u/\cos\gamma = 2\pi rn/\cos\gamma \quad (3.8)$$

将式（3.8）代入式（3.7），简化后代入式（3.5）积分，得整个螺旋桨的拉力为

$$P = (k/4)\cdot\pi^2\rho w^2 \cdot D^4 \int_{\bar{r}_0}^{1} \frac{C_Y\cos\gamma - C_X\sin\gamma}{\cos^2\gamma}\bar{b}\bar{r}^2 d\bar{r} \quad (3.9)$$

式中，$\bar{b} = b/D$，称为相对宽度。

令

$$\beta = (k/4)\cdot\pi^2 \int_{\bar{r}_0}^{1} \frac{C_Y\cos\gamma - C_X\sin\gamma}{\cos^2\gamma}\bar{b}\cdot\bar{r}^2 d\bar{r} \quad (3.10)$$

于是，拉力公式可写成为

$$P = \beta\rho w^2 \cdot D^4 \quad (3.11)$$

式中，β 为螺旋桨的拉力系数。

拉力系数的大小，取决于相对进距、桨叶迎角、桨叶形状、马赫数以及雷诺数。

螺旋桨各桨叶的旋转阻力，其合力虽然为零，但因离桨轴都有一段距离，其方向都与桨叶的旋转方向相反，故要形成阻碍螺旋桨旋转的力矩，该力矩称之为旋转阻力矩（$M_{阻}$）。这个力矩通常由发动机曲轴产生的旋转力矩（$M_{扭}$）来平衡。当 $M_{扭} < M_{阻}$ 时，螺旋桨转速有降低的趋势；当 $M_{扭} > M_{阻}$ 时，螺旋桨转速有增加的趋势；当 $M_{阻} = M_{扭}$ 时，螺旋桨保持转速不变。

同计算叶素上的拉力一样，也可以计算叶素上的旋转阻力和旋转阻力矩。

由图 3.12 可知，叶素上的旋转阻力为

$$\begin{aligned} dQ &= dQ_1 + dQ_2 = dY\sin\gamma + dX\cos\gamma \\ &= (C_Y\sin\gamma + C_X\cos\gamma)(1/2)\rho w^2 \cdot b dr \end{aligned} \quad (3.12)$$

参看图 3.11，叶素的旋转阻力 dQ 对桨轴形成的旋转阻力矩 $dM_{阻} = r\cdot dQ$。各叶素上旋转阻力矩的总和就形成了螺旋桨的旋转阻力矩（$M_{阻}$）。

$$M_{阻} = k\int_{r_0}^{R} r dQ \quad (3.13)$$

参照公式（3.9）的推导过程，可得

$$M_{阻} = \frac{k}{8}\pi^2\rho w^2 D^5 \int_{\bar{r}_0}^{1} \frac{C_Y\sin\gamma + C_X\cos\gamma}{\cos^2\gamma}\bar{b}\bar{r}^3 d\bar{r} \quad (3.14)$$

3.2 螺旋桨拉力在飞行中的变化

螺旋桨的拉力（P）是总空气动力（R）的一个分力。拉力的大小不仅取决于总空气动力的大小，而且还取决于总空气动力的方向。对于一具制造好的螺旋桨来说，总空气动力的大小又取决于桨叶迎角（α）和桨叶剖面合速度（w）的大小，而总空气动力的方向则取决于合速度的方向。也就是说，桨叶迎角、合速度的大小和方向都会影响拉力的大小。

飞行中，发动机的油门位置、飞机的飞行速度、高度和外界大气温度的变化，都会引起桨叶迎角、合速度的大小和方向发生变化，从而使拉力发生变化。本节将分析拉力随上述四种因素变化的规律以及负拉力的产生原因。

3.2.1 定距螺旋桨和变距螺旋桨

定距螺旋桨和变距螺旋桨的区别在于其桨叶角是否可变。桨叶角不能改变的螺旋桨称为定距螺旋桨，能够改变的称为变距螺旋桨。

1. 定距螺旋桨

定距螺旋桨的桨叶角是制造厂商选定的，在整个飞行过程中不能改变。对于定距螺旋桨，只有在一定的飞行速度和转速下才能获得最佳效率。这就意味着飞机在起飞和巡航阶段不能同时获得最佳效率。

2. 变距螺旋桨

现代飞机大都采用变距螺旋桨，在飞行中随着飞行条件的变化而改变桨叶角，以期获得任何飞行状态下的最佳效率。变距方式可以是人工变距，也可以是自动变距。人工变距通过变距杆实现，其主要功用是改变转速；自动变距通过调速器实现，其主要功用是维持转速不变，装有调速器的螺旋桨飞机也叫作恒速螺旋桨飞机。

功率小的活塞式轻型飞机，一般没有专门的变距机构，主要靠桨叶的空气动力和配重的惯性离心力来改变桨叶角。空气动力力矩使桨叶变低距，配重的惯性离心力矩使桨叶变高距（见图 3.13）。若前者大于后者，则桨叶角减小；若后者大于前者，则桨叶角增大。其转速大小取决于油门位置。油门加大，转速增高；油门收小，转速降低；油门不变，转速基本不变。这种变距螺旋桨称为气动式变距螺旋桨。

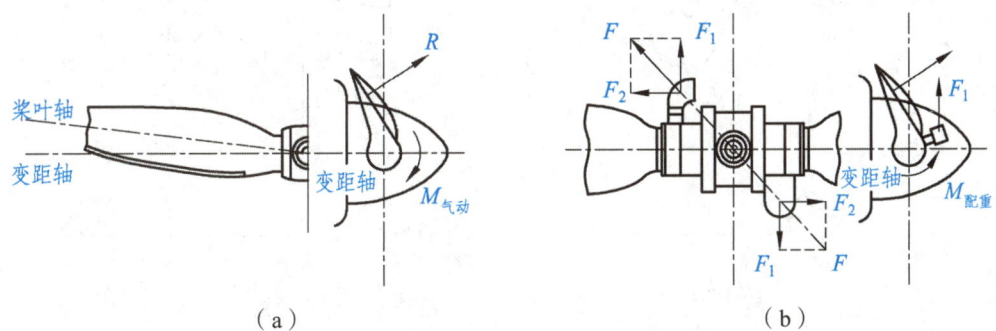

(a) (b)

图 3.13 螺旋桨的空气动力力矩和配重惯性离心力矩

功率较大的活塞式发动机飞机，设有专门的变距机构——调速器。它靠液压式电动力来改变桨叶角。这种飞机在操纵台上除油门杆外还设有变距杆，既可人工变距，也可自动变距，以保持或改变螺旋桨转速。例如，前推变距杆，桨叶角、桨叶迎角及旋转阻力减小，转速增高；反之，后拉变距杆，桨叶角、桨叶迎角和旋转阻力增大，转速降低。如果不动变距杆，在油门位置不变、飞行速度或飞行高度改变时，调速器能自动调整桨叶角的大小，保持设定的工作转速。

3.2.2 螺旋桨的拉力随飞行速度的变化

在油门位置和飞行高度以及大气温度不变的情况下，不管是涡轮螺旋桨飞机，还是活塞式飞机，随着飞行速度的增大，螺旋桨拉力都要逐渐减小。这是因为，飞行速度和螺旋桨拉力之间有着互相联系又互相制约的关系，这种关系表现在两个方面：一是拉力直接决定着飞行速度的大小，例如增大飞行速度，通常都要增大拉力；二是飞行速度改变以后，会引起拉力的大小发生变化。下面主要分析拉力随飞行速度变化的原因和规律。

对于活塞式恒速螺旋桨来说，发动机有效功率随飞行速度变化不大。在油门位置和飞行高度不变的情况下，如果飞行速度增大，桨叶角不变，则合速度方向将更加偏离旋转面（见图 3.14），桨叶迎角势必减小，旋转阻力也跟着减小，导致转速增大。为了保持转速不变，调速器的自动变距机构驱使桨叶角增大，进而导致桨叶迎角增大；当桨叶迎角增大到旋转阻力恢复原来大小时，转速便稳定在原来转速上，桨叶角也停止增大。在此条件下，由于旋转阻力不变，Q_2 仍等于 Q_1，但因合速度方向随飞行速度增大而更加偏离旋转面，使桨叶总空气动力 R 更加偏离桨轴，所以拉力减小，如图 3.14 所示。从图中也可看到，这时虽然 $w_2 > w_1$，但 $\alpha_2 < \alpha_1$。总空气动力 R_2 比原来的总空气动力 R_1 小，拉力显然减小了。图 3.15 所示为某飞机拉力随飞行速度的变化曲线。

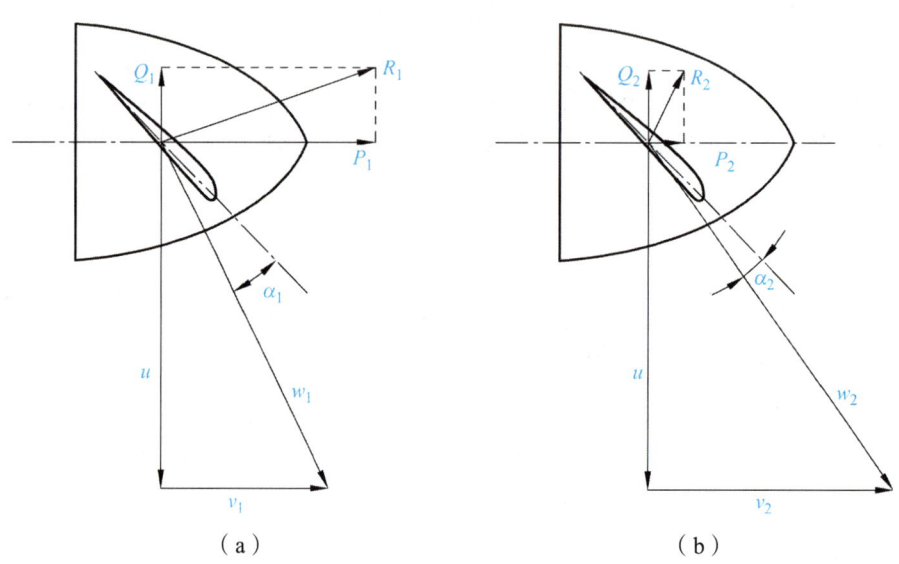

图 3.14 拉力随飞行速度的变化

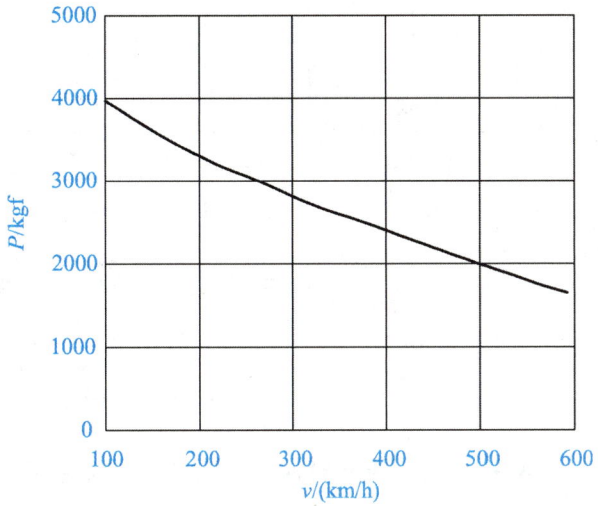

图 3.15　某飞机拉力随速度的变化曲线

3.2.3　螺旋桨拉力随油门位置的变化

在飞行速度和高度不变的条件下，无论哪种发动机，加大油门，螺旋桨拉力都将增大。对于活塞式定距螺旋桨来说，加大油门，发动机有效功率提高，输出的扭矩增大，使螺旋桨转速增大，桨叶迎角增大，拉力增大。而对于活塞式恒速螺旋桨来说，加大油门，发动机有效功率提高，输出的扭矩增大，使螺旋桨转速增大，为了保持转速不变，调速器迫使桨叶变大距，使桨叶迎角增大，进而增大旋转阻力以维持转速不变，同时拉力增大；反之，收油门，则拉力减小（见图 3.16）。

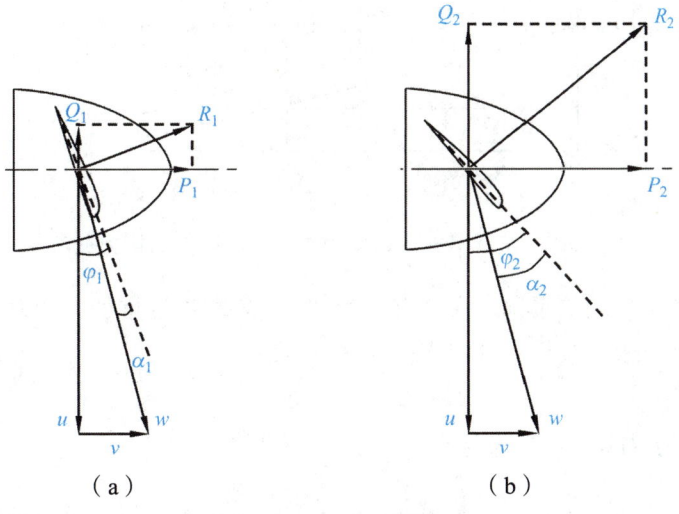

图 3.16　拉力随油门位置的变化

从图 3.17 可以看出不同油门位置时拉力的变化情形。

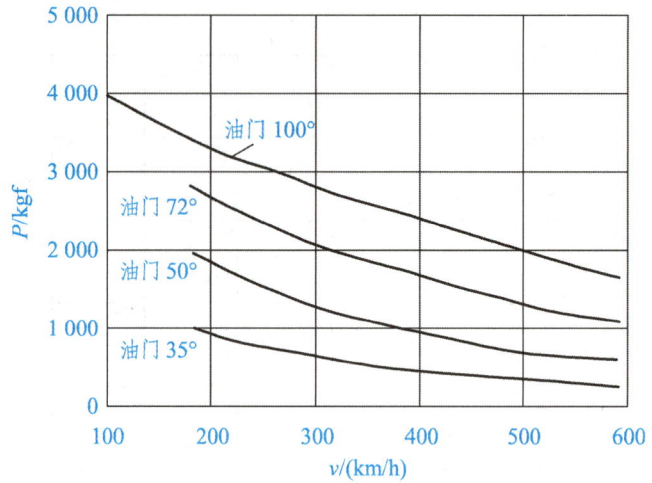

图 3.17 某飞机不同油门位置下的拉力曲线

3.2.4 螺旋桨拉力随飞行高度的变化

在飞行速度和油门位置不变的情况下,飞行高度改变,将影响空气密度的大小,使得发动机有效功率发生变化,拉力也发生变化。

对于吸气式活塞发动机来说,随着飞行高度的增加,空气密度减小,发动机有效功率一直降低,所以螺旋桨的拉力也一直减小,如图 3.18 所示。

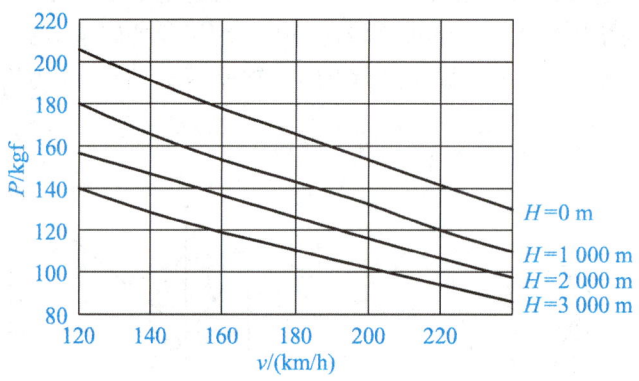

图 3.18 某吸气式活塞发动机在不同高度的拉力曲线

对于增压式活塞发动机来说,在额定高度以下,随着高度增加,拉力增大;额定高度以上,随着高度增加,拉力减小;额定高度处,拉力最大。

3.2.5 螺旋桨拉力随气温的变化

在飞行速度、油门和飞行高度不变的情况下,气温改变,也将影响空气密度的大小,从而使发动机有效功率发生变化,拉力也发生变化。

无论是吸气式活塞发动机还是增压式活塞发动机,气温升高,空气密度减小,发动机有效功率减小，拉力也随之减小；反之，气温降低，空气密度增大，发动机有效功率增大，拉力也随之增大，如图 3.19 所示。

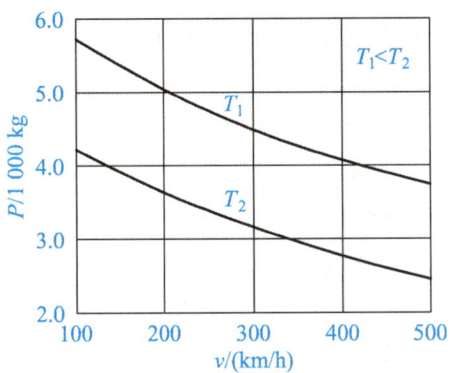

图 3.19 拉力随温度变化的曲线

3.2.6 螺旋桨的负拉力

一般情况下，螺旋桨是在正拉力状态下工作，即产生使飞机向前运动的拉力。但在某些特殊情况下，螺旋桨会产生负拉力，阻碍飞机前进。特别是涡轮螺旋桨发动机，产生的负拉力往往很大，这给飞机操纵带来很大的困难，甚至危及飞行安全。因此，在正常飞行时，应极力避免负拉力的产生。但负拉力并不都是对飞行有害的，如涡轮螺旋桨飞机，在紧急下降和在湿滑、污染道面上着陆滑跑时，就要人为地使螺旋桨产生负拉力来减速，以便缩短着陆滑跑距离。所以，了解螺旋桨负拉力产生的原因及其变化，对正确使用动力装置，保证飞行安全有着重要的意义。现简要介绍产生负拉力的几种情况。

1. 飞行速度过大，油门比较小时，负拉力的产生

前面已分析了拉力随飞行速度的变化。在油门、转速和飞行高度不变的情况下，当飞行速度增大时，桨叶虽能自动变大距调整桨叶角，以保持旋转阻力和转速不变，但由于桨叶迎角减小，总空气动力减小，且更偏向旋转面，故拉力减小。反之，飞行速度减小，拉力增大。如图 3.20（a）和（b）所示，这是螺旋桨的正常工作状态，又叫作推进工作状态。

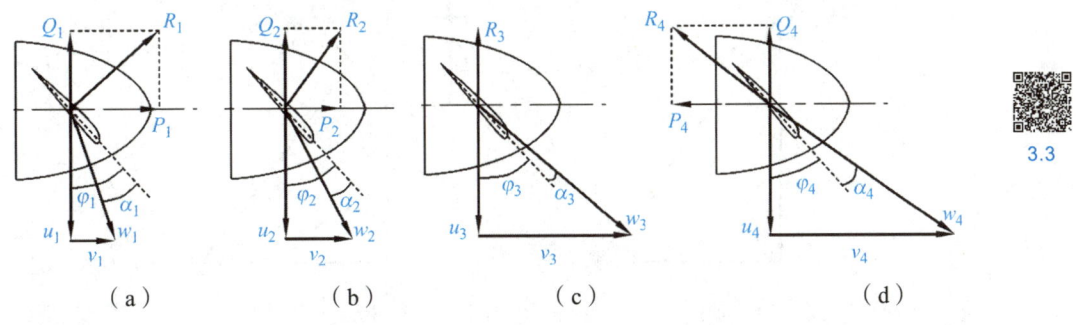

图 3.20 飞行速度增大时负拉力的产生

当继续增大飞行速度时,总空气动力就要继续减小而更靠近旋转面,速度增大到某一数值[见图 3.20(c)中 v_3]时,就可能使桨叶总空气动力完全和旋转面重合,此时 $R = Q$,拉力等于零,桨叶迎角接近零,这种工作状态称为螺旋桨的零拉力工作状态。

若再继续增大飞行速度,相对气流就会指向桨叶前桨面,形成负桨叶迎角,如图 3.20(d)所示。这样,前桨面的空气压力就会大于后桨面的空气压力,总空气动力指向旋转面后上方,其中一个分力 Q_4,仍是阻止螺旋桨旋转的旋转阻力,另一个分力 P_4 就是阻止飞机前进的负拉力。这种工作状态叫作螺旋桨的制动工作状态。

2. 飞行速度不太大而油门过小时,负拉力的产生

从前面的分析可知,收小油门,发动机有效功率减小,所能提供给螺旋桨的旋转阻力矩减小,要保持转速不变,这时桨叶会自动变低距来减小桨叶角,进而减小桨叶迎角,因而总空气动力减小,且方向偏向旋转面,故拉力减小。如图 3.21(a)所示,总空气动力从 R_0 减为 R_1,拉力从 P_0 减为 P_1。

若再继续收小油门,桨叶继续变低距减小桨叶迎角,就会使桨叶处于 0° 迎角下工作。如图 3.21(b)中 φ_1 对应的 α_1 近似 0°,这时空气动力 R_1 与旋转面完全重合,拉力为零。油门收得过小,桨叶就处于负迎角下工作,如图 3.21(e)中 α_4,这时桨叶总空气动力指向旋转面后上方,产生负拉力 P_4。

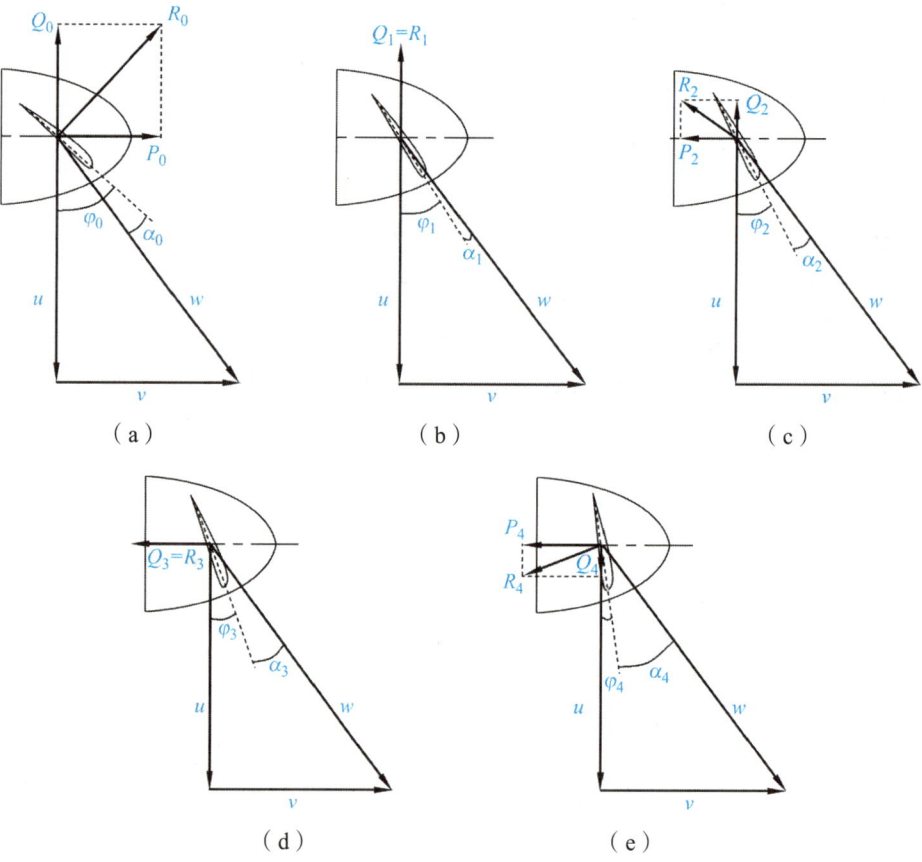

图 3.21 飞行中收油门过多时负拉力的产生

3. 发动机空中停车时负拉力的产生

不论是活塞式飞机还是涡轮螺旋桨式飞机，发动机在空中停车后，螺旋桨就会像风车一样继续沿原来的方向旋转，这种现象称为螺旋桨的自转。螺旋桨的这种工作状态叫作自转工作状态或风车工作状态。

参看图 3.22，发动机一旦空中停车，功率很快消失，螺旋桨转速就要减小，为保持转速不变，调速器就促使螺旋桨变低距，桨叶角和桨叶迎角迅速减小，形成较大的负迎角。桨叶总空气动力（R）指向旋转面后下方，其中一个分力（Q）与螺旋桨的旋转方向相同，不再是阻碍螺旋桨转动的阻力，而成为推动螺旋桨转动的动力，带动螺旋桨和发动机按原方向继续旋转；另一个分力（P）与拉力方向相反，即为负拉力。由上可知，发动机停车螺旋桨自转时，螺旋桨不是由发动机带动旋转的，而是在相对气流的推动下旋转。因此，螺旋桨不仅不产生拉力，反而增加了飞机的阻力，同时加剧了发动机的磨损。

为了避免发动机停车后的自转状态，现代活塞式螺旋桨飞机和涡轮螺旋桨飞机的发动机上一般都装有顺桨机构。发动机一旦空中停车，可自动或人工顺桨。所谓顺桨就是把桨叶角变到 90° 左右，如图 3.23 所示。此时，桨叶几乎与飞行方向平行，是顺着气流方向。这样螺旋桨不会再旋转，避免了发动机的磨损，并且消除了负拉力，这时螺旋桨只有不大的阻力。

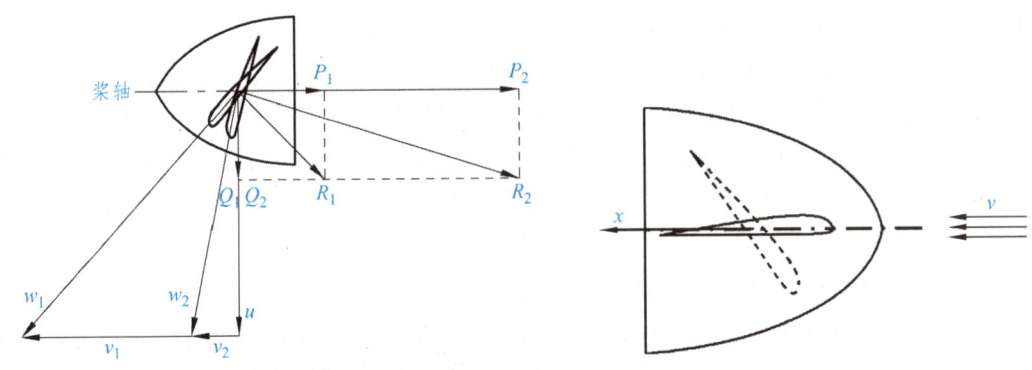

图 3.22　负拉力随速度的变化　　　　　图 3.23　螺旋桨的顺桨

对于没有顺桨机构的活塞式飞机。在发动机停车后，可把变距杆拉向最后，使桨叶角增加至最大，以减小负拉力和减轻发动机的磨损。

3.3　螺旋桨的有效功率和效率

3.3.1　螺旋桨的有效功率

螺旋桨飞机的飞行性能，与螺旋桨的有效功率有关。因此，飞行员对什么是螺旋桨的有效功率以及螺旋桨有效功率在飞行中怎样变化应该有所了解。

螺旋桨产生拉力拉着飞机前进时对飞机做功。每秒钟内螺旋桨对飞机所做的功的多少就是螺旋桨的有效功率（可用功率），用 $N_桨$ 表示，其大小可用下式计算

$$N_桨 = P \cdot v \tag{3.15}$$

式中　$N_桨$——螺旋桨的有效功率；
　　　P——螺旋桨拉力；
　　　v——飞行速度。

由式（3.15）可以看出，螺旋桨的有效功率取决于拉力和飞行速度，拉力和飞行速度改变，螺旋桨的有效功率也将改变。而油门位置、发动机转速和飞行高度都会影响拉力大小。

1. 螺旋桨有效功率随飞行速度的变化

当油门位置、发动机转速和飞行高度一定时，飞行速度改变，螺旋桨拉力随之改变，螺旋桨的有效功率也随之改变。螺旋桨有效功率随飞行速度的变化规律是：在小于某一飞行速度的范围内，螺旋桨的有效功率随飞行速度的增大而增大；在大于某一飞行速度的范围内，螺旋桨有效功率随飞行速度的增大而减小，如图 3.24 的曲线所示。此曲线叫作螺旋桨有效功率曲线。现对曲线作如下解释：

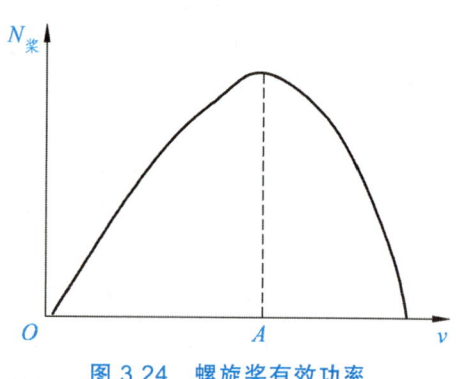

图 3.24　螺旋桨有效功率

原点相当于地面试车情况，此时拉力虽然很大，但因飞机速度为零，拉力没有对飞机做功，故螺旋桨有效功率等于零。随着飞行速度增大，拉力逐渐减小。但当速度还不很大时，速度增大的百分比大，而拉力减小的百分比小，故在此段（图中 OA）范围，速度增大，螺旋桨的有效功率增大。速度增大到某一速度（图中 A 点）时，螺旋桨有效功率增至最大，超过这一速度，速度再增大，由于速度增大的百分比小，而拉力减小的百分比大，所以速度增大，螺旋桨有效功率减小，速度大到一定值，拉力减小到零，螺旋桨有效功率也就等于零。

2. 螺旋桨有效功率随油门位置的变化

当飞行速度、发动机转速和飞行高度一定时，不同油门位置的螺旋桨有效功率曲线如图 3.25 所示。从图中看出，油门位置越大，发动机有效功率和螺旋桨拉力越大，所以螺旋桨有效功率也越大。

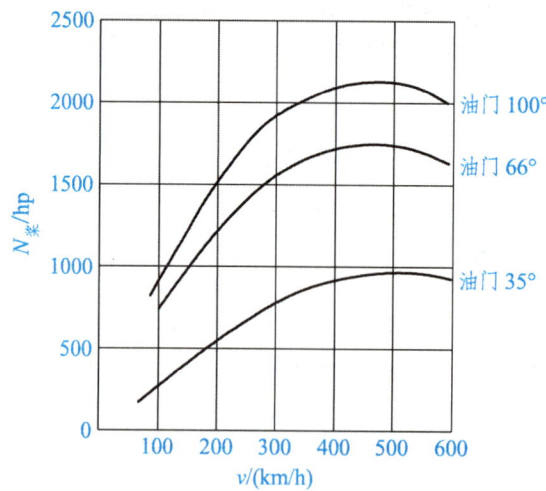

图 3.25　不同油门位置螺旋桨的有效功率曲线

3. 螺旋桨的有效功率随发动机转速的变化

对于活塞式螺旋桨飞机，其转速可通过操纵变距杆来改变。在油门、高度和飞行速度一定的情况下，在一定的转速范围内，增大转速，由于发动机有效功率增大，故螺旋桨有效功率增大；超过某一转速后，再增大转速，由于发动机有效功率减小，故螺旋桨有效功率减小。对于活塞式发动机，油门越大，获得最大有效功率所对应的转速也就越大。因此，要想使螺旋桨有效功率尽可能大，就应该在加油门的同时，相应前推变距杆，增大转速；反之，在收油门的同时相应地后拉变距杆，减小转速。

4. 螺旋桨的有效功率随飞行高度的变化

对于吸气式发动机的飞机来说，随高度的升高，拉力总是减小的，故螺旋桨有效功率也是减小的。对于装有增压式发动机的飞机来说，在额定高度以下，高度增加，因拉力增大，故螺旋桨有效功率也增大；超过额定高度之后，若高度增加，因拉力减小，故螺旋桨有效功率也随着降低。图 3.26 所示为某飞机在不同高度上的螺旋桨有效功率曲线。从图中可知，在额定高度 2 000 m 以下，随着高度升高，由于发动机有效功率增大，故螺旋桨有效功率增大；在额定高度 2 000 m 以上，随着高度升高，由于发动机有效功率减小，故螺旋桨有效功率减小。

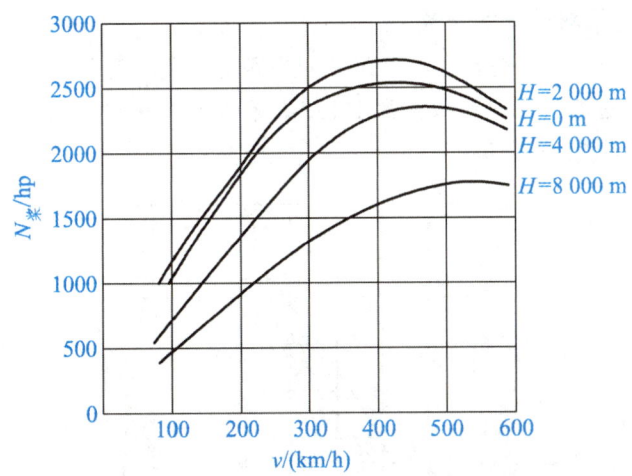

图 3.26 不同高度上的螺旋桨有效功率曲线

根据以上分析可知，对于活塞式螺旋桨飞机，在飞行速度和高度一定的情况下，要想使螺旋桨有效功率尽可能大，在加油门的同时应当前推变距杆增大转速。

3.3.2 螺旋桨的效率

螺旋桨同其他各种机器的一样，也可用效率来评估其工作的好坏。螺旋桨效率的高低表明了螺旋桨性能的好坏。

螺旋桨是由发动机带动旋转的。螺旋桨的作用是把发动机传给桨轴的功率（轴功率，或叫作发动机的有效功率）转变成拉飞机前进的功率（即螺旋桨有效功率）。但是，螺旋桨并不能百分之百地把发动机传给桨轴的功率转变成拉飞机前进的功率。因为螺旋桨工作时，要向后推动空气和扭转空气,需要克服空气与桨叶之间的摩擦力和涡轮的阻力。如果螺旋桨的转速和飞行速度都很大时,桨尖切面的合速度还可能接近或超过音速,从而产生激波阻力,这都要消耗一部分发动机的有效功率。因此,螺旋桨的有效功率总小于发动机的有效功率。

螺旋桨的有效功率与发动机的有效功率之比,定义为螺旋桨的效率,即

$$\eta = N_{桨} / N_{有效} \qquad (3.16)$$

螺旋桨效率是衡量螺旋桨性能好坏的重要标志,螺旋桨效率高,表明发动机有效功率损失少,螺旋桨的性能好。现代螺旋桨,效率最高可达 90%。螺旋桨的效率还可以表示为

$$\eta = \frac{拉力 \times 真空速}{扭矩 \times 转速} \qquad (3.17)$$

在飞行中,某些因素改变时,螺旋桨效率将发生变化。所以对于飞行员来说,了解螺旋桨效率在飞行中的变化规律,充分发挥螺旋桨的效率是很重要的。下面将着重分析飞行中螺旋桨效率的变化。由公式(3.17)可知,螺旋桨效率的大小取决于拉力、飞行速度、扭矩和发动机转速大小,其中,真空速与发动机转速的比值就是相对进距,而螺旋桨的拉力、扭矩与桨叶角密切相关。

1. 螺旋桨效率与相对进距的关系

在桨叶角一定的条件下,螺旋桨效率随相对进距的变化而变化,如图 3.27 所示。图中表明,相对进距过大或过小,螺旋桨效率都很低,只有在某一相对进距,才能获得最高的螺旋桨效率,这个相对进距称为有利相对进距。

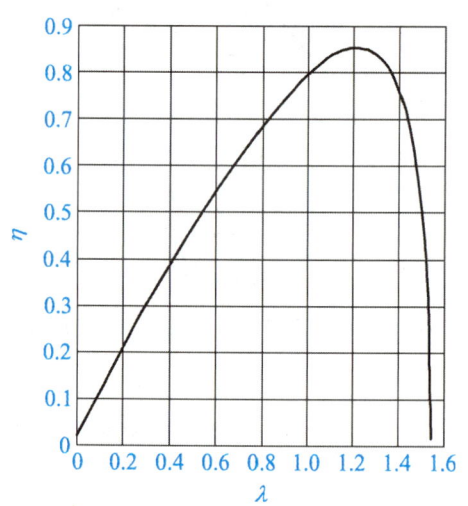

图 3.27 螺旋桨效率曲线

为什么相对进距过大或过小螺旋桨效率都很低呢?这是因为,相对进距过小,也就是前进速度很小,例如起飞滑跑阶段,螺旋桨拉力虽然很大,但前进速度很小,结果螺旋桨有效功率很小,螺旋桨效率很低,发动机大部分有效功率消耗于向后推动和扭转空气;反之相对进距过大,即飞行速度很大,此时,桨叶空气动力的方向非常靠近旋转面,螺旋桨的拉力和有效功率都很小,故螺旋桨效率也很低,发动机有效功率大部分消耗于克服桨叶的各种阻力。

2. 螺旋桨效率与桨叶角的关系

在相对进距一定情况下，桨叶角过大或过小，螺旋桨效率都很低，只有在某一桨叶角下，螺旋桨效率才最高，这个桨叶角称为有利桨叶角。因为桨叶角过小，桨叶迎角也过小，螺旋桨的拉力和有效功率很小，所以螺旋桨效率很低；反之，桨叶角过大，桨叶迎角很大，性质角大，旋转阻力增大，螺旋桨效率也很低。

那么，究竟用多大的桨叶角才能获得较高的螺旋桨效率呢？这要根据相对进距的大小而定。图 3.28 表明，相对进距越大，对应较高效率的桨叶角（即有利桨叶角）也越大。

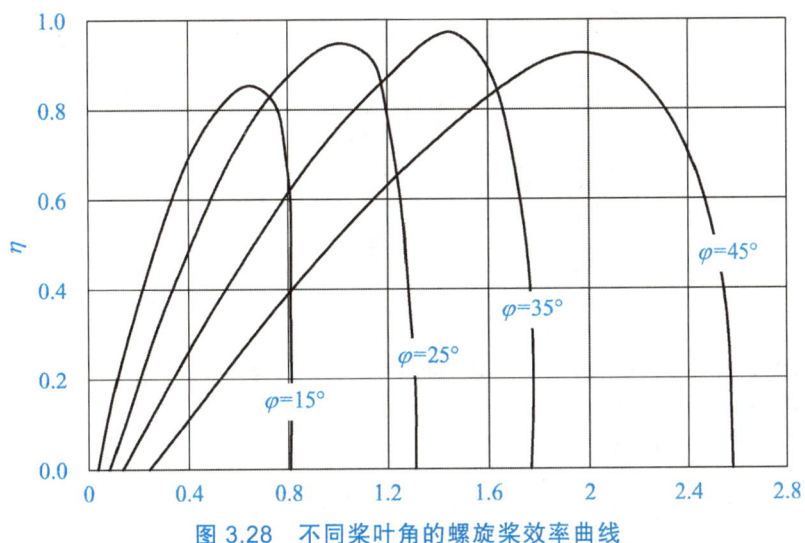

图 3.28 不同桨叶角的螺旋桨效率曲线

综上分析可知：对于定距螺旋桨，只能在较小的相对进距范围内才能获得较高的螺旋桨效率。要使螺旋桨在较大的相对进距范围内都保持较高的效率，则必须根据相对进距的增减，相应地改变桨叶角，使其大小恰好等于各个相对进距的有利桨叶角。现代飞机之所以采用变距螺旋桨，就是根据这个道理。

飞行中，使用的转速不同，与之相对应的相对进距和桨叶角也不同，因而螺旋桨的效率也不同。一般活塞式变距螺旋桨飞机是在使用额定转速和额定油门做大速度平飞时，螺旋桨效率最高。因此，为了保持活塞式螺旋桨飞机的螺旋桨效率，在减小飞行速度时，除收小油门、减小进气压力外，还应拉变距杆，相应减小转速，使桨叶角仍处于较有利的范围内；反之，在增大飞行速度时，不仅应加油门，增大进气压力，还应前推变距杆，相应地增大转速。

3.4 螺旋桨的副作用

3.4

螺旋桨在工作过程中，一方面产生拉力，拉着飞机前进；另一方面还会产生一些副作用，给正常飞行带来不利的影响，这些副作用包括螺旋桨的进动、反作用力矩、滑流扭转和螺旋桨因素等。本节将分析它们产生的原因、对飞行的影响及修正方法。

3.4.1 螺旋桨的进动

飞行中高速旋转的螺旋桨,当受到改变桨轴方向的操纵力矩作用时,螺旋桨并不完全绕与操纵力矩方向平行的轴转动,而是还要绕着另一个轴偏转,这种现象叫作螺旋桨的进动。例如,对于右转螺旋桨飞机(见图3.29),当飞行员操纵飞机上仰时,飞机给螺旋桨一个上仰力矩,螺旋桨不仅沿这个外力矩方向与飞机一起向上转动,而且还与飞机一起绕立轴向右偏转,这就是螺旋桨的进动。

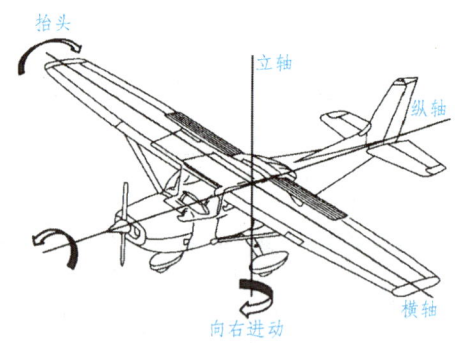

图3.29 螺旋桨的进动

高速旋转的螺旋桨,当受到改变转轴方向的外力矩作用以后,为什么会向另一个方向进动呢?现以两叶右转螺旋桨为例做一简要的说明。

如图3.30所示,如果飞行员拉杆使机头上仰,飞机给螺旋桨一个上仰力矩,当螺旋桨桨叶转到垂直位置时,上面的桨叶(Ⅰ)受到一个向后的作用力(F),产生向后的加速度;而下面的桨叶(Ⅱ)受到一个向前的作用力(F),产生向前的加速度。因为有了加速度,所以经过一段时间后,原来在上面的桨叶(Ⅰ)当转到右边时,就出现了向后的速度(v);原来在下面的桨叶(Ⅱ)当转到左边时,也会出现向前的速度(v)。于是螺旋桨向右进动,并带动飞机向右偏转。

由此可见,飞行中螺旋桨的进动作用会改变飞机的姿态,给飞行带来影响。为此,飞行员必须学会正确判断螺旋桨进动的方向,以便及时操纵飞机防止螺旋桨进动作用对飞行的影响。

螺旋桨进动方向,可用绘图和手示两种方法来判断。图3.31所示为绘图法判断右转螺旋桨的进动方向,圆圈上的箭头标明了螺旋桨转动的方向,从圆心画出的箭头表示飞行员操纵机头转动的方向,圆上切线方向的细箭头表示螺旋桨进动的方向。

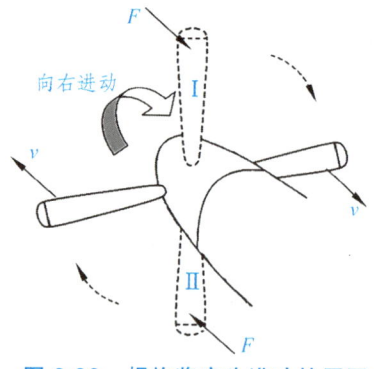

图3.30 螺旋桨产生进动的原因

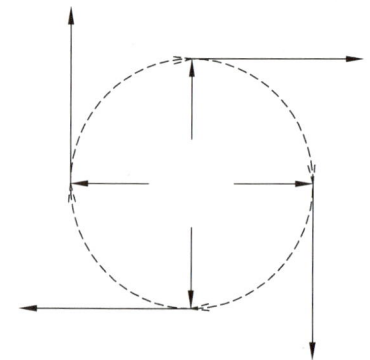

图3.31 绘图判断右转螺旋桨进动的方向

图 3.32 所示为用右手法则判断右转螺旋桨的进动方向，右转螺旋桨用右手表示，手心面向自己，四指代表飞行员操纵机头转动的方向，伸开的大拇指的方向就是螺旋桨进动的方向。

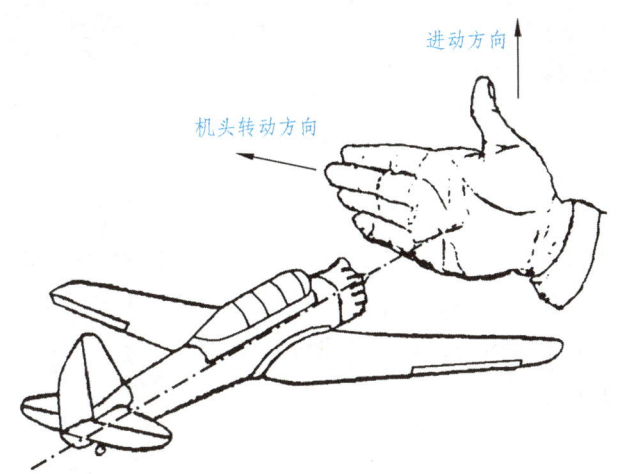

图 3.32　用右手判断右转螺旋桨进动的方向

飞行中，螺旋桨的进动会迫使飞机偏转，偏转的快慢取决于进动角速度的大小。进动角速度的大小，可用下式计算，即

$$\omega_{进} = \frac{M}{I\omega} \tag{3.18}$$

式中　$\omega_{进}$——螺旋桨进动角速度；
　　　M——改变桨轴方向的外力矩；
　　　I——螺旋桨绕桨轴的转动惯量；
　　　ω——螺旋桨旋转角速度。

螺旋桨转速一般是不变的，转动惯量是常量，所以进动角速度主要取决于外力矩的大小。飞行中，飞行员推、拉杆或蹬舵的动作越猛，改变桨轴方向的外力矩越大，进动角速度就越大，进动作用就越明显。

修正方法：飞行中，在操纵飞机改变飞机姿态时，必须根据进动的规律，向进动的反方向协调操纵驾驶盘和方向舵，防止飞机偏离预定飞行方向。

3.4.2　螺旋桨的反作用力矩

螺旋桨在转动中，不断地搅动空气，迫使空气沿螺旋桨转动方向旋转。与此同时，空气势必也给螺旋桨和机身一个反方向的力矩，该力矩称为螺旋桨的反作用力矩。

在空中飞行时，螺旋桨把这个反作用力矩传给发动机和飞机，迫使飞机向螺旋桨转动的反方向倾斜。例如，右转螺旋桨的飞机，在螺旋桨反作用力矩的作用下，会向左倾斜，如图 3.33 所示。

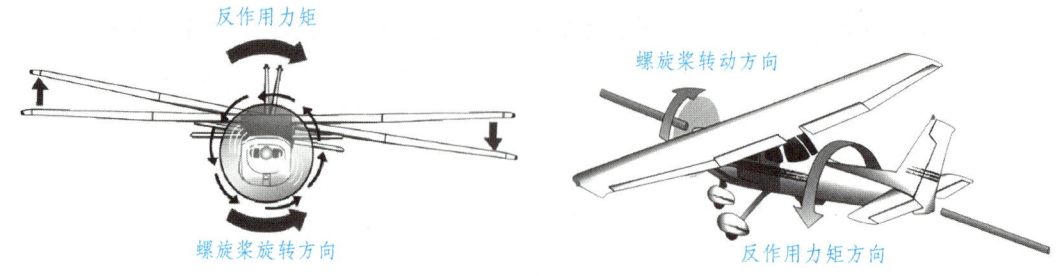

图 3.33　螺旋桨反作用力矩

在地面滑跑时，螺旋桨的反作用力矩还会造成机头方向偏转。例如，右转螺旋桨飞机，在起飞滑跑中，反作用力矩迫使飞机向左倾斜，于是左机轮对地面的正压力比右机轮大，如图 3.34（a）所示，左机轮与地面之间的摩擦阻力也就比右机轮大，如图 3.34（b）所示，两主轮摩擦阻力之差对重心形成偏转力矩，使飞机向左偏转。为了消除这一偏转力矩，保持滑跑方向，应适当右压盘修正。

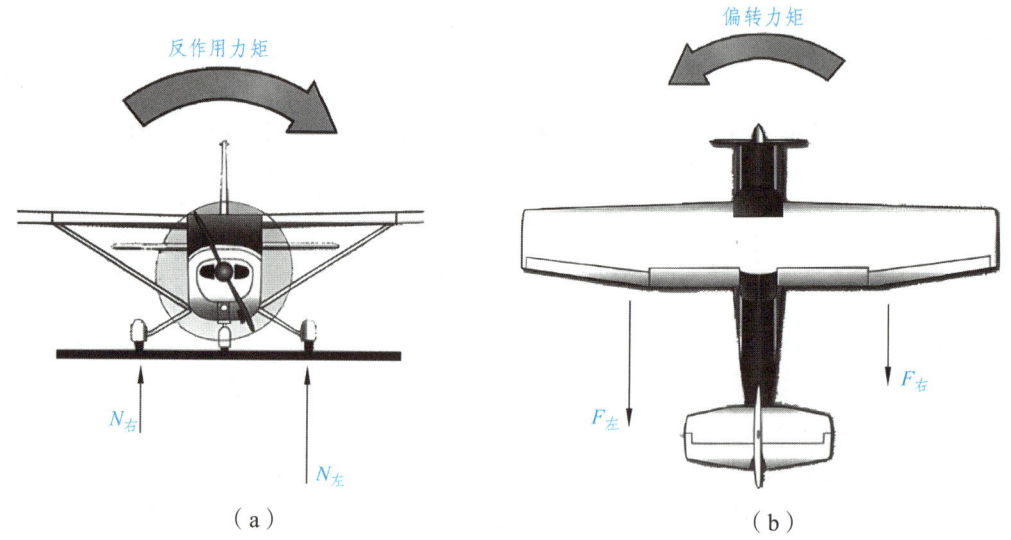

（a）　　　　　　　　　　　　　　（b）

图 3.34　螺旋桨反作用力矩对起飞滑跑的影响

飞行中螺旋桨反作用力矩的大小主要随油门位置变化而变化。加油门，发动机有效功率增大，桨叶角和桨叶迎角变大，桨叶空气动力增大，故反作用力矩随之增大；反之收油门，反作用力矩减小。为了防止反作用力矩的变化对飞行的影响，在加大油门的同时，飞行员应向螺旋桨转动方向压盘，而在减小油门的同时应该及时回盘。

3.4.3　螺旋桨滑流扭转作用

螺旋桨转动时，桨叶搅动空气，一方面使之向后加速流动，另一方面又使之顺着螺旋桨旋转方向流动，如图 3.35 所示。这种受螺旋桨作用向后加速和扭转的气流叫作螺旋桨滑流。

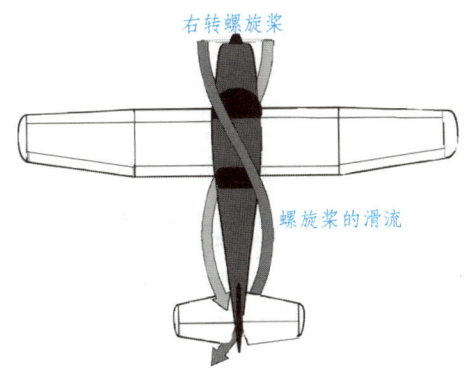

图 3.35　螺旋桨的滑流

螺旋桨滑流流过机翼被分成上、下两层。如果螺旋桨是右转的，则上层滑流自左向右后方扭转，下层滑流则自右向左后方扭转，如图 3.35 所示。一般情况下，机身尾部和垂直尾翼都受到滑流上层部分的影响，即滑流的上层部分从左方作用于机身尾部和垂直尾翼，产生向右的空气动力，对飞机重心形成偏转力矩，使机头向左偏转，如图 3.36 所示。

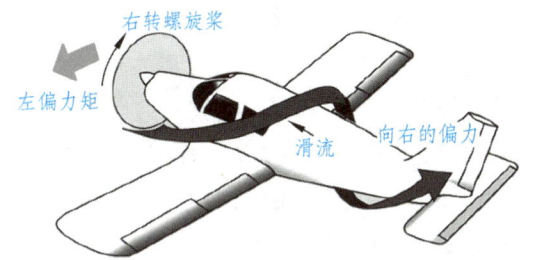

图 3.36　右转螺旋桨的滑流所引起的偏转力矩

修正方法：为了制止飞机偏转必须向偏转反方向蹬舵。蹬舵量的大小主要与发动机的功率和飞行速度有关。如果飞行速度不变，加油门增大发动机功率，则滑流扭转角增大，空气动力 Z 也相应增大，为制止飞机偏转，所需蹬舵量增大；减小油门则相反。如油门位置不变，即发动机功率不变，当飞行速度增大时，一方面滑流的动压增大，使飞机机头左偏力矩要增大；另一方面滑流扭转角减小，又会导致左偏力矩减小，这两种影响相互抵消，滑流的扭转作用可以近似地认为基本不变；但随着飞行速度增大，舵面效应增强，为制止飞机偏转，所需的蹬舵量应减小。在起飞和着陆中，油门位置变化较大，螺旋桨滑流对飞机方向的保持影响较明显。例如，右转螺旋桨在起飞中，因为加油门，滑流扭转所形成的左偏力矩很大，飞行员应当相应蹬右舵，保持起飞方向；在着陆拉平阶段，随着油门不断收小，滑流产生的左偏力矩也减小，飞行员要适当回右舵或蹬左舵以保持方向，否则，飞机会偏离跑道中心线，影响着陆。

对于左转螺旋桨飞机来说，滑流扭转作用对飞行的影响与上述相同，仅方向相反。

另外，加油门改变发动机功率时，还会因滑流速度变化导致水平尾翼产生附加空气动力（$\Delta R_{y尾}$），这个附加空气动力对飞机重心形成俯仰力矩，影响飞机的俯仰平衡，应适当地前推或后拉驾驶杆，产生相应的俯仰操纵力矩来克服这一影响。图 3.37 说明飞机加油门后，滑流速度增大，在飞机上产生上仰力矩，使机头上仰，所以应稍向前推杆修正。反之，收油门，应稍向后拉杆修正。

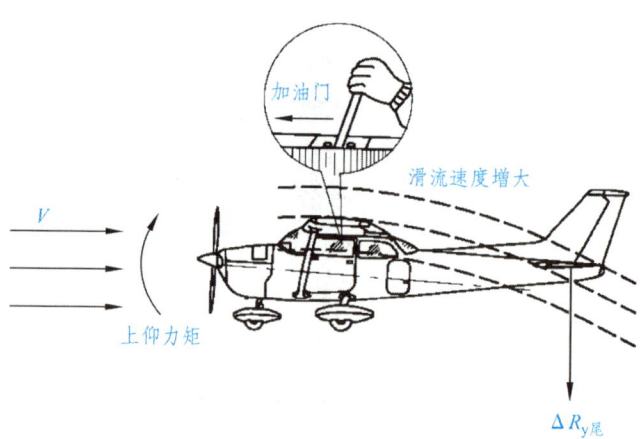

图 3.37 加油门，螺旋桨滑流对俯仰平衡的影响

3.4.4 螺旋桨因素

当螺旋桨飞机在大迎角下飞行时，两侧桨叶会出现不对称拉力，导致飞机机头偏转，这种现象叫作螺旋桨因素。当飞机大迎角飞行时，螺旋桨的旋转面与水平面不垂直，即切向速度与前进速度不垂直，这样就导致下行一侧桨叶的桨叶迎角大于上行一侧桨叶的桨叶迎角，所以下行一侧桨叶产生更大的拉力，使得机头偏转，如图 3.38 所示。以右转螺旋桨飞机为例，下行一侧的桨叶即右侧桨叶，和上行一侧的桨叶即左侧桨叶相比，会产生更大的拉力，两侧桨叶的拉力差对飞机重心取力矩，会使得机头左偏。

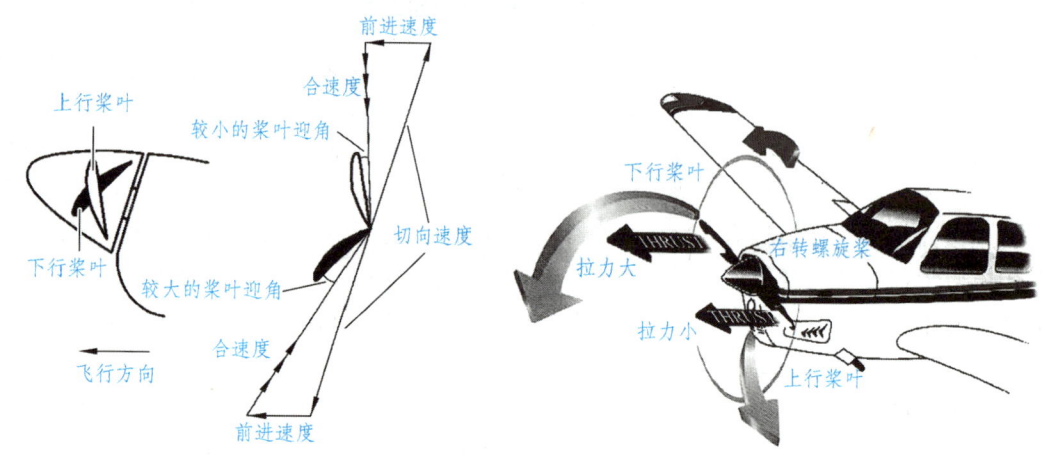

图 3.38 螺旋桨因素

我们还可以通过下面的方法解释为什么下行一侧的桨叶迎角大于上行一侧的。下行桨叶的运动轨迹是向下的，会出现一个向上的相对气流，改变了原来桨叶合速度方向，进而导致更大的桨叶迎角。上行桨叶则正好相反，如图 3.39 所示。

根据螺旋桨因素对飞机产生的影响，可以向螺旋桨旋转方向蹬舵修正。例如，右转螺旋桨飞机，可以蹬右舵修正螺旋桨因素影响。

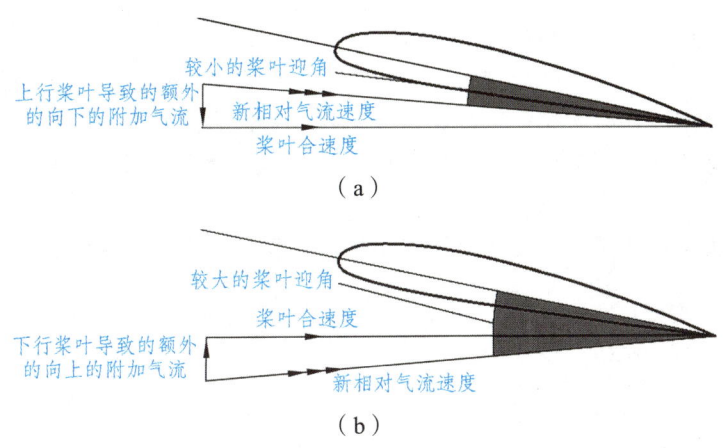

图 3.39 下行桨叶的桨叶迎角大于上行桨叶的桨叶迎角

对于单发螺旋桨飞机来说，在起飞阶段，上述四种副作用表现最明显。以 C-172/TB20 右转螺旋桨飞机为例，在起飞滑跑阶段，满油门，速度逐渐增加。由于此时没有操纵飞机改变姿态，所以没有进动作用；反作用力矩使得飞机有左滚趋势，导致左主轮摩擦力大，机头会出现左偏趋势；滑流扭转使得垂尾产生向右侧力，机头有左偏趋势；由于飞机在地面滑跑，迎角不大，所以忽略螺旋桨因素副作用。在起飞抬前轮离地过程中，会出现向右的进动；反作用力矩会使得飞机出现左滚转的趋势；滑流扭转会使得机头左偏；而螺旋桨因素也会使得机头左偏。根据以上分析，在实际飞行训练中，飞行学员尤其要注意在起飞阶段螺旋桨副作用对飞机姿态的影响，严格控制好盘量和舵量，修正副作用的影响，以保证飞机沿预定航迹飞行。在着陆阶段，由于油门不断减小，飞行员也要密切关注螺旋桨副作用的变化，适时修正，确保飞机沿预定航迹着陆。

复习思考题

1. 在其他条件不变的情况下，螺旋桨的桨叶迎角随桨叶角如何变化？
2. 在其他条件不变的情况下，飞行速度增加，桨叶迎角如何变化？
3. 人工变距和自动变距的作用是什么？
4. 螺旋桨的拉力随速度如何变化（油门、高度和温度一定的情况下）？
5. 油门、温度一定的情况下，同一速度下的螺旋桨拉力如何随高度变化（对于吸气式发动机而言）？
6. 在什么情况下螺旋桨有可能产生负拉力？
7. 顺桨的作用是什么？
8. 对于没有顺桨机构的螺旋桨飞机，如果发动机空中停车，飞行员应该如何操纵以减小风车阻力及发动机的磨损？
9. 螺旋桨的进动是如何产生的？
10. 飞行员如何判断螺旋桨的进动方向，并如何修正？

11. 螺旋桨的反作用力矩是如何产生的？
12. 螺旋桨滑流扭转作用是如何产生的？
13. 飞行速度增大，螺旋桨滑流扭转作用是如何变化的？
14. 在起飞滑跑时，右转螺旋桨飞机的螺旋桨副作用对飞机滑跑产生什么影响，飞行员应如何修正？
15. 螺旋桨因素副作用在什么飞行状态下才会出现？对飞机产生什么影响？飞行员应如何修正？

第 4 章　飞机的平衡、稳定性和操纵性

当飞机运动时，飞机和空气产生相对运动，形成了空气动力，即升力、阻力、拉力等。如果这些力的大小彼此之间没有取得平衡，那么飞机的运动状态就会发生改变。另外，如果作用于飞机上的各空气动力的作用点不通过飞机重心，就会形成绕飞机重心的力矩，假如这些力矩的大小彼此之间没有取得平衡，那么飞机的飞行姿态就会发生改变。飞机飞行状态的变化，归根到底，都是力和力矩作用的结果。飞机的平衡、稳定性和操纵性就是阐述飞机在力和力矩的作用下，飞机状态的保持和改变的基本原理。飞机状态的保持或改变都是相对于原来的平衡状态而言，因此，我们首先要探讨一下飞机的平衡问题。

4.1　飞机的平衡

在中学物理课程中，我们已经学习了物体平衡的概念，即作用于物体上的所有合外力和合外力矩之和为零。对于飞机，也是一样。飞机的平衡，是指作用于飞机的各个外力之和为零，各力对重心所构成的各力矩之和也为零。当飞机处于平衡状态时，飞行速度的大小和方向都保持不变，也不绕重心转动。反之，当飞机处于不平衡状态时，飞行速度的大小和方向将发生变化，并绕重心转动，相应飞机的运动状态就要发生改变。

4.1.1　飞机的重心和机体轴

1. 飞机的重心

重心的概念我们并不陌生。重心可以视为整个物体全部质量的集中点，同时它也是物体的平衡点。如图 4.1 所示，对于形状规则的物体，其重心就是该物体的几何形心。

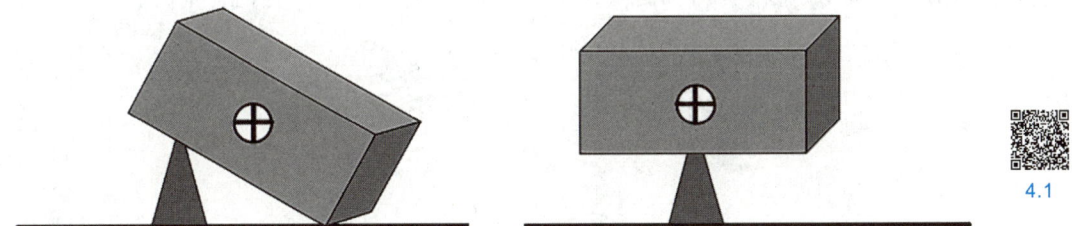

图 4.1　物体的重心

飞机是一个多物体系统，飞机各部件、燃料、乘员、货物等重力的合力，叫作飞机的重力。飞机重力的着力点叫作飞机重心（Center of Gravity，CG）。重力着力点所在的位置，叫作重心位置。

重心的前后位置，常用重心在某一特定翼弦上的投影到该翼弦前端的距离占该翼弦的百分比来表示。这一特定翼弦，就是平均空气动力弦（Mean Aerodynamic Chord，MAC）。

所谓的平均空气动力弦，是一个假想的矩形机翼的翼弦。这个假想的矩形机翼的面积、空气动力及俯仰力矩等特性都与原机翼相同（见图4.2）。对于飞机设计来说，平均空气动力弦的位置和长度是非常重要的参数，一般都可以从各型飞机技术说明书中查到，也可通过公式（4.1）求解。

$$MAC = 2/3[\lambda+1/(\lambda+1)]C_R \tag{4.1}$$

式中，λ是梢根比，C_R是翼根弦长。

知道平均空气动力弦的位置和长度，就可定出飞机重心的前后位置。如图4.3所示，重心在平均空气动力弦上的投影点到该前端的距离为x_G，则飞机重心的前后位置就可表示为

$$X_{CG} = (x_G / b_A) \times 100\% \tag{4.2}$$

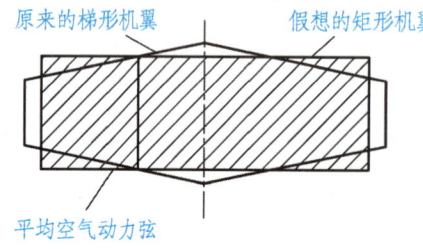

图4.2 平均空气动力弦

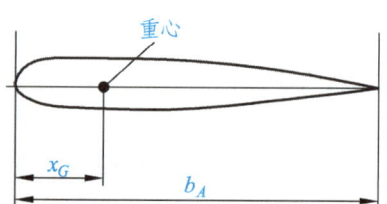

图4.3 重心位置表示法

2. 飞机的机体轴

为了确定飞机的姿态、运动轨迹、气动力和气动力矩的方向，必须建立坐标轴系。

常用的坐标轴有地面轴系、机体轴系、气流轴系和半机体轴系。除地面轴系外，其他都是活动坐标系，随着飞机运动，坐标轴在空间的位置和方向都发生变化。活动轴系的原点都在飞机的重心（质心）上，轴系都按右手法则组成。

在研究飞机的平衡、稳定性和操纵性问题时，我们采用机体轴系，如图4.4所示。机体轴系$Oxyz$与飞机固连，坐标系的圆心O在飞机重心处。纵轴Ox平行于机身轴或平行于机翼弦线，指向前；立轴Oy在飞机对称面内，向上；横轴Oz垂直于对称面，指向右。

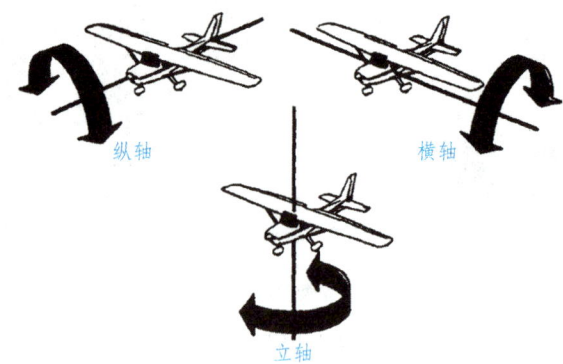

图4.4 机体坐标轴Ox、Oy、Oz，力矩M_x、M_y、M_z，角速度ω_x、ω_y、ω_z

绕机体轴的角速度和力矩（力矩系数）均按右手螺旋规则判定它们的正负。

ω_x、M_x、m_x 绕 Ox 轴滚转的滚转角速度、滚转力矩和滚转力矩系数 $\left(m_x = \dfrac{M_x}{qsl}\right)$，机身向右滚动为正，向左滚转为负；

ω_y、M_y、m_y 绕 Oy 轴偏转的偏航角速度、偏航力矩和偏航力矩系数 $\left(m_y = \dfrac{M_y}{qsl}\right)$，机头向左偏转为正，向右偏转为负；

ω_z、M_z、m_z 绕 Oz 轴转动的俯仰角速度、俯仰力矩和俯仰力矩系数 $\left(m_z = \dfrac{M_z}{qsl}\right)$，机头上仰为正，下俯为负。

一旦引入了重心和机体轴的概念，飞机在空中的运动，无论怎样错综复杂，总可分解为：飞机各部分随飞机重心一起的移动和飞机各部分绕飞机重心的转动。飞行员在空中操纵飞机，不外乎就是运用油门、杆、舵来改变飞机的空气动力和力矩，以保持或者改变飞机重心的移动速度和飞机绕重心的转动角速度（即飞机姿态的变化）。可见，飞机的运动和操纵同飞机重心的位置有着密切的关系。

飞行中，飞机的机翼、机身、尾翼等部件都承受着空气动力的作用，所有作用在飞机上的外力与外力矩之和为零的飞行状态，称为平衡状态。通常一种典型的平衡状态是平飞。

飞机的平衡包括"作用力的平衡"和"力矩的平衡"两个方面。把飞机当做一个质点，飞机质心（重心）移动速度的变化取决于作用在飞机上的外力是否平衡，属于作用力平衡问题；把飞机当做一个刚体，飞机绕重心角速度的变化取决于作用在飞机上的外力矩是否平衡，属于力矩平衡问题。本章只分析有关力矩平衡的问题。为了分析问题的简便，一般相对于飞机的三个轴来研究飞机力矩的平衡：相对横轴（Oz 轴）的平衡称为俯仰平衡；相对立轴（Oy 轴）的平衡称为方向平衡；相对纵轴（Ox 轴）的平衡称为横侧平衡。只有沿着这三个轴同时取得了平衡，我们才可以说飞机是平衡的。

4.1.2 飞机的俯仰平衡

飞机的俯仰平衡，是指作用于飞机的各俯仰力矩之和为零。飞机取得俯仰平衡后，不绕横轴转动，迎角保持不变。

作用于飞机的俯仰力矩有很多，主要有：机翼产生的俯仰力矩、水平尾翼产生的俯仰力矩、拉力（或推力）产生的俯仰力矩，如图 4.5 所示。

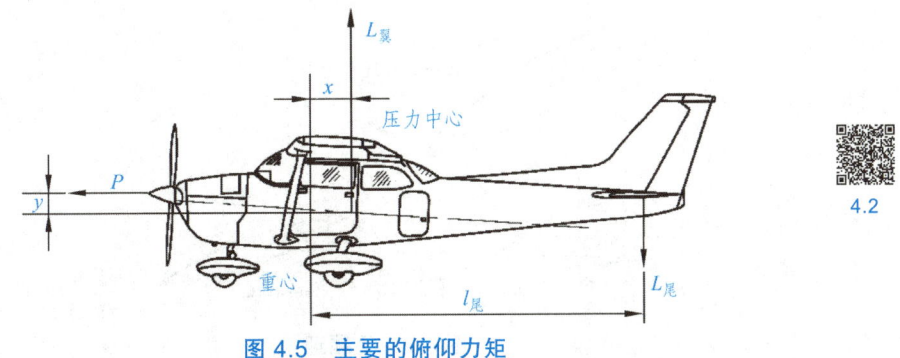

图 4.5 主要的俯仰力矩

机翼产生的俯仰力矩是机翼升力对飞机重心所构成的俯仰力矩，用 $M_{z翼}$ 表示。机翼产生的俯仰力矩大小，可用下式计算，即

$$M_{z翼} = L_{翼} \cdot x$$

而

$$L_{翼} = C_L \frac{1}{2}\rho v^2 \cdot S$$

故

$$M_{z翼} = \frac{1}{2}\rho v^2 \cdot S \cdot x \tag{4.3}$$

由式（4.3）可知，对同一架飞机，在一定高度上，以一定的速度飞行（$A \cdot \rho \cdot v$ 不变）时，机翼产生的俯仰力矩大小只取决于升力系数 C_L 和压力中心至重心的距离 x。由于升力系数的大小和压力中心的位置都是随机翼迎角改变和飞机构形改变而变化的，所以机翼产生的俯仰力矩的大小最终只取决于飞机重心位置、迎角和飞机构形。

一般情况下，机翼产生低头力矩（见图4.6）。当重心后移较多而迎角又很大时，压力中心可能移至重心之前，机翼产生抬头力矩。

水平尾翼产生的俯仰力矩是水平尾翼负升力对飞机重心所形成的俯仰力矩，用 $M_{z尾}$ 表示。水平尾翼产生的俯仰力矩大小可用下式计算

$$M_{z尾} = L_{尾} \cdot l_{尾}$$

而

$$L_{尾} = C_{L尾}\frac{1}{2}\rho v^2 \cdot S_{尾}$$

故

$$M_{z尾} = C_{L尾}\frac{1}{2}\rho v_{尾}^2 S_{尾} l_{尾} \tag{4.4}$$

式中　$C_{L尾}$——水平尾翼升力系数。主要取决于水平尾翼迎角升降舵偏角。水平尾翼迎角与飞机迎角的关系（见图4.6），即 $\alpha_{尾} = \alpha - \varphi - \varepsilon$，由此可知，因安装角（$\varphi$）一般不变，所以水平尾翼的升力系数主要取决于飞机的迎角和升降舵偏角；

$v_{尾}$——流向水平尾翼的气流速度。由于机身机翼的阻滞、螺旋桨滑流等影响，流向水平尾翼的气流速度往往与飞机的飞行速度不相同，可能小也可能大，这与机型和飞行状态有关；

$S_{尾}$——水平尾翼的面积；

$l_{尾}$——水平尾翼升力着力点（即压力中心）到飞机重心的距离，迎角改变，水平尾翼升力着力点也要改变，但其改变量同 $l_{尾}$ 比较起来很微小，故 $l_{尾}$ 一般可以认为不变。

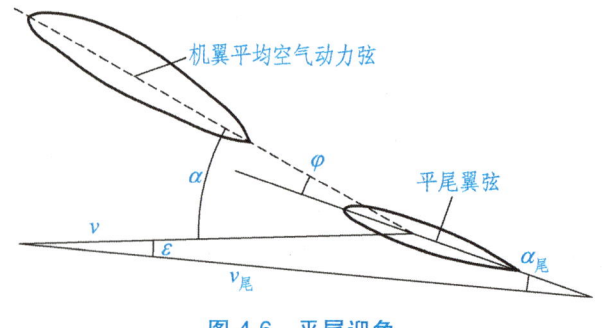

图4.6　平尾迎角

由以上分析可知，对同一架飞机，在一定高度上飞行（即 ρ，~$S_尾$，$l_尾$ 不变），若平尾安装角（φ）不变，而下洗角（ε）又取决于机翼迎角的大小，那么飞行中影响水平尾翼力矩的主要因素是机翼迎角、升降舵偏角和流向水平尾翼的气流速度。

一般情况下，水平尾翼产生负升力，形成抬头力矩（见图 4.5）。当机翼迎角很大时，也可能会产生低头力矩。

螺旋桨的拉力或喷气发动机的推力，其作用线若不通过飞机重心也会形成绕重心的俯仰力矩，这叫作拉力或推力力矩，用 $M_{z拉}$ 或 $M_{z推}$ 表示。对于同一架飞机来说，拉力或推力形成的俯仰力矩的大小主要受油门位置的影响。增大油门，拉力或推力增大，俯仰力矩增大。

飞机取得俯仰平衡，必须是作用于飞机上的俯仰力矩之和为 0，即

$$\sum M_z = 0$$

4.1.3　飞机的方向平衡

飞机的方向平衡，是作用于飞机的各偏转力矩之和为零。飞机取得方向平衡后，不绕立轴转动，侧滑角不变或侧滑角为零。侧滑是指相对气流方向与飞机对称面不一致的飞行状态。从驾驶舱方向来看，如果相对气流从左前方吹来，叫作左侧滑；如果从右前方吹来，叫作右侧滑。相对气流与对称面的夹角称为侧滑角，如图 4.7 所示。

作用于飞机上的偏转力矩主要有：两翼的阻力对重心形成的力矩，垂直尾翼侧力对重心形成的力矩，双发动机或多发动机的拉力（或推力）对重心形成的力矩，如图 4.8 所示。

垂直尾翼上侧力，可能由于飞机侧滑、螺旋桨滑流扭转以及偏转方向舵等产生。

飞机取得方向平衡，必须是作用于飞机的各偏转力矩之和为 0，即

$$\sum M_y = 0$$

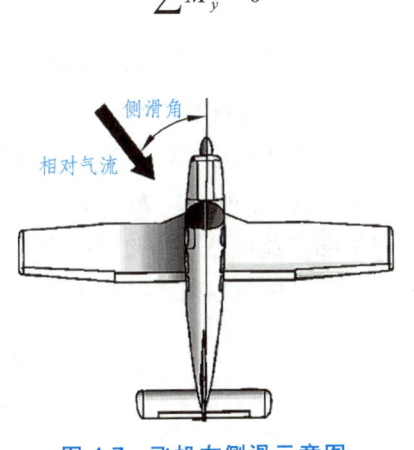

图 4.7　飞机左侧滑示意图

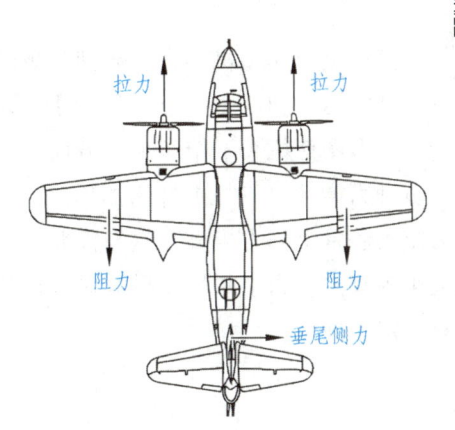

图 4.8　飞机的偏转力矩

4.1.4　飞机的横侧平衡

飞机的横侧平衡是作用于飞机的各滚转力矩之和为零。飞机取得横侧平衡后，不绕纵轴滚转，坡度不变或坡度为零。

作用于飞机的滚转力矩主要有：两翼升力对重心形成的力矩，螺旋桨旋转时的反作用力矩，如图 4.9 所示。

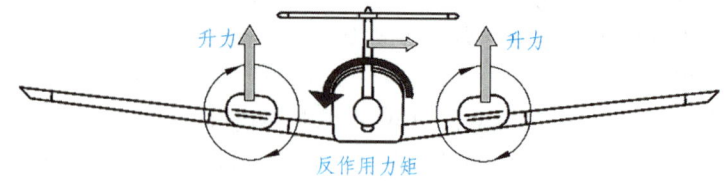

图 4.9　飞机的滚转力矩

飞机取得横侧平衡，必须是作用于飞机的各滚转力矩之和为 0，即

$$\sum M_x = 0$$

4.1.5　影响飞机平衡的主要因素

1. 影响俯仰平衡的因素

影响俯仰平衡的因素很多，主要有：加减油门、收放襟翼、收放起落架和重心变化。

1）加减油门

当发动机产生的拉力或推力不通过飞机重心时，就会形成俯仰力矩。加减油门会改变拉力或推力的大小，从而改变拉力力矩或推力力矩的大小，影响飞机的俯仰平衡。但需要指出的是，加减油门后，飞机是上仰还是下俯，不能单看拉力力矩或推力力矩对俯仰平衡的影响，而需要综合考虑加减油门所引起的机翼、水平尾翼等力矩的变化。

2）收放襟翼

收放襟翼会引起飞机升力和俯仰力矩的变化，从而影响俯仰平衡。比如，放襟翼，一方面因机翼升力增大和压力中心后移（因机翼后缘襟翼部分上下压力差增加较多），飞机的下俯力矩增大，力图使机头下俯。另一方面由于通过机翼的气流下洗角增大，水平尾翼的负迎角增大，负升力增大，飞机上仰力矩增大，力图使机头上仰（见图 4.10）。放襟翼后，究竟是下俯力矩大还是上仰力矩大，这与襟翼的类型、放下的角度以及水平尾翼的位置的高低、面积的大小等有关。为了减轻放襟翼对飞机的上述影响，各型飞机对放襟翼时的速度和放下角度都有一定的规定。

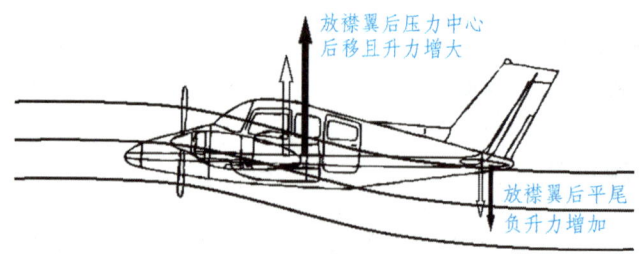

图 4.10　放襟翼对俯仰平衡的影响

3）收放起落架

收放起落架会引起飞机重心位置的前后移动，飞机将产生附加的俯仰力矩。比如，放下起落架，如果重心前移，飞机将产生附加的下俯力矩；反之，重心后移，将产生附加的上仰力矩。此外，起落架放下后，在机轮和减振支柱上还会产生阻力，这个阻力对重心形成下俯力矩。上述力矩都将影响飞机的俯仰平衡。收放起落架，飞机到底是上仰还是下俯，就需综合考虑上述力矩的影响。

4）重心的移动

飞行中，人员、货物的移动，燃料的消耗等都可能会引起飞机重心位置的前后变动。重心位置的改变势必引起各俯仰力矩的改变，主要是引起机翼产生的力矩变化。所以重心前移，下俯力矩增大，飞机低头；反之，重心后移，上仰力矩增大，飞机抬头。

一旦飞机的俯仰平衡遭到破坏，飞行员可以前后移动驾驶盘偏转升降舵或使用俯仰配平片，利用偏转升降舵产生的俯仰操纵力矩来保持飞机的俯仰平衡。

2. 影响飞机方向平衡的因素

一边机翼变形（或两边机翼形状不一致），如一侧机翼的翼梢小翼掉落，或一侧机翼的襟翼放不下等，都将会导致左、右两翼阻力不相等。

多发动机飞机，左、右两边发动机工作状态不同，或者一边发动机停车，从而产生不对称拉力或推力。

螺旋桨发动机的飞机，油门改变，螺旋桨滑流引起的垂直尾翼力矩随之改变。

一旦飞机的方向平衡遭到破坏时，飞行员可以适当地蹬舵或使用方向舵配平片，利用偏转方向舵产生的方向操纵力矩来保持飞机的方向平衡。

3. 影响飞机横侧平衡的因素

一边机翼变形（或两边机翼的形状不一致），两翼升力不等。

螺旋桨发动机的飞机，油门改变，螺旋的反作用力矩随之改变。

重心左右移动（如两翼的油箱、耗油不均），两翼升力作用点至重心的力臂改变，形成滚转力矩。

一旦飞机的横侧平衡受到破坏时，飞行员可以适当转动驾驶盘或使用副翼调整片，利用偏转副翼产生的横侧操纵力矩来保持飞机的横侧平衡。

4.2 飞机的稳定性

一架飞机要想在空中飞行，除了必须能够产生足够的升力平衡重量、有足够的拉力克服阻力以及具有良好飞行性能之外，还必须具备良好的稳定性和操作性。否则，如果飞机的平衡性、稳定性和操作性不好，也就是说在飞行过程中，飞机总是偏离预定的航向，或者稍受外界扰动，飞机的平衡即遭破坏而又不能自动恢复，需要飞行员经常花费很大的精力予以纠正；在改变飞行状态时，飞行员操纵起来非常吃力，而且飞机反应迟钝；那么像这样的飞机就算不上是一架品质优良的飞机。飞行员驾驶这样的飞机，会被搞得筋疲力尽，而且不能保证飞行安全和很好地完成预定任务。因此，对于一架品质优良的飞机，飞机的平衡性、稳定性、操作性至关重要。

在飞行中，飞机经常会受到各种各样的扰动（如阵风、发动机工作不均衡、舵面的偶然偏转等），使飞机偏离原来平衡状态，偏离后，飞机若能自动恢复原来的平衡状态，则称飞机是稳定的，或飞机具有稳定性。

飞机的稳定性是飞机本身必须具有的一种特性，但飞机的稳定性不是一成不变的，而是随着飞行条件的改变而变化的。也就是说，在一定的飞行条件下，飞机具有足够的稳定性，而在另一些飞行条件下，飞机的稳定性可能减弱，甚至由稳定变成不稳定。同时飞机的稳定性与飞机的操纵性有着密切的关系，要学习飞机的操纵性，就必须先懂得飞机的稳定性。

4.2.1 稳定性概念及条件

4.4

在研究飞机的稳定性之前，先看一般物体的稳定性。一个稳定的物体必须具备一定的条件。例如，一个悬挂着的、处于平衡状态的单摆（见图 4.11），受微小扰动偏离平衡位置，在扰动消失后，单摆在平衡位置附近来回摆动，摆动的幅度越来越小，最后在原来的平衡位置上停下。这说明，悬摆的平衡是稳定的，或者说悬摆具有稳定性。所谓稳定性是指物体受扰后偏离原平衡状态，在扰动消失后，靠自身特性能够恢复原平衡状态的能力。

悬摆之所以具有稳定性，其原因有二：一是当悬摆偏离原平衡位置后，可将悬摆重力（W）分解成同摆杆平行的分力（W_1）和同摆杆垂直的分力（W_2）。W_2 对摆轴构成一个力矩，使摆锤具有自动恢复到原来平衡位置的趋势，这个力矩叫作稳定力矩，其方向指向原平衡位置；二是摆锤在来回的摆动中，作用于摆锤的空气阻力对摆轴也构成一个力矩，阻止摆锤摆动，这个力矩叫作阻尼力矩，其方向与悬摆摆动的方向始终相反，所以摆锤摆动的幅度越来越小，最后完全消失，在原来的平衡位置上停下。

对于立摆，情况和悬摆有所不同。如图 4.12 所示，当立摆偏离平衡位置后，W_2 对摆轴构成的是一个不稳定力矩，使摆锤更加偏离平衡位置，直到倒下为止。这说明，立摆是不稳定的，或者说立摆没有稳定性。

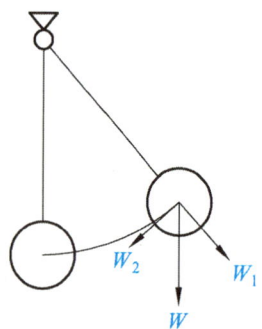

图 4.11 悬摆的稳定性

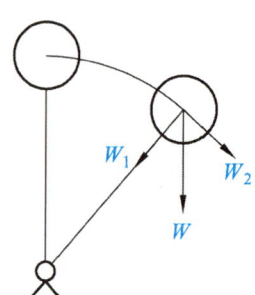

图 4.12 立摆的不稳定性

由上述分析可知，稳定力矩的作用是力图使物体回到原平衡状态，所以稳定力矩是稳定性的必要条件。但是只有稳定力矩而没有阻尼力矩也不行。如果没有阻尼力矩，悬摆的摆锤将在平衡位置处来回不停地摆动，有了阻尼力矩才能使悬摆的摆幅逐渐减小，最终在平衡位置上停下来。这就是说,只有在稳定力矩和阻尼力矩的共同作用下,才能充分保证悬摆具有稳定性。

通常将稳定性分为静稳定性和动稳定性。如果物体在外界瞬时扰动的作用下偏离平衡状态,在最初瞬间所产生的是稳定力矩,使物体具有自动恢复到原来平衡状态的趋势,则称物体具有静稳定性;反之,若产生的是不稳定力矩,物体便没有自动恢复到原平衡状态的趋势,称为负的静稳定。所以,静稳定性是研究物体受扰后的最初响应问题。

显然,静稳定性只表明物体在受外界扰动后的最初瞬间是否有自动恢复到原来平衡状态的趋势,并不能说明物体整个稳定的过程,即能否最终恢复到原来的平衡状态。动稳定性研究的是在扰动运动过程中是否出现阻尼力矩,最终使物体回到原平衡状态。如果出现阻尼力矩,使物体的摆幅逐渐减小,称物体是动稳定的。如果在扰动过程中,物体的摆幅偏离原平衡位置越大,则称为负的动稳定或动不稳定。动稳定性研究物体受扰运动的时间响应历程问题,如图 4.13 所示。

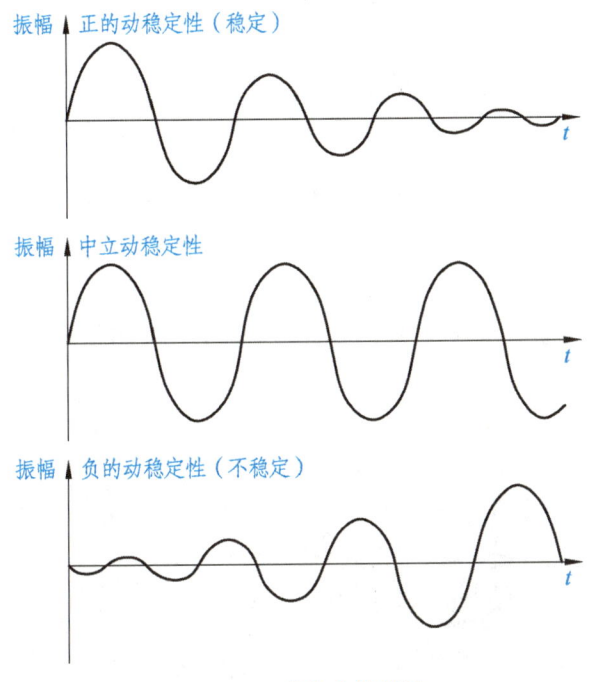

图 4.13　动稳定性描述

飞机的稳定性原理与悬摆的稳定性原理基本上是一样的。飞机之所以有稳定性,首先是因为飞机偏离原平衡状态时出现了稳定力矩,使飞机具有自动恢复原来平衡状态的趋势;其次是在摆动过程中又出现了阻尼力矩,促使飞机摆动减弱乃至消失。因此,飞机的稳定性(旧称"安定性")是指在飞行中,当飞机受到微小扰动而偏离原来的平衡状态,并在扰动消失后,飞行员不给予任何操纵,飞机自动恢复到原来平衡状态的特性。研究飞机的稳定性,既要研究飞机受扰后的最初响应问题(静稳定性问题),又要研究时间响应历程问题(动稳定性问题)。

飞机的稳定性属于小扰动问题,为了研究问题方便,可以将飞机的稳定性沿着机体轴的三个轴分解,分别叫作俯仰稳定性、方向稳定性和横侧稳定性。

4.2.2 飞机的俯仰稳定性

飞机的俯仰稳定性（也叫纵向稳定性）指的是在飞行中，飞机受微小扰动以致俯仰平衡遭到破坏，在扰动消失后，飞机自动恢复原俯仰平衡状态的特性。飞机的俯仰稳定性具有保持迎角不变的特性，即飞机受微小扰动以致迎角变化时，在扰动消失后，飞机自动恢复原迎角的特性。飞机之所以具有俯仰稳定性，是俯仰稳定力矩和俯仰阻尼力矩共同作用的结果。

4.5

1. 俯仰稳定力矩的产生

飞机的俯仰稳定力矩主要由水平尾翼产生。如图 4.14 所示，当飞机受扰动使机翼迎角增大时，水平尾翼迎角也增大，产生向上的附加升力 $\Delta L_{尾}$，对飞机重心形成下俯的稳定力矩，使飞机趋向于恢复原来的迎角。反之，当飞机受扰动导致迎角减小时，水平尾翼产生向下的附加升力 $\Delta L_{尾}$，对飞机重心形成上仰的稳定力矩，也使飞机趋向于恢复原来的迎角。

图 4.14　水平尾翼产生的俯仰稳定力矩

实际上，当飞机受扰动迎角变化时，除水平尾翼迎角随之变化外，机身、机翼、螺旋桨等部分的迎角也要发生变化，同样也会产生额外的升力（见图 4.15）。这些附加升力的总和就是飞机的附加升力（$\Delta L_{飞机}$），由于迎角变化所引起的飞机附加升力的着力点叫作飞机的焦点（用 AC 表示），如图 4.15 所示。

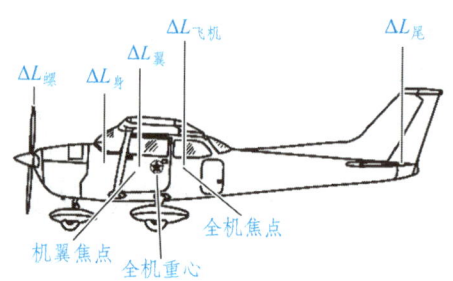

图 4.15　飞机的焦点位置

在研究俯仰稳定性问题时，不应该只考虑平尾产生的附加升力的影响，应综合考虑飞机各部件的附加升力产生的力矩作用。飞机的附加升力可以为正也可以为负，一般规定迎角增加，附加升力为正；迎角减小，附加升力为负。

引入飞机焦点后，飞机的俯仰稳定性问题，实际上就变成研究飞机焦点与飞机重心的位置关系问题。我们把焦点和重心之间的距离称为纵向静稳定度，其大小表明了飞机稳定性的强弱。

由图 4.15 可知，飞机焦点位于飞机重心之后，飞机产生俯仰稳定力矩。这是因为当飞机受扰动而迎角增大时，飞机附加升力（$\Delta L_{飞机}$）对飞机重心形成下俯的稳定力矩，使飞机具有自动恢复原来迎角的趋势。反之，迎角减小时，产生上仰的稳定力矩。

飞机焦点位于飞机重心之前,飞机产生俯仰不稳定力矩。因为当飞机受扰动而迎角增大时,飞机的附加升力($\Delta L_{飞机}$)对飞机重心形成上仰的不稳定力矩,迫使迎角更加增大。反之,迎角减小时,俯仰不稳定力矩则迫使迎角更加减小。

飞机焦点与飞机重心重合,飞机附加升力产生的俯仰力矩为零,飞机既不自动恢复原来迎角,也不偏离原来迎角,这种状态称为中立稳定性。

由上述分析可知,为保证飞机具有俯仰稳定力矩,飞机的焦点必须位于飞机的重心之后。对一般飞机来说,飞机焦点之所以能位于飞机重心之后,是因为水平尾翼的贡献。这是因为水平尾翼附加升力距离飞机重心的距离远。根据平行力求合力的原理,必然使飞机总的附加升力的作用点,即飞机焦点大大向后移动。

焦点是一个气动特性参数,它的位置是在飞机设计之初就定好的,仅取决于机翼形状、机身长度,特别是机翼和尾翼的位置和尺寸。在进行常规飞机设计时,首先要合理地安排重心位置,并恰当地选择水平尾翼的位置和面积等参数,以确保飞机具有俯仰稳定性。对目前常规翼型来说,低、亚音速时焦点位于离翼型前缘 22%~25%弦长的地方,而在超音速时则增加到 40%~50%弦长。实验结果表明,低速飞行时,飞机的焦点位置不随迎角改变而变化。而飞机的重心位置却因燃油的消耗、装载的改变以及人员的走动而移动。如果飞机重心原来位于焦点之前,飞机是静稳定的。但由于上述原因,飞机重心逐渐向后移动,静稳定性逐渐降低。当重心移至焦点之后时,飞机就丧失了静稳定性。这也是为什么要对飞机重心变化范围严格限制的原因。

现代飞机采用主动控制技术,可以实现放宽静稳定性设计,甚至允许飞机设计成为静不稳定,即焦点在重心之前。对于不稳定的飞机,随着迎角的增加,平尾靠自动器增加下偏量,增大低头力矩,使飞机保持纵向稳定。这样,设计飞机时就不一定要花费力气把飞机的重心配到焦点之前,尾翼也不需要很大的面积,从而可以大大减轻飞机的重量,提高飞机性能。这种技术目前仅在军用飞机中使用。

2. 飞机俯仰阻尼力矩的产生

飞行中,仅有俯仰稳定力矩还无法保证飞机自动恢复到原来的迎角。要使飞机最后恢复到原来的迎角,除有俯仰稳定力矩,使飞机具有自动恢复到原来迎角的趋势外,还要在飞机俯仰摆动过程中出现阻尼力矩,迫使飞机的摆动逐渐减弱直至消失。

俯仰阻尼力矩主要由水平尾翼产生。例如,飞机受到扰动迎角增加,此时,飞机绕着重心转动,机头向上,平尾向下。由于平尾向下运动,会额外出现一个向上的相对气流速度,使得平尾处原来的相对气流速度大小和方向都发生变化,进而形成向上的附加升力,这个力对重心形成的力矩方向正好与飞机的转动方向相反,阻止飞机偏离原平衡位置更远,所以该力矩称为俯仰阻尼力矩。俯仰阻尼力矩的大小主要取决于飞机受扰后转动速度的大小。转动速度越大,俯仰阻尼力矩就越大,飞机的稳定性就越强,如图 4.16 所示。

图 4.16 俯仰阻尼力矩的产生

3. 飞机俯仰稳定性判别

飞机是否具有俯仰稳定性，可以通过俯仰力矩系数曲线（$m_z - \alpha$ 变化曲线）判别。飞机的全机俯仰力矩（M_z）可通过理论计算和实验（风洞、试飞）得到，飞机的俯仰力矩系数可用下式计算

$$m_z = \frac{M_z}{\frac{1}{2}\rho v^2 S b_A}$$

图 4.17 所示为飞机的俯仰力矩系数曲线。$\left(\frac{\partial m_z}{\partial \alpha}\right)$ 是俯仰力矩系数曲线斜率，又叫作迎角稳定度，它表示迎角每变化 1°飞机俯仰力矩系数的变化量。

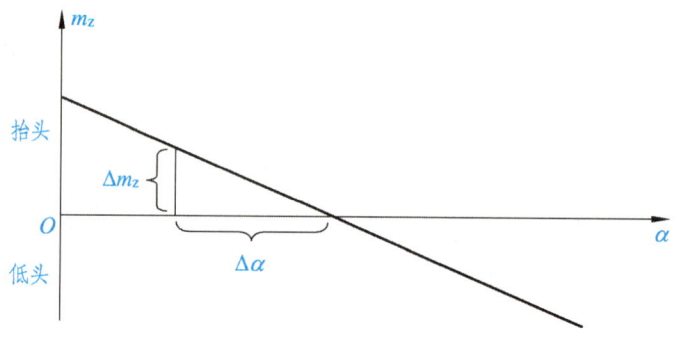

图 4.17　飞机俯仰力矩系数随迎角的变化曲线

参看图 4.17，设飞机原处于某一平衡状态（图中 $m_z = 0$ 原点）飞行，当飞机受扰动迎角增加 $\Delta\alpha$ 时，如果 $\frac{\partial m_z}{\partial \alpha} < 0$，则飞机下俯力矩系数增量 Δm_z，飞机产生一附加的上俯力矩，使飞机自动趋向恢复原来的平衡状态；反之，当飞机受扰动迎角减小 $\Delta\alpha$ 时，如果 $\frac{\partial m_z}{\partial \alpha} < 0$，飞机上仰力矩系数将增加 Δm_z，飞机产生一附加的上俯力矩，也使飞机趋向恢复原来平衡状态。由上面分析可知，迎角稳定度 $\left(\frac{\partial m_z}{\partial \alpha} < 0\right)$ 为负值，飞机具有俯仰稳定性，而且负值越大，俯仰稳定性越强。当迎角稳定度为正值，即 $\frac{\partial m_z}{\partial \alpha} > 0$ 时，飞机就没有俯仰稳定性。

当焦点在重心之后，飞机具有俯仰稳定性，这也意味着俯仰力矩系数曲线斜率为负。

4.2.3　飞机的方向稳定性

飞行中，飞机受扰动以致方向平衡状态遭到破坏，在扰动消失后，飞机自动恢复原来方向平衡状态的特性叫作飞机的方向稳定性。飞机的方向稳定性具有保持侧滑角不变的特性。飞机之所以具有方向稳定性，是方向稳定力矩和方向阻尼力矩共同作用的结果。

侧滑是飞机相对气流方向与飞机对称面不一致的飞行状态。相对气流从左前方流向飞机叫作左侧滑；相对气流从右前方流向飞机叫作右侧滑。

4.6

1. 飞机方向稳定力矩的产生

方向稳定力矩，主要是飞机侧滑时，由垂直尾翼产生的。

如图 4.18 所示，在平飞中，飞机受微小扰动，出现左侧滑时，空气从左前方流向飞机，作用在垂直尾翼上，产生向右的空气动力（$\Delta Z_{尾}$），对重心形成左偏力矩，力图消除侧滑，使飞机自动趋向恢复原来的方向平衡状态。这个力矩就是方向稳定力矩。同理，飞机出现右侧滑时会产生向右的方向稳定力矩。所以，简单地讲，方向稳定力矩的作用就是消除侧滑。

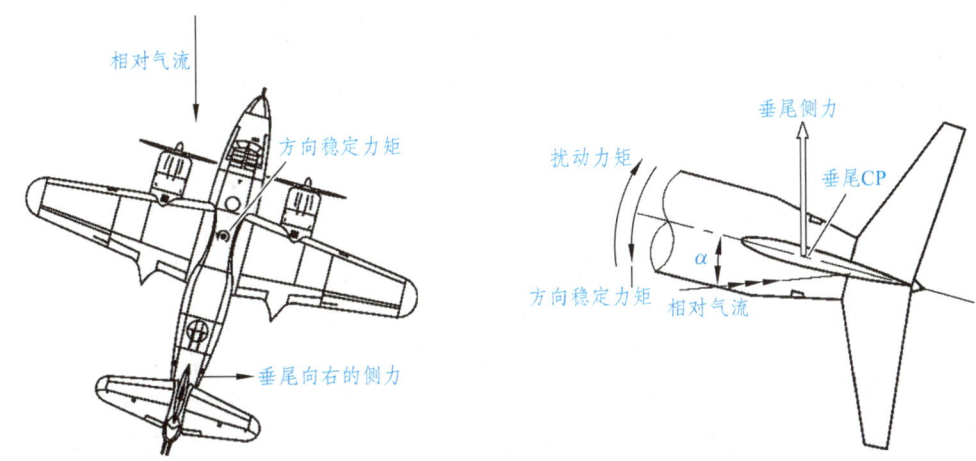

图 4.18 垂直尾翼产生的方向稳定力矩

此外，机翼的上反角和后掠角也能产生方向稳定力矩。

后掠角之所以产生方向稳定力矩，是因为飞机产生侧滑时，侧滑前翼的有效分速大，侧滑后翼的有效分速小，侧滑前翼的阻力比侧滑后翼的阻力大，两翼的阻力差对重心形成方向稳定力矩。

上反角之所以产生方向稳定力矩，是因为飞机产生侧滑时，侧滑前翼的迎角大，阻力增大，侧滑后翼的迎角小，阻力减小，两翼的阻力差对重心形成方向稳定力矩。

另外，有的飞机机身上的背鳍和腹鳍，相当于增大了垂直尾翼的面积，增强了方向稳定性。垂直尾翼的后掠使垂直尾翼侧力（$\Delta Z_{尾}$）到重心力臂增长，也增强了方向稳定性。

2. 飞机方向阻尼力矩的产生

飞机出现方向稳定力矩，只能使飞机有自动恢复原方向平衡的趋势，因此飞机还必须在机头摆动过程中产生方向阻尼力矩，才能使飞机方向摆动逐渐减弱，直至最终消失。

方向阻尼力矩，主要由垂直尾翼产生。如图 4.19 所示，飞机受到扰动机头右偏，此时，飞机绕着重心顺时针转动。此时垂尾向左运动，会额外出现一个向右的相对气流速度，使得垂尾处原来的相对气流速度大小和方向都发生变化，进而形成向右的侧力，这个力对重心形

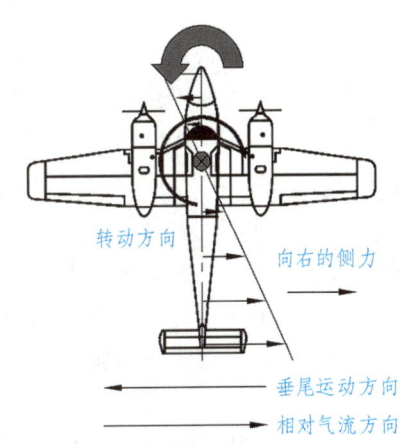

图 4.19 方向阻尼力矩的产生

成的力矩方向（逆时针方向）正好与飞机的转动方向相反，阻止飞机偏离原平衡位置更远，所以该力矩称为方向阻尼力矩。

方向阻尼力矩的大小主要取决于飞机受扰后转动速度的大小。转动速度越大，方向阻尼力矩就越大，飞机的稳定性就越强。

4.2.4 飞机的横侧稳定性

飞机在飞行中，受扰动以致横侧平衡状态遭到破坏，在扰动消失后，飞机自动恢复原来横侧平衡状态的特性叫作飞机的横侧稳定性。飞机的横侧稳定性具有保持坡度或侧滑角不变的特性。飞机之所以具有横侧稳定性，是飞机横侧稳定力矩和横侧阻尼力矩共同作用的结果。

4.7

1. 飞机横侧稳定力矩的产生

飞机的横侧稳定力矩，主要由侧滑时机翼的上反角和机翼的后掠角产生。

如图 4.20 所示，飞机在平飞中，受微弱扰动而带左坡度时，升力（L）和重力（W）的合力（F）形成向心力，使飞机向左侧方做曲线运动，而出现左侧滑。此时，空气从左前方吹来，因上反角的作用，左机翼迎角增大，升力增大，右机翼的迎角减小，升力减小。加之左机翼上表面的气流比较平顺，升力也比较大，而右机翼上表面可能产生气流分离，升力较小。于是，左右机翼升力之差形成右滚力矩，力图消除左坡度，从而消除侧滑，而使飞机具有自动恢复原来横侧平衡状态的趋势。这个力矩就是横侧稳定力矩。显然，飞机机翼的下反角将产生不稳定力矩。

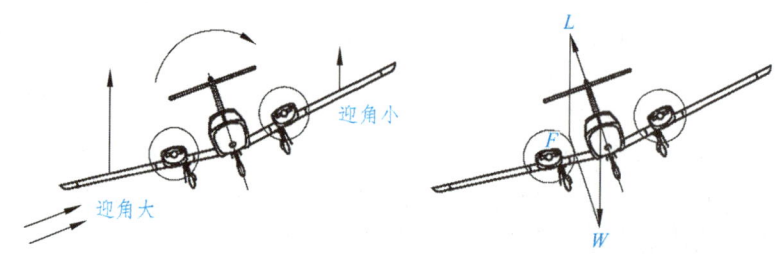

图 4.20 机翼上反角的作用

机翼的后掠角也将使飞机产生横侧稳定力矩。其道理是这样的，当飞机出现侧滑时，相对气流速度（v）可分解成与机翼前缘垂直和平行的两个分速（见图 4.21）。因为，只有垂直于机翼前缘的方向，机翼表面才是弯曲的，而同机翼前缘平行的方向，机翼表面是平的，所以，空气流过机翼表面时，只有垂直于机翼前缘的分速（有效分速 v_n）发生变化，才影响沿翼弦方向的压力分布，影响升力的大小；平行于机翼前缘的分速（v_t）是不变的，不影响翼弦方向的压力分布，不影响升力的大小。在侧滑中，侧滑前翼的有效分速比侧滑后翼的有效分速大，因而侧滑前翼的升力比侧滑后翼的升力大，两边机翼的升力之差，形成横侧稳定力矩。

此外，飞机在侧滑中，垂直尾翼上的附加侧力（$\Delta Z_尾$）因其着力点在飞机重心位置之上，也会对重心形成横侧稳定力矩。

另外，机翼的上下位置不同对飞机的横侧稳定性也有影响。如图 4.22 所示，当飞机受到扰动呈现坡度产生侧滑时，对于上单翼飞机来说，侧滑前翼下表面，气流受机身的阻挡，流速减慢，压力升高，升力增大，于是形成横侧稳定力矩，使飞机的横侧稳定性增强；对于下单翼飞机来说，侧滑前翼上表面，气流受到阻挡，流速减慢，压力升高，升力减小，于是形成横侧不稳定力矩，使飞机的横侧稳定性减弱；对于中单翼飞机来说，侧滑前翼上下表面，气流均受到机身阻挡，流速均减小，压力均增高，对飞机的横侧稳定性影响不大。

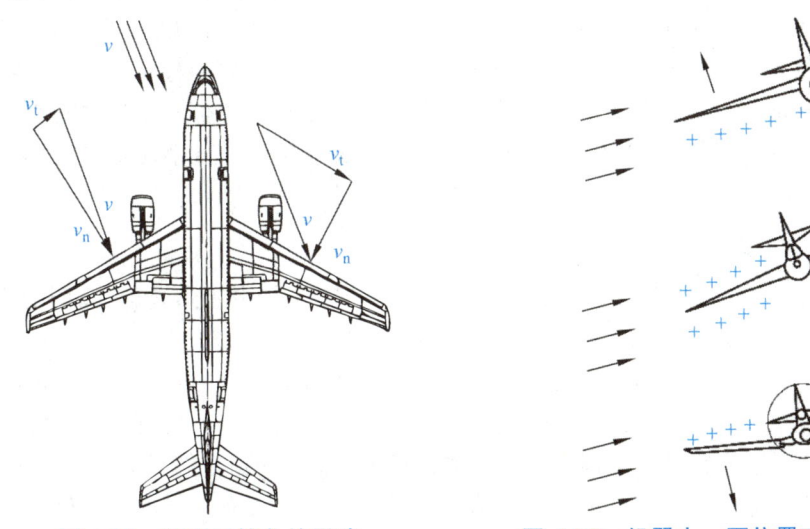

图 4.21　机翼后掠角的影响　　　　图 4.22　机翼上、下位置对横侧稳定性的影响

2. 飞机的横侧阻尼力矩的产生

飞机的横侧阻尼力矩主要由机翼产生。如图 4.23 所示，飞机向左滚转，左翼下沉，在左翼上引起向上的相对气流速度（Δv），而使迎角增大，产生正的附加升力（在临界迎角范围内）；右翼上扬，在右翼上引起向下的相对气流速度（Δv），而使迎角减小，产生负的附加升力。左右机翼升力之差，形成向右的横侧阻尼力矩，阻止飞机向左滚转。同理，飞机向右滚转，产生向左的横侧阻尼力矩。

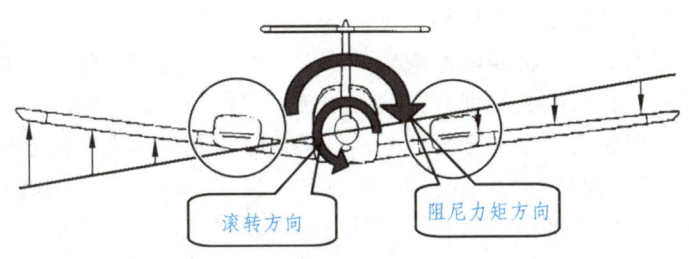

图 4.23　横侧阻尼力矩的产生

由上可知，飞机在飞行中，只要飞机绕纵轴滚转，左右机翼迎角就有差别，如果迎角不超过临界迎角，就会产生横侧阻尼力矩。

4.2.5　飞机方向稳定性和横侧稳定性的关系

飞机的方向稳定性与横侧稳定性是相互联系但又不能单独存在的，也就是说它们是相互耦合的。

由前面分析可知，飞行中，飞机若无侧滑，既不会产生方向稳定力矩，也不会产生横侧稳定力矩。如果飞机有侧滑，除产生向侧滑一边偏转的方向稳定力矩外，同时还要产生向侧滑反方向滚转的横侧稳定力矩。比如，飞机受扰动出现左侧滑时，飞机除产生方向稳定力矩，使机头左偏外，还要产生横侧稳定力矩，使飞机向右滚转。又如，飞机受扰动向左倾斜时，飞机就要出现左侧滑，除产生横侧稳定力矩，使飞机向右滚转，消除倾斜外，同时产生方向稳定力矩，使飞机向左偏转，消除侧滑。

4.8

由此可见，飞机的方向稳定性和横侧稳定性是彼此互相联系的，是相互耦合的。飞机的方向稳定性和横侧稳定性的总和，叫作侧向稳定性。要使飞机具有侧向稳定性，除必须使飞机具有方向稳定性和横侧稳定性外，还必须使飞机的方向稳定性和横侧稳定性之间有一定的关系。也就是说，只有当飞机的方向稳定性和横侧稳定性配合恰当，才能保证飞机具有侧向稳定性。否则，飞机将不具有侧向稳定性，出现飘摆或螺旋下降等现象。

1. 飘摆（荷兰滚）现象

如果飞机的横侧稳定性过强，而方向稳定性过弱，飞机在飞行中受到微小扰动出现倾斜、侧滑时，就会产生明显的飘摆现象，即所谓的荷兰滚。

比如，飞机在平飞中受微小扰动向左倾斜时，升力和飞机的重力的合力，使飞机出现左侧滑。在左侧滑中，如果飞机产生右滚的横侧稳定力矩过大（横侧稳定性过强），飞机就会迅速改平左坡度，如果产生迫使机头左偏的方向稳定力矩过小（方向稳定性过弱），飞机就不能立即消除左侧滑。飞机坡度改平时，左侧滑还未完全消除，并且具有一定的右滚角速度，继续向右滚转，形成右坡度，进而产生右侧滑。飞机向右倾斜后，由于同样原因，又会向左倾斜。于是，飞机左右往复摆头，形成飘摆。

飘摆的危害性在于：飘摆振荡周期只有几秒，修正飘摆超出了人的反应能力，并且在修正过程中极易造成推波助澜，加大飘摆。正常情况下，飘摆半衰期很短，但当方向稳定性和横侧稳定性不协调时，易使飘摆半衰期延长甚至不稳定，严重危及安全。

一般情况下，平直翼飞机很少出现荷兰滚。而后掠翼飞机很容易出现荷兰滚，因为后掠角有加大横侧稳定力矩的作用。大型运输机在高空和低速飞行时由于稳定性发生变化易发生飘摆，因此广泛使用偏航阻尼器（飘摆阻尼器）。

偏航阻尼器的主要作用是抑制飘摆现象的发生。它是通过速率陀螺检测预定飞行轨迹的微量偏航变化，并通过机械的方式促使方向舵偏转来进行修正，以增加方向稳定力矩，最终使横侧稳定力矩与方向稳定力矩大小相匹配。许多运输类飞机至少有两套偏航阻尼器，这两套系统连续运行，并且它们的基本运行与自动驾驶仪独立。但在某些飞机上，偏航阻尼系统也从副翼控制回路中获取扰动信息，辅助飞行员或自动驾驶仪协调转弯。

2. 螺旋下降

如果飞机的方向稳定性过强，而横侧稳定性过弱，飞机在飞行中受微小扰动发生倾斜、侧滑时，就会自动地产生缓慢的螺旋下降。

比如，飞机在平飞中受微小扰动向左倾斜、向左侧滑时，如果右滚的横侧稳定力矩过小，飞机将"无力"改平左坡度；左偏的方向稳定力矩过大，机头就会继续向左偏转。飞机向左偏转时，右翼的前进速度比左翼大，右翼的升力也比左翼大，迫使飞机左滚转。这样一来，飞机就会自动地缓慢进入向左的螺旋下降。飞机的这种不稳定性，也叫作螺旋不稳定性。

可见，飞机的横向稳定和方向稳定紧密联系并互相影响。如果飞机的方向稳定性同横侧稳定性配合不好，飞机的侧向稳定性是不好的，甚至可能不稳定。

4.2.6 从力矩系数曲线看飞机的方向、横侧稳定性

图 4.24 和图 4.25 所示分别是飞机的偏转力矩系数（m_y）、滚转力矩系数（m_x）随侧滑角（β）变化的曲线，它们分别叫作飞机的偏转力矩系数曲线和滚转力矩系数曲线。

与分析俯仰力矩系数曲线一样，两曲线的斜率$\left(\dfrac{\partial m_y}{\partial \beta}\right)$和$\left(\dfrac{\partial m_x}{\partial \beta}\right)$，分别叫作飞机的方向稳定度和横侧稳定度，表示侧滑角变化 1° 飞机偏转力矩系数和滚转力矩系数的变化量。

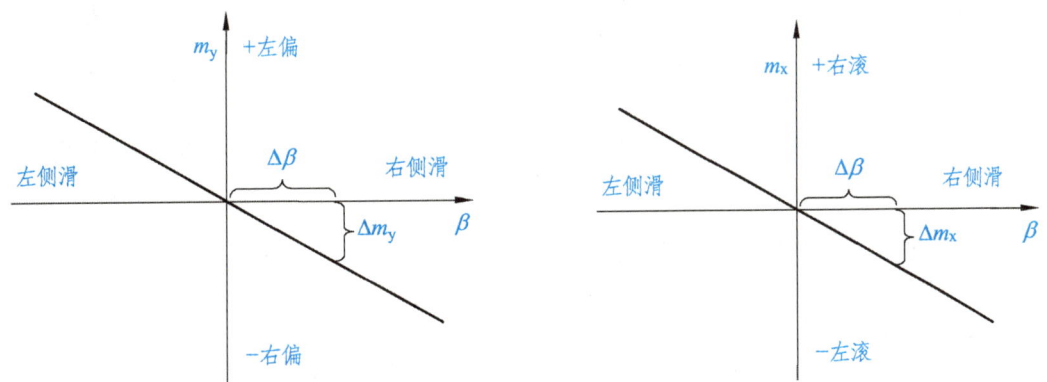

图 4.24　飞机偏转力矩系数随侧滑角的变化曲线　　图 4.25　飞机滚转力矩系数随侧滑角的变化曲线

$\dfrac{\partial m_y}{\partial \beta}<0$，即曲线斜率为负值时，飞机具有方向稳定性，负值越大，方向稳定性越强；$\dfrac{\partial m_y}{\partial \beta}>0$，飞机没有方向稳定性。

同样，$\dfrac{\partial m_x}{\partial \beta}<0$，即曲线斜率为负值时，飞机具有横侧稳定性，负值越大，横侧稳定性越强；$\dfrac{\partial m_x}{\partial \beta}>0$，飞机没有横侧稳定性。

4.9

4.2.7 影响飞机稳定性的因素

飞机稳定性的强弱，一般用摆动衰减时间、摆动幅度、摆动次数来衡量。若飞机受扰动后，恢复原来平衡状态用的时间短、摆动幅度小，摆动次数越少，则飞机的稳定性越强。

1. 重心位置前、后变动对飞机稳定性的影响

重心前后位置对俯仰稳定性影响较大。飞机重心位置越靠前，重心到飞机焦点的距离越远，即纵向静稳定度增加，飞机受扰动后，迎角变化 1° 所产生的俯仰稳定力矩就越大，即 $\partial m_z / \partial \alpha$ 负值越大，飞机的俯仰稳定性越强。重心位置越靠前，飞机在同样的扰动下，俯仰

摆动的幅度比较小。这是因为重心位置越靠前，飞机的俯仰稳定力矩越大，由扰动所引起的迎角增量就越小，即飞机俯仰摆动的幅度越小。

重心前后位置对方向稳定性影响小。重心位置越靠前，飞机的方向稳定性增强，但不明显。因为重心到垂尾侧力着力点的距离，比重心到飞机焦点的距离大得多，所以重心位置移动对方向稳定性影响小。

重心前后位置对横侧稳定性无影响。重心位置前、后移动，不影响飞机的横侧稳定性。因为重心位置前后移动不影响飞机的滚转力矩的大小。

2. 速度变化对飞机稳定性的影响

飞机摆动衰减时间的长短，主要取决于飞机阻尼力矩的大小。阻尼力矩越大，摆动消失越快，飞机恢复原平衡状态越迅速。实践表明，在同一高度上，飞机所产生的阻尼力矩与速度的一次方成正比，速度越大，阻尼力矩越大，迫使飞机摆动迅速消失，因而飞机稳定性增强；反之，速度越小，稳定性越弱。

3. 高度变化对飞机稳定性的影响

高度增加，空气密度减小，使得飞机的阻尼力矩减小，从而导致飞机摆动的衰减时间增长，稳定性减弱。

4. 大迎角飞行对飞机稳定性的影响

在大迎角或接近临界迎角飞行时，飞机的横侧阻尼力矩的方向可能发生变化，因此飞机可能丧失横侧稳定性，出现机翼自转现象。

比如，飞机受扰动以致向左倾斜时，左翼下沉，出现向上的相对气流，迎角增大；右翼上扬，出现向下的相对气流，迎角减小。如果超过临界迎角，迎角大的左翼升力反而小，迎角小的右翼升力反而大（参看图4.26）。这样，两翼升力之差形成的横侧阻尼力矩就改变了方向，不仅不能阻止飞机滚转，反而使左滚趋势加快，从而失去横侧稳定性。这种现象称为机翼自转现象。

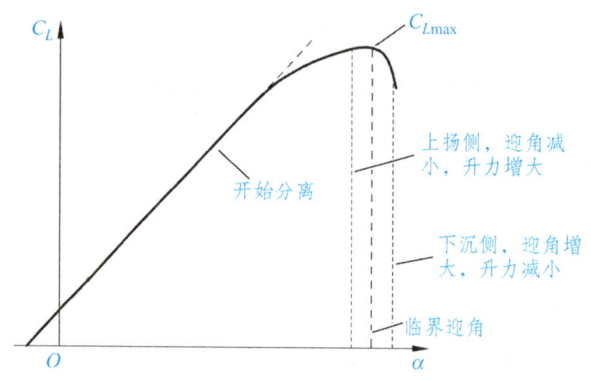

图 4.26 升力系数曲线

飞机的稳定性是飞机本身应具有的一种特性。在飞行中，飞机的稳定性固然能帮助飞行员保持飞机的平衡状态。但是，飞机的稳定性是相对的、有条件的。对同一机型，飞机速度、飞行高度、飞机迎角、重心位置等飞行条件发生了变化，飞机的稳定性也随之发生变化。比如，小速度飞行，稳定性较差；迎角超过临界迎角，由于没有横侧阻尼力矩，飞机会丧失侧向稳定性；当飞机重心后移至飞机焦点之后时，由于飞机附加升力对重心形成俯仰不稳定力矩，飞机丧失俯仰稳定性。在有些情况下，飞机受扰动偏离原来平衡状态时，飞机只能自动恢复原来的力和力矩平衡，而不能自动恢复原来的飞行状态。比如，在平飞中，飞机受扰动发生倾斜和侧滑时，在升力和重力的合力作用下，飞机向侧下方运动，具有侧向稳定性的飞机，此时虽能自动消除倾斜和侧滑，迫使飞机恢复原来的平衡状态，但却不能恢复原来的飞行状态，因为飞机的高度和方向都已改变了。而且，飞机受扰动作用越强，或者扰动作用的时间越长，飞机偏离平衡状态越多，飞行状态改变越显著。再者，稳定性是相对于小扰动而言，如阵风扰动等，如果飞机遇到了下击暴流等强对流天气时，单靠飞机自身的稳定性就不足以让飞机回到原来的平衡状态。因此，要想飞机完全恢复原来的飞行状态，飞行员就不能完全依赖飞机自身的稳定性，而必须主动、及时地对飞机实施操纵才行。

4.3 飞机的操纵性

飞机除应具有必要的稳定性外，还应具有良好的操纵性，以保证飞行员实现有意识的飞行。

所谓飞机的操纵性，通常是指飞机在飞行员操纵升降舵、方向舵和副翼下改变其飞行状态的特性。操纵动作简单、省力，飞机反应快，操纵性就好；反之，操纵动作复杂、笨重，飞机反应慢，操纵性就差。倘若操纵后，飞机根本没有反应，或者反应是错误的，则飞机是不能操纵的。不能操纵的飞机是不能上天飞行的。操纵性的好坏与飞机稳定性的大小有密切关系，稳定性太大，也就是说飞机保持原有平衡状态的能力强，则要改变它也就越不容易，操纵起来就越费劲；若稳定性过小，则操纵力也很小，飞行员很难掌握操纵的分量，容易出现过量操纵，也是不理想的。所以飞机设计时要正确处理好稳定性和操纵性之间的关系。

研究飞机的操纵性，主要研究飞机飞行状态的改变与杆舵行程（即升降舵偏角）和杆舵力大小之间的基本关系、飞机反应快慢以及影响操纵性的因素等。

飞机的操纵性可分为俯仰操纵性、方向操纵性和横侧操纵性。

4.10

4.3.1 飞机的俯仰操纵性

飞机的俯仰操纵性，指飞行员操纵驾驶盘偏转升降舵后，飞机绕横轴转动而改变其迎角等飞行状态的特性。

1. 直线飞行中改变迎角的基本原理

在直线飞行中，若飞行员向后拉杆，升降舵就向上偏转一个角度，于是水平尾翼上产生向下的附加升力（$\Delta L_{尾}$），对飞机重心形成抬头力矩，如图4.27（a）所示，由于该力矩是由飞行员给出的，所以我们把它叫作俯仰操纵力矩。在俯仰操纵力矩的作用下，飞机开始绕横轴转动，迎角增加。由于迎角增大，引起飞机产生向上的附加升力（$\Delta L_{飞机}$），其着力点是飞机焦点，如图4.27（b）所示。具有稳定性的飞机，焦点在重心后面。因此，飞机的附加升力对重心形成俯仰稳定力矩，其方向同操纵力矩的方向相反。随着迎角增加，飞机附加升力和它所形成的稳定力矩逐渐增大。当迎角增大到一定程度时，稳定力矩与操纵力矩相等，飞机俯仰力矩重新取得平衡，飞机停止转动，并保持较大迎角飞行。此时，力矩的平衡关系为

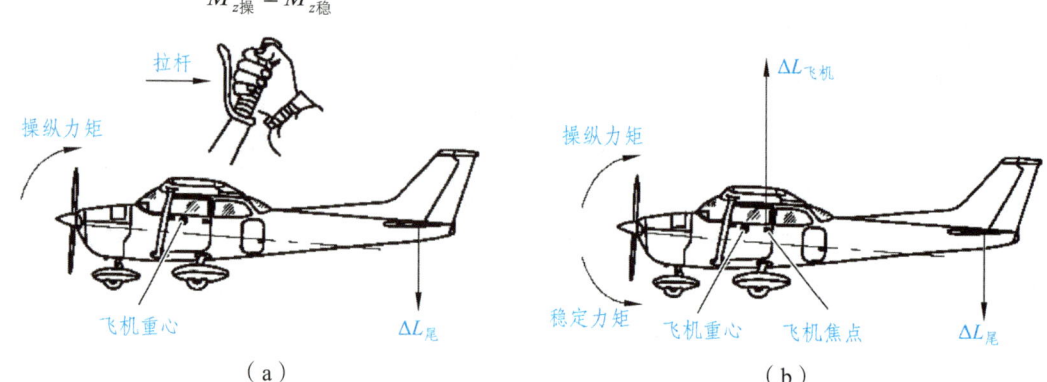

图 4.27　直线飞行时改变迎角的基本原理

如果飞行员再向后拉一点杆，增大一些上仰操纵力矩，迎角就会再增大一点，下俯的稳定力矩也相应增大一些，直至上仰操纵力矩同下俯稳定力矩重新平衡时，飞机就保持更大的迎角飞行。相反，飞行员向前推一点杆，飞机就会保持较小的迎角飞行。

由此可见，在直线飞行中，驾驶盘前后的每一个位置（或升降舵偏转角）对应着一个迎角。驾驶盘位置越靠后，升降舵上偏角越大，对应的迎角也越大。反之，驾驶盘位置越靠前，升降舵下偏角越大，对应的迎角也越小。如果飞机处于平飞状态，飞机的升力与重力必须相等（$L = W$），用不同的速度平飞，就需相应地用不同的迎角，才能保持升力不变，使升力始终等于重力。也就是说，在直线飞行中，驾驶盘前后的每一个位置，都对应着一个迎角或飞行速度。

图 4.28 所示为某飞机在平飞时，升降舵偏转角（δ）与平飞速度（v）的关系曲线。从曲线可以看出，小速度平飞时需要升降舵上偏，而大速度平飞时需要舵面下偏。随着速度增大，升降舵由原来的上偏角逐渐减小到零，进而转为下偏角，如果速度再增大，需要的下偏角也逐渐增大。从曲线中我们还可以得到，改变同样速度或迎角大小时，在小速度范围下所需的舵偏角要比大速度范围下所需的舵偏角（即杆的行程）大。

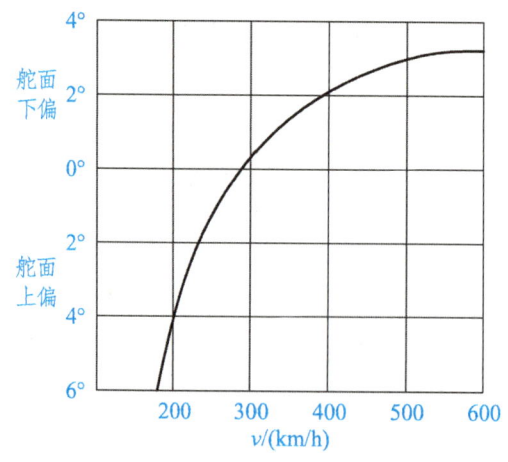

图 4.28　平飞中升降舵偏转角与飞行速度的关系曲线

2. 曲线飞行中改变迎角的基本原理

如图 4.29 所示，飞机做曲线飞行，轨迹向上弯曲。飞机在从 A 点转至 B 点的过程中，速度方向不断变化，具有俯仰稳定性的飞机，要保持迎角不变，机头势必不断地绕横轴做上仰转动。此时，由升降舵产生的操纵力矩，不仅要克服由于迎角增大而产生的稳定力矩，而且还要克服由于飞机绕横轴转动所产生的阻尼力矩。当转动角速度一定时，飞机俯仰力矩的平衡关系为

$$俯仰操纵力矩 = 俯仰稳定力矩 + 俯仰阻尼力矩$$

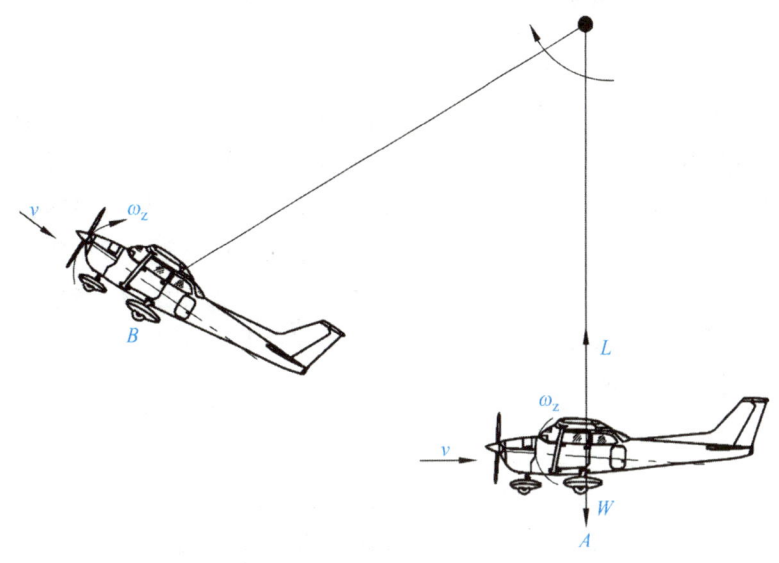

图 4.29 飞机在曲线飞行中的旋转角速度

也就是说，操纵力矩的一部分与稳定力矩平衡，以保持飞机迎角不变；而另一部分则与阻尼力矩平衡，以保持飞机绕横轴做等角速度转动。

由此可知，曲线飞行和直线飞行相比，飞行员移动同样多的拉杆行程，改变的迎角要小些；或者说，改变同样多的迎角，拉杆行程要大些。

3. 驾驶杆力

飞行员操纵驾驶杆，要施加一定的力，这个力叫作驾驶杆力，简称杆力。

4.11

1）杆力的产生和影响因素

参看图 4.30，当飞行员向前推杆，升降舵向下偏一个角度（δ）时，升降舵上产生一个向上的空气动力（$\Delta L_舵$），对升降舵转动轴形成一个力矩（叫铰链力矩），这个力矩迫使升降舵和杆返回中立位置。为保持升降舵偏角不变，亦即保持杆位置不变，飞行员必须用一定的力（P）推杆，以平衡铰链力矩的作用。反之，为保持升降舵处于一定的上偏角，飞行员就必须用一定的力拉杆。所以说飞行员施加驾驶杆力的主要目的是为了克服铰链力矩。

飞行中，升降舵偏转角越大，气流动压越大，升降舵上的空气动力也越大，从而铰链力矩也就越大，所需杆力也就越大。

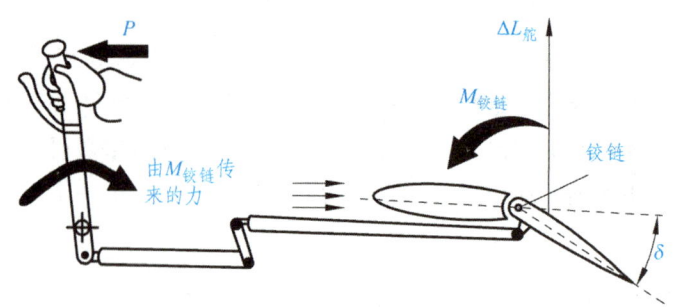

图 4.30 升降舵铰链力矩所引起的杆力

平飞中,升降舵偏转角与速度有一定的关系,而要保持一定的升降舵偏转角又必须对杆施加一定的力,因此,杆力和平飞速度也就必然存在一定的关系。平飞中,杆力(P)与速度(v)的关系,可用图 4.31 所示的曲线表示,此曲线称为杆力曲线。从图上可以看出,小速度平飞,升降舵需要向上偏转,故飞行员需要拉杆力。大速度平飞,升降舵需要向下偏转,此时飞行员需要推杆力。随着速度增大,升降舵由原来的上偏角逐渐减小到零,进而转为下偏,杆力由拉杆力慢慢转为推杆力,如果速度再增大,需要逐渐增大下偏角,需要的推杆力也越大。从曲线中我们还可以得到,改变同样速度或迎角大小时,在小速度范围下,所需的杆力要比大速度范围下所需的杆力小。

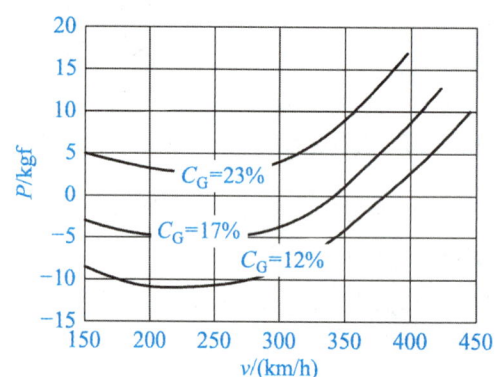

图 4.31 平飞中杆力大小与飞行速度的关系曲线

2)配平(调整)片的作用

飞行中,使用配平片可减小或消除杆力。配平片的位置如图 4.32 所示。

以俯仰配平片为例。当升降舵下偏一个角度时,飞行员必须对驾驶盘施加一个推杆力。在这种情况下,若将俯仰配平片向上偏一个角度(见图 4.33),配平片上偏将产生向下的空气动力($L_{调}$),对升降舵铰链形成力矩($L_{调} \cdot l_1$),帮助升降舵向下转动,抵消了一部分铰链力矩,因而减小了杆力。当配平片向上偏到一定角度,配平片产生的铰链力矩同升降舵产生的铰链力矩取得平衡(即 $L_{调} \cdot l_1 = L_{舵} \cdot l_2$)时,升降舵就自动保持某一个偏角不变,此时杆力为0。

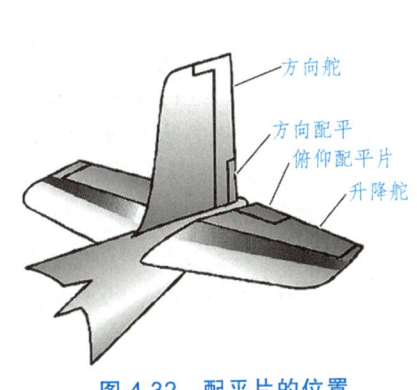

图 4.32 配平片的位置

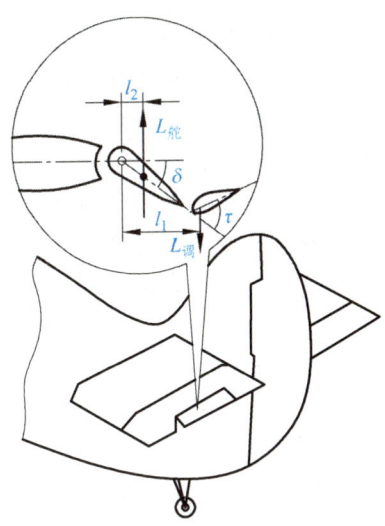

图 4.33 升降舵配平片的作用

若飞行员先操纵俯仰配平片向上偏转一定的角度，配平片产生的铰链力矩就会带动升降舵向下偏转，当升降舵产生的铰链力矩和配平片产生的铰链力矩取得平衡时，升降舵就自动保持某一下偏角不变，这同飞行员前推驾驶盘的作用一样，也能保持飞机的平衡。这就是使用配平片偏转升降舵保持飞机平衡的原理。

使用配平片对各个速度下杆力的影响如图 4.34 中的曲线所示。曲线 a 为配平片中立情况下的平飞杆力曲线。曲线 b 是配平片向下偏转一定角度（τ）时的平飞杆力曲线，此曲线与 a 曲线比较可以看出，各个速度下都增加了一个额外的杆力（ΔP）。这是因为配平片向下偏，要产生一个使升降舵向上转动的铰链力矩，飞行员要保持驾驶盘位置仍不变，就必须对驾驶盘施加额外的推杆力。由于配平片引起的力矩与速度的平方成正比，故飞行速度越大，推杆力增加也就越多。相反，上偏配平片，将使各个速度下增加额外的拉杆力，如图中曲线 c 所示。如果飞行员使用配平片把杆力为零的速度调到小速度（v_2）上，则在大速度飞行时，推杆力将显著增大。

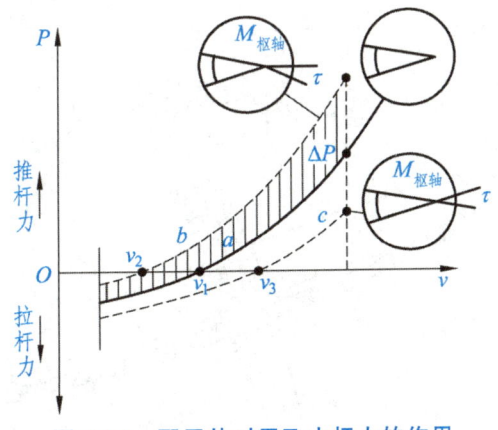

图 4.34 配平片对平飞中杆力的作用

因此，注意配平片的使用，对飞行员非常重要。飞行员应掌握配平片的使用方法。俯仰配平片的操纵有专门的配平手轮。例如，前推配平手轮，配平片上偏，飞机低头。在起飞前，飞行员可以通过舱单图获知当前配载情况下所需配平片的位置，然后操纵配平手轮使配平片放在合适的位置上，以期达到在起飞抬前轮时减小杆力的目的。这样的话，无论业载怎么变化，只要起飞前将配平片放在合适的位置上，就可以保证每次起飞带杆时飞行员都使用同样大小的力将飞机拉起来。

此外，为减轻飞行员操纵杆舵的力量，在飞机构造上采取了一些改变舵面上气动力着力点和转动轴的相对位置等措施，以减小铰链力矩。这些措施叫气动补偿。在操纵系统中加装弹簧和配重也能改善杆舵力。此外，补偿片、伺服补偿片都可以达到减小杆力的目的。

对于大型高速飞机，由于飞行速度大，舵面积也大，铰链力矩变得很大，因而杆舵力很大，人力操纵难以胜任。所以，一般都用以液压或电力为动力的助力操纵系统。飞行员操纵助力器，通过助力器带动舵的偏转。而杆力完全来自杆力模拟机构，与舵面空气动力无关。显然在小型低速飞机上用配平片减轻或消除杆力的办法，是不适用于这种大型机。这种飞机是通过操纵一套专门的所谓配平装置的机构，来减轻和消除杆力的。

4.3.2 飞机的方向操纵性（飞机无滚转）

飞机的方向操纵性，就是在飞行员操纵方向舵以后，飞机绕立轴偏转而改变其侧滑角等飞行状态的特性。

偏转方向舵改变侧滑角的原理同偏转升降舵改变迎角的原理基本上是一样的。如图4.35所示，在没有侧滑的直线飞行中，飞行员蹬左舵使方向舵向左偏转一定角度，在垂直尾翼上产生向右的侧力，对重心形成一个左偏的力矩，由于该力矩是由飞行员给出的，所以我们把它叫作方向操纵力矩。在方向操纵力矩的作用下，飞机开始绕立轴转动，侧滑角增加。在机头左偏过程中，出现右侧滑，相对气流从右前方吹来，在机身、垂直尾翼上产生向左的侧力，对重心形成右偏的方向稳定力矩，力图阻止侧滑角的扩大。起初，由于左偏的方向操纵力矩大于右偏的方向稳定力矩，侧滑角会继续增大。但右偏的方向稳定力矩是随着侧滑角的增大而增大的，当方向稳定力矩增大到与方向操纵力矩取得平衡时，飞机保持一定的侧滑角（β）不变。此时，力矩的平衡关系为

$$方向操纵力矩 = 方向稳定力矩$$

$$M_{y操} = M_{y稳}$$

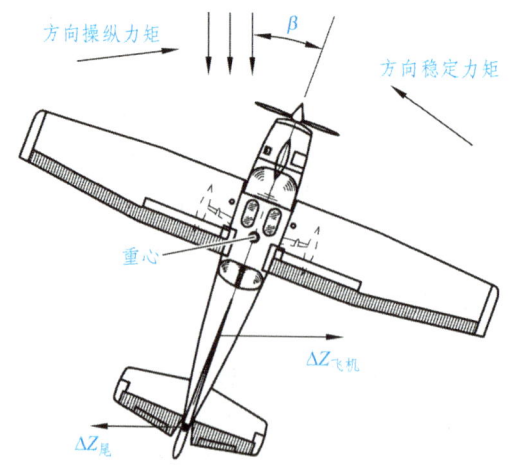

4.12

图 4.35 无滚转时飞机改变侧滑角的基本原理

与俯仰操纵相似，对方向操纵而言，在直线飞行中，每一个脚蹬位置对应着一个侧滑角。蹬右舵，飞机产生左侧滑；蹬左舵，飞机产生右侧滑。

方向舵偏转后，同样产生方向铰链力矩，故飞行员需要用力蹬舵才能保持方向舵偏角不变。方向舵偏转角越大，气流动压越大，蹬舵力越大。可以使用方向配平片来减小和消除脚蹬力的大小。

4.3.3 飞机的横侧操纵性（飞机无侧滑）

飞机的横侧操纵性，是在飞行员操纵副翼以后，飞机绕纵轴滚转而改变其滚转角速度、坡度等飞行状态的特性。

如图 4.36 所示，当飞行员向右压驾驶盘时，左副翼下偏，左副翼的升力增大；右副翼上偏，右副翼的升力减小，两翼的升力差对重心形成右滚力矩，由于该力矩是由飞行员给出的，所以我们把它叫作横侧操纵力矩。在横侧操纵力矩的作用下，飞机开始绕纵轴转动，使飞机向右加速滚转。由于我们讨论的是无侧滑的横侧操纵，所以飞机在出现坡度后不会有稳定力矩出现。但飞机右滚，会有滚转角速度，因而产生横侧阻尼力矩，制止飞机右滚。起初，横侧操纵力矩大于横侧阻尼力矩，滚转角速度是逐渐增大的。随着滚转角速度的增大，横侧阻尼力矩也逐渐增大。所以滚转角速度的变化只取决于横侧操纵力矩和横侧阻尼力矩，当横侧阻尼力矩增大到与横侧操纵力矩取得平衡时，飞机保持一定的角速度滚转，这时力矩平衡关系式为

$$横侧操纵力矩 = 横侧阻尼力矩$$

$$M_{x操} = M_{x阻}$$

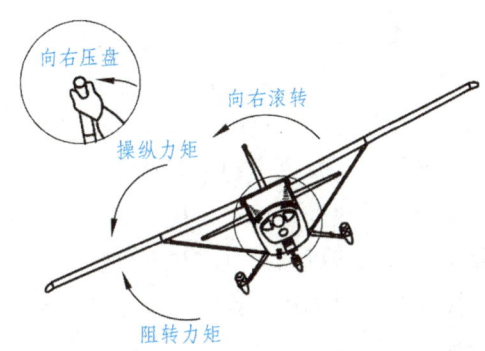

图 4.36 无侧滑时飞机横侧操纵的基本原理

飞行员再向右压一点盘，增加一点右滚的操纵力矩，右滚角速度又会增大一点，横侧阻尼力矩也随之增大一点；当横侧操纵力矩同横侧阻尼力矩再次取得平衡时，飞机保持在较大的角速度下做稳定滚转。

可见，在无侧滑的横侧操纵中，驾驶盘左右转动的每个位置，都对应着一个稳定的滚转角速度，驾驶盘左右转动的角度越大，滚转的角速度就越大。

由上面分析可知，对俯仰操纵而言，前后推拉驾驶盘，对应一个迎角；对方向操纵而言，左右蹬舵，对应一个侧滑角；对横侧操纵而言，左右压盘，对应的却是一个稳定的滚转角速

度，而不是一个坡度。为什么会出现这种特殊的差别呢？这是因为在俯仰和方向操纵中，操纵力矩是由稳定力矩来平衡的，而在无侧滑的滚转中，不存在稳定力矩，操纵力矩是由阻尼力矩来平衡的，由于用来平衡操纵力矩的力矩性质不同，就构成了横侧操纵同俯仰操纵和方向操纵之间的本质差别。

如果飞行员在做盘旋和转弯时，要想保持一定的坡度，就必须在接近预定坡度时将盘回到中立位置，消除横侧操纵力矩，飞机在横侧阻尼力矩的阻止下，使滚转角速度消失。有时，飞行员甚至可以向飞机滚转的反方向压一点驾驶盘，迅速制止飞机滚转，使飞机准确地达到预定坡度。

4.3.4 方向操纵性和横侧操纵性的关系

飞机的方向操纵性和横侧操纵性与方向稳定性和横侧稳定性一样，也是互相联系和互相影响的，即它们也是相互耦合的。

分析飞机的方向操纵性时，我们假设飞机是无滚转的，而在分析飞机的横侧操纵性时，又假设飞机是无侧滑的，目的是分析问题方便。然而在实际飞行中，侧滑和滚转常常是同时出现的。

例如，飞行员蹬左舵，飞机向左偏转，产生右侧滑时，由于飞机机翼的上反角和后掠角的作用，右翼升力比左翼升力大，形成横侧稳定力矩，使飞机向左滚转。同理，蹬右舵，飞机产生左侧滑时，飞机向右滚转。又如，飞行员向左压盘，飞机向左滚转，飞机在升力和重力的合力作用下，飞机向左做曲线运动，产生左侧滑。在侧滑中，相对气流从飞机左前方吹来，在垂直尾翼上产生向右的空气动力，对重心形成向左的方向稳定力矩，使机头左偏转。同理，向右压盘，产生右侧滑，飞机在向右滚转时，还向右偏转。

可见，只蹬舵，飞机不仅绕立轴偏转，同时还会绕纵轴滚转；只压盘，飞机不仅绕纵轴滚转，同时还会绕立轴偏转。也就是说，无论蹬舵或压盘，都能造成飞机的偏转和滚转。从操纵效果上来讲，存在盘舵互换问题。知道这种关系很有用处。例如，大迎角飞行时，飞机的横侧操纵性变差，这时可用蹬舵来改变或修正飞机的坡度。又如，在飞行中，如果方向舵或副翼其中任意一个失去效用时，仍然可以操纵飞机转弯。

所以，研究飞机的方向操纵性和横侧操纵性时，应结合起来研究。方向操纵性和横侧操纵性合起来又叫飞机的侧向操纵性。

4.3.5 影响飞机操纵性的因素

飞机的操纵性不是一成不变的，它受到许多因素的制约，现就影响操纵性的主要因素，分析如下：

1. 飞机重心位置前后移动对操纵性的影响和重心的前后极限位置

重心位置的前后移动，会引起平飞中升降舵偏转角和杆力发生变化。图4.37所示为某飞机在不同重心位置时，升降舵偏转角与杆力同平飞速度的关系曲线。

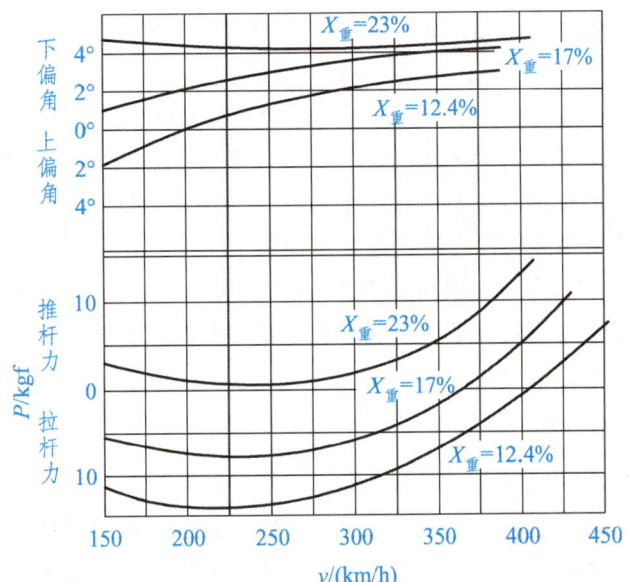

4.13

图 4.37　重心位置对平飞升降舵偏角和杆力的影响

从图上可以看出，在同一平飞速度下，重心位置不同，所需升降舵偏转角和杆力也不同。重心前移，所需升降舵上偏角增大（或下偏角减小），所需拉杆力增大（或推杆力减小）。这是由于重心前移后，飞机升力对重心形成一个附加的下俯力矩。为保持飞机平衡，飞行员必须向后拉杆，上偏升降舵，产生一个上仰的操纵力矩来平衡由于重心前移所形成的附加下俯力矩。此时，飞行速度（或飞机迎角）并没有变化，而升降舵上偏角和拉杆力却增大了。重心前移越多，由于重心前移，升力所形成的附加下俯力矩越大，所需要的升降舵上偏角和拉杆也越大，操纵性变差。相反，重心位置后移，所需升降舵下偏角和推杆力将增大。

1）重心前限

由上分析可知，重心前移，增大同样的迎角，所需的升降舵上偏角增大。重心前移越多，所需升降舵上偏角越大。但升降舵上偏角要受到结构和气流分离的限制，不能无限增大，重心前移过多，可能会导致即使把驾驶盘拉到底，迎角也不能增加到所需要的迎角。因此，重心位置应有个前限。飞机重心位置前限是这样规定的，对于小型低速飞机有：

（1）着陆时，把飞机拉成接地迎角，升降舵偏转角不超过最大偏角的 90% 为准确定的。
（2）前三点飞机，起飞时升降舵偏角应能保证在规定的速度时抬起前轮。
（3）着陆进场时，杆力不超过规定值。

之所以要根据这些条件来确定重心前限，是因为接地时，飞机迎角比较大，本身就需要升降舵上偏角度大；再者，飞机接近地面飞行时，由于地面效应的作用，水平尾翼区域气流下洗角减小，使水平尾翼的负迎角减小，使得下俯力矩增大。要保持同样迎角，同远离地面相比，也需要增大升降舵上偏角，也就是说，着陆接地时"拉"到接地迎角状态时，所需升降舵上偏角最大。用当前飞行状态来确定重心前限最安全。

2）重心后限

重心位置后移，飞机的俯仰稳定性变差。重心位置过于靠后，以至接近飞机焦点时，飞机的俯仰稳定性将变得很差。在这种情况下，改变同样迎角，飞机所产生的俯仰稳定力矩很小，飞行员稍稍移动驾驶盘，飞机的迎角和升力就会变化很多，飞机显得"过于灵敏"。飞机太灵敏，飞行员不易掌握操纵分量，需要时刻注意飞机操纵，这会造成飞行员神经过分紧张，分散照顾其他工作的精力，影响飞机的飞行。一旦重心后移到飞机焦点之后，飞机就会失去俯仰稳定性。因此，飞机重心位置应有一个后限。为保证飞机具有一定的俯仰稳定性，飞机重心位置后限应在飞机焦点（称为中立重心或临界重心）之前，留有一定的安全裕量[小型运输机（3%~4%）MAC，大型运输机 10% MAC 以上]。

综上所述，为保证飞机具有足够的稳定性和良好的操纵性，飞机重心位置不应超过前限和后限，而应在前后限的规定范围内。

3）有利重心范围

如果飞机重心在规定的重心范围内，那么是靠前好还是靠后好？正常情况下，机翼产生正升力，对飞机形成低头力矩，为了保证飞机稳定飞行，要靠平尾产生的负升力提供抬头力矩来平衡。如果重心靠前，机翼产生的正升力形成的低头力矩就要增加，就需要平尾产生更大的负升力才能够维持平衡。由于平尾负升力增加，使得飞机的总升力减小。而要让平尾产生更大的负升力，只有加大平尾的偏转量。如此一来，又使得平尾的阻力增大，该阻力称为配平阻力。所以，重心靠前，会使同迎角下飞机的升力系数和最大升力系数减小，阻力系数增加，耗油率增大，飞机的性能变差。因此，为提高飞行性能，飞机除规定重心位置前限和后限外，还规定了飞机的有利重心范围，即希望在允许的重心前后限范围内，飞机的重心尽量靠后。比如，某飞机重心位置前限和后限分别是 16% 和 32% 平均空气动力弦，飞机的有利重心范围是 25%~28% 平均空气动力弦。为使飞机重心位置能在有利重心范围内，飞机配载、燃油消耗顺序、空投次序等均应严格按规定执行。

飞机重心位置左右移动，对飞机的横侧操纵性也有影响。比如飞机重心位置向左移动了，这相当于飞机向左增加了一个滚转力矩。要保持两翼水平，飞行员就要经常向右压盘。这不仅使飞行员分散精力和易于疲劳，而且使驾驶盘向右活动的行程减小，限制了向右滚转的能力，因此，飞机重心位置的左右移动，同样也有严格的限制。

2. 飞行速度对飞机操纵性的影响

在俯仰和方向操纵性方面，以杆、舵行程相同作比较。在飞行速度比较大的情况下，同样多的舵偏角，产生的操纵力矩大，角速度自然也大。因此，飞机达到与此舵偏角相对应的平衡迎角或侧滑角所需的时间就比较短。

在横侧操纵性方面，如果压盘行程即副翼偏转角相同，则飞行速度大，横侧操纵力矩大，角速度也大，于是，飞机达到相同坡度的时间短。

总之，飞行速度大，飞机反应快，飞机操纵性好；飞行速度小，飞机反应慢，飞机操纵性变差。

3. 飞行高度对操纵性的影响

以同一真速在高空飞行，动压减小，飞行员为保持杆、舵在一定位置所需的力量减轻。如果在不同的高度，保持同一真速平飞，因高度升高动压减小，各平飞真速所对应的迎角普遍增大。与低空相比，高空飞行驾驶盘位置要靠后些，升降舵上偏角要大些。大速度飞行时，推杆力将减小。

另外，若保持同一真速在不同高度飞行，高度升高，空气密度降低，舵面偏转同样角度，高空产生的操纵力矩小，角加速度随之减小，飞机达到对应的迎角，侧滑角或坡度所需的时间增长，也就是说飞机反应慢。

归纳起来，高空飞行有杆、舵变轻，反应迟缓的现象。

4. 迎角对横侧操纵性的影响

在大迎角或接近临界迎角飞行时，飞机可能丧失横侧操纵性，出现横侧反操纵现象。

比如飞行员向右压盘，左右两翼升力之差形成操纵力矩，使飞机向右滚转。飞机在向右滚转时，不仅因滚转而产生右侧滑，力图减小其滚转角速度，而且还因左副翼下偏，左翼阻力大于右翼阻力而进一步加强右侧滑。由于机翼上反角和后掠角的作用，使右翼升力增大，左翼升力减小，而产生向左滚转的力矩，进一步制止飞机向右滚转，从而削弱了副翼的作用。小迎角时，两翼阻力之差很小，造成的侧滑角也不大，故横侧操纵性比较好。大迎角时，两翼阻力之差比较大，造成的侧滑角也大，故横侧操纵性变差。接近临界迎角时，机翼上出现严重的气流分离，不仅因副翼处于涡流区内，偏转副翼后两翼升力差减小，产生的操纵力矩小，而且因两翼阻力差很大，侧滑作用很强烈，产生制止飞机向右滚转的力矩很大，故横侧操纵性显著变差，甚至会出现向右压盘，飞机向左滚转的现象，这就是所谓横侧反操纵的现象。综上分析，造成横侧反操纵的主要原因是由于在大迎角下，两翼的阻力差增加使得飞机的侧滑加大；除此之外，两翼的升力差减小也是横侧反操纵现象产生的一个原因。

为了改善横侧操纵性，特别要消除大迎角下的横侧反操纵现象。除在飞机设计上采取措施（比如使用差角副翼、阻力副翼、开缝副翼等）外，在大迎角小速度下飞行时，飞行员可利用方向舵来帮助副翼操纵，即使用副翼和方向舵联动。例如，修正飞机的左坡度，可在向右压盘的同时蹬右舵修正，或者只用右舵修正。

复习思考题

1. 什么叫作平均空气动力弦？
2. 可能产生飞机俯仰力矩的部件有哪些？
3. 飞行中可能影响横侧平衡的因素有哪些？
4. 水平尾翼有哪些功用？
5. 稳定性的条件是什么？
6. 什么是飞机的稳定性？
7. 什么是焦点？它与压力中心的区别是什么？
8. 要想飞机具备俯仰稳定性，焦点和重心的位置关系应该怎样？
9. 产生方向稳定力矩和横侧稳定力矩的部件有哪些？
10. 为什么上反角和后掠角能够提供横侧稳定力矩？

11. 影响飞机的稳定性的因素有哪些？
12. 为什么飞机在高空的稳定性变差？
13. 飘摆是什么原因造成的？要怎么做才能改出飘摆？
14. 为什么相同的拉杆量在直线飞行中的迎角要大于做拉升运动中的迎角？
15. 可以使飞机出现左坡度或改平右坡度的可能的操纵方法有哪些？
16. 在直线飞行中，为什么一个方向舵的位置对应一个侧滑角？
17. 在无侧滑的滚转中，为什么一个副翼偏角对应一个稳定滚转角速度？
18. 飞机的方向操纵与横侧操纵有什么关系？
19. 地面效应怎样影响飞机的操纵性？
20. 配平片有哪些作用？
21. 为什么要限制飞机重心位置？
22. 迎角大小对飞机的稳定性和操纵性有什么影响？

第 5 章 平飞、上升、下降

飞机的平飞、上升、下降指的是飞机既不带倾斜也不带侧滑的等速直线飞行，是飞机最基本的飞行状态。飞机的平飞、上升、下降性能是飞机最基本的飞行性能，如平飞最大速度、平飞最小速度、最大上升率、最大上升角、升限、最小下降角、最大下降距离等，这些都是飞行员首先要学习和掌握的。同时分析研究飞机的平飞、上升、下降的运动和性能，也是进一步研究分析飞机更复杂的运动及其他飞行性能的基础。

本章从飞机处于不同的飞行状态所受的作用力出发，用图解的方法分析飞机平飞、上升、下降的飞行性能，讨论飞行条件对这些性能的影响，介绍平飞、上升、下降这三种飞行状态的基本操纵原理，同时还给出相关的飞行性能图表。

5.1　平　飞

平飞是指飞机做等高、等速的直线飞行，是运输机的一种主要飞行状态。

5.1.1　飞机平飞时的作用力

平飞中，作用于飞机的力有升力（L）、重力（W）、拉力（P）和阻力（D）。平飞时，飞机无转动，各力对飞机重心的力矩相互平衡，因此，以上各力均通过重心，如图 5.1 所示。

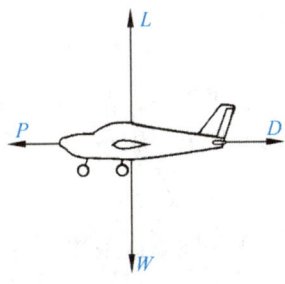

图 5.1　飞机平飞作用力

从图 5.1 可以看出，飞机平飞时，升力与重力平衡，拉力与阻力平衡。用方程式表示，即

$$\begin{cases} L = W \\ P = D \end{cases} \qquad (5.1)$$

式（5.1）为平飞运动方程或平飞条件。这些条件是飞机平飞必须满足的。如果其中任何一个不能满足，都会使飞机的运动轨迹向上或向下弯曲，使飞行高度和速度发生变化，飞机也就不能平飞。例如，飞机的升力大于重力，飞机的飞行轨迹就会向上弯曲，在重力的作用下，飞机的飞行速度会减小；又如，飞机的拉力大于飞机的阻力，飞机的飞行速度就会增大，飞机的升力也会增大，飞机的飞行轨迹会向上弯曲，在重力的作用下，飞机的飞行速度又会减小。

5.1.2 平飞所需速度

为保持平飞，需要足够的升力平衡飞机的重力（即 $L=W$），为产生这一升力所需要的飞行速度，称为平飞所需速度，以 $v_{平飞}$ 表示。

由平飞等高条件 $L=W$ 及升力公式 $L=C_L \cdot \frac{1}{2}\rho v_{平飞}^2 \cdot S$ 可以得到

$$v_{平飞} = \sqrt{\frac{2W}{C_L \cdot \rho \cdot S}} \tag{5.2}$$

从式（5.2）可看出，影响平飞所需速度的因素有飞机重量、机翼面积、空气密度、升力系数。下面重点讨论飞机重量、升力系数的影响。

飞机重量：在其他飞行条件不变的情况下，飞机的飞行重量越重，则平飞所需速度越大；反之，则越小。

升力系数：在其他飞行条件不变的情况下，飞机升力系数大，则平飞所需速度小；反之则平飞所需速度大。飞机的升力系数主要取决于飞机迎角和襟翼的使用情况。迎角、襟翼偏角不同则升力系数不同，飞机的平飞所需速度也就不同。在小于临界迎角的范围内飞行，迎角大升力系数大，则平飞所需速度小；迎角小升力系数小，则平飞所需速度大。襟翼偏角大，升力系数大，则平飞所需速度小；襟翼偏角小，升力系数小，则平飞所需速度大。

实际飞行中，飞机的平飞所需速度主要随飞机升力系数（迎角）的改变而变化。

5.1.3 飞机的平飞拉力曲线和平飞功率曲线

1. 平飞所需拉力

在平飞中，要保持速度不变，拉力应等于阻力，为克服阻力所需要的拉力称为平飞所需拉力，以 $P_{平飞}$ 表示。

1）平飞所需拉力的计算

由平飞等速条件

$$\begin{cases} L = W \\ P_{平飞} = D \end{cases}$$

可得

$$P_{平飞} = \frac{W}{K} \tag{5.3}$$

式（5.3）表明，飞机的平飞所需拉力（平飞气动阻力）与飞行重量成正比，与飞机的升阻比成反比。即飞行重量越重，平飞所需拉力越大；升阻比越小，平飞所需拉力越大。

2）平飞所需拉力曲线

飞机可以用不同的速度平飞，而每一平飞速度对应一个迎角和升阻比，这就是说，平飞所需拉力是随平飞所需速度变化的。把平飞所需拉力随平飞所需速度而变化的规律用曲线表示出来，该曲线称为平飞所需拉力曲线，如图 5.2 所示（速度以 v_1 表示）。

从图 5.2 可看出，随着平飞速度增大，平飞所需拉力先减小，随后又增大。这是因为，平飞速度增大，其对应的迎角减小，在临界迎角到有利迎角的范围内，迎角减小，升阻比增大，则平飞所需拉力减小；在小于有利迎角的范围内，迎角减小，升阻比减小，则平飞所需拉力增大。以有利迎角平飞，升阻比最大，则平飞所需拉力最小。

飞机的平飞所需拉力实质上是飞机气动阻力（D）。飞机的气动阻力分为诱导阻力（$D_{诱导}$）和废阻力（$D_{废}$），即

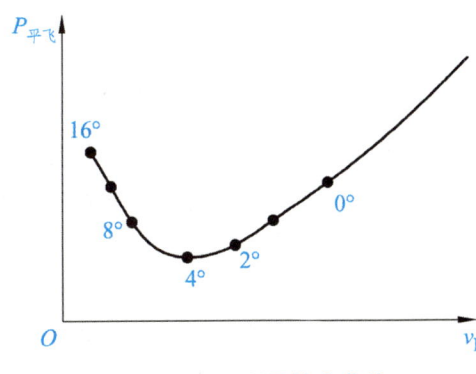

图 5.2 平飞所需拉力曲线

$$D = D_{废} + D_{诱导}$$

这样，飞机平飞所需拉力（平飞气动阻力）的变化，可以从废阻力和诱导阻力的变化来分析。

飞机的废阻力可以表示为

$$D_{废} = C_{D废} \cdot \frac{1}{2}\rho v^2 \cdot S \tag{5.4}$$

式中，$C_{D废}$ 为飞机的废阻力系数。

在式（5.4）中，飞机的废阻力系数 $C_{D废}$ 基本上不随迎角而变，当飞机在同一高度上平飞时，空气密度是不变的，机翼面积又是一定值，因此，飞机的废阻力的大小与飞行速度的平方成正比变化。即飞机平飞速度越大，废阻力也越大；飞机平飞速度越小，废阻力也越小。飞机废阻力随飞行速度的变化规律，如图 5.3 中的 $D_{废}$ 曲线所示（速度为指示空速 v_I）。

飞机的诱导阻力随飞行速度的改变可以表示为

$$D_{诱导} = C_{D诱导} \cdot \frac{1}{2}\rho v^2 \cdot S \tag{5.5}$$

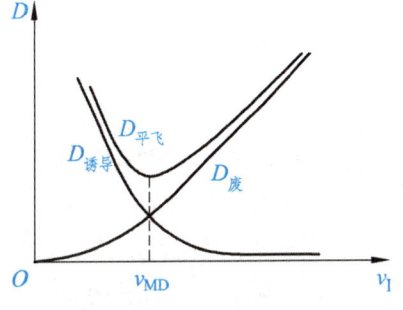

图 5.3 平飞阻力曲线

式中，$C_{D诱导}$ 为诱导阻力系数。

诱导阻力系数的大小与升力系数的平方成正比，与机翼的展弦比（λ）成反比，其计算公式为

$$C_{D诱导} = \frac{1}{\pi\lambda}C_L^2$$

平飞中

$$C_L = \frac{2W}{\rho v^2 S}$$

将上面两式代入式（5.5），整理后得

$$D_{诱导} = \frac{2W^2}{\pi\lambda\rho v^2 S} \tag{5.6}$$

从式（5.6）可看出，飞机诱导阻力的大小与平飞速度的平方成反比变化，即飞机的平飞速度越大，诱导阻力越小；飞机的平飞速度越小，诱导阻力越大。飞机诱导阻力随飞行速度的变化规律如图 5.3 中的 $D_{诱导}$ 曲线所示。

将同一飞行速度下的诱导阻力和废阻力相加，就得到了飞机的平飞气动阻力（平飞所需拉力）曲线，如图 5.3 中的 $D_{平飞}$ 曲线所示。

由此，飞机的平飞气动阻力（平飞所需拉力）随飞行速度的变化规律可以这样解释：在小速度平飞时，废阻力很小，飞机的气动阻力主要是诱导阻力，所以飞机气动阻力随飞行速度的增大而减小；在大速度平飞时，诱导阻力很小，飞机的气动阻力主要是废阻力，所以飞机的气动阻力随飞行速度的增大而增大；当飞机的诱导阻力与废阻力相等时，飞机的气动阻力最小，对应的速度就是飞机的最小阻力速度，对应的迎角为飞机的有利迎角。

2. 平飞所需功率

平飞中，需要一定的力克服阻力而对飞机做功。拉力在单位时间内所做的功就是平飞所需功率，以 $N_{平飞}$ 表示。

根据平飞所需功率的定义，其计算公式为

$$N_{平飞} = P_{平飞} \cdot v_{平飞} \tag{5.7}$$

从式（5.7）可看出，平飞所需功率的大小取决于平飞所需速度和平飞所需拉力的大小。

把平飞所需功率随平飞所需速度的变化规律用曲线表示出来，该曲线称为平飞所需功率曲线，如图 5.4 所示（速度以指示空速 v_I 表示）。

从图 5.4 可以看出，随着平飞速度增大，平飞所需功率先是减小，而后又增大。这是因为，从临界迎角对应的最小速度开始，随着平飞速度增大，起初，由于平飞所需拉力的急剧减小，平飞所需功率迅速减小，及至平飞速度增大到一定程度之后，随着平飞速度继续增大，虽然平飞所需拉力仍旧减小，但其减小的变化量小于速度增大的变化量，故平飞所需功率增大。当飞行速度大于最小阻力速度后，随着平飞速度增大，平飞所需拉力也增大，所以平飞所需功率显著增大。

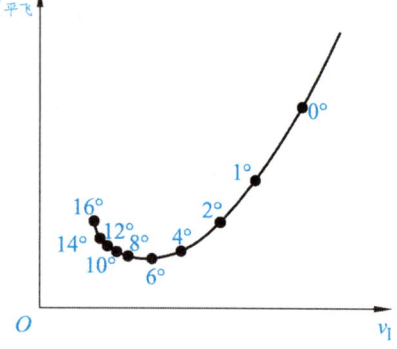

图 5.4　平飞所需功率曲线

3. 平飞拉力曲线和剩余拉力

把飞机的平飞所需拉力曲线和可用拉力曲线画在同一坐标系上，合称平飞拉力曲线，如图 5.5 所示（速度以指示空速 v_I 表示）。

剩余拉力是指同一速度下，飞机的可用拉力与平飞所需拉力之差，以 ΔP 表示，即

$$\Delta P = P_{可用} - P_{平飞}$$

由图 5.5 可看出，随飞行速度的增大，剩余拉力先增大后减小；同一油门下，最大剩余拉力（ΔP_{max}）对应平飞所需功率最小的速度。

4. 平飞功率曲线和剩余功率

把飞机的平飞所需功率曲线和可用功率曲线画在同一坐标系上，合称平飞功率曲线，如图 5.6 所示（速度以指示空速 v_I 表示）。

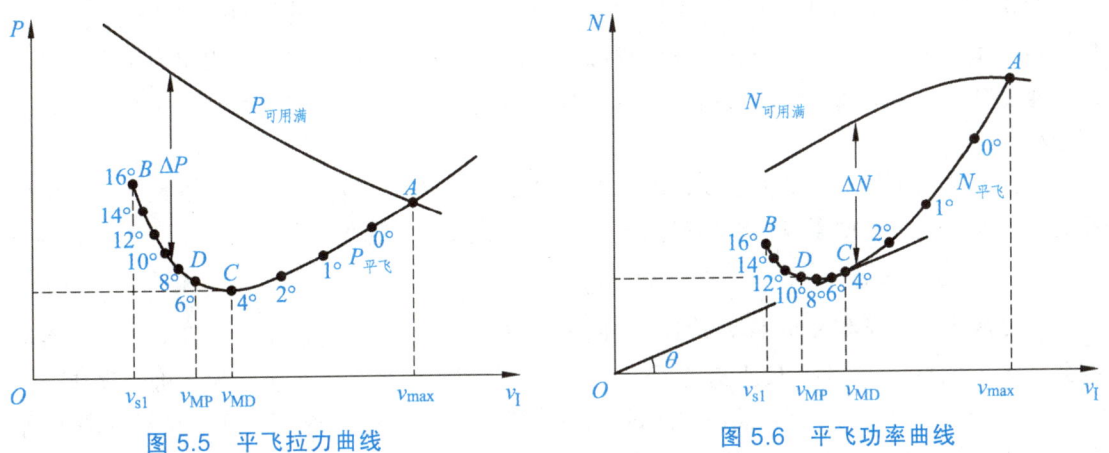

图 5.5　平飞拉力曲线　　　　　图 5.6　平飞功率曲线

剩余功率是指同一速度下，飞机的可用功率与平飞所需功率之差，以 ΔN 表示，即

$$\Delta N = N_{可用} - N_{平飞}$$

由图 5.6 可看出，随飞行速度的增大，剩余功率先增大后减小；同一油门下，最大剩余功率（ΔN_{max}）对应平飞所需拉力最小的速度。

5.1.4　飞机的平飞性能

平飞是飞机的主要飞行状态，平飞性能的好坏直接影响到飞机的总体性能。平飞性能主要包括平飞最大速度、平飞最小速度、最小阻力速度、最小功率速度、平飞速度范围。下面用平飞拉力曲线（见图 5.5）和平飞功率曲线（见图 5.6）来分析平飞性能。

1. 平飞性能参数

1）平飞最大速度

平飞最大速度是指飞机在满油门条件下保持平飞能达到的稳定飞行速度，以 v_{max} 表示。

由图 5.5 和图 5.6 可看出，在 A 点，满油门下的可用拉力（或可用功率）与所需拉力（或所需功率）相等，该点对应的速度就是平飞最大速度。

由于发动机不能长时间在最大功率状态下工作，所以也有将发动机在额定功率状态下工作，飞机能达到的稳定平飞速度，称为平飞最大速度。

用平飞最大速度（v_{max}）平飞时，飞机的阻力等于满油门的螺旋桨可用拉力（$P_{可用满}$），即

$$P_{可用满} = D = C_D \frac{1}{2} \rho v_{max}^2 S$$

由此可得

$$v_{max} = \sqrt{\frac{2P_{可用满}}{C_D \rho S}} \tag{5.8}$$

上式表明，影响飞机平飞最大速度的因素为：满油门时螺旋桨的可用拉力（$P_{可用满}$）、飞机的阻力系数（C_D）、空气密度（ρ）和机翼面积（S）。可见满油门的可用拉力越大，平飞最大速度越大；阻力系数、机翼面积、空气密度中任何一个因素增大，都会引起平飞最大速度减小。

上面方法确定的平飞最大速度是理论上飞机能达到的平飞最大速度，并不是飞机实际使用的最大使用速度，由于飞机结构强度等的限制，最大使用速度比平飞最大速度要小。

2）平飞最小速度

平飞最小速度是指飞机平飞所能保持的最小稳定速度，以 v_{min} 表示。在发动机功率足够的条件下（低高度），平飞最小速度受最大升力系数限制，平飞最小速度为飞机的失速速度（v_{s1}），如图 5.5 和图 5.6 中 B 点所对应的速度。在发动机功率不够的条件下（接近升限），平飞最小速度大于失速速度，如图 5.7 中 B 点所对应的速度。

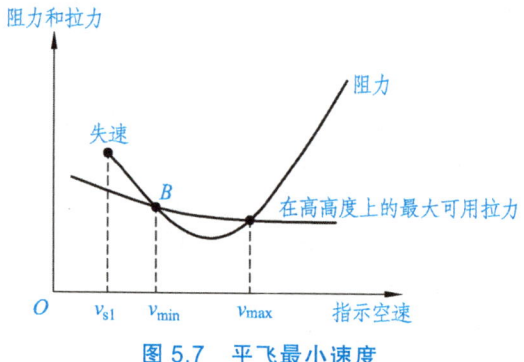

图 5.7　平飞最小速度

实际飞行中，当飞机接近临界迎角飞行时，由于流过机翼的气流严重分离，飞机会出现抖动，此时的速度为抖杆速度，飞机以此速度飞行不仅容易失速，而且飞机的稳定性和操纵性都很差，因此以失速速度或抖杆速度保持稳定飞行是不安全的。为了保证飞行安全，对迎角使用要留有余量，平飞最小使用速度要比失速速度大，一般 $v_{min使用} = (1.1 \sim 1.25) v_{min}$。

3）最小阻力速度

最小阻力速度是指平飞所需拉力最小的飞行速度，以 v_{MD} 表示。以有利迎角飞行，飞机的升阻比最大，平飞所需拉力最小，以有利迎角飞行对应的速度就是最小阻力速度。如图 5.5 和图 5.6 中 C 点所对应的速度。

图 5.6 中 C 点为从原点所引平飞所需功率曲线的切点，该点对应的平飞所需拉力最小。证明如下

$$\tan\theta = N_{平飞}/v_{平飞} = (P_{平飞} \cdot v_{平飞})/v_{平飞} = P_{平飞}$$

因为切点对应的 θ 角最小，则平飞所需拉力最小，所以切点对应的速度为 v_{MD}。

螺旋桨飞机以 v_{MD} 平飞，航程较长。

4）最小功率速度

最小功率速度是指平飞所需功率最小的速度，以 v_{MP} 表示。如图 5.5 和图 5.6 中 D 点所对应的速度。图 5.5 中 D 点为可用拉力曲线与平飞所需拉力曲线相切时的切点。

螺旋桨飞机以 v_{MP} 平飞，所需的发动机功率最小，比较省油，航时较长。

5）平飞速度范围

从平飞最大速度到平飞最小速度，称为平飞速度范围。理论上，在此范围内用任一速度均可保持平飞。但实际飞行中使用的平飞速度范围要小些。飞机平飞速度范围越大，说明飞机平飞性能越好。

螺旋桨飞机将平飞最大速度到最小功率速度称为平飞第一速度范围（正操纵区）；将平飞最小速度到最小功率速度称为平飞第二速度范围（反操纵区）。实际飞行中不允许在第二速度范围内平飞，这样实际的使用范围为平飞第一速度范围，最小功率速度就是平飞最小允许速度。

2. 平飞性能的变化

1）平飞最大速度的变化

（1）平飞最大速度随飞行高度的变化。随飞行高度增高，飞机以同一指示空速飞行时，飞机的动压和阻力系数不变，飞机的平飞所需拉力不变，即以指示空速为横坐标的平飞所需拉力曲线不随高度变化；但随飞行高度增高，发动机有效功率降低，可用拉力减小。这样，随飞行高度的增加，平飞最大指示空速将减小，平飞最大真速也将减小，如图 5.8 所示。

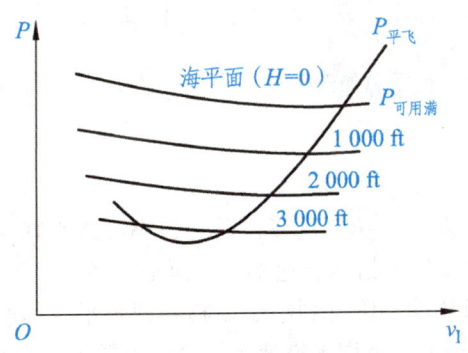

图 5.8 飞行高度对平飞最大速度的影响

图 5.9 给出了随飞行高度的增高平飞所需功率和平飞可用功率的变化。随飞行高度的增高，同一指示空速的真速增大，使平飞所需功率增大；而飞行高度增高，发动机的有效功率

降低，使平飞可用功率减小，这样平飞最大指示空速和最大真速随飞行高度增高而减小，如图 5.10 所示。

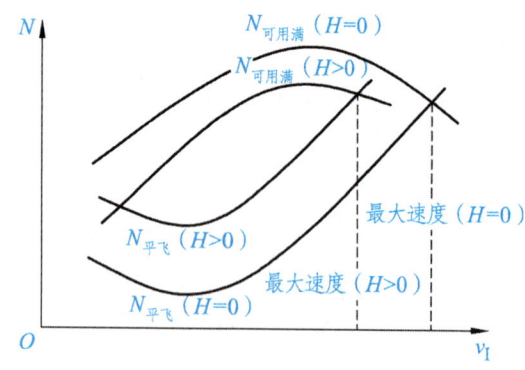

图 5.9　飞行高度对平飞最大速度的影响（功率曲线）

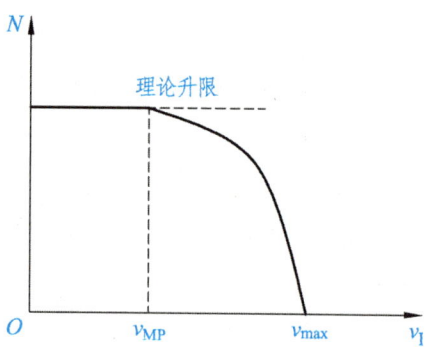

图 5.10　平飞最大速度随飞行高度的变化

（2）平飞最大速度随飞行重量的变化。飞行重量增大，可用拉力和可用功率不变，而平飞所需拉力和所需功率将增大，这样，随飞行重量的增大，平飞最大指示空速和真速将减小，如图 5.11 所示。

（3）平飞最大速度随气温的变化。气温变化将引起空气密度发生变化，从而导致发动机功率发生变化。气温增高，空气密度降低，发动机功率减小，可用拉力和可用功率减小，导致平飞最大速度减小，如图 5.12 所示。

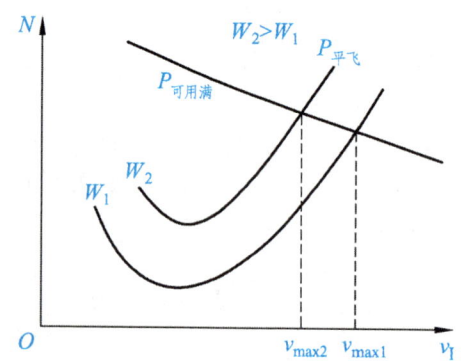

图 5.11　平飞最大速度随飞行重量的变化（拉力曲线）

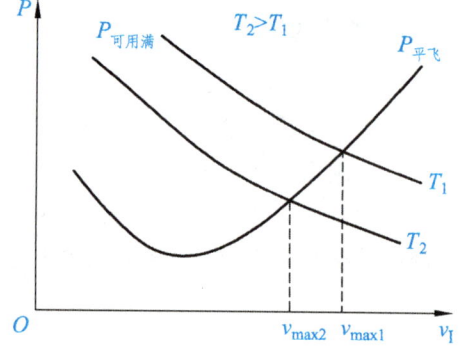

图 5.12　平飞最大速度随气温的变化（拉力曲线）

2）平飞最小速度随高度的变化

在低飞行高度飞行时，发动机功率足够，平飞最小速度受临界迎角限制，故随飞行高度增高，对应于临界迎角的平飞最小指示空速不变，而平飞最小真速增大；在接近升限飞行时，由于满油门的可用拉力和可用功率降低到小于以临界迎角平飞的所需拉力和所需功率之下，因此，随飞行高度的增高，平飞最小指示空速将增大，而平飞最小真速则增大更多，如图 5.13 所示。

3）飞行包线

飞机的平飞速度范围随飞行高度变化的曲线称为飞行包线，如图 5.14 所示。从飞行包线上可以看出，随飞行高度的增高，飞机的平飞速度范围逐渐缩小，当达到一定高度（理论升限）时，飞机只能以一个速度（最小功率速度）平飞。在实际飞行中，考虑到飞机强度、稳定性、操纵性等的影响，实际使用的飞行包线比理论飞行包线要小些。

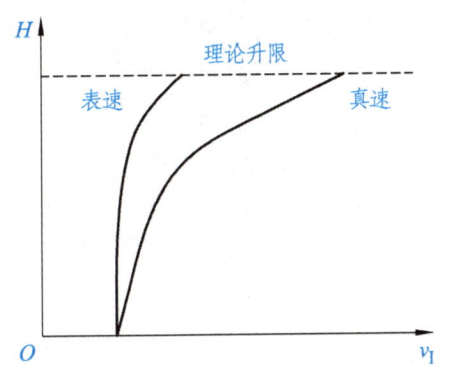

图 5.13 平飞最小速度随飞行高度的变化

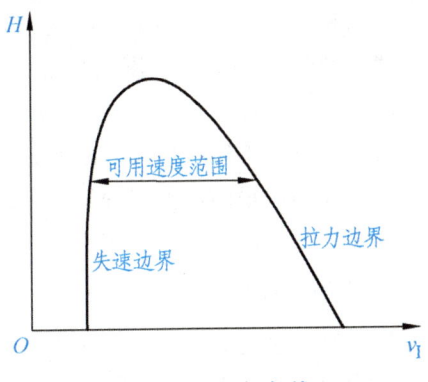

图 5.14 飞行包线

5.1.5 飞机平飞改变速度的原理

前面分析和讨论了飞机的飞行性能及其变化。下面我们由平飞时的平衡条件，结合平飞拉力曲线，讨论飞机平飞增减速的原理。从理论上讲，从平飞最小速度到平飞最大速度各点上都可以实现平飞。如图 5.15 所示平飞拉力曲线，曲线上的每一点都对应一个迎角和速度，为保持需要的迎角和速度，飞行员应前后操纵驾驶杆偏转升降舵，同时还操纵油门调整发动机功率，使可用拉力与所需拉力相等。

我们分第一速度范围和第二速度范围进行讨论。

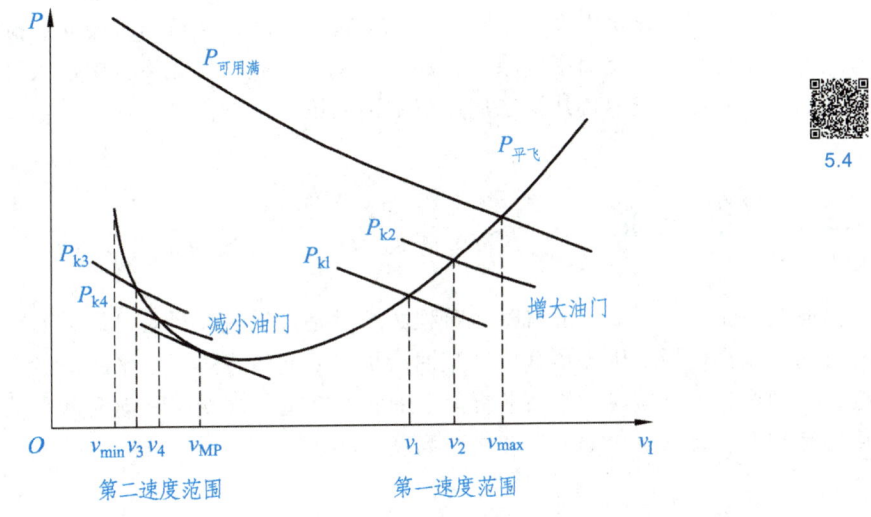

图 5.15 飞机的平飞拉力曲线

1. 在第一速度范围内

设飞机以速度 v_1 平飞时，所对应的迎角为 α_1，油门为 P_{k1}，此时飞机的升力 L 等于重力 W，拉力 P_1 等于阻力 D_1。若要增大速度到 v_2，必须加大油门（由 P_{k1} 增大到 P_{k2}）使可用拉力大于阻力，让飞机获得加速度而开始加速，随着飞机速度增大，飞机的升力也增大，这会引起飞机高度的增加。为保持高度不变，在速度增大的同时应相应地向前推驾驶杆减小迎角（由 α_1 减小到 α_2），使升力始终等于重力，保持高度不变。在第一速度范围，顶杆减小迎角，速度增大时，剩余拉力 ΔP 不断减小，速度增大到 v_2 时，剩余拉力为零，可用拉力 P_2 等于阻力 D_2，飞机就以迎角 α_2 对应的速度 v_2 稳定飞行。反之，要减小平飞速度，就应减小油门，同时相应地向后拉杆增大迎角如图 5.15 所示。

由此可见，飞机在平飞时改变速度的操纵方法是：要增大平飞速度，先增大油门，并随速度的增大相应地向前推驾驶杆；要减小平飞速度，则先减小油门，并随速度的减小相应地向后拉驾驶杆。此外，对于螺旋桨飞机还必须修正因加减油门而引起的螺旋桨副作用。

2. 在第二速度范围内

当飞机以速度 v_3 平飞时，迎角和油门都调到了与速度 v_3 所对应的位置上，飞机的升力 L 等于重力 W，拉力 P_3 等于阻力 D_3。若要增大速度到 v_4，必须加大油门使飞机增速，随飞机速度增大，相应的向前推驾驶杆减小迎角，使升力始终等于重力，保持高度不变。在第二速度范围，速度增大所需拉力减小，所以当速度增大到 v_4 时，还要将油门收小到与速度 v_4 相对应的位置。要从速度 v_3 减速，飞行员先减小油门，同时向后拉驾驶杆，但当速度减小到预定速度时，还要将油门加大到较大的位置。

由此可见，在第二速度范围改变速度的操纵规律与在第一速度范围改变速度的操纵规律是相反的，且与人的正常操作习惯相反，这不利于飞行安全。此外，在第二速度范围飞行，不仅速度小，飞机的稳定性和操纵性差，易失速，而且速度也不易稳定。例如飞机偶尔受到扰动（如阵风）以至速度增大时，飞机将转入上升，飞行员为了保持高度常会向前推杆来制止，但其结果是飞机迎角减小，平飞所需拉力减小，出现剩余拉力，飞机继续增速。相反，如飞机偶尔受扰动以至速度减小时，飞机会转入下降，飞行员常会向后拉杆制止，其结果是速度不仅不易恢复，反而继续减小，甚至失速。因此，如在飞行中误入第二速度范围，应立即加油推杆，使飞机尽快从第二速度范围进入第一速度范围。

5.2 巡航性能

巡航性能主要指飞机的航时和航程。航时是指飞机耗尽其可用燃油在空中所能持续飞行的时间。航程是指飞机耗尽其可用燃油沿预定方向所飞过的水平距离。平飞阶段的航时和航程，分别称为平飞航时和平飞航程。下面我们在分析飞机平飞航时和平飞航程随飞行条件变化的基础上，着重讨论如何选择飞行高度和飞行速度。

5.2.1 平飞航时

1. 小时燃油消耗量

小时燃油消耗量是指飞机空中飞行 1 h 发动机所消耗的燃油量，以 q_h 表示，单位为 kg/h、L/h、lb/h 或 gal/h。小时燃油消耗量越小则平飞航时越长。

每马力有效功率（N_e）1 小时所消耗的燃油量，称为发动机的燃油消耗率，以 sfc 表示。单位为 kg/(hp·h)、L/(hp·h) 或 gal/(hp·h)。所以，小时燃油消耗量为发动机有效功率与燃油消耗率的乘积，即

$$q_h = N_e \cdot sfc$$

平飞时

$$N_e = N_{桨}/\eta$$
$$N_{平飞} = N_{桨} \tag{5.9}$$

式中，$N_{桨}$ 为螺旋桨有效功率；η 为螺旋桨效率。

这样可得

$$q_h = N_{平飞} \cdot \frac{sfc}{\eta} \tag{5.10}$$

从式（5.10）可以看出，飞机的小时燃油消耗量取决于发动机燃油消耗率、螺旋桨效率和平飞所需功率。

2. 飞行条件改变对平飞航时的影响

1）发动机转速

发动机转速变化将导致发动机燃油消耗率和螺旋桨效率发生变化，从而引起小时燃油消耗量发生变化。对于活塞式发动机，相同的发动机有效功率可以用不同的转速配合不同的进气压力获得，但其燃油消耗率却不一样，只有一个特定转速并配合以相应的进气压力，才能使燃油消耗率最小。螺旋桨的高效率一般在额定功率下，用大速度平飞时才能获得。当燃油消耗率最小时，螺旋桨效率并不一定最高；而螺旋桨效率最高时，发动机的燃油消耗率并不一定最小。为了减小小时燃油消耗量，增长平飞航时，应根据既能获得高的螺旋桨效率，又能得到小的燃油消耗率的原则来选择发动机转速。飞机制造公司一般都提供专门的巡航功率设置表，以便于飞行员选择发动机转速和进气压力。

2）飞行速度

飞机在同一高度上以不同的速度平飞，由于平飞所需功率不同使小时燃油消耗量不同，因而平飞航时也不同。能获得平飞航时最长的速度称为久航速度。

活塞式螺旋桨飞机如不考虑速度对燃油消耗率和螺旋桨效率的影响，以最小功率速度平飞，平飞航时最长。但考虑到速度对燃油消耗率和螺旋桨效率的影响，情况不同。活塞式发动机燃油消耗率最小的功率一般为额定功率的 40%～70%，以最小功率速度平飞燃油消耗率不是最小；同时能获得最高螺旋桨效率的速度也比最小功率速度大。因此用比最小功率速度稍大些的速度平飞，虽然平飞所需功率有所增大，但由于螺旋桨效率的提高和发动机燃油消耗率的降低，小时燃油消耗量可略为减小，即可得到最小的小时燃油消耗量。活塞式螺旋桨飞机的久航速度稍大于最小功率速度。

3）飞行高度

不同飞行高度，飞机的小时燃油消耗量不同，飞机的平飞航时也不同。能获得最长平飞航时的飞行高度称为久航高度。

对于活塞式螺旋桨飞机，飞行高度增高，螺旋桨效率变化不大，而发动机燃油消耗率增大，同一指示空速的平飞所需功率增大，使小时燃油消耗量增大，平飞航时缩短。因此，活塞式螺旋桨飞机以相同的指示空速飞行，高度越低，小时燃油消耗量越小，平飞航时越长，平飞航时最长只有在低空飞行才能得到。

4）飞行重量

飞行重量变化将引起平飞所需功率的变化，使小时燃油消耗量发生变化，导致平飞航时变化。若飞行重量的增大是因载重的增大引起的，由于平飞所需功率的增大，小时燃油消耗量增大，平飞航时缩短；若飞行重量的增大是因载油量的增大引起的，虽然由于平飞所需功率的增大使小时燃油消耗量增大，但由于燃油量的增加使平飞航时增长。

5.2.2 平飞航程

1. 千米（或海里）燃油消耗量

飞机相对地面飞行 1 千米（或海里）所消耗的燃油量，称为千米（或海里）燃油消耗量，以 q_{km}（q_{ks}）表示，单位为 kg/km、gal/n mile、lb/n mile。千米（或海里）燃油消耗量越小则平飞航程越长。

在无风条件下，飞行速度就是飞机飞行 1 h 相对地面飞行的距离，于是可得

$$q_{km} = \frac{q_h}{v}$$

将式（5.10）代入上式得

$$q_{km} = \frac{N_{平飞}}{v} \cdot \frac{sfc}{\eta} = P_{平飞} \cdot \frac{sfc}{\eta} \tag{5.11}$$

从式（5.11）可看出，飞机的千米（或海里）燃油消耗量取决于平飞所需拉力、发动机油消耗率和螺旋桨效率。

2. 飞行条件改变对平飞航程的影响

飞行条件改变会引起发动机燃油消耗率、螺旋桨效率、平飞所需拉力等发生变化，使千米（或海里）燃油消耗量发生变化。由于飞行重量、发动机转速和螺旋桨效率对平飞航程的影响与其对平飞航时的相同，所以下面着重分析飞行速度、飞行高度和风对平飞航程的影响。

1）飞行速度

以最小阻力速度飞行，平飞所需拉力最小，若不考虑发动机燃油消耗率和螺旋桨效率的影响，以最小阻力速度飞行，千米（或海里）燃油消耗量最小，平飞航程最长。活塞式螺旋桨飞机，以最小阻力速度飞行，不仅所需的发动机有效功率低于燃油消耗率最小的功率，其燃油消耗率也不是最小，且螺旋桨效率也不是最高，即 sfc/η 较大，千米（或海里）燃油消

耗量不是最小。若用比最小阻力速度稍大些的速度飞行，可以使 sfc/η 减小，而平飞所需拉力增大不多，这样可以使千米（或海里）燃油消耗量最小，平飞航程最长。我们把能获得千米（或海里）燃油消耗量最小，平飞航程最长的速度称为远航速度，远航速度稍大于最小阻力速度。

2）飞行高度

飞行高度增高，以同一指示空速平飞的平飞所需拉力不变，因此飞行高度增高，千米（或海里）燃油消耗量的变化，取决于发动机燃油消耗率和螺旋桨效率的变化。在低高度以远航速度飞行，动力装置提供的可用功率大于所需的功率，需要调整发动机的功率，这样将提供一个效率较低的发动机功率，使发动机燃油消耗率增大，导致千米（或海里）燃油消耗量增大，平飞航程缩短。在高高度飞行，高度增高，使千米（或海里）燃油消耗量增大，平飞航程缩短。如图 5.16 所示，随飞行高度增高，远航速度所需的功率增大，发动机可用的功率减小，当飞行高度增到某一高度，可用功率与所需功率相等，以这个高度飞行可以使千米（或海里）燃油消耗量最小，平飞航程最远。这个能获得最远平飞航程的高度称为远航高度。

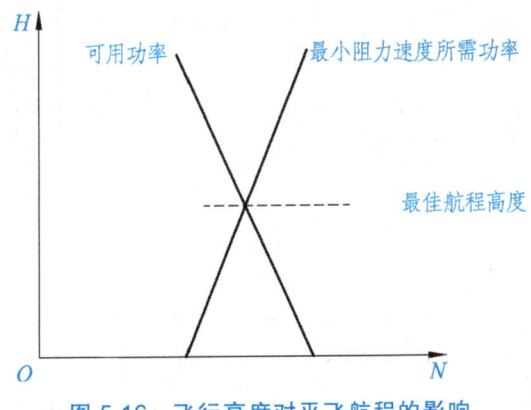

图 5.16　飞行高度对平飞航程的影响

3）风

风速、风向将影响飞机的地速，从而影响飞机的平飞航程。对于顺、逆风平飞，可以用下面式子计算飞机的千米（或海里）燃油消耗量：

$$q_{km风} = \frac{q_h}{v \pm u} = \frac{q_{km}}{1 \pm u/v} \qquad (5.12)$$

式中，u 为风速，顺风取"＋"号，逆风取"－"号。

从式（5.12）可以看出，在保持同一空速的情况下，顺风飞行，地速增大，千米（或海里）燃油消耗量减小平飞航程增长；逆风飞行则相反。

顺、逆风飞行对航程的影响不仅决定于风速，而且还与空速有关。当风速一定时，顺风飞行，如空速减小，可以使千米（或海里）燃油消耗量减小，增大平飞航程；逆风飞行时，如空速增大，可以使千米（或海里）燃油消耗量减小，增大平飞航程。因此，顺风飞行时可以适当减小空速以增大平飞航程，逆风飞行时可以适当增大空速以增大平飞航程。

5.2.3 巡航性能图表

巡航性能图表给出了飞机巡航时的巡航功率设置、燃油消耗量、平飞真速等，见表 5.1。根据飞行条件和巡航性能一般可以确定出相关的巡航性能参数值。下面举例介绍使用方法。

表 5.1 巡航性能图表

巡航功率设置-2400RPM
65% 最大功率（或满油门）-2 600 lb

压力高度（ft）	ISA-20℃			ISA			ISA+20℃		
	进气压力（inHg）	燃油流量（PPH）	真空速（kt）	进气压力（inHg）	燃油流量（PPH）	真空速（kt）	进气压力（inHg）	燃油流量（PPH）	真空速（kt）
0	22.3	54	116	22.9	54	118	23.5	54	120
1 000	22.0	54	117	22.6	54	119	23.2	54	121
2 000	21.7	54	118	22.3	54	120	23.0	54	122
3 000	21.4	54	119	22.1	54	121	22.7	54	123
4 000	21.1	54	119	21.8	54	122	22.4	54	124
5 000	20.9	54	120	21.5	54	123	22.2	54	125
6 000	20.7	54	121	21.3	54	124	22.0	54	126
7 000	20.5	54	122	21.1	54	125	21.7	54	126
8 000	20.3	54	123	20.9	54	125	21.5	54	127
9 000	20.1	54	124	20.7	54	126	21.3	54	127
10 000	19.9	54	125	20.5	54	127	*20.8*	*53*	*127*
11 000	19.6	54	125	*20.1*	*53*	*128*	*20.1*	*52*	*126*
12 000	19.3	54	125	*19.3*	*52*	*126*	*19.3*	*51*	*123*
13 000	*18.6*	*52*	*124*	*18.6*	*51*	*123*	*18.4*	*49*	*120*
14 000	*17.9*	*51*	*121*	*17.9*	*50*	*120*	*17.2*	*48*	*117*

注：1. 斜体字区域为满油门操纵；
　　2. 满油门的设置为近似值。

飞行条件：

　　气压高度……………………………………8 000 ft

　　气温…………………………………………ISA-20°C

　　功率…………………………………………2 400 r/min、65% 最大巡航功率

　　重量…………………………………………2 600 lb

使用方法：

① 根据气温为 ISA-20°C 找到其对应的一栏（如表中 1 所示）；

② 根据气压高度为 8 000 ft 找到其对应的一行（如表中 2 所示）；

③ 从 ISA-20°C 一栏和 8 000 ft 一行相交对应行得：

　　进气压力……………20.3 inHg（如表中 3 所示）

　　燃油消耗量…………54 lb/h 或 9.0 gal/h 时（如表中 4 所示）

　　真速…………………123 kt（如表中 5 所示）

5.5

5.3 上　升

飞机沿倾斜向上的轨迹做等速直线的飞行叫作上升。上升是飞机取得高度的基本方法。

5.3.1 飞机上升的作用力

飞机上升所受的作用力有升力（L）、阻力（D）、拉力（P）和重力（W）。上升时重力与飞行轨迹不垂直，为便于分析问题，把重力分解为垂直于飞行轨迹的分力（重力第一分力W_1）和平行于飞行轨迹的分力（重力第二分力W_2），如图5.17所示。

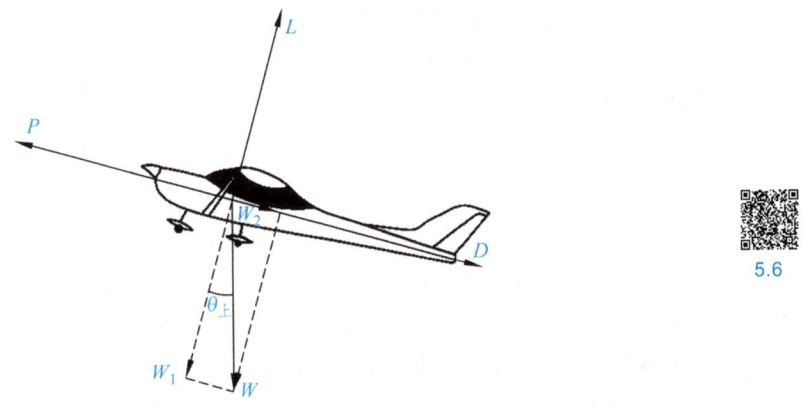

图 5.17　飞机上升时的作用力

上升时，飞机各力矩平衡，作用于飞机上的各力均通过重心，且作用于飞机上的各力也平衡，即

$$\begin{cases} P = D + W_2 = D + W\sin\theta_上 \\ L = W_1 = W\cos\theta_上 \end{cases} \quad (5.13)$$

式（5.13）称为飞机上升的运动方程或上升条件。其中任何一个条件不满足，飞机都不能做等速直线上升。从式（5.13）可以看出，同速度上升时，飞机所需的拉力大于飞机的气动阻力，飞机上升所需的升力小于飞机的重力。

由 $L = W\cos\theta_上$ 可以得

$$v_上 = \sqrt{\frac{2W}{C_L \rho S}} \cdot \sqrt{\cos\theta_上} = v_{平飞}\sqrt{\cos\theta_上}$$

即相同重量下，以同迎角飞行的 $v_上$ 小于 $v_{平飞}$，但由于 $\theta_上$ 较小，$\cos\theta_上 \approx 1$，可以认为 $v_上 = v_{平飞}$。这样可以用平飞拉力（或功率）曲线来分析上升性能。

5.3.2 上升性能

1. 上升角和陡升速度

1）上升角和上升梯度

上升角是飞机上升轨迹与水平面之间的夹角，以 $\theta_上$ 表示，如图5.18所示。上升角大则说明通过同样的水平距离，飞机上升的高度高，飞机的越障能力强。

上升梯度是飞机上升高度与前进的水平距离之比，等于上升角的正切（$\tan\theta_上$）。由式

（5.13）中 $P = D + W\sin\theta_上$，得

$$\sin\theta_上 = \frac{P-D}{W} = \frac{\Delta P}{W} \quad (5.14)$$

上升角不大时，$\sin\theta_上 \approx \tan\theta_上$，于是

$$\tan\theta_上 = \frac{P-D}{W} = \frac{\Delta P}{W} \quad (5.15)$$

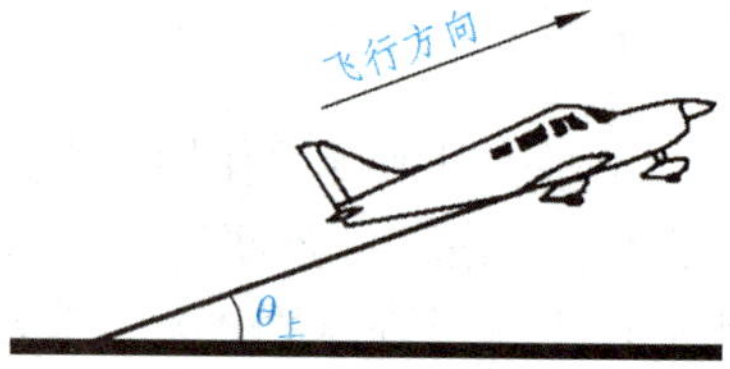

图 5.18 飞机的上升角

从式（5.14）和式（5.15）可以看出，飞机的剩余拉力越大，重量越轻，则飞机的上升角和上升梯度越大。

2）陡升速度

能获得最大上升角和最大上升梯度的速度称为陡升速度，以 $v_{陡升}$ 或 v_x 表示。

在飞行重量不变的条件下，飞机的上升角和上升梯度决定于剩余拉力的大小。而剩余拉力的大小决定于油门的大小和飞行速度的大小。同一指示空速下，油门越大则剩余拉力越大，上升角和上升梯度越大。在油门一定时，速度不同则剩余拉力不同，螺旋桨飞机以最小功率速度飞行，剩余拉力最大。即加满油门时，以最小功率速度上升，飞机的剩余拉力最大，飞机的上升角和上升梯度最大。所以，螺旋桨飞机的陡升速度为最小功率速度。

3）影响上升角和上升梯度的主要因素

（1）飞行重量。飞行重量变化会引起飞机阻力变化，导致剩余拉力变化，从而影响上升角和上升梯度的大小。飞行重量增大则阻力增大，剩余拉力减小，使上升角和上升梯度减小；相反，飞行重量减轻，则使上升角和上升梯度增大。所以，当起飞上升的上升梯度要求高，而飞机的上升梯度满足不了要求时，应减轻重量以达到要求。

（2）飞行高度。以同一指示空速上升，飞机的阻力不变，但随着高度增加，发动机的有效功率降低使可用拉力减小，导致剩余拉力减小，上升角和上升梯度减小。当飞机上升到一定高度时，剩余拉力会减小到零，飞机的上升角和上升梯度也减小到零。

（3）气温。气温增高，发动机的有效功率减小，飞机的剩余拉力减小，导致飞机的上升角和上升梯度减小。相反，气温降低，使飞机的上升角和上升梯度增大。

2. 上升率和快升速度

1）上升率

上升率是指飞机上升中单位时间所上升的高度，以 $v_{y上}$ 表示（见图 5.19），单位为 m/s、ft/min。飞机的上升率大，说明飞机上升到同一高度的时间短，飞机的上升性能好。

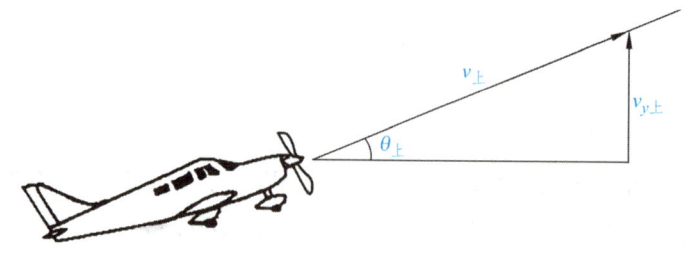

图 5.19 上升率、上升角、上升速度

由上升率与上升角、上升速度的关系得

$$v_{y上} = v_上 \cdot \sin\theta_上$$

将 $\sin\theta_上 = \dfrac{\Delta P}{W}$ 代入上式得

$$v_{y上} = v_上 \cdot \frac{\Delta P}{W} = \frac{\Delta N}{W} \tag{5.16}$$

从式（5.16）可以看出，飞机的剩余功率越大，飞行重量越轻，飞机的上升率越大。

2）快升速度

快升速度是指能获得最大上升率的速度，以 $v_{快升}$ 或 v_y 表示。

在飞行重量一定的条件下，上升率取决于剩余功率的大小。油门越大，剩余功率越大，上升率越大。在油门一定时，剩余功率随速度变化而变化，低高度飞行，螺旋桨飞机以最小阻力速度上升，剩余功率最大，上升率最大，即螺旋桨飞机的快升速度为最小阻力速度。

3）上升率和快升速度的主要影响因素

（1）飞行重量。飞行重量增大则上升所需功率增大，剩余功率减小，飞机的上升率降低。相反，飞行重量减轻则上升率增大。

（2）飞行高度。飞行高度增加，因为空气密度的降低使发动机有效功率降低，可用功率降低；而飞机同一指示空速下的所需功率因真速的增大而增大，导致剩余功率随高度增大而减小，上升率减小，如图5.20所示。

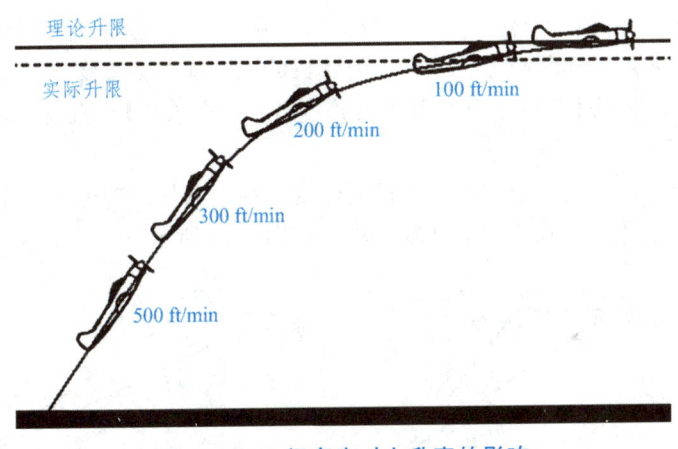

图 5.20　飞行高度对上升率的影响

与此同时，最大剩余功率对应的速度逐渐靠向最小功率速度，快升指示空速随高度增加而减小。

这是因为所需功率等于所需拉力与真速的乘积，当保持同一指示空速上升时，所需拉力虽然不变，但真速增大，所需功率增大。飞行高度升高，指示空速越大，则真速与指示空速的差值也越大。因此，飞行高度升高，大指示空速时的所需功率增加得较多。

与此同时，由于高度升高，螺旋桨的可用拉力不仅随空气密度的减小而减小，同时也随真速的增大而减小。在大指示空速时，真速比所对应的指示空速大得多，所以可用拉力也降低得较多，大指示空速时的可用功率减小得较多。

这样，随着飞行高度的升高，在大指示空速较大的情况下，可用功率降低得较多，而所需功率又增加得较多，这时剩余功率势必迅速减小。因此，最大剩余功率要在较小的指示空速时才能获得。也就是说，快升指示空速是随着飞行高度的升高而逐渐减小的。

当飞机上升到一定高度时，剩余功率减小到零，最大上升率减小到零，快升指示空速减小到最小功率速度。

（3）气温。气温增高，发动机有效功率降低，上升所需功率增大，剩余功率减小，上升率减小。相反，气温降低，上升率增大。

3. 上升时间和升限

随飞行高度增高，飞机上升到一定高度，上升率会减小到零，这时飞机不可能继续上升。最大上升率等于零的高度称为理论升限。在理论升限，飞机只能以最小功率速度平飞。

飞机的上升时间为上升到预定高度所需的最短时间。

由于高度增高，上升率减小，上升单位高度的时间越长，越接近理论升限，上升率越小，飞机上升越缓慢，理论升限上的最大上升率为零，则飞机上升到理论升限的时间趋于无穷大。这就是说，实际上飞机是不可能稳定上升到理论升限的。为此，实用中规定，螺旋桨飞机以最大上升率为 100 ft/min 对应的高度为实用升限；而高速喷气式飞机则以最大上升率为 500 ft/min 对应的高度为实用升限。

重量增大，飞机的升限将会降低。

4. 风对上升性能的影响

有风的情况下，飞机除了与空气相对运动外，还随空气一起相对地面移动。此时，飞机的上升率、空速、迎角、仰角与无风一样，但飞机的地速却发生了变化，飞机相对地面的上升轨迹发生了变化。顺风上升，上升角和上升梯度减小；逆风上升，上升角和上升梯度增大，如图 5.21 所示。

在垂直气流中上升，上升角和上升率都要改变。在上升气流中上升，上升角和上升率增大；在下降气流中上升，上升角和上升率减小，如图 5.21 所示。

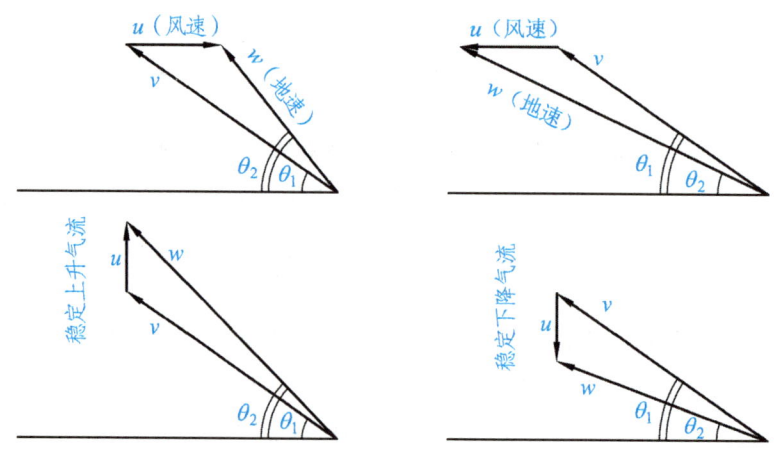

图 5.21　顺、逆风，上升、下降气流对上升性能的影响

5. 上升性能图表

上升性能图表形式见表 5.2。根据分析条件，从上升性能图表可以确定出飞机从机场起飞上升到巡航高度所需的时间、燃油量、前进距离等。下面举例介绍使用方法。

飞行条件：

巡航高度 ·· 8 000 ft
机场高度 ·· 2 000 ft
襟翼 ·· 收上
功率 ·· 满油门
气温 ·· 标准
重量 ·· 1 670 lb

5.8

表 5.2 上升性能图表

上升时间、耗油、距离

最大上升率

条件：❶
襟翼收上
满油门
标准气温

注意：❹
1. 开车、滑行、起飞另加 0.80 Usgal 燃油；
2. 每高于标准气温 10°C，时间、燃油、距离增加 10%；
3. 距离是基于无风条件。

重量 (lb)	压力高度 (ft)	温度 (°C)	上升速度 (KIAS)	上升率 (ft/min)	从 海 平 面		
					时间 (min)	耗油 (gal)	距离 (mile)
1 670	SL	15	67	715	0	0	0 ❸
	1 000	13	66	675	1	0.2	2
	2 000	11	66	630	3	0.4	3
	3 000	9	65	590	5	0.7	5
	4 000	7	65	550	6	0.9	7
	5 000	5	64	505	8	1.2	9 ❷
	6 000	3	63	465	10	1.4	12
	7 000	1	63	425	13	1.7	14
	8000	1	62	380	15	2.0	17

使用步骤：

（1）检查图表上的条件（如表中 1 所示）；

（2）读出巡航高度在 8 000 ft 时的时间、燃油量、前进距离（如表中 2 所示）；
　　时间：15 min，燃油量：2.0 gal，前进距离：17 mile；

（3）读出检查高度 2 000 ft 的时间、燃油量、前进距离（如表中 3 所示）；
　　时间：3 min，燃油量：0.4 gal，前进距离：3 mile

（4）用 8 000 ft 的时间、燃油量、前进距离分别减 2 000 ft 的时间、燃油量、前进距离，得到上升时间、上升燃油量、上升距离；

上升时间：15 – 3 = 12（min）

上升燃油量：2.0 – 0.4 = 1.6（gal）

上升距离：17 – 3 = 14（mile）

（5）由表上注意事项得：增加 0.8 gal 燃油用于发动机试车、滑行和起飞滑跑（如表中 4 所示）；

（6）最后得到从 2 000 ft 上升到 8 000 ft 的时间、燃油量、上升距离。

上升时间：12 min

上升燃油量：1.6 + 0.8 = 2.4（gal）

上升距离：14 mile

5.3.3 飞机上升的操纵原理

1. 上升的两个速度范围

飞机上升时，必须有剩余拉力。剩余拉力不同则上升角不同，剩余拉力最大则上升角最大。满油门时，最小功率速度（v_{MP}）对应的剩余拉力最大。

由图 5.22 可知，在速度大于最小功率速度到平飞最大速度范围内，飞行员拉杆，迎角增大，速度减小，剩余拉力增大，上升角增大；当速度减小到最小功率速度时，剩余拉力和上升角最大。继续拉杆，迎角增大，速度减小，但剩余拉力减小，上升角减小；当迎角增大到临界迎角时，飞机失速。

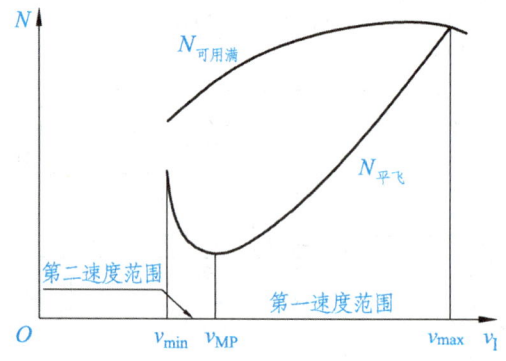

图 5.22 飞机上升的两个速度范围

以上分析可知，当速度大于最小功率速度时，飞行员拉杆，上升角增大，这与人的正常操纵习惯是一致的；而当速度小于最小功率速度时，飞行员拉杆，上升角最终却是减小的，这与人的正常操纵习惯是不一致的。因此，以最小功率速度为界，最小功率速度到平飞最大速度称为上升第一速度范围；最小功率速度到平飞最小速度称为上升第二速度范围。

在上升第二速度范围，不仅操纵与飞行员的正常操纵习惯不一致，而且由于速度小，飞机的稳定性和操纵性差，飞行不安全，所以一般都不用上升第二速度范围的速度上升。

2. 飞机由平飞转上升的操纵

飞机要由平飞转入上升，首先必须有向上的向心力，即首先使飞机的升力大于重力，飞机的轨迹才能向上弯曲，才能逐渐增大上升角，使飞机转入上升。

如图 5.23 所示，飞机原以速度 v_1 平飞，飞行员不动油门，向后拉驾驶盘，则飞机迎角增大，升力增大（大于重力），有了向上的向心力（$L-W$）。在向心力（$L-W$）的作用下，飞机的运动轨迹向上弯曲，飞机转入上升。飞机迎角增大，阻力增大，飞机转入上升分解出与飞行速度平行的重力分量 W_2，不动油门则拉力不足以平衡阻力和重力分量 W_2，致使飞机速度减小。当飞机速度减小到 v_2 时，由于 v_2 的阻力比 v_1 的小，而可用拉力又比 v_1 的大，因此出现剩余拉力 ΔP；当 ΔP 等于 W_2 时，飞机就以速度 v_2 稳定上升。

如图 5.24 所示，飞机原以速度 v_1 平飞，飞行员不动驾驶杆而加大油门，最初由于拉力大于阻力而使飞机加速，速度增大则升力增大（大于重力）。在向心力（$L-W$）的作用下，飞机的运动轨迹向上弯曲，飞机转入上升。飞机转入上升分解出与飞行速度平行的重力分量 W_2，同时速度增大阻力也增大，这又使飞机减速。当剩余拉力 ΔP 等于 W_2 时，飞机基本保持速度 v_1（实际稍小于 v_1）稳定上升。

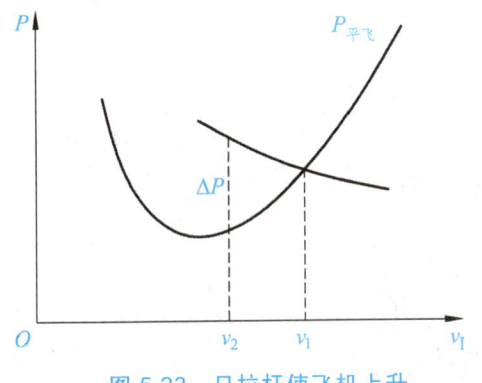

图 5.23　只拉杆使飞机上升

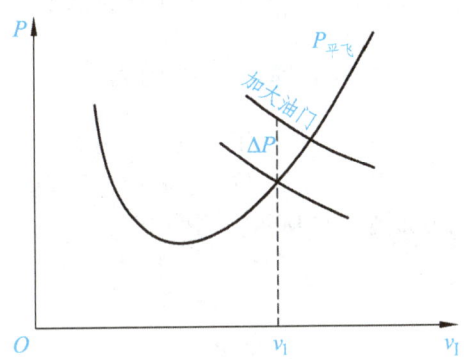

图 5.24　只加油门使飞机上升

从上分析知，飞机原处于平飞状态，不动油门，只拉驾驶杆，飞机将以小于原平飞速度稳定上升；只加油门，不动驾驶杆，飞机基本保持原速度稳定上升。我们知道，飞机转入上升的效率决定于向心力的大小，上升角的大小决定于剩余拉力的大小，而上升角大则重力分量 W_2 大，减速作用强。为了使飞机转入上升快并按预定的速度上升，一般在向后拉驾驶杆的同时，要相应地加大油门以增大拉力，使拉力与阻力和重力分量 W_2 之和平衡。如果预定的上升角（或上升率）越大，则油门需要加得越多。

飞机转入等速直线上升后，飞机升力只平衡重力在垂直于速度方向的分量 W_1，因此，当飞机接近预定的上升角（或上升率）时，就应适当地前推驾驶杆减小迎角，以减小升力，使升力正好等于重力的分量 W_1。

因此，飞机由平飞转入上升的基本操纵方法是：加大油门到预定位置，同时柔和地向后拉驾驶杆，使飞机逐渐转入上升；当接近预定的上升角（或上升率）时，适当前推驾驶杆，以便使飞机稳定在预定的上升角（或上升率）。必要时，调整油门，以保持预定的速度。对于螺旋桨飞机，还应注意修正螺旋桨副作用的影响。

3. 飞机由上升转平飞的操纵

飞机由上升转入平飞，飞行员应前推驾驶杆减小迎角，以减小升力，使飞机的升力小于重力分量 W_1，产生向下的向心力，飞机运动轨迹向下弯曲，从而使飞机逐渐转入平飞。

在飞机转入平飞的过程中，上升角和上升率不断减小，重力分量 W_2 也随之减小，飞机的速度有增大的趋势。为了保持预定的平飞速度,应在前推驾驶杆的同时,相应地减小油门和减小可用拉力,以便在达到平飞状态时,飞机的可用拉力恰好等于阻力。当飞机的上升角和上升率接近平飞状态时,还应适当地拉驾驶杆增大迎角,增大升力,以便在达到平飞状态时,飞机的升力恰好等于重力。

因此,飞机由上升转入平飞的操纵方法是:柔和地前推驾驶杆,同时适当地收小油门,使飞机逐渐转入平飞;待上升角(或上升率)接近零时,适当地后拉驾驶杆保持平飞。必要时,调整油门保持预定的平飞速度。对于螺旋桨飞机,还应注意修正螺旋桨副作用的影响。

5.4 下 降

下降是指飞机沿倾斜向下的轨迹做等速直线飞行,是飞机降低高度的基本方法。

5.4.1 飞机下降时的作用力

飞机下降时作用于飞机上的力有:升力(L)、阻力(D)、重力(W)、拉力(P)。飞机下降可根据需要用正拉力、零拉力和负拉力进行。拉力为零的下降一般叫下滑。三种下降的作用力如图 5.25 所示。

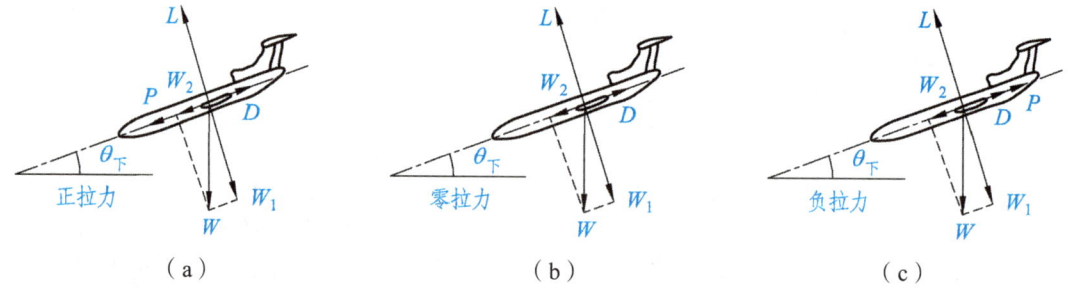

图 5.25 飞机下降时的作用力

下降时,飞机的各力平衡,即

零拉力
$$\begin{cases} L = W_1 = W\cos\theta_下 \\ P = W_2 = W\sin\theta_下 \end{cases} \quad (5.17)$$

正拉力
$$\begin{cases} L = W_1 = W\cos\theta_下 \\ D = W_2 + P = W\sin\theta_下 + P \end{cases} \quad (5.18)$$

负拉力
$$\begin{cases} L = W_1 = W\cos\theta_下 \\ D + P = W_2 = W\sin\theta_下 \end{cases} \quad (5.19)$$

上面三式叫作飞机下降的运动方程或平衡条件。

由 $L = W\cos\theta_下$ 可得

$$v_下 = \sqrt{\frac{2W}{C_L \rho S}} \cdot \sqrt{\cos\theta_下} = v_{平飞}\sqrt{\cos\theta_下}$$

由上式可知,下降时,飞机的升力小于飞机的重量,同迎角的下降速度小于平飞速度。但由于 $\theta_下$ 很小,$\cos\theta_下 \approx 1$,可以认为 $v_下 = v_{平飞}$,即 $D_下 = D_{平飞}$,这样就可以用平飞拉力(功率)曲线来分析飞机的下降性能。

5.4.2 下降性能

5.9

飞机的下降性能主要包括最小下降角、最大下降距离和最小下降率。

1. 下降角和下降距离

下降角是指飞机的下降轨迹与水平面之间的夹角,以 $\theta_下$ 表示;下降距离是指飞机下降一定高度所前进的水平距离,以 $l_下$ 表示,如图 5.26 所示。

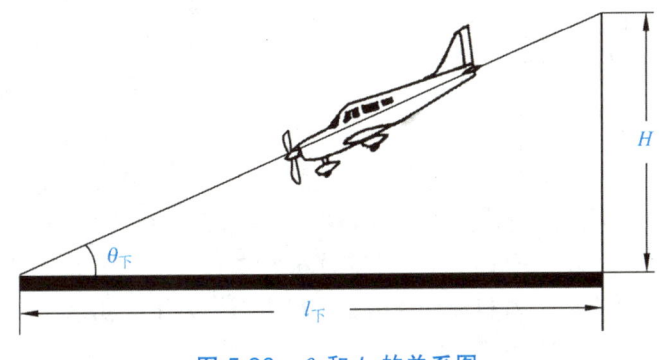

图 5.26 $\theta_下$ 和 $l_下$ 的关系图

1)零拉力下滑时的下滑角和下滑距离

由零拉力下滑的平衡条件得

$$\tan\theta_下 = \frac{1}{K} \tag{5.20}$$

又从 $\theta_下$ 和 $l_下$ 的关系得

$$l_下 = \frac{H}{\tan\theta_下} = H \cdot K \tag{5.21}$$

从式(5.20)和式(5.21)可知,零拉力下滑时,飞机下滑角的大小取决于飞机升阻比的大小;下滑距离的大小取决于下滑高度和升阻比的大小,在下滑高度一定时,下滑距离只取决于升阻比的大小。当升阻比增大时,下滑角减小,下滑距离增长。以最小阻力速度下滑,飞机的升阻比最大,下滑角最小,下滑距离最长。这里必须注意,零拉力下滑时,飞机的下滑角和下滑距离不受飞行重量的影响。

飞行中还常用滑翔比的大小来估计下滑距离的长短。滑翔比是飞机下滑距离与下滑高度之比,以 η 表示,即

$$\eta = \frac{l_下}{H} \tag{5.22}$$

在高度一定时，滑翔比越大，飞机下滑距离越长。无风和零拉力条件下，飞机的滑翔比等于升阻比。

2）正拉力下降时的下降角和下降距离

从式（5.18）和式（5.19）可得

$$\tan\theta_{下} = \frac{D-P}{W} = \frac{1}{K} - \frac{P}{W} = \frac{-\Delta P}{W} \tag{5.23}$$

$$l_{下} = \frac{H}{\tan\theta_{下}} = \frac{H}{\left(\dfrac{1}{K} - \dfrac{P}{W}\right)} \tag{5.24}$$

3）负拉力下降时的下降角和下降距离

$$\tan\theta_{下} = \frac{D+P}{W} = \frac{1}{K} + \frac{P}{W} = \frac{-\Delta P}{W} \tag{5.25}$$

$$l_{下} = \frac{H}{\tan\theta_{下}} = \frac{H}{\left(\dfrac{1}{K} + \dfrac{P}{W}\right)} \tag{5.26}$$

从式（5.23）~（5.26）可知，当飞机拉力不为零下降时，飞机的下降角和下降距离不仅取决于升阻比，还取决于拉力和飞行重量。正拉力增大则下降角减小，下降距离增大。负拉力增大则下降角增大，下降距离缩短。

2. 下降率

下降率是指飞机在单位时间里下降的高度，以 $v_{y下}$ 表示，单位为 m/s 或 ft/min。

1）零拉力时的下滑率

由式（5.17）可得

$$v_{y下} = v_{下} \cdot \sin\theta_{下} \approx \frac{v_{下}}{K} \tag{5.27}$$

或

$$v_{y下} = v_{下} \cdot \sin\theta_{下} \approx v_{下} \cdot \frac{D}{W} = \frac{N_{平飞}}{W} \tag{5.28}$$

从式（5.28）可知，当 $N_{平飞}$ 最小时，下滑率最小，即以最小功率速度下滑，可以获得最小的下滑率。

2）正拉力时的下降率

$$v_{y下} = v_{下} \cdot \sin\theta_{下} \approx v_{下}\left(\frac{1}{K} - \frac{P}{W}\right) \tag{5.29}$$

又因 $L \approx W$，于是式（5.29）可以改为

$$v_{y下} = v_{下} \cdot \sin\theta_{下} \approx v_{下} \cdot \frac{D-P}{W} = \frac{-\Delta N}{W} \tag{5.30}$$

3）负拉力时的下降率

$$v_{y下} = v_{下} \cdot \sin\theta_{下} \approx v_{下}\left(\frac{1}{K} + \frac{P}{W}\right) \tag{5.31}$$

从式（5.30）可知，飞机正拉力下降时的下降率主要取决于负的剩余功率的大小。

5.4.3 下降性能的主要影响因素

1. 飞行重量

飞行重量增大，零拉力下滑时同迎角下的升阻比不变，下滑角不变，下滑距离不变，但由于下滑速度增大使下滑率增大。飞行重量减轻则相反。

正拉力下降时，飞行重量增大，飞机的下降角和下降率都增大，下降距离缩短。这是因为重量增大，使相同迎角下的下降速度增大，阻力增大，负的剩余拉力（功率）增大，飞机的下降角和下降率增大。

2. 气　温

气温增高，同迎角对应的升阻比不变，故零拉力下滑的下滑角不变，但气温增高使空气密度减小，同指示空速的真速增大，下滑率增大；气温下降则相反。正拉力下降时，气温增高，拉力减小，负的剩余拉力增大，下降角增大；气温降低则相反。

3. 风

风对下降性能的影响与风对上升性能的影响相同。

顺风下降，下降角减小，下降距离增长，下降率不变；逆风下降，下降角增大，下降距离缩短，下降率不变。上升气流中下降，下降角和下降率都减小，下降距离增长；下降气流中下降，下降角和下降率都增大，下降距离缩短，如图 5.27 所示。

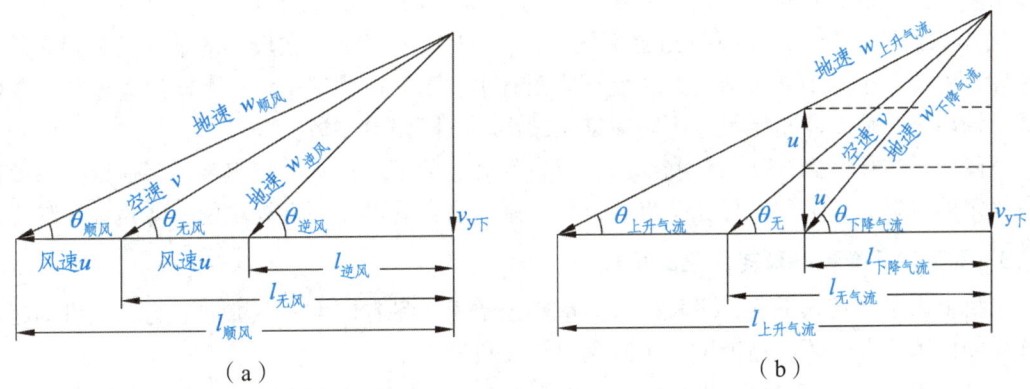

图 5.27　顺、逆风，上升、下降气流对下降性能的影响

有风时，最大下降距离将不在最小阻力速度获得。顺风下降，适当减小速度，增长下降时间，风的影响增大，可以增长下降距离；逆风下降，适当增大速度则可以增长下降距离。

5.4.4 飞机下降的操纵原理

1. 飞机下降的两个速度范围

从前面讨论飞机的零拉力下滑知，当飞机的下滑速度等于最小阻力速度时，飞机的下滑角最小。如果速度大于最小阻力速度，飞行员后拉驾驶杆增大迎角，升阻比增大，飞机的下滑角减小；如果飞机的速度小于最小阻力速度，飞行员后拉驾驶杆增大迎角，虽然最初飞机的下滑角由于飞机升力的增大而有所减小，但随后由于阻力增大得更多，升阻比减小，下滑角最终却是增大的。

由此可见，在大于最小阻力速度和小于最小阻力速度的两种情况下，同样的操纵动作，下滑角的变化却是相反的。因此，以最小阻力速度为界，把下滑速度也分为两个范围：大于最小阻力速度到平飞最大速度为下滑第一速度范围，小于最小阻力速度到平飞最小速度为下滑第二速度范围。在下滑第一速度范围内下滑，飞行员前推驾驶杆，下滑角增大，后拉驾驶杆，下滑角减小，这与人的正常操纵习惯是一致的。在下滑第二速度范围下滑，飞行员前推驾驶杆，下滑角减小，后拉驾驶杆，下滑角增大，这与飞行员的正常操纵习惯不符，而且在第二速度范围下滑，飞机迎角大速度小，飞机的稳定性和操纵性差，飞行不安全，所以通常不在第二速度范围下滑。

2. 改变下降角、下降速度、下降率和下降距离

在稳定的下降中，一个迎角对应一个下降速度。前后移动驾驶杆改变迎角，就可相应地改变下降角、下降速度、下降率和下降距离。在下降第一速度范围内，后拉驾驶杆，飞机迎角增大，升力系数和阻力系数增大，下降角、下降速度及下降率减小，下降距离增长。反之，前推驾驶杆，下降角、下降速度及下降率增大，下降距离缩短。

下降中，不动驾驶杆只加油门，飞机可用拉力增大，下降速度增大，升力和阻力增大。升力大于重力分量W_1，飞机运动轨迹向上弯曲，下降角减小。由于下降角减小，重力分量W_2随之减小，重力分量W_1随之增大。重力分量W_2与拉力之和小于阻力，使下降速度减小。当下降角减小到一定程度时，重力分量W_2与拉力之和等于阻力，下降速度不再改变；而当重力分量W_1增大到等于升力时，下降角也不再减小。最后，飞机稳定在较小的下降角和稍大的下降速度。因此，下降中增大油门，会使下降角减小、下降速度稍增大、下降距离增长；下降中减小油门，会使下降角增大、下降速度稍减小、下降距离缩短。

下降中，主要是操纵驾驶杆和油门，保持好规定的下降角、下降率和下降速度。只要油门在规定的位置，操纵驾驶杆保持好规定的下降速度，就可以获得规定的下降角和下降率。

3. 平飞转下降和下降转平飞的操纵

飞机要由平飞转入下降，飞机的升力应小于重力。只有产生向下的向心力，飞机的运动轨迹才能向下弯曲，才能逐渐增大下降角，使飞机转入下降。

如图 5.28 所示，飞机原以速度 v_1 平飞，飞行员不动油门前推驾驶杆，飞机迎角减小，升力减小；当升力小于重力时，在向心力（$W-L$）的作用下，飞机运动轨迹向下弯曲。随着迎角减小，飞机阻力也减小，使拉力大于阻力，加上重力分量 W_2 的作用，飞机速度增大。当速度增大到 v_2 时，负的剩余拉力 ΔP 与 W_2 平衡，升力 L 与 W_1 平衡，此时飞机以速度 v_2 稳定下降。

如图 5.29 所示，飞机原以速度 v_1 平飞，飞行员不动驾驶杆而减小油门，最初由于拉力小于阻力而使飞机减速。速度减小则升力减小，在向心力（$W-L$）的作用下，飞机运动轨迹向下弯曲，下降角逐渐增大。飞机转入下降，出现重力分量 W_2，使拉力与重力分量 W_2 之和小于阻力，又使飞行速度增大。当负的剩余拉力 ΔP 与 W_2 平衡、升力 L 与 W_1 平衡时，飞机基本保持速度 v_1（实际稍小些）下降。

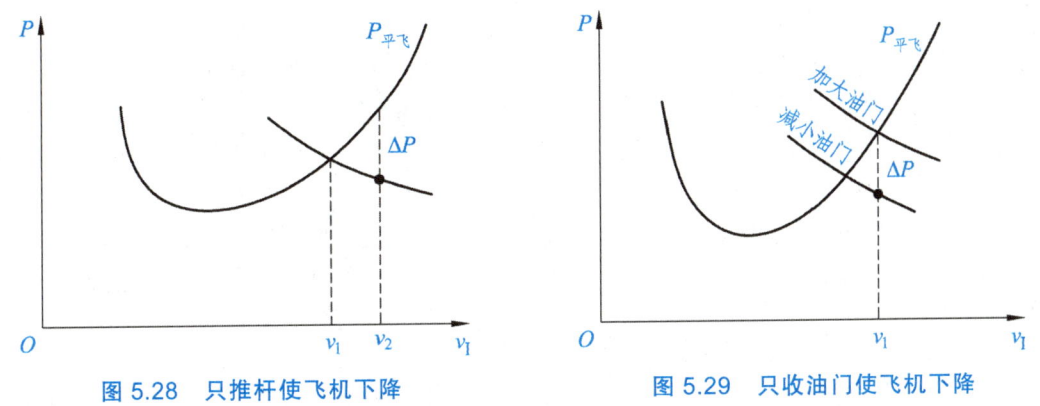

图 5.28　只推杆使飞机下降　　　　图 5.29　只收油门使飞机下降

由上分析知，飞机原处于某一速度平飞，不动油门而只前推驾驶杆，飞机将以比原速度大的速度下降；不动驾驶杆而只收油门，飞机基本保持原速度下降。

实际飞行中，由平飞转入下降，一般是先推驾驶杆减小升力，使飞机转入下降。随着下降角的逐渐增大，重力分量 W_2 的加速作用增强，为了保持规定的下降角和下降速度，在前推驾驶杆的同时，收小油门，以便使拉力与重力分量 W_2 之和等于阻力。油门收小多少，应根据预定的下降角和下降速度的大小而定，预定的下降角大、下降速度小时，应多收小油门。

直线下降中，升力应等于重力分量 W_1，所以，当接近预定的下降角（或下降率）时，应后拉驾驶杆增大迎角以增大升力，以便飞机达到预定的下降角时，升力恰好等于重力分量 W_1，使飞机保持预定的下降角下降。

综上所述，飞机由平飞转入下降的操纵方法是：柔和前推驾驶杆使飞机转入下降，随着下降角的增大同时收小油门，待飞机接近预定的下降角（或下降率）时，应及时后拉驾驶杆，保持好预定的下降角（或下降率）稳定下降。对于螺旋桨飞机，还应注意修正螺旋桨的副作用影响。

飞机由下降转入平飞，飞行员应后拉驾驶杆增大迎角，使飞机的升力大于重力分量 W_1，产生向上的向心力，才能使飞机的运动轨迹向上弯曲，减小下降角而逐渐转入平飞。当下降角减小时，重力分量 W_2 随之减小，应在后拉驾驶杆的同时，加油门到预定的平飞位置。当飞机接近平飞状态时，则应适当地前推驾驶杆减小迎角和升力，以便使飞机达到平飞状态时升力恰好等于重力，保持平飞。

因此，飞机由下降转入平飞的操纵方法是：加大油门到预定的平飞位置，同时柔和地后拉驾驶杆，待飞机接近平飞状态时，应适当地前推驾驶杆保持平飞。对于螺旋桨飞机，还应注意修正螺旋桨的副作用影响。

思政小课堂

典型事件:"5·14"川航 3U8633 航班备降成都

2018年5月14日,四川航空空客 A319、注册号 B-6419号飞机执行重庆至拉萨的 3U8633 航班任务,飞机于早晨 6 时 27 分起飞后,正常爬升至 9800 米巡航高度。在飞经成都空管区域时,该机驾驶舱右座前风挡玻璃突然破裂并脱落,造成飞机客舱严重失压,旅客氧气面罩掉落,整个航班飞机处于紧急危险状态。空中险情发生后,机组第一时间通过飞机应答机应急装置(7700)向空管部门宣布紧急状态,同时按特情程序紧急检查飞机和机上人员情况并实施紧急处置程序,就近选择成都双流机场紧急备降。成都空管部门在接到紧急情况后,立即启动应急处置程序,迅速指挥空中其他飞机避让并为该机提供专用航道,优先安排该机降落。全体机组成员临危不惧,合作默契,各自分工、齐心协力、沉着机智,在强烈的责任心、使命感以及良好的专业素养下,在民航各部门密切配合下,飞机安全备降成都双流机场,机上所有旅客安全。

2018年9月30日,中共中央总书记、国家主席、中央军委主席习近平在人民大会堂亲切接见了四川航空"中国民航英雄机组"全体成员。习近平表示:"5月14日,你们在执行航班任务时,在万米高空突然发生驾驶舱风挡玻璃爆裂脱落、座舱释压的紧急状况,这是一种极端而罕见的险情。生死关头,你们临危不乱、果断应对、正确处置,确保了机上 119 名旅客生命安全。危难时方显英雄本色。你们化险为夷的英雄壮举感动了无数人。得知你们的英雄事迹,我很感动,为你们感到骄傲。授予你们'英雄机组''英雄机长'的光荣称号,是当之无愧的。"

从专业角度来说,本次事故是一起典型的座舱失压后应急下降的典型案例。座舱失压在飞行员培养的理论知识学习阶段以及模拟机训练过程中都是重要的科目。然而,与单纯的座舱失压故障不同,川航 3U8633 事件属于多种复杂故障同时发生的极端案例,这给正确处置增加了巨大的难度。重庆飞拉萨属于高高原运行,高高原运行本身就面临着飞机性能严重衰减、气象条件复杂多变、飞行操纵异常困难、航路地形崎岖复杂等多种运行风险,这对高原运行的机组资质、能力提出了特殊要求;挡风玻璃的突然碎裂导致座舱内压力突然降低,温度急剧减小,噪声巨大,这些使得机组在生理和心理上的承受力达到了极限;座舱仪表和有效通信失效,飞机完全需要人工手动操纵飞行,这对机组的基本目视驾驶术及航空理论知识的掌握要求甚高。

险情发生后,机组在面对瞬间失压、极低温、高噪声、大气乱流、飞机颠簸严重、操纵异常困难、仪表失能、自动驾驶失效、不能和地面进行双向有效通信以及精神和身体承受巨大压力的情况下,机组沉着、冷静、勇敢,严格按照程序执行紧急下降,果断应对,正确处置,确保了机上 119 名旅客的生命安全。在处置险情时,他们所做的每一个判断、每一个决定、每一个动作都是正确的,都是严格按照程序操作的。机组危急关头表现出来的沉着冷静和勇敢精神,来自强烈的责任意识、严谨的工作作风和精湛的专业技能。

作为新时代民航大学生,要弘扬社会主义核心价值观、发扬当代民航精神,树牢"三个敬畏"意识,为确保安全运行贡献力量。

复习思考题

1. 什么是平飞所需速度？影响平飞所需速度大小的因素有哪些？
2. 什么是指示空速、校正空速、当量空速、真速？它们的区别和关系是怎样的？
3. 指示空速的变化实质反映了什么的变化？飞行操纵为什么用指示空速来规定飞机的飞行速度？
4. 说明平飞所需拉力（即平飞阻力）随平飞速度变化的规律，并说明变化的原因。
5. 说明什么是平飞最大速度、平飞最小速度、最小阻力速度、最小功率速度？
6. 飞行高度、飞行重量、气温对平飞最大速度和平飞最小速度有何影响？
7. 飞机直线飞行时，如何操纵飞机加减速？
8. 什么是剩余拉力？什么是剩余功率？它们随飞行速度是怎样变化的？
9. 什么是千米燃油消耗量？影响千米燃油消耗量的因素主要有哪些？
10. 什么是小时燃油消耗量？影响小时燃油消耗量的因素主要有哪些？
11. 什么是飞机的上升角和上升梯度？影响上升角和上升梯度的因素主要有哪些？怎样才能获得最大的上升角和上升梯度？
12. 什么是飞机的上升率？说明影响上升率大小的因素有哪些？怎样才能获得最大的上升率？
13. 为什么快升指示空速随高度的增高而减小？
14. 说明飞行重量、气温、风对上升性能的影响。
15. 如何操纵飞机由平飞转入上升？如何操纵飞机由上升转入平飞？
16. 什么是飞机的下降角？影响下降角大小的因素有哪些？在零拉力的情况下，怎样才能获得最小的下降角？
17. 什么是飞机的下降率？影响下降率大小的因素有哪些？在零拉力的情况下，怎样才能获得最小的下降率？
18. 说明飞行重量、气温、风对下降性能的影响。
19. 如何操纵飞机由平飞转入下降？如何操纵飞机由下降转入平飞？

第 6 章 盘 旋

盘旋是飞机在水平面内的一种机动飞行。通常所称的盘旋是指飞机连续转弯不小于 360° 的飞行。通常按盘旋的坡度大小将盘旋分为三种：坡度小于 20° 的盘旋称小坡度盘旋；坡度在 20°～45° 之间的盘旋为中坡度盘旋；坡度大于 45° 的盘旋称为大坡度盘旋。民航飞机转弯盘旋的坡度一般在 30° 以内。

盘旋中，如果飞机不带侧滑，飞行高度、速度、盘旋半径等参数均不随时间改变，这种盘旋称为正常盘旋。虽然在实际飞行中，要求进行正常盘旋，但由于驾驶技术、飞机的惯性、人的反应等因素的影响，飞机的盘旋参数不可能保持完全不变，但是飞机的运动是有可能接近正常盘旋的，所以本章着重讨论正常盘旋。

盘旋虽然是飞机在等高、等速和等半径条件下的曲线飞行，但在盘旋的原理中，还包含着飞行高度、速度和半径不断变化的各种转弯的共性知识。例如在盘旋中，杆、舵和油门协调配合操纵的原理，对带有转弯的飞行动作都是适用的。

6.1 盘旋中的作用力和盘旋性能

6.1.1 盘旋中的作用力

飞机正常盘旋时所受的力如图 6.1 所示。有升力（L）、重力（W）、拉力（P）和阻力（D）。根据升力所起的作用，可将其分解为垂直方向的分力和水平方向的分力。水平方向的分力作为飞机曲线运动的向心力。

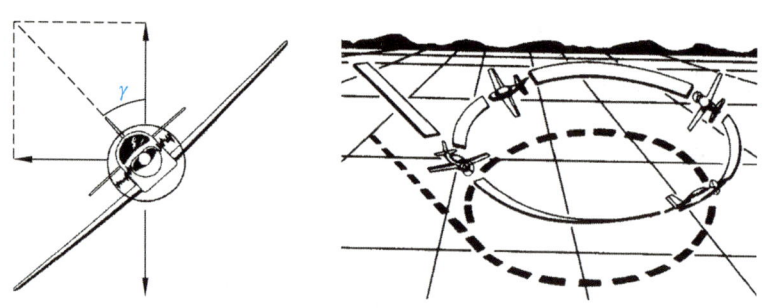

图 6.1 飞机的盘旋及其受力

做好盘旋的基本要求是：保持盘旋的坡度、高度、速度和半径不变。从力学原理可知，质量为 m 的飞机，要保持盘旋坡度（γ）、高度（h）、速度（v）和半径（r）不变，则必须满足以下表达式，即盘旋运动方程：

$$\begin{cases} L\cos\gamma = W \\ L\sin\gamma = m\dfrac{v^2}{r} \\ P = D \end{cases}$$

6.1

从上式知，要保持高度不变，升力垂直分力应与重力平衡。对同一架飞机来说，可认为重力不变，升力垂直分力则是随着升力方向而改变的。升力大小不变而坡度增大时，升力垂直分力减小；坡度不变而升力增大时，升力垂直分力增大。升力大小主要由速度和迎角决定。显然，盘旋坡度越大，必须增大盘旋升力，才能保持高度不变。

要保持盘旋速度不变，应当使拉力与阻力平衡。拉力大小由油门位置决定，阻力大小主要由速度、迎角决定。要保持盘旋半径不变，须保持盘旋速度和盘旋的向心力即升力水平分力不变。

综上所述，正常盘旋，要求飞机的姿态、速度和油门相互配合协调。

6.1.2 飞机的载荷因数

飞机的载荷是指除飞机本身重量以外的其他作用力（拉力或推力、气动力）的总和，其大小通常用载荷因数（Load Factor），即载荷与飞机重力的比值来表示。载荷因数是一个无单位的矢量，其方向为载荷的方向。

由于拉力在飞机立轴方向的分量很小，因此，沿飞机立轴方向的载荷一般只考虑气动力的分量，即飞机升力。立轴方向的载荷因数（n_y），就是飞机升力与飞机重力之比，即

$$n_y = \frac{L}{W}$$

在飞机三个方向的载荷因数中，由于 n_y 起着重要作用，如果不加指明，一般所说的载荷因数为立轴方向的载荷因数。

载荷因数越大，表示升力比飞机重力大得越多，飞机各部件的受力越大。飞机的结构强度一般用飞机可以承受的最大载荷因数来加以限制。

根据 FAR23.305 对飞机强度的规定，飞机的最大载荷因数分为限制载荷因数（Limit Load Factor）和极限载荷因数（Ultimate Load Factor）。飞机的限制载荷因数为服役期中正常使用下的最大允许载荷与重力之比，飞机结构必须能够承受限制载荷因数而不会产生危及飞行安全的永久变形。除非另有说明，飞机所规定的载荷因数均为限制载荷因数，限制载荷因数也称为最大允许使用载荷因数。

极限载荷因数以限制载荷因数乘 1.5 倍的安全系数来规定，飞机结构必须能够承受极限载荷因数至少 3 s 而不被破坏。

飞机的审定类别不同，其可以承受的最大载荷因数也不相同。根据 FAR 的划分，常见的民用飞机类别的限制载荷因数见表 6.1。

表 6.1 民用飞机的限制载荷因数

类别		限制载荷因数	
		正过载	负过载
FAR 23 部	正常类	3.8	1.5
	实用类	4.4	1.8
	特技类	6.0	3.0
FAR 25 部	运输类	2.5	1.0

平飞时，升力等于重力，所以载荷因数等于 1。

飞机正常盘旋时，$W = L\cos\gamma$，所以

$$n_y = \frac{1}{\cos\gamma}$$

从上式可知，正常盘旋中的载荷因数只取决于坡度，如图 6.2 所示，即一定的载荷因数对应于一定的坡度，坡度越大，盘旋中的载荷因数越大。以 90° 坡度正常盘旋，载荷因数将等于无穷大。换句话说，要做 90° 坡度的正常盘旋是不可能的，因为这时没有力在垂直方向上与重力平衡。

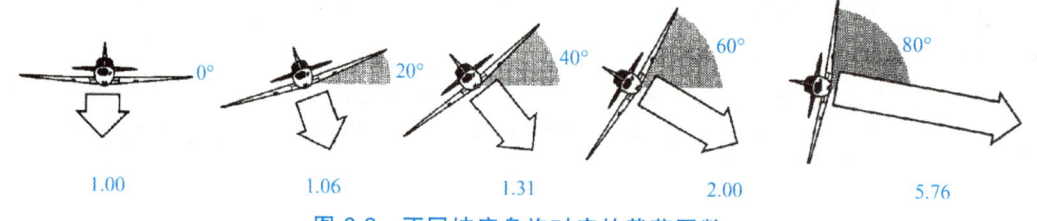

图 6.2 不同坡度盘旋对应的载荷因数

6.1.3 盘旋性能

1. 盘旋速度、拉力、功率、半径与时间

保持盘旋高度不变，使升力垂直分力平衡飞机重力所需要的速度，称为盘旋所需速度。根据盘旋运动方程，已知

$$W = L\cos\gamma$$

而盘旋时升力

$$L = C_L \cdot \frac{1}{2}\rho v^2 S$$

所以，盘旋所需速度 v 为

$$v = \sqrt{\frac{2W}{C_L \rho S \cos\gamma}} = v_0 \frac{1}{\sqrt{\cos\gamma}} = v_0 \sqrt{n_y}$$

式中，v_0 为平飞所需速度。

从式中可看出，盘旋所需速度，除取决于飞机重量、空气密度、升力系数外，还取决于坡度（载荷因数）的大小。盘旋中的载荷因数始终大于1，因此盘旋所需速度大于相同迎角平飞所需的速度。盘旋坡度越大，同样迎角下盘旋所需的速度也越大。

保持盘旋所需速度所需要的拉力，称为盘旋所需拉力。盘旋时所需拉力应等于盘旋时的阻力，即

$$P = D = C_D \frac{1}{2} \rho v^2 S$$

代入盘旋所需速度，得

$$P = C_D \cdot \frac{1}{2} \rho v_0^2 S \frac{1}{\cos \gamma} = P_0 \frac{1}{\cos \lambda} = P_0 n_y$$

式中，P_0 为平飞所需拉力。

同一架飞机，在高度和迎角均不变的条件下，盘旋所需拉力是平飞所需拉力的 n_y 倍，盘旋中 $n_y > 1$，所以盘旋所需拉力大于同样迎角平飞的所需拉力。盘旋坡度越大，载荷因数越大，盘旋所需拉力也越大。

盘旋所需拉力和盘旋所需速度的乘积就是盘旋所需功率，即盘旋所需拉力每秒所做的功，用式子表示为

$$N = \frac{Pv}{75} = N_0 \sqrt{n_y^3}$$

式中，N_0 为平飞所需功率。

同一架飞机，在高度和迎角均不变的条件下，盘旋所需功率是平飞所需功率的 $\sqrt{n_y^3}$ 倍。随着坡度增加，盘旋所需功率比同样迎角条件下的平飞所需功率增大得更多。比如30°坡度盘旋时，与同样高度和迎角下的平飞相比，速度必须增大8%，而功率则增大25%。

总之，盘旋坡度越大，载荷因数越大，盘旋所需速度、拉力和功率也越大。所以飞机的可用拉力、功率和飞机允许的载荷因数值就限制了飞机盘旋的最大坡度。

从盘旋运动方程可知，盘旋半径为

$$r = \frac{mv^2}{L \sin \gamma} = \frac{W}{g} \cdot \frac{v^2}{L \sin \gamma} = \frac{L \cos \gamma}{g} \cdot \frac{v^2}{L \sin \gamma} = \frac{v^2}{g \cdot \tan \gamma}$$

盘旋一周的时间等于盘旋一周的周长与盘旋速度之比，所以

$$T = \frac{2\pi r}{v} = \frac{2\pi}{g} \cdot \frac{v}{\tan \gamma}$$

从以上式子可知，当盘旋坡度一定时，盘旋速度越大，盘旋半径越大，盘旋时间越长；当速度一定时，坡度越大，盘旋半径越小，盘旋时间越短。对任何飞机，只要盘旋速度和坡度相同，盘旋半径和盘旋时间也相同。

在实际飞行中，空管部门常常要求不同类型飞机必须在相同的时间内完成360°转弯，不同飞机盘旋的角速度必须相等，即标准速率转弯。所谓标准速率转弯是指按3°/s*的速率进行

---

* 编者注：在民用航空科技领域，角速度单位用 °/s 表示（1° = 0.017 453 3 rad）

转弯，各型飞机以标准速率盘旋一周所需的时间为 2 min。由于转弯侧滑仪测量的是转弯角速度，它可以很好地用于标准速率转弯，只需在转弯中将转弯侧滑仪上小飞机翼尖始终对准标准速率转弯标记即可（见图 6.3）。

2. 盘旋拉力曲线

在"平飞"一章中，我们通过对平飞拉力曲线和平飞功率曲线的分析，确定了平飞性能。对于盘旋，我们也可通过对盘旋拉力曲线和盘旋功率曲线的分析来确定盘旋性能。

图 6.3 标准速率转弯

盘旋拉力曲线是由盘旋所需拉力曲线和可用拉力曲线组成的。盘旋所需拉力曲线是飞机在一定高度，用一定坡度盘旋时，盘旋所需拉力随所需速度变化的曲线。

如果已知飞机的平飞所需拉力曲线，利用前面的公式，即可计算出不同坡度盘旋的所需速度和所需拉力，将其画在坐标图上，即可得到不同坡度下的盘旋所需拉力曲线，如图 6.4 所示。盘旋所需拉力曲线是一族曲线，每根曲线对应一个盘旋坡度，而盘旋可用拉力曲线与平飞可用拉力曲线是完全一样的。从图中可以看出以下结论：

（1）同一速度盘旋，坡度增加，则迎角增加，所需拉力增大。这是由于增大坡度，需要增大升力才能保持高度不变。升力增大则阻力增大，故所需拉力也随之增大。

（2）同一迎角盘旋，坡度愈大，则所需速度和所需拉力也愈大。因为增大坡度，需增大升力，在迎角不变时，只能增大所需速度，则阻力即所需拉力也相应增大。

（3）同一坡度作盘旋，迎角增大，则所需速度减小，所需拉力先减后增，以最小阻力速度盘旋，所需拉力最小。同时可以看出，盘旋最小阻力速度是随坡度而变化的。

（4）坡度愈大，盘旋的可用速度范围愈小，失速速度越大。

由上面的分析可知，飞机在一定的高度做盘旋时，每一个姿态（即坡度和迎角）都有其对应的速度和拉力，若不遵循这个规律，就不能做出正确的盘旋。

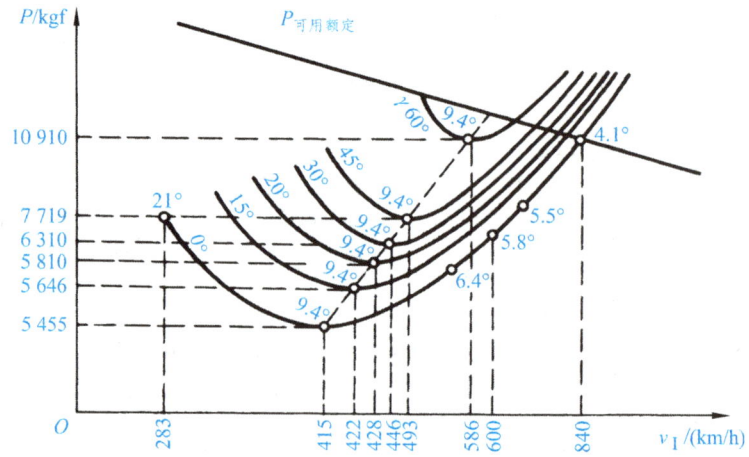

图 6.4 某型喷气客机的盘旋拉力曲线

3. 极限盘旋性能

飞机的极限盘旋性能受多方面因素所限制，归结起来可分为三类：

1）飞机结构强度限制

前面分析已知，盘旋坡度越大，盘旋半径和盘旋时间就越小，飞机的载荷因素就越大。但飞机的最大载荷因素是设计时就预定了的，最大载荷因素对应一个最大盘旋坡度。实际的盘旋坡度不能超过这个值。对于民用客机而言，使用大坡度盘旋不但使旅客的舒适性降低，而且在正常飞行情况下，也无此必要。军用战斗机的强度往往设计得很高，这类飞机的极限盘旋性能通常不是由其强度限制，而是由人的生理极限所限制的。

2）失速边界限制

盘旋所需拉力曲线左端对应速度为飞机的失速速度。从理论上说，飞机可以以失速速度盘旋，但考虑到飞机的稳定性、操纵性以及飞机的安全裕度，实际上要求飞机盘旋的最小速度必须大于该坡度下的抖动速度，这限制了飞机的小速度盘旋边界。

3）发动机功率限制

发动机功率越大，满油门对应的可用拉力曲线位置就越高，从图 6.5 中可明显看出，飞机的高速盘旋边界受到发动机最大可用功率的限制。即使飞机的强度再高，如果发动机功率不足，也将使极限盘旋范围缩小。

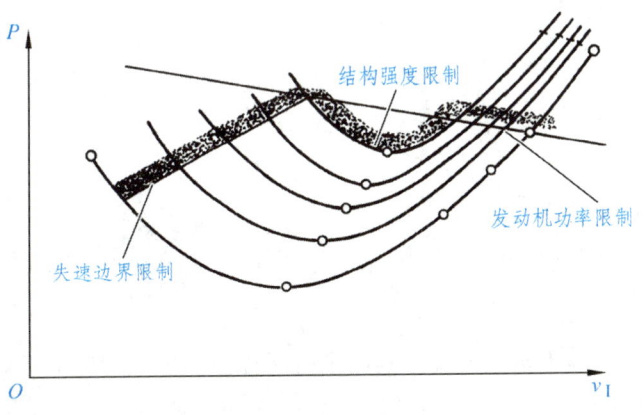

图 6.5 极限盘旋限制因素

6.2 盘旋的操纵原理

6.3

6.2.1 转弯中的侧滑与盘舵协调

飞机的对称面和相对气流方向不一致的飞行，称为侧滑。飞机带有侧滑时，相对气流从飞机侧方吹来。相对气流和飞机对称面之间的夹角称为侧滑角，用 β 表示。相对气流从左前方吹来称为左侧滑，从右前方吹来称为右侧滑，如图 6.6 所示。

飞机带有侧滑，会引起飞机空气动力性能降低，一般情况下应避免飞机产生侧滑。侧滑产生的原因有两个：

1. 飞机对称面偏离飞行轨迹

飞行中由于飞机对称面偏离飞行轨迹（相对气流）而造成的侧滑，从操纵上讲主要是只蹬舵或舵量过大所造成的。

例如在稳定的直线飞行中，飞行员只蹬左舵，机头左偏，最初飞机轨迹是保持原方向的，即对称面偏离飞行轨迹，出现右侧滑。侧滑出现后，垂尾侧力产生使机头右偏的方向稳定力矩。同时，侧滑前翼（右翼）升力大于侧滑后翼（左翼）升力，形成使飞机左滚的横侧稳定力矩，升力水平分力作为向心力，使飞机进入带右侧滑的左下降转弯。

这种向转弯反方向的侧滑，称为外侧滑，如图 6.7 所示。

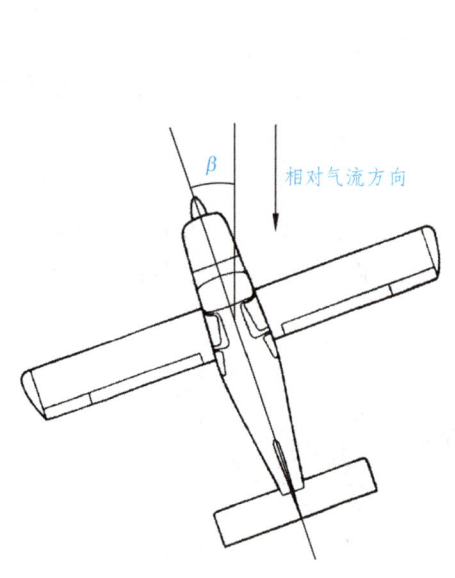

图 6.6 侧滑与侧滑角

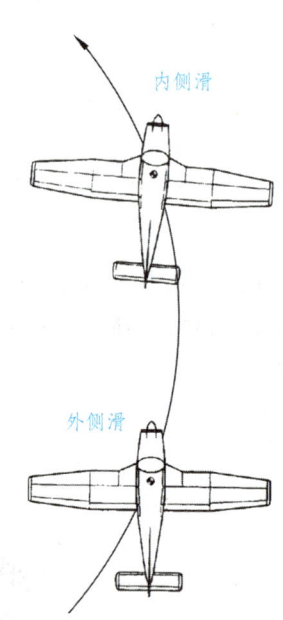

图 6.7 内侧滑与外侧滑

2. 飞行轨迹偏离飞机的对称面

飞行中由于飞行轨迹（相对气流）偏离飞机对称面而造成的侧滑，从操纵上讲主要是只压盘或压盘过多所引起的。

例如在稳定的直线平飞中，飞行员只向左压盘（盘量较小），则飞机带左坡度，升力的水平分力使飞机向左侧移，即飞行轨迹偏离对称面，形成左侧滑。出现侧滑后，方向稳定力矩促使机头左偏，力图减小侧滑；两翼升力差形成的横侧稳定力矩，力图平衡压盘产生的横侧操纵力矩。飞机进入带左侧滑的左下降转弯。

这种向转弯方向的侧滑，称为内侧滑，如图 6.7 所示。

可见，转弯飞行中，盘的作用是使飞机带坡度，形成升力水平分力作为向心力，舵的作用是使飞机协调偏转，不产生侧滑。如果同时带杆增大升力，飞机就可以保持高度。因此，不带侧滑的正常盘旋需要副翼、方向舵和升降舵的协调操纵。

6.2.2 盘旋的操纵原理

盘旋可分为进入、稳定旋转和改出三个阶段。在进入盘旋阶段，飞机坡度逐渐加大；在稳定旋转阶段，坡度保持不变；而在改出阶段，坡度又逐渐减小。飞行员应根据不同阶段的特点来操纵飞机，才能做好盘旋。下面按进入、稳定旋转、改出三个阶段，来分析盘旋的操纵原理。

1. 进入阶段的操纵原理

从平飞进入盘旋，所需升力增大，这可从增加迎角和增加速度两个方面来进行。单纯带杆增加迎角，可能使盘旋迎角增大较多，导致飞机失速。因此，实际中增大升力是通过同时增大迎角和速度的方法来实现的。

进入盘旋前，可采用平飞加速的方法增大飞行速度，即加油门顶杆。首先加油门至规定值，当速度增大至预定速度时，手脚一致地向盘旋方向压盘蹬舵。压盘是为了使飞机带坡度，产生升力水平分力，使飞机进入曲线运动；蹬舵是为了使飞机绕立轴偏转，避免产生侧滑。

随着坡度的增大，升力垂直分力减小，为保持高度不变，在压盘的同时，需向后带杆增加迎角，增大升力。坡度和升力的增大，使向心力加大，所以要继续向盘旋方向蹬舵以防止出现侧滑。

参照地平仪，在飞机达到预定坡度前，及时提前回盘，以减小并制止飞机继续滚转，使飞机坡度稳定在预定坡度。根据进入时压盘量的大小，回盘修正应过中立位，以保持飞机稳定在预定坡度为准。

在回盘的同时，还要相应地回一些舵。这是因为进入盘旋时，为了使飞机加速偏转，一般舵量稍大些，使方向操纵力矩大于因绕立轴旋转而形成的方向阻尼力矩，和因副翼偏转导致两翼阻力差而形成的反向偏转力矩。当飞机接近预定坡度时，方向舵的作用只是使方向操纵力矩平衡方向阻尼力矩和反向偏转力矩，避免产生侧滑，所以，舵量比进入时小些。

综上所述，盘旋进入阶段的操纵方法是：加油门、顶杆，速度增大至规定值时，手脚一致地向进入方向压盘蹬舵，同时带杆保持高度；接近预定坡度时，回盘回舵。

2. 稳定旋转阶段的操纵原理

在进入盘旋阶段，如果飞机的坡度、迎角增加适当，油门也符合要求（见图6.8），飞机就有条件保持稳定旋转。但是操纵动作不可能在任何时候都做得绝对准确，这就需要飞行员及时发现和修正各种偏差。稳定旋转阶段中，经常出现的偏差是高度、速度保持不好。以下就着重分析如何保持高度和速度。

1）如何保持高度

盘旋中高度保持不好的主要原因是没有保持好坡度和迎角。

保持正确坡度是保持正常盘旋的首要条件。坡度不正确，将会引起所有盘旋参数不正确。坡度大了，升力垂直分力小于飞机重力，会引起飞行高度降低，同时盘旋速度增加；反之，坡度小了，升力垂直分力大于飞机重力，则会使飞行高度增加，同时盘旋速度减小。在保持坡度的情况下，再用杆保持高度。带杆多，飞机会增加高度；带杆少，飞机则会降低高度。

2）如何保持速度

在盘旋中，在保持好坡度与高度不变的前提下，应该正确地使用杆和油门保持速度。如果坡度与高度正确，但速度大于预定速度，则说明油门偏大，应适当收小油门，随速度的减小同时带杆保持高度。反之，如速度偏小，应适当加大油门，随速度的增大同时顶杆保持高度。

图 6.8　15°坡度标准转弯率正常盘旋仪表指示

盘旋高度变化会影响到盘旋速度。如果盘旋高度增加，则飞机重力沿运动轨迹平行向后的分力会使飞行速度减小。反之，盘旋高度降低则会引起盘旋速度增大。这还表明，当盘旋高度和速度同时存在偏差时，应先保持好高度，再修正速度。

此外，任何时候都要做到盘舵协调，不使飞机产生侧滑。

3）盘旋中的盘舵量

盘旋中，飞机同时存在着绕立轴和横轴转动的角速度。飞机围绕盘旋中心旋转，外翼经过的路程长，相对气流速度较大；内翼经过的路程短，相对气流速度较小（见图 6.9）。以小坡度盘旋时，盘旋半径较大，外翼升力大于内翼升力较少，加上作用在两机翼上的惯性力力矩有使飞机坡度减小的趋势，所以为保持所需坡度，盘一般应处于中立位置附近（少量顺盘或反盘）；以中坡度和大坡度盘旋时，盘旋半径相对较小，外翼升力大于内翼升力较多，飞机有自动加大坡度的趋势，因此需压反盘以保持坡度。

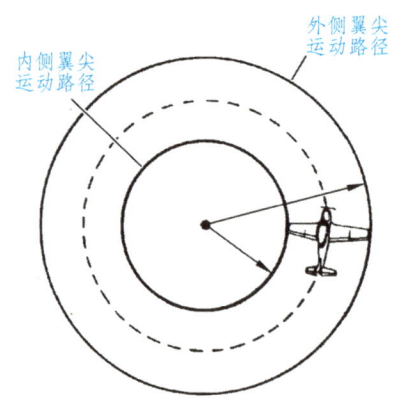

图 6.9　盘旋中两侧机翼的速度不同

盘旋时，飞机绕立轴转动，产生向盘旋外侧转动的方向阻转力矩，中小坡度盘旋时，蹬舵量并不大；大坡度盘旋时，向盘旋方向的蹬舵量相应加大。舵量的大小应以保持没有侧滑为准。

在盘旋中，还需要合理地分配注意力。应根据机头与天地线的相对位置和地平仪指示，保持好坡度；应根据高度表、升降速度表，保持好飞机的高度；同时应检查空速表、转弯侧滑仪，发现偏差，应及时修正，并向转弯方向观察。

归纳起来，盘旋中的基本操纵方法是：用盘保持好坡度，用杆保持好高度，用舵保持飞机不带侧滑，用油门保持速度。即是说，盘、杆、舵、油门四者正确的配合是做好盘旋的关键。

3. 改出阶段的操纵原理

从盘旋改为平飞，飞机的坡度减小需要一个过程。在这个过程中，飞机还带有坡度，还会继续偏转。为使飞机改出盘旋时处于预定方向，就必须提前做改出动作。坡度越大，提前量也必须大一些。通常情况下，提前改出的角度可设定为盘旋坡度的一半。改出的时机过晚，或改出的动作过慢，会使改出后超过预定方向；反之，改出时机过早，或改出动作过快，会使改出后落后于预定方向。

改出盘旋首先需要消除向心力。为此，应向盘旋的反方向压盘，以减小飞机坡度，同时向盘旋的反方向蹬舵，以制止飞机偏转，避免产生侧滑。飞机坡度减小，升力垂直分力逐渐增大，为了保持高度不变，需逐渐向前顶杆，同时柔和地收油门。当飞机接近平飞状态时，将盘和舵回到中立位置。

归纳起来，改出盘旋的基本操纵方法是：提前一定角度向盘旋反方向手脚一致地压盘、蹬舵，逐渐减小飞机坡度，并防止侧滑。随着坡度的减小，向前顶杆，并收小油门，飞机接近平飞状态时，将盘和舵回到中立，保持平飞。

6.3 侧滑和螺旋桨副作用对盘旋的影响

6.3.1 侧滑对盘旋的影响

当舵量与盘量不协调时，飞机就会出现侧滑。侧滑将引起飞机上的力和力矩发生变化，使飞机偏离预定的飞行状态，如图 6.10 所示。

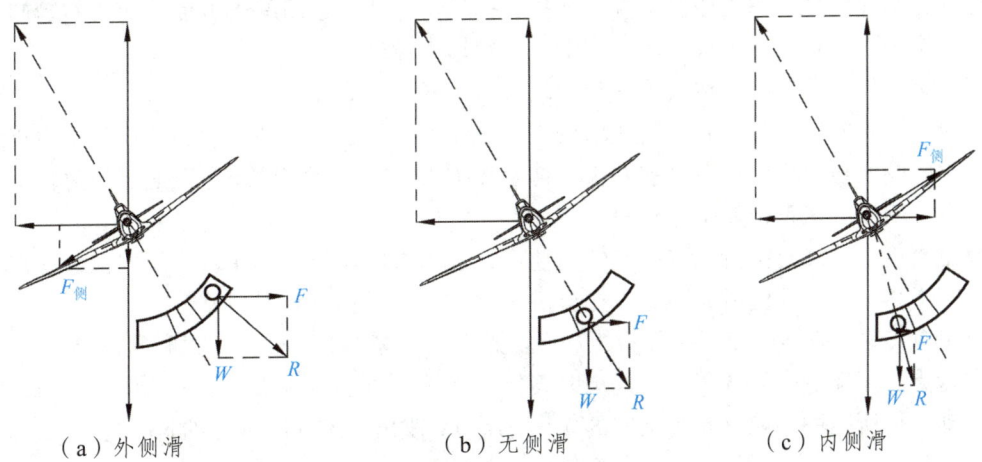

图 6.10 盘旋中有无侧滑时侧滑仪小球的受力

例如，盘旋中坡度正常，蹬舵过多会导致外侧滑，产生向内侧的侧力。侧力的垂直分力使盘旋高度降低，侧力的水平分力使盘旋半径减小。同时，外侧滑还会引起外翼升力增大、内翼升力减小，促使飞机坡度增大，进一步使盘旋高度降低、盘旋半径减小。外侧滑时，侧滑仪小球因惯性离心力增大而滚向玻璃管的外侧，即表示飞机带有外侧滑，如图6.11所示。

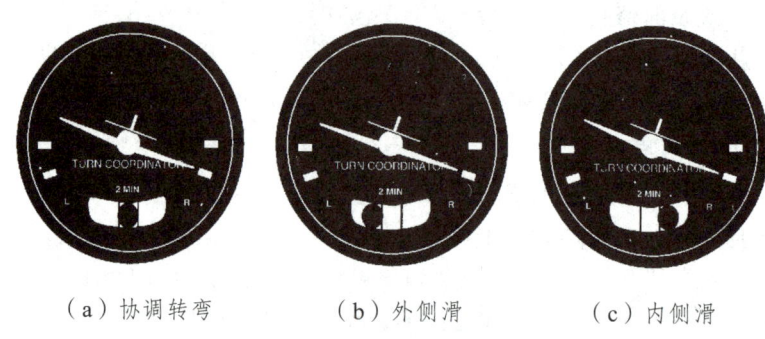

（a）协调转弯　　　（b）外侧滑　　　（c）内侧滑

图 6.11　盘旋时转弯侧滑仪指示

盘旋中坡度正常，蹬舵过少会导致内侧滑，产生向外侧的侧力。此时，侧力的垂直分力将使盘旋高度增加，侧力的水平分力使盘旋半径增大。内侧滑还会引起内翼的升力增大、外翼的升力减小，促使飞机坡度减小，进一步使盘旋高度增加、盘旋半径增大。内侧滑时，侧滑仪小球因惯性离心力减小而偏向玻璃管内侧，即表示飞机带有内侧滑。

盘旋中，如发现侧滑仪小球不在中央，则表示飞机带有侧滑，此时应先检查坡度是否正确。如果坡度正常，飞机仍带有侧滑，就应向侧滑仪小球偏转一侧蹬舵，使侧滑仪小球回到中央位置，从而消除侧滑。

6.3.2　螺旋桨副作用对盘旋的影响

对螺旋桨飞机，螺旋桨副作用对盘旋状态的保持有一定的影响。现以右转螺旋桨飞机为例，说明螺旋桨副作用对左、右盘旋的影响。

反作用力矩力图使飞机左倾；滑流的扭转作用力图使机头左偏；在左盘旋中，机头水平向左移动，引起的进动作用使机头垂直上抬，产生内侧滑，力图减小坡度；而在右盘旋中，进动使机头垂直下移，使飞机产生外侧滑，力图增大坡度。

螺旋桨副作用的影响，在盘旋各阶段均有所不同，现分述如下。

在盘旋进入阶段，飞机旋转角速度较小，进动作用不大，加油门引起的反作用力矩和滑流扭转力矩较明显，飞机有左滚和左偏趋势。故进入右盘旋所需的压盘蹬舵量相对较大，而进入左盘旋所需的压盘蹬舵量相对较小。

稳定盘旋中，飞机保持恒定的旋转角速度，进动作用较明显。在右盘旋中，进动作用使机头垂直下移，产生外侧滑，因此飞行员应多回一些舵。左盘旋则相反。

改出盘旋时，收油门使反作用力矩和滑流扭转力矩减弱，飞机有右滚和右偏趋势。因此，改出右盘旋，压反盘的量应稍大。但同时飞机的旋转角速度逐渐减小，进动作用减弱，原来修正进动作用所蹬的左舵就起蹬反舵的作用，所以，改出时实际蹬反舵的量变化不大。同理，改出左盘旋时，压反盘的量稍小，蹬反舵的量变化不大。

螺旋桨副作用对大、小坡度的盘旋都有影响，只是影响程度不同。坡度越大，发动机功率和飞机的旋转角速度都较大，其影响也就比较明显。

6.4 盘旋相关机动飞行简介

6.4

为了提高飞行员的基本驾驶技术，训练飞行中还广泛使用各种机动飞行。这些机动飞行基本上都和盘旋相关，因此，本节对这些机动飞行做一简要介绍。

6.4.1 S形转弯

S形转弯通常由沿地面直线地标（如道路）所进行的一系列的180°半圆飞行所组成。整个机动中飞机高度保持不变，飞机的地面轨迹为一系列恒定半径的半圆。飞机以垂直于直线地标的方向进入，然后进行180°转弯，再以90°垂直穿越直线地标，如此往复进行，如图6.12所示。

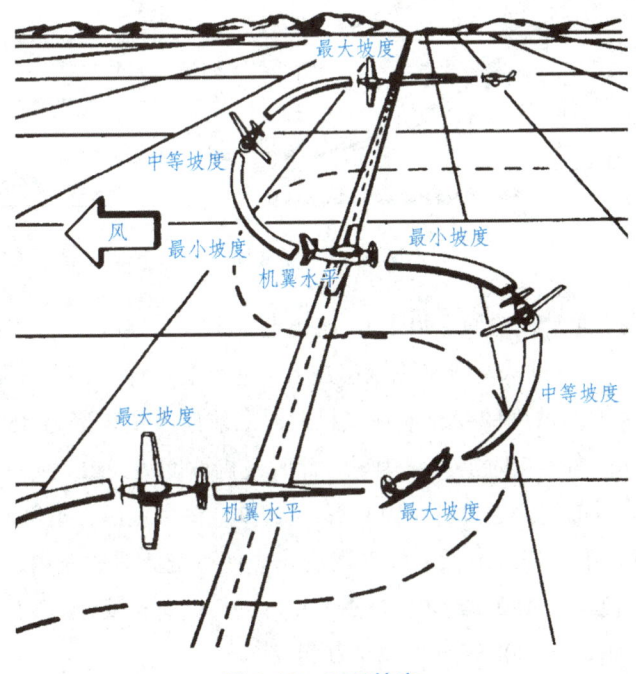

图 6.12　S形转弯

在有风的情况下，为保持恒定的地面轨迹，飞机必须对侧风做出修正，因而使整个操纵难度增加。在典型的有风情况下，飞机转弯过程中，采用航向法修正，坡度不再保持恒定，飞机机头偏转的角速度不再恒定。和无风情况下的正常盘旋相比，有风情况下的盘旋要求飞行员具备更高的基本驾驶技术和目视判断能力。

6.4.2 懒 8 字（Lazy Eight）

懒 8 字飞行的目的是培养飞行员对变化操纵力的感觉，以及在保持对飞机精确控制的同时，培养空间定位能力。它通过变速飞行下的连续上升转弯和下降转弯，来给飞行员提供变化的操纵杆力。这种机动常常用于演示和提高飞行员对飞机在最大性能状况下的操纵能力。

一个懒 8 字由两个相反方向的 180°转弯所组成，同时在每个转弯飞行中，按对称的方式进行上升和下降。懒 8 字飞行中，飞机任何时刻都不处于水平直线飞行中，而飞机坡度则处于交替变化中，只有在 180°转弯结束，飞机转向反方向转弯的瞬间，飞机坡度才为零，如图 6.13 所示。

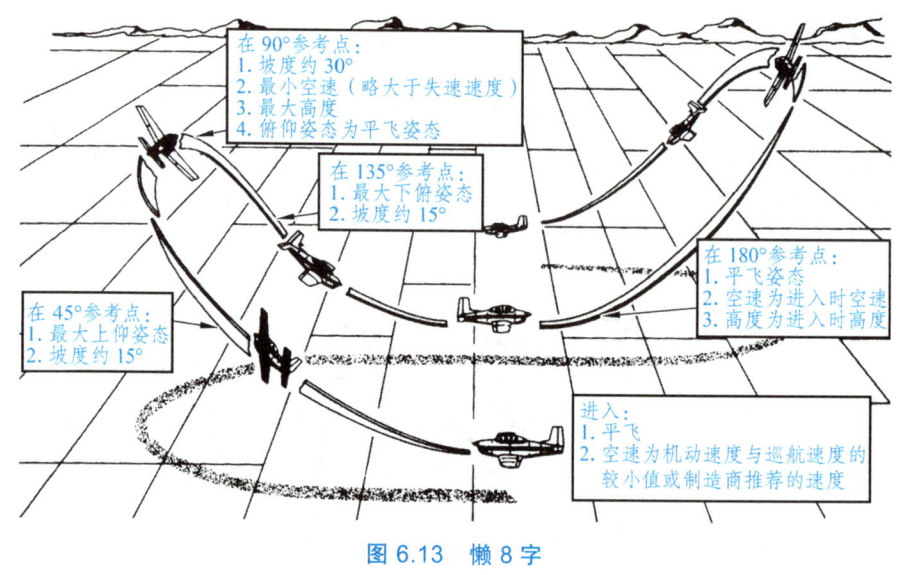

图 6.13　懒 8 字

进入懒 8 字之前，通常在地面上沿 180°航迹上选定 3 个参考点，分别为 45°参考点、90°参考点和 135°参考点。飞机从直线平飞状态进入，进入上升转弯，控制飞机在到达 45°参考点时俯仰姿态达到最大，坡度的变化应使飞机此时的航向改变正好为 45°；然后上升角逐渐减小，以使飞机在 90°参考点时上升角为零，此时飞机坡度达到最大（一般不超过 30°），速度达到最小（高于此时的失速速度 5～10 kt）；经过 90°参考点后，飞机转入下降转弯，应使飞机在 135°参考点处俯仰姿态最低，坡度的变化应使飞机此时的航向改变正好为 135°，然后逐步将飞机拉起，使其在 180°航向改变处正好与进入航向相反，且飞机坡度、下降角为零。随后的 180°转弯与前一个 180°转弯方向正好相反。

6.4.3 急上升转弯（Chandelle）

急上升转弯是一个 180°上升转弯，该机动飞行要求发挥飞机的最大飞行性能，对于给定的坡度和功率设置，在不失速的前提下使飞机高度爬升达到最大，同时，在 180°转弯结束时，飞机速度为最小可控速度，如图 6.14 所示。

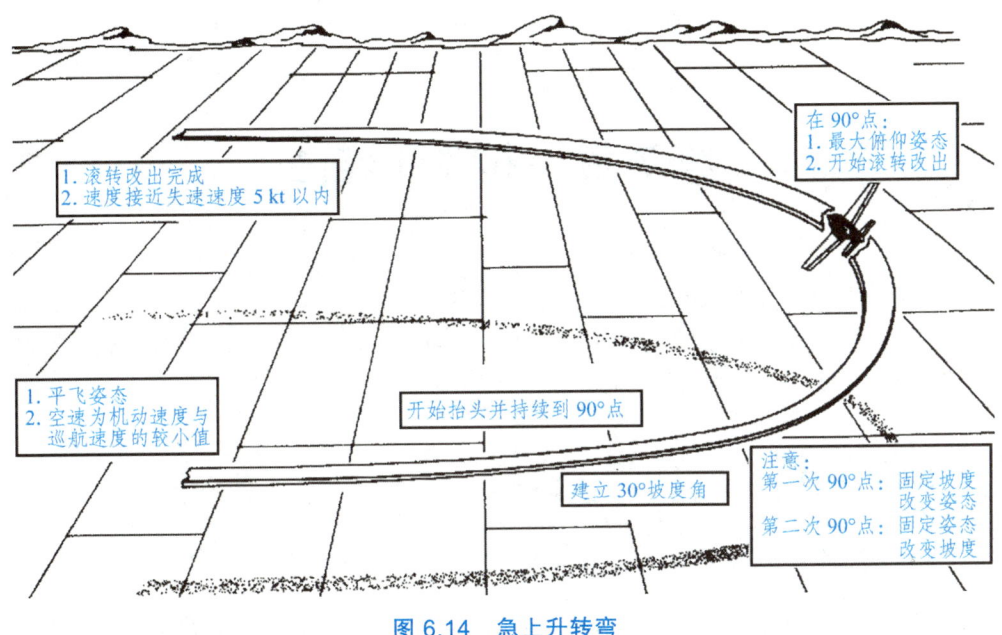

图 6.14 急上升转弯

进行急上升转弯的目的是锻炼飞行员的协调、空间定位、计划的能力和对最大性能飞行的感觉。

进入急上升转弯前，飞机处于定常直线飞行，速度可以是不大于设计机动速度的任何速度值，然后协调一致地进入上升转弯。在急上升转弯的第一个 90° 转弯中，坡度应始终保持为恒定值，但一般不超过 30°。带杆增加飞机俯仰姿态，使其在 90° 航向改变处俯仰姿态达到最大值。过了第一个 90° 参考点后的第二个 90° 转弯中，飞机坡度应逐渐改平，但飞机俯仰姿态应维持不变。在 180° 转弯结束时，飞机坡度改平，处于最小可控速度（高于失速速度 5 kt 以内），检查并短暂维持飞机俯仰姿态，然后柔和地降低俯仰姿态，转入平飞。

复习思考题

1. 飞机的载荷因素及强度等级是如何定义和划分的？
2. 说明侧滑的种类以及产生的原因。
3. 盘旋的各阶段中，飞机的各力及力矩是如何平衡的？

第 7 章 起飞和着陆

飞机的每次飞行,不论飞什么课目,也不论飞多高、飞多久,总是以起飞开始,以着陆结束。因此起飞、着陆是每次飞行所不可少的两个重要阶段。所以,飞行员首先需要掌握好起飞和着陆的技术。

7.1 预备知识

7.1.1 机场环境

飞机在起飞和着陆时的性能直接受到风的影响,因此机场设计时跑道的方向一般是由该地的常年平均风向决定的。

跑道两端的编号是由跑道的磁航向确定的。将跑道的磁航向圆整到最近的 10°,将最后的零去掉,即是跑道的编号。因此,跑道两端的编号在数值上总是相差 18。平行跑道的编号通常用数字后加字母的方式加以区别,如 27L、27R。

跑道上的标记形式取决于跑道所适用的环境。图 7.1 展示了三种典型的跑道标志,分别为基本跑道(适用于目视飞行)、非精密进近跑道和精密进近跑道,后两者适用于仪表飞行。非精密进近与精密进近的区别在于是否使用电子下滑道信号,前者包括 NDB 进近和 VOR 进近,后者包括 ILS 进近,即盲降。

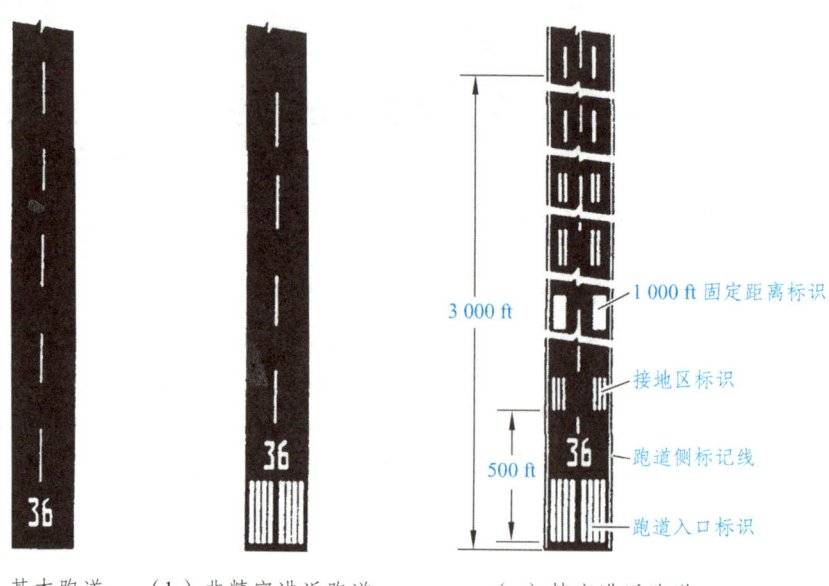

(a)基本跑道　　(b)非精密进近跑道　　(c)精密进近跑道

图 7.1　不同类型的跑道

跑道入口（Threshold）是指跑道可用于着陆部分的起端。有些跑道的入口标记并不在跑道端头，称之为内移跑道入口。它指出了飞机允许使用的正常起飞与着陆区域。滑行线用黄色实线表示，在跑道区域以外供飞机滑行使用。等待线表明飞机进入跑道前需要停止等待的位置，飞机越过等待线进入跑道必须经过塔台的允许，如图 7.2 所示。

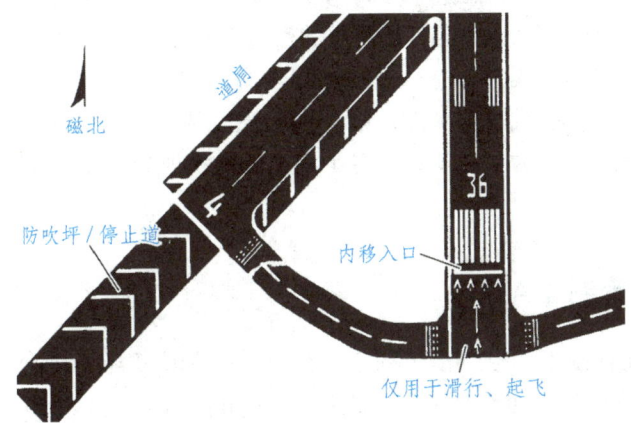

图 7.2　跑道标记

7.1.2　起落航线

建立起落航线的目的是使进入和离开机场的飞行流量得到合理的控制。它广泛地应用在目视进近中。虽然每个起落航线的方向、宽度和高度不尽相同，但是大部分机场使用矩形起落航线形式。矩形起落航线由五个直线段组成，从起飞到着陆的五个直线段分别叫作一边（Departure Leg）、二边（Crosswind Leg）、三边（Downwind Leg）、四边（Base Leg）、五边（Final Leg）。矩形起落航线由四个转弯组成，从起飞到着陆的四个转弯分别叫作一转弯、二转弯、三转弯和四转弯，如图 7.3 所示。

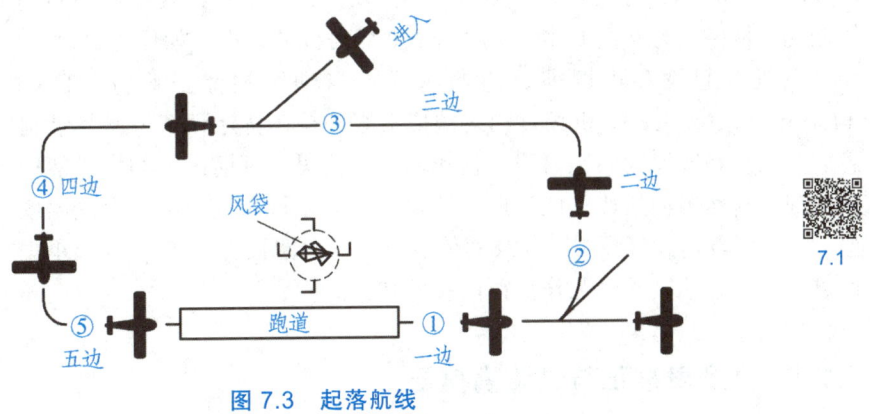

图 7.3　起落航线

矩形起落航线的一边沿着起飞跑道的方向，开始于飞机起飞离地，终止于一转弯的开始。如果要脱离起落航线，可保持起飞方向直线离场或进行 45° 左转离场。二边航迹垂直于跑道中心线。三边航迹平行于跑道，离跑道的距离为 0.5～1 mile，典型的三边飞行高度为距跑道平面 1 000 ft。加入起落航线时，一般在三边以 45° 角度加入。三边飞行正切跑道头或预定接地点时，计时至规定值后进入三转弯。四边为三边与最后进近段的过渡段，其地面航迹垂直于跑道中心线，一般为下降飞行。五边即最后进近段，是整个起落航线中最重要的部分，要求飞行员对飞机速度和下降角做出精确判断和控制，使飞机在预定地点接地。

起落航线中，如果一转弯、二边、二转弯是一个 180° 的转弯，三转弯、四边、四转弯也是一个 180° 的转弯，即由两个 180° 转弯组成的航线叫标准起落航线。由两个 180° 转弯组成的航线且高度低叫低空小航线。

除非特别声明，起落航线一般为左航线，即起飞后的转弯均为左转弯。FAR 91 部规定：在起落航线中，飞机速度不大于 156 kt（对于活塞发动机飞机）和 200 kt（对于喷气发动机飞机）。

7.1.3　空中交通管制（ATC）

我国的空中交通管制工作分别由下列空中交通管制单位实施：塔台空中交通管制室（塔台）；空中交通服务报告室；进近管制室（进近）；区域管制室（区调）；民航地区管理局调度室（管调）；中国民航局空中交通管理局总调度室。

塔台管制室负责对本塔台管辖范围内航空器的开车、滑行、起飞、着陆和与其有关的机动飞行的管制工作。空中交通服务报告室负责审查航空器的飞行预报及飞行计划。进近管制室负责一个或数个机场的航空器进、离场的管制工作。区域管制室负责向本管制区内航空器提供空中交通管制服务。管理局调度室负责监督、检查管辖范围内的飞行，组织协调管辖范围内各管制室之间和管制室与航空器经营人航务部门之间飞行工作的实施。总调度室负责监督全国范围内的有关飞行，控制全国的飞行流量，组织、承办专机飞行的有关管制工作，审批不定期飞行和外国航空器非航班的飞行申请。

航空器进行航路和航线飞行时，应当按照所配备的巡航飞行高度层飞行。真航线角为 0°～179°，高度为 900～5 700 m，每隔 600 m 为一个高度层；真航线角为 180°～359°，高度为 600～6 000 m，每隔 600 m 为一个高度层。国际上广泛使用的飞行高度层（Flight Level）的概念，是将压力高度（英尺）除以 100 后得到的数据，如压力高度 27 000 ft，称为 FL270。

飞机在起飞和进近前，应收听机场自动终端情报服务 ATIS（Automatic Terminal Information Service）。机场自动终端情报服务是在特定频率上反复录制的、播送基本交通信息。其内容和顺序为固定格式：机场名称；代码；预期进近类别；使用跑道；重要的跑道道面情况；地面风向风速；能见度、跑道视程；现行天气报告；大气温度、露点、高度表拨正值；趋势型着陆天气预报；以及其他必要的飞行情报。ATIS 可以减小飞行员与管制员之间的信息交流量，达到减轻工作负荷的目的。

7.1.4　高度表拨正与过渡高度层

飞机巡航时，国际上包括我国都是以 ISA 标准大气海平面压力（1 013.2 mbar 或 29.92 inHg）作为基准来设定高度表的，称为 QNE 设定，相应的高度称标准海压高度。但在起飞着陆中以及机场区域内的高度表设置，除 QNE 设定外，还有两种设置方法：一种是使用场面气压,称为 QFE 设定;另一种是使用修正海平面气压,即将观测到的场面气压,按 ISA 大气条件修正到平均海平面 MSL 的气压,称为 QNH 设定。

使用 QFE 时,飞机停在地面上,高度表指零,飞机在空中时,高度表指示的是相对于机场表面的高度。使用 QFE 存在的局限是,由于高度表的基准设定范围是有限的,因此,当机场高度超过一定值后,将无法使用 QFE 设定。使用 QNH 时,飞机停在地面上,高度表指示的是机场的标高,飞机在空中时,高度表指示的是相对于平均海平面 MSL 的高度。不像 QFE 设定,使用 QNH 设定时没有机场标高的限制。另外,使用 QNH 时,高度表读数与障碍物标高之差即为航空器与障碍物的超障余度,有利于飞行安全。

为便于和国际规则接轨,中国民用航空局空管局于 2001 年规定,从 2001 年 8 月 9 日开始,至 2002 年 8 月 8 日止,全国 103 个民用机场(不包括军民合用机场)分为三批,统一使用 QNH 代替 QFE 和 QNE(也称零点高度),作为飞机在起降阶段的高度表设定标准。

起飞着陆的航空器,在穿越一定高度时,必须进行 QNH/QNE 的转换。对于起飞的航空器,在过渡高度进行转换,过渡高度(Transition Altitude)是基于 QNH 的一个高度。对于着陆的航空器,在过渡高度层进行转换,过渡高度层(Transition Level)是基于 QNE 的一个高度,它必须在过渡高度之上至少 300 m。过渡高度与过渡高度层之间的空间,称为过渡夹层(Transition Layer),如图 7.4 所示。

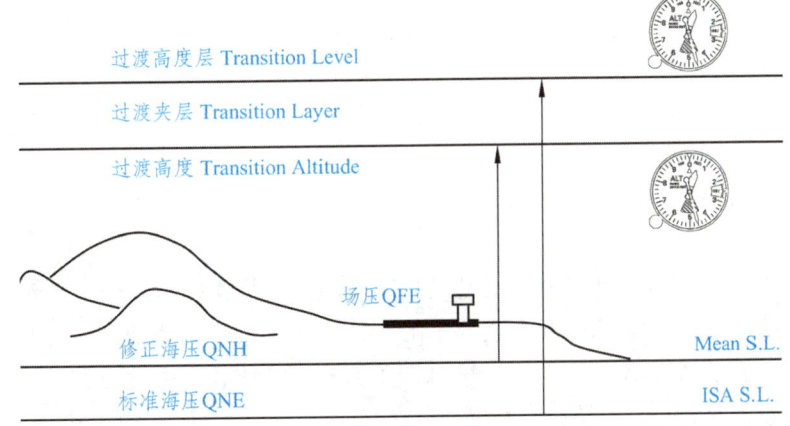

图 7.4 过渡高度与过渡高度层

7.2 地面滑行

在机场上停机坪内及其周围,通常有各种活动存在,如飞机在附近的跑道上起飞或着陆;飞机滑进和滑出停机坪;加油车和人员在飞机周围活动等。因此,在地面上对飞机进行任何操纵时,都必须对周围的情况加以警惕。小型飞机上最危险的部件通常是螺旋桨,在某些情况下,可能很难看见正在旋转的螺旋桨,因此,任何人员应该养成一个离开与接近飞机的正确习惯,即从飞机的后部接近飞机,离开时则以相反的次序进行。

在进入飞机以前,首先需要对飞机的外部情况进行目视检查,然后,按计划对发动机进行起动、预热检查,飞机滑进跑道后,进行起飞前检查,以发现任何系统和操纵上的错误。

这些检查通常按照飞行手册中提供的检查单逐项进行。检查单确保所有的项目都按照正常的顺序得以检查，飞行员不能认为检查单只是对记忆力不好人员的一种辅助，即使是很有经验的职业飞行员也不允许在没有检查单的情况下飞行，它是确保飞行安全的一种必要手段。

下面主要讨论飞机在起飞前以及着陆后在滑行道上的地面滑行技术。

飞机不超过规定的速度，在地面所做的直线或曲线运动，称为滑行。滑行中作用于飞机上的力有：拉力或推力 P、机轮摩擦力 F、飞机重力 W、地面反作用力 N、升力 L、阻力 D，如图 7.5 所示。飞机在滑行中，速度很小，升力和阻力可略而不计，飞机重力和地面反作用力始终平衡，这时对滑行速度起决定作用的是拉力和机轮摩擦力。当拉力大于摩擦力时，滑行速度加快；反之，滑行速度减慢。因此，飞行员可操纵油门和刹车来改变拉力和摩擦力，以改变或保持滑行速度。

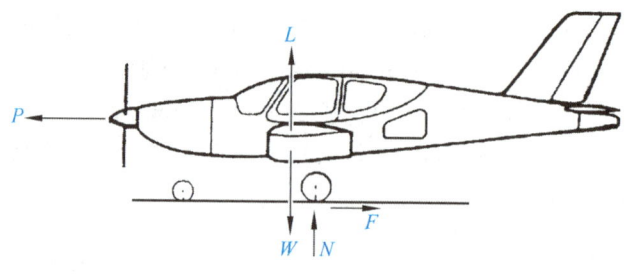

图 7.5　飞机滑行时的受力情况

7.2.1　直线滑行

对直线滑行的基本要求是：飞机平稳起滑，滑行中保持好速度和方向，并使飞机能停止在预定的位置。

滑行前，须注意检查飞机周围以及沿滑行道周围任何物体的移动情况，观察其他正在起飞、着陆和滑行的飞机，这是确保安全的基础。飞机从静止开始移动，拉力必须大于最大静摩擦力，故飞机开始滑行时应适当加大油门，飞机开始移动后，摩擦力有所减小，应适量减小油门，保持起滑平稳。

前三点式飞机在直线滑行中，当飞机受扰偏转时，主轮的侧向摩擦力对重心形成的力矩，能制止飞机偏转，起方向稳定作用；前轮的侧向摩擦力对重心形成的力矩会加速飞机的偏转，起方向不稳定作用。由于飞机主轮承受的载荷大，致使主轮侧向摩擦力形成的稳定力矩大于前轮侧向摩擦力所形成的不稳定力矩。这就是说，在直线滑行中，当扰动使滑行方向发生偏离时，前三点式飞机具有自动修正这个偏离的特性，即前三点式飞机在滑行中具有自动方向保持能力，而后三点式飞机则相反。前三点式飞机滑行时受扰动后的受力情况如图 7.6 所示。

直线滑行时，视线以前方固定距离的地面为主，参看滑行道中心线，并对前方左右 45°的扇形区域进行观察。根据飞机纵轴与滑行道中心线的相对偏转和飞机是否偏离预定路线来判断滑行方向，根据飞机与地面的相对运动快慢判断速度的大小。发现偏转时，应及时向偏转的反方向蹬舵修正。

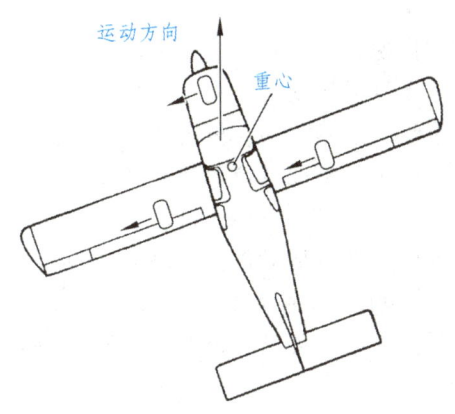

图 7.6　前三点式飞机滑行时受扰后的受力情况

滑行速度的大小应以维持对飞机的控制为准,如接近障碍物、道面质量差或准备转弯时,应适量减小滑行速度。如要加大滑行速度,应柔和地加大油门,接近预定速度时,再适当收小油门。如滑行速度大,应收小油门,必要时使用刹车减速。在正常的滑行速度下,飞机各个气动舵面只产生很小的气动力,因此,在杆舵上通常感觉不到气动力的存在。

7.2.2　滑行转弯

前三点式飞机一般可用脚蹬操纵前轮偏转来进行滑行转弯。例如,要使飞机向左滑行转弯,飞行员蹬左舵,前轮左偏,在前轮偏转的初始瞬间,前轮连同飞机仍然保持原来运动方向,于是,前轮产生一个向左的侧向摩擦力,飞机向左偏转的同时,主轮上也产生向左的侧向摩擦力,主轮与前轮侧向摩擦力的合力,就是滑行转弯的向心力。

采用向转弯方向单刹车的方法,也可使机头偏转进行转弯。例如,滑行中只踩左刹车,左主轮摩擦力大于右主轮摩擦力,形成左偏力矩,使飞机向左转弯。使用单刹车转弯,内侧主轮除承受侧向摩擦力外,还要承受因刹车而增加的后向摩擦力。速度越大,转弯半径越小,则内侧主轮承受的载荷越大。所以,禁止使用单刹车进行大速度小半径的转弯。

转弯前,应首先减小飞机的滑行速度,并向转弯方向观察,然后向转弯方向蹬舵,使飞机进入转弯。转弯中,主要用脚蹬量的大小调整转弯角速度,必要时可适当使用刹车。当飞机纵轴接近改出目标时,脚蹬应逐渐放平,使飞机对准预定中心线,退出转弯。

转弯时,应注意蹬舵量不宜过大,禁止带刹车滑行。

7.2.3　影响滑行转弯半径的因素

一般情况下,滑行转弯时作用于机轮上的侧向摩擦小于机轮与地面之间的最大静摩擦力,即机轮不产生侧向滑动,其运动轨迹仍与飞机运动方向一致。从力学原理知,滑行转弯半径的大小取决于滑行速度和向心力的大小。滑行速度一定,向心力越大,转弯半径越小;向心力一定,滑行速度越小,转弯半径也越小。

滑行转弯中，可借助机头偏转的快慢来控制转弯半径的大小。在滑行速度一定的情况下，偏转越快，侧向摩擦力越大，转弯半径越小。不管采用何种方法使飞机滑行转弯，转弯半径都不能过小，这是因为，要得到很小的转弯半径，前轮和主轮上产生的侧向摩擦力势必加大，这样一方面会加剧轮胎的磨损；另一方面，机轮上的侧向摩擦力还会对起落架支柱连接点形成很大的侧向力矩，当这种力和力矩大到一定程度时，会使轮胎磨破，或使起落架支柱变形甚至折断。为此，各型飞机都规定有最小转弯半径，如图 7.7 所示。

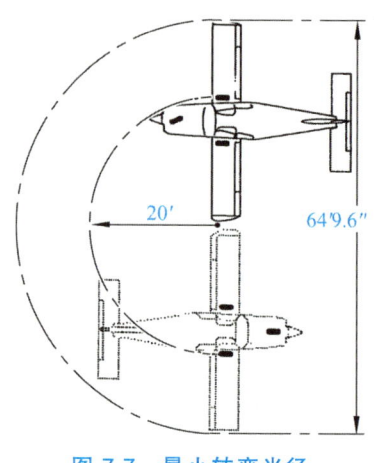

图 7.7 最小转弯半径

7.3 起 飞

对于正常类、实用类，飞机从跑道上开始滑跑，加速到抬前轮速度 v_R 时抬前轮，离地上升到距起飞表面 50 ft 高度，速度达到起飞安全速度 v_2 的运动过程，叫作起飞。

飞机起飞前，必须确保发动机处于正常工作状态，襟翼和配平设置于起飞位，高度表设定正确，变距杆和混合比杆均置于最前位。得到塔台的许可后，才能从滑行道等待线处进入跑道，然后将飞机对准跑道方向，摆正机轮，准备起飞。

7.3.1 飞机正常起飞的操纵原理

飞机从地面滑跑到离地升空，是由于升力不断增大，直到大于飞机重力的结果。而只有当飞机速度增大到一定时，才可能产生足以支持飞机重力的升力。可见飞机的起飞是一个速度不断增加的加速过程。

现代小型飞机与大型飞机的起飞过程基本相同，一般可分为起飞滑跑、抬前轮离地、初始上升三个阶段，如图 7.8 所示，下面分别论述。

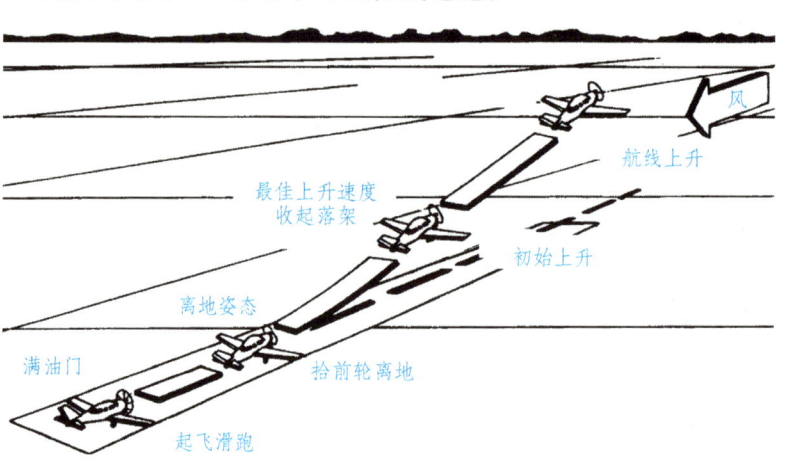

图 7.8 飞机的起飞过程

1. 起飞滑跑

起飞滑跑的目的是增大飞机的速度，直到获得离地速度。如何使飞机加速滑跑，如何保持滑跑方向，这是起飞滑跑阶段要关注的主要问题。

飞机滑跑时作用于飞机的力与飞机滑行时类似，如图 7.5 所示。由图可写出飞机滑跑时的运动方程式为

$$\begin{cases} \dfrac{W}{g}a = P-(D+F) \\ N = W-L \end{cases} \quad (7.1)$$

为使飞机滑跑距离最短，必须给飞机最大的加速力。飞机的加速力为拉力与飞机总阻力之差，即剩余拉力。剩余拉力的表达式为

$$\Delta P = P-[D+f(W-L)]$$

在滑跑过程中，速度不断增加，作用于飞机的各力都在不断地变化着。在起飞滑跑阶段，总的加速力随着滑跑速度的增大而减小。这是因为：一方面，随着滑跑速度的增大，阻力增大，飞机的总阻力逐渐增加；另一方面，随着滑跑速度的增大，螺旋桨拉力不断减小。因此飞机加速度不断减小，如图 7.9 所示。

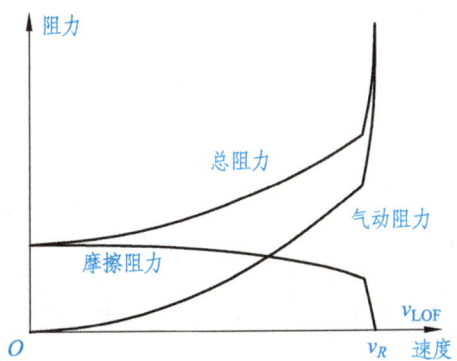

图 7.9 滑跑中阻力随速度的变化

前三点式飞机的停机角比较小，以三点姿态滑跑时对应的总阻力一般接近最小。

为使飞机起飞滑跑距离缩短，应使用最大拉力即满油门起飞。加油门应考虑滑流导致的机头偏转，应抵舵修正。开始滑跑后，应把脚移至脚蹬的下半部分，以避免在起飞滑跑过程中无意刹车。

前三点式飞机在滑跑中具有良好的方向稳定性，易于保持滑跑方向。随着滑跑速度的增加，飞机各舵面的气动效能增强，杆舵上杆力增加。对螺旋桨飞机，起飞滑跑中引起飞机偏转的主要原因是螺旋桨的副作用。加减油门和推拉驾驶杆的动作越粗猛，螺旋桨副作用越大。

以右转螺旋桨飞机为例，在起飞滑跑阶段，反作用力矩和滑流的扭转作用都使机头有向左偏转的趋势，应适当抵右舵。抬前轮时，进动作用使飞机有向右偏转的趋势，使得飞机的左偏趋势减弱。

为使起飞滑跑过程中保持方向，应正确分配注意力，根据机头与前方目标的相对运动，及时发现和修正偏差。用舵修正方向时，注意舵量不宜过大。

2. 抬前轮离地

如果在整个起飞滑跑阶段都保持三点姿态滑跑，由于迎角小，必然要将速度增大到很大才能产生足够的升力使飞机离地，这将导致起飞滑跑距离过长。因此，当速度增大到适当值时，即预先规定的前轮速度时，应柔和一致向后带杆抬起前轮，以增大迎角、增大升力并离地，缩短滑跑距离。

抬前轮过程中，迎角增加，升力增加，飞机有继续上抬的趋势，因此在接近预定俯仰姿态时，应向前回杆，以使飞机保持在规定的离地姿态。离地姿态是通过机头与天地线的相对高低位置，并结合地平仪来判断的。抬起前轮后，继续保持姿态，飞机经过短暂的两点滑跑加速到离地速度，升力稍大于重力，即自动离地。机轮离地后，机轮摩擦力消失，地面效应减弱，飞机有上仰趋势，此时应向前迎杆以保持俯仰姿态。

抬前轮时机过早，飞机以小速度升空，稳定性和操纵性较差，拉杆的杆位移大，小速度升空的安全裕量小，在升空后的机动飞行如侧风修正时，将使飞机失速的危险性增加。小速度升空，还可导致飞机升空后由于地面效应的减弱或消失，使飞机升力重新小于重力，导致飞机再次接地，危及飞行安全。另一方面，抬前轮时机过晚，飞机以大速度离地，则起飞滑跑距离过长，起飞性能差。因此，应严格按照手册中规定的抬前轮速度拉杆，手册中的抬前轮速度是基于各种因素，同时考虑到安全和起飞性能裕度科学制定的。

前轮抬起高度过低会使飞机迎角过小，导致两点滑跑段增长，起飞性能差。前轮抬起过高会使迎角过大，导致飞机迅速升空，安全裕量小。仰角过大，还可能造成机尾擦地。因此，前轮抬起高度应严格按照手册中规定的离地姿态进行。

3. 初始上升

离地后，确保飞机有正的上升率，即升降速度表为正时，收起落架。同时需用杆使飞机继续保持在规定的俯仰姿态加速上升，在 50 ft 处飞机加速至大于起飞安全速度 v_2。过 50 ft 高度后，根据手册中规定的起飞程序，继续上升至相应的高度，再收襟翼和收油门至上升功率，然后按照规定的程序和路线离场，加入航线或飞往指定训练空域。在这一过程中可随时配平杆舵。

初始上升中，由于油门保持最大功率状态，速度的调整是通过俯仰姿态的调整来进行的。通过机头与天地线的相对位置和仪表指示来判断俯仰姿态和坡度的大小，根据侧滑仪判断飞机是否带有侧滑。密切注意飞机的轨迹应沿跑道起飞方向进行，避免飞机起飞后发生侧向漂移，导致与障碍物接近或相撞。及时发现偏差并用盘舵修正。飞机俯仰与方向舵配平面板如图 7.10 所示。

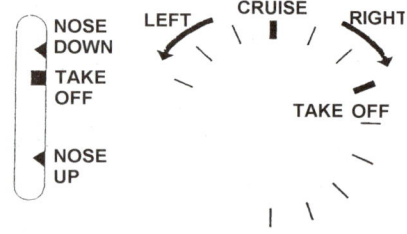

图 7.10 俯仰与方向舵配平面板

7.3.2 起飞性能

起飞性能主要包括离地速度、起飞滑跑距离和起飞距离。

1. 离地速度 v_{LOF}

飞机起飞滑跑时，当升力正好等于重力时的瞬时速度，叫作离地速度。达到离地速度时，升力等于重力，即

$$L = C_{LLOF} \frac{1}{2} \rho v_{LOF}^2 S = W$$

故

$$v_{LOF} = \sqrt{\frac{2W}{C_{LLOF} \rho S}} \tag{7.2}$$

式中　v_{LOF}——离地速度（真速）；

　　　C_{LLOF}——离地时的升力系数。

从式（7.2）中可见，离地速度与飞机的起飞重量、空气密度、离地时的升力系数有关，飞机重量越大，空气密度越小，离地时的升力系数越小，离地速度就越大。

离地时升力系数的大小取决于离地迎角和襟翼位置，离地姿态增大以及放襟翼起飞都使离地速度减小。空气密度与机场标高有关，同一机场，空气密度又与大气温度、大气压力有关。气温升高或气压下降以及在高原机场起飞，都将使离地速度（真速）增大。但大气密度的变化，并不影响飞机的离地表速大小。

2. 起飞安全速度 v_2

起飞安全速度是飞机达到高于起飞表面 50 ft 时必须达到的最小速度。它是基于当前构型的失速速度规定的。对于正常类、实用类和特技类的单发飞机，CCAR 23.51 规定，起飞安全速度必须不小于 1.2 v_{S1}，或在包括紊流和发动机完全停车在内的所有情况下，表明是安全的较小的速度，但都不得小于 $v_x + 4$kt。

飞机在 50 ft 达到起飞安全速度，就能保证飞机在正常起飞时具有足够的安全裕度进行必要的机动，如对侧风进行修正。

3. 起飞滑跑距离与起飞距离

飞机从开始滑跑至离地之间的距离，称为起飞滑跑距离 l_{TOR}。而起飞距离 l_{TO}，是指飞机从跑道上开始滑跑到离地 50 ft 高度所经过的水平距离。飞机起飞距离的长短，是衡量起飞性能好坏的重要标志之一。

如果知道了离地速度和滑跑时间，起飞滑跑距离就可用下式近似计算，即

$$l_{TOR} = \frac{1}{2} a_{AVG} t_{TOR}^2 = \frac{v_{LOF}^2}{2 a_{AVG}} \tag{7.3}$$

从式中可以看出，起飞滑跑距离取决于离地速度和平均加速度。离地速度越小、平均加速度越大，滑跑距离越短。

平均加速度可表示为

$$a_{AVG} = \frac{P_{AVG} - [D + f(W - L)]}{W} g$$

式中，P_{AVG} 为滑跑中拉力的平均值，代入升力和阻力公式并化简得

$$a_{AVG} = g \left\{ \frac{P_{AVG}}{W} - \left[f + \frac{\rho v^2 S}{2W}(C_D - f C_L) \right] \right\}$$

现代飞机在起飞滑跑中的平均拉力都较大,气动阻力项往往可以忽略,即近似认为等于零,则平均加速度的近似计算公式为

$$a_{\text{AVG}} = g\left(\frac{P_{\text{AVG}}}{W} - f\right) \tag{7.4}$$

将式(7.4)代入式(7.3),即得起飞滑跑距离的近似计算公式

$$l_{\text{TOR}} = \frac{v_{\text{LOF}}^2}{2g\left(\dfrac{P_{\text{AVG}}}{W} - f\right)} \tag{7.5}$$

飞机的起飞距离是由滑跑距离和上升到 50 ft 高度所经过的空中段的水平距离组成的。起飞滑跑距离的计算前面已经讲授,下面介绍上升到 50 ft 高度所经过空中段水平距离的简化计算方法。

从离地上升到 50 ft 高度前进的水平距离 l_{AIR} 可用能量法来确定。由于上升角不大,平均剩余推力沿航迹做的功也可视为沿水平距离所做的功。根据能量守恒定律,飞机在 50 ft 高度所具有的动能与势能之和应等于飞机离地瞬间所具有的动能再加上平均剩余推力在飞机上升路程上所做的功,即

$$\frac{Wv_H^2}{2g} + WH = \frac{Wv_{\text{LOF}}^2}{2g} + \Delta P_{\text{AVG}} l_{\text{AIR}}$$

整理后即得上升段前进的水平距离的近似计算公式为

$$l_{\text{AIR}} = \frac{W}{\Delta P_{\text{AVG}}}\left(\frac{v_H^2 - v_{\text{LOF}}^2}{2g} + H\right) \tag{7.6}$$

4. 起飞性能图表

在实际飞行活动中,飞机的起飞性能是利用飞机飞行手册中提供的各种图表和曲线来确定的,这些图表和曲线给出了特定起飞程序下,在不同的温度和机场压力高度下,飞机的起飞性能数据。

7.6

常见的性能图表以表格的形式给出,表 7.1 为某型飞机的起飞性能表格示例。

表 7.1 起飞性能表格

温 度	距离/ft	压力高度/ft				
		0	2 000	4 000	6 000	8 000
ISA − 20 ℃	滑跑距离	440	505	580	675	785
	50 ft 起飞距离	830	950	1 100	1 290	1 525
ISA	滑跑距离	520	600	695	810	950
	50 ft 起飞距离	980	1 130	1 325	1 570	1 885
ISA + 20 ℃	滑跑距离	615	710	825	965	1 130
	50 ft 起飞距离	1 150	1 335	1 580	1 895	2 320

条件:离地速度 58 KIAS,50 ft 速度 65 KIAS,重量 1 984 lb,襟翼 10°。

它首先确定了起飞条件，即起飞重量 1 984 lb，襟翼 10°。使用该表时，如果知道起飞机场的 ISA 偏差和机场压力高度，就可得到在这种起飞条件下的起飞滑跑距离和起飞距离。

例 1 某机场压力高度为 2 000 ft，机场温度为 11 °C，起飞重量为 1 984 lb，起飞襟翼为 10°，确定其起飞滑跑距离和起飞距离。

解 首先确定机场的 ISA 偏差，由 ISA 大气条件可知：在 2 000 ft 处，ISA 标准温度为 11°C，因此机场 ISA 偏差为 ISA + 0 °C，由表中即可查表得到：起飞滑跑距离为 600 ft，起飞距离为 1 130 ft。

如果机场 ISA 偏差不等于表中提供的三个选项，即不等于 ISA − 20 °C，ISA，ISA + 20 °C 时，该怎样使用这些图表呢？答案是使用线性插值的方法。线性插值法假设两个数值点之间为线性变化，基于这一假设，两点之间的数值（如 ISA + 15 °C）可用直线方程求出。下面举例说明。

例 2 某机场压力高度为 2 000 ft，机场温度为 18 °C，起飞重量为 1 984 lb，起飞襟翼为 10°，确定其起飞滑跑距离和起飞距离。

解 首先确定机场的 ISA 偏差，由 ISA 大气条件可知：在 2 000 ft 处，ISA 标准温度为 11 °C，因此当前机场 ISA 偏差为 ISA + 7 °C，已知表格中没有这栏数据，需要进行线性插值，拟合出对应 ISA + 7 °C 的两行数据。

在压力高度 2 000 ft 时，ISA 对应的滑跑距离为 600 ft，ISA + 20 °C 对应的滑跑距离为 710 ft，设 ISA + 7 °C 对应的滑跑距离为 l_{TOR7}，由线性插值得

$$\frac{20-0}{7-0} = \frac{710-600}{l_{TOR7}-600}$$

则

$$l_{TOR7} = 600 + (710-600) \times 7/20 = 638.5 \text{ (ft)}$$

同理，设 ISA + 7 °C 对应的起飞距离为 l_{TO7}，由线性插值得

$$\frac{20-0}{7-0} = \frac{1\,335-1\,130}{l_{TO7}-1\,130}$$

则

$$l_{TO7} = 1\,130 + (1\,335-1\,130) \times 7/20 = 1\,201.75 \text{ (ft)}$$

最后答案为：起飞滑跑距离为 638.5 ft，起飞距离为 1 201.75 ft。

在飞行手册中，这样的表格一般给出几个，每个表格对应一个起飞重量。如果实际起飞重量正好与表格对应的起飞重量相等，则只需直接使用对应的表格即可。但是，如果实际起飞重量与每个表格对应的起飞重量均不相等，这时该怎样处理呢？

正确的处理方法仍然是线性插值，将最接近实际起飞重量的两个表格的相应数据进行线性插值，得到一个新的表格，新的表格与实际起飞重量对应，然后，就可以按照前面教授的两个例子进行处理了。当然，实际处理时，不一定需要将新表格中的所有数据都算出，只需将所需行列算出就可以了。

线性插值法广泛地应用于性能数据的处理中，必须对之加以掌握。

另外一种常见的性能图表以曲线的形式给出，使用曲线形式的性能图的好处是不需要进行计算，但是它的结果精确程度没有表格形式的高。图 7.11 所示为某飞机的起飞性能曲线，对于曲线的使用我们举例说明。

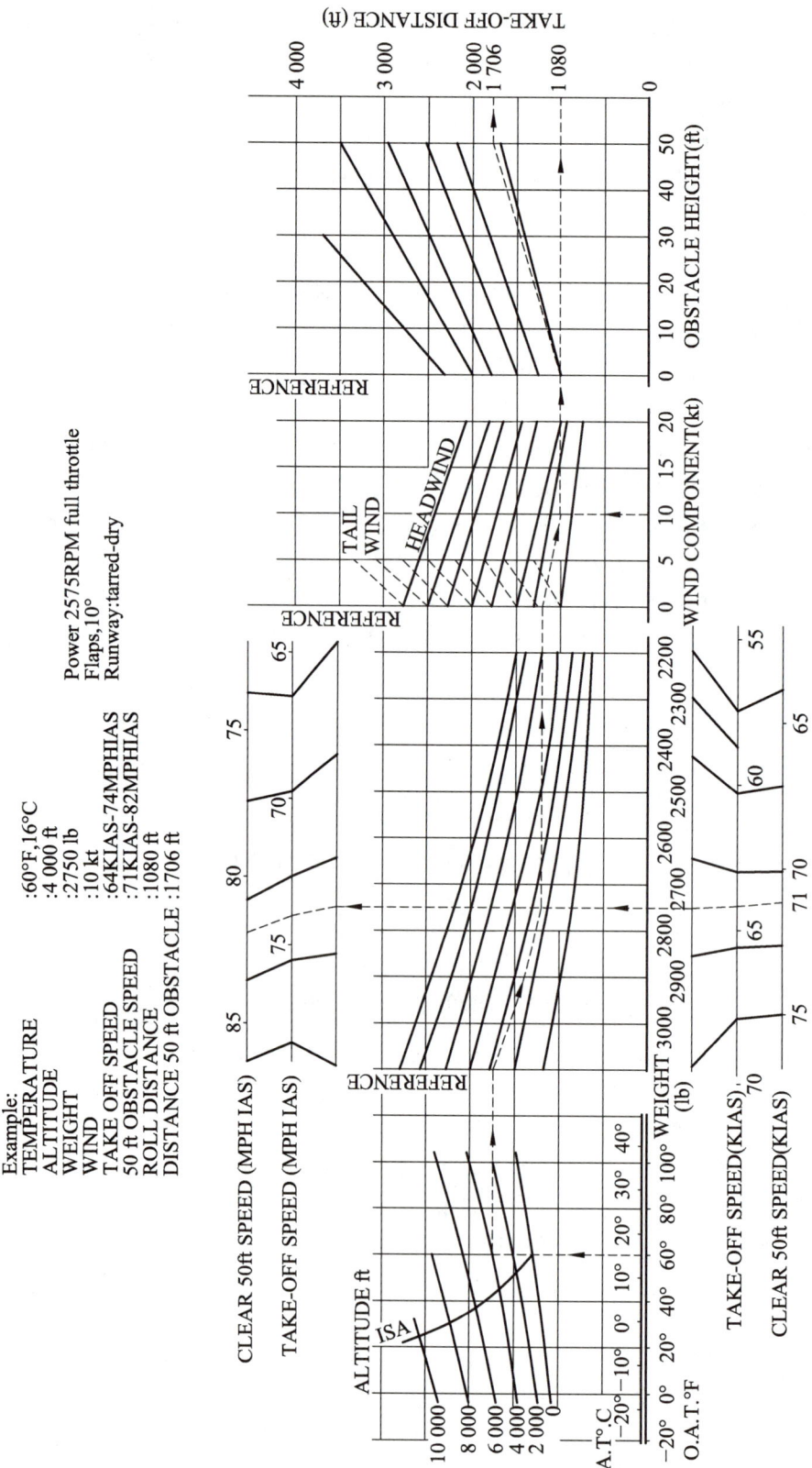

图 7.11 起飞性能曲线

例 3 机场温度 16 °C，机场压力高度 4 000 ft，起飞重量 2 750 lb，逆风 10 kt 起飞，襟翼 10°，求：起飞滑跑距离与起飞距离。

解 此曲线分为若干栏，其走线方式为从左到右。从图中左下部分 OAT（Outside Air Temperature）开始，由 16 °C 向上引直线，与机场压力高度 4 000 ft 对应的曲线相交，再水平向右引直线进入重量一栏。

在重量一栏中找到标为参考线（Reference Line）的直线，从右边水平过来的直线经过参考线后，沿图中提供的一组提示线按比例偏折，与起飞重量 2 750 lb 处向上引来的直线相交于一点，再从这点水平向右引直线，进入风（Wind Component）这一栏。

同重量一栏中的走线一样，从左边水平过来的直线经过这一栏的参考线后，沿图中提供的提示线按比例偏折，需要注意的是，这一栏提供的提示线有两组，实线对应逆风起飞，虚线对应顺风起飞。本例中由于是逆风起飞，应使用实线。按提示线偏折的走线与风速 10 kt 处向上引来的直线相交于一点，从这点水平向右引直线，进入障碍物高度（Obstacle Height）一栏。

障碍物高度为零的一条线同时也标注为参考线，从左边水平过来的直线如果直接穿过障碍物高度为零的线，向右得到的数值即为起飞滑跑距离，本例中为 1 060 ft。如果穿过参考线后，顺提示线比例偏折到障碍物高度为 50 ft 处，得到的数值即为起飞距离，本例中为 1 706 ft。

使用本图还可以得到起飞离地速度和飞机在 50 ft 处的速度。在重量一栏中，得到两条线的交点后，垂直向下进入速度一栏，按提示线比例偏折，可以得到起飞离地速度和 50 ft 越障速度，本例中分别为 64 KIAS 和 71 KIAS。

KIAS 代表以海里/小时（kt）表示的表速（IAS）。

5. 影响起飞滑跑距离和起飞距离的因素

影响起飞滑跑距离和起飞距离的因素有油门位置、离地姿态、襟翼位置、起飞重量、机场标高与气温、跑道表面质量、风向风速、跑道坡度等。这些因素一般都是通过影响离地速度或起飞滑跑的平均加速度来影响起飞滑跑距离和起飞距离的。

油门位置。油门越大，螺旋桨拉力越大，飞机增速快，起飞滑跑距离和起飞距离就短。所以，一般应用起飞功率或最大油门状态起飞。

离地姿态。离地姿态的大小取决于抬前轮的高度。抬前轮高度高，离地姿态大，离地迎角大，离地速度小，起飞滑跑距离短。反之，起飞滑跑距离长。实际中应按手册中规定的姿态离地。

襟翼位置。放大角度襟翼，升力系数较大，导致飞机离地速度较小，滑跑距离缩短；同时升阻比较小，导致飞机升空后上升梯度小。反之，放小角度襟翼，升力系数小，导致离地速度较大，起飞滑跑距离增加；同时升阻比较大，导致飞机升空后上升梯度大，如图 7.12 所示。因此起飞时使用襟翼角度的大小应综合考虑滑跑距离和升空后的越障能力。小型飞机应只能使用手册中规定的襟翼起飞。

起飞重量。起飞重量增大，不仅使飞机离地速度增大，而且会引起机轮摩擦力增加，使飞机不易加速。因此，起飞重量增大，起飞滑跑距离和起飞距离都增长。但飞机的实际起飞重量不能超过允许的最大起飞重量。

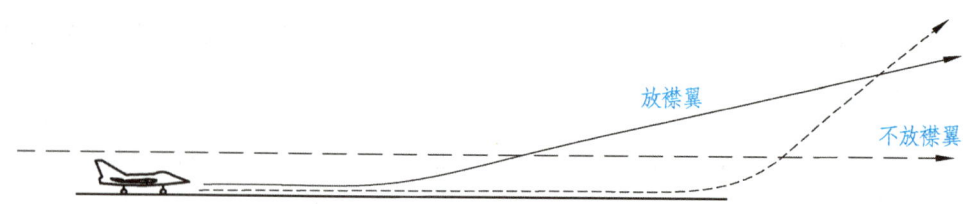

图 7.12 不同襟翼角度情况下起飞

机场压力高度与气温。机场压力高度或气温升高，都会引起空气密度减小，一方面使拉力减小，飞机加速慢；另一方面，离地真速增大（离地表速不变），起飞滑跑距离必然增长。所以，在高原机场起飞，起飞滑跑距离和起飞距离将显著增长。

跑道表面质量。不同跑道表面质量的摩擦系数不同，滑跑距离也不同。跑道表面如果光滑平坦而坚实，则摩擦系数小，飞机增速快，起飞滑跑距离短。反之，跑道表面粗糙不平或松软，起飞滑跑距离就长。跑道表面状况与摩擦系数的关系见表 7.2。

表 7.2 跑道表面状况与摩擦系数

跑道表面状况	不刹车时平均摩擦系数	刹车时平均摩擦系数
干燥混凝土道面	0.03～0.04	0.30
潮湿混凝土道面	0.05	0.30
干燥坚硬草地	0.07～0.10	0.30
潮湿草地	0.10～0.12	0.20
覆雪或积冰道面	0.10～0.12	0.10

风向风速。起飞滑跑时，为了产生足够的升力使飞机离地，不论有风或无风，离地空速（即表速）是一定的，但滑跑距离由地速决定。逆风滑跑时，离地地速小，所以起飞滑跑距离比无风时短。反之，顺风滑跑时，离地地速大，起飞滑跑距离比无风时长。顺逆风风速越大，对滑跑距离影响越大。所以飞行起飞方向应尽量选择逆风方向进行。有风情况下起飞，其滑跑距离可按下式近似计算

$$l_{\text{TOR}} = \frac{(v_{\text{LOF}} \pm u)^2}{2g\left(\dfrac{P_{\text{AVG}}}{W} - f\right)} \qquad (7.7)$$

式中，u 为风速，顺风取"+"号，逆风取"−"号。

跑道坡度。跑道有坡度时，由于重力沿航迹方向的分力的作用，会使飞机加速力增大或减小，下坡起飞，加速力增大，滑跑距离缩短。上坡起飞，加速力减小，滑跑距离增长。在有坡度跑道上的起飞滑跑距离的近似计算公式为

$$l_{\text{TOR}} = \frac{v_{\text{LOF}}^2}{2g\left(\dfrac{P_{\text{AVG}}}{W} - f \pm \sin\theta\right)} \qquad (7.8)$$

式中，下坡起飞取"+"号；上坡起飞取"−"号。

从以上分析知，影响起飞距离的因素中，有些因素（如油门位置、离地姿态、襟翼位置等）是飞行员能够加以操纵改变的，另一些因素（如跑道表面质量、风向风速和跑道坡度等）虽然飞行员无法改变，但可以充分利用这些因素的有利方面。因此为缩短起飞滑跑距离，应使用最大油门，放下一定角度襟翼，朝着逆风方向起飞。情况许可时，适当减轻重量或利用下坡起飞，可进一步缩短起飞滑跑距离。

7.4 着 陆

飞机以 3° 下降角，从 50 ft 高度过跑道头开始，下降接地滑跑直至全停的整个过程，叫作着陆。小型飞机的着陆过程一般可分为四个阶段：下降、拉平、接地和着陆滑跑，如图 7.13 所示。

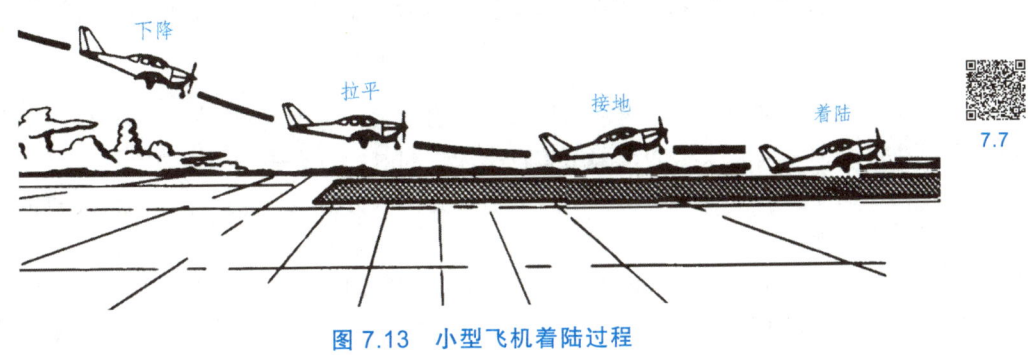

图 7.13 小型飞机着陆过程

7.4.1 飞机着陆的操纵原理

与起飞相反，着陆是飞机高度不断降低、速度不断减小的运动过程。

飞机最后进近段的目的是控制飞机的俯仰姿态和油门，以 3° 下降角下降，并以不小于 $1.3v_{s0}$ 的速度飞越距着陆平面 50 ft 高度。此时，飞机处于进近姿态，无风情况下飞机纵轴对准跑道中心线，发动机处于慢车工作状态，襟翼处于着陆位，起落架处于放下位。

随着高度进一步降低，飞机接近地面时，必须在一定高度上逐渐后拉驾驶杆，使飞机由进近姿态转入接地姿态，同时速度减小到接地速度，这个过程称为拉平。接地前，控制飞机下沉率，使飞机以规定的接地姿态和接地速度，以两主轮轻接地。飞机接地后，先两点滑跑，再转入三点滑跑直至停止，这个滑跑减速过程，就是着陆滑跑。

下面分析下降、拉平、接地和着陆滑跑四个阶段的操纵原理。

1. 下 降

下降是飞机最后进近的延续。目视进近中，一般结合矩形起落航线进行。在五边最后进近段，关键是保持下降角（3°）和五边下降速度，飞机以 50 ft 过跑道头时，必须将速度调整至 v_{REF}，即着陆进场参考速度或称过跑道头速度。v_{REF} 的大小为当前构型飞机失速速度的 1.3 倍。飞机一般是这样设计的：以 v_{REF} 过跑道，飞行员以正常状态减小功率并拉杆至接地姿态时，速度就是预定的接地速度。因此，如果 50 ft 处的速度控制不好，就会导致随后的着陆过程发生偏差，使修正量过大，从而着陆困难。飞行员应特别重视 v_{REF} 的确定和应用。

在正常着陆中，v_{REF} 的大小由飞机的着陆重量和襟翼位置所决定，着陆重量越大，着陆进场参考速度越大；襟翼角度越小，着陆进场参考速度越大。飞行员可以根据飞行手册中提供的表格来确定 v_{REF} 的大小。

2. 拉　平

拉平是飞机由进近姿态平滑过渡到接地姿态的曲线运动过程。着陆中飞机姿态与高度的关系如图 7.14 所示。在规定高度开始拉杆以减小下降角，拉平一旦开始，就应该是一个连续的过程，直到飞机接地。

图 7.14　着陆中飞机姿态与高度的关系

拉平中，飞机俯仰姿态和迎角逐渐增大，升力增大，飞机轨迹逐渐变为曲线运动，下降率逐渐减小。迎角增大，飞机的气动阻力也增大，同时，拉平中均匀地收油门，发动机拉力也减小，而且由于下降角不断减小，重力沿航迹方向的分力也不断减小，因此飞机的速度随高度的降低不断减小。

开始拉平的高度不宜过高，也不宜过低。过高过低的拉开始高度都会导致拉杆动作和拉杆快慢偏离正常。例如，拉平开始高度较高，拉平动作就应较慢。反之，开始拉平的高度过低，拉平动作就应较快。过低的拉平开始高度可能造成在尚未拉平的情况下，主轮即已撞地。机型不同，开始拉平的高度也不同。小型飞机开始拉平的高度通常在 5～6 m，大型飞机开始拉平的高度通常稍高。开始拉平的高度一般采用目视判断确定。

正常的下降角为 3°。在下降速度不变的情况下，下降角大，下降率也大，拉平的动作就应快些；反之，下降角小，拉平的动作就应慢些。

下降角正常而下降速度较大的情况下，如按正常情况拉杆，则下降轨迹的弯曲程度增大，拉平中降低的高度减小，易形成拉高或拉飘。因为在这种情况下，构成向心力的升力随速度的平方而增大，并起主导作用，超过了下降速度较大导致的下降率大的因素，最终使拉平的曲率半径减小。

因此，实际拉平中应根据飞机离地的高度、飞机下沉的快慢和飞机俯仰姿态大小，来决定拉杆的快慢。这是做好拉平的关键。

此外，在拉平中，还需注意用舵保持好方向，使飞机轨迹与跑道中心线平行。如带坡度，应立即快速用盘修正，此时迎角大速度小，横侧操纵性弱，副翼效能差。盘的修正量较正常飞行时大。

在拉平的后段，飞机接地前，飞机的轨迹通常为下降角很小的直线，如图 7.15 所示，这段飞行也称为平飘或飘飞。平飘是拉平的延续，平飘段飞机速度继续减小，俯仰姿态继续增大，高度不断减小。同拉平一样，在平飘中，拉杆快慢也必须和飞机离地的高度、下沉的快慢和俯仰姿态大小相适应。小型飞机的平飘段相对较长，大型飞机则基本没有平飘段。

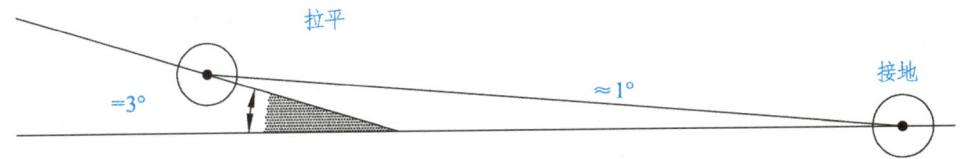

图 7.15 拉平前后的下降角

拉平中,应保持一手放在油门杆上,以便在任何突发和危险的情况下立即复飞。正常情况下,根据目测柔和均匀地收油门,最迟在接地前,把油门收完。

3. 接　地

接地时,应按规定接地姿态和速度,控制好飞机下沉率,两主轮应同时轻盈接地,即轻两点接地。应避免重接地和三点同时接地,以免产生着陆弹跳现象。在无风情况下接地时,飞机运动方向和机头方向均对正跑道方向,飞机不带坡度和偏侧。

飞机在接地前会出现机头下俯的趋势。这是因为飞机在接地前的下沉过程中,相对气流从下方过来,迎角要增大,俯仰稳定力矩将使机头下俯。另外由于飞机接近地面,地面效应增强,形成使机头下俯的力矩。故在接地过程中,还要继续向后带杆,才能保证以所需的接地姿态接地。正常接地姿态如图 7.16 所示。

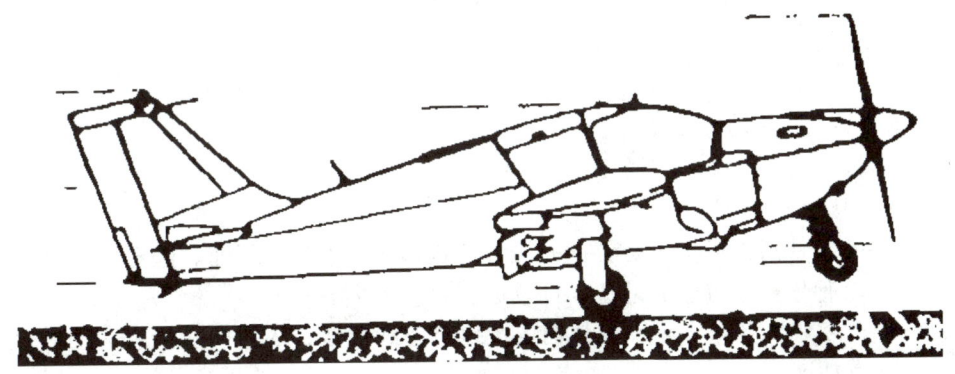

图 7.16　正常接地姿态

4. 着陆滑跑

着陆滑跑的关键问题是减速和保持滑跑方向。

对于小型前三点式飞机,为减小前轮和刹车装置的磨损,接地后一般要保持一段两点滑跑,这样迎角大,可利用较大的气动阻力使飞机减速。故飞机两点接地后,应继续带杆以保持姿态两点滑跑。随着滑跑速度的减小,气动阻力逐渐减小,待机头自然下沉至前轮接地后,前推驾驶杆过中立位,将飞机转为三点滑跑。由于方向舵脚蹬控制着前轮的偏转,因此前轮接地前,必须将两舵放平,使前轮不带偏侧接地。三点滑跑中,柔和使用刹车减速,看好参照目标,用舵保持方向。前三点式飞机由于地面的方向稳定性好,滑跑方向容易保持。

对于中大型运输机,由于有强有力的地面滑跑减速装置,为缩短着陆距离,飞机拉平接地后就应使前轮接地转为三点滑跑减速。

整个着陆阶段,飞行员视线以及注意力的分配至关重要。为了提供一个宽广的视线和对飞机高度与速度的正确判断,应将头部保持在一个自然、直立的位置,视线不能集中在飞机的任一侧或前方的固定点上，而应随飞机前移而自然前移，观察从机头前方一点到接地点间的跑道范围，同时用余光判断飞机距跑道两侧的距离。

7.4.2 飞机着陆性能

飞机着陆性能主要包括着陆进场参考速度、接地速度、着陆滑跑距离和着陆距离。

1. 着陆进场参考速度 v_{REF}

着陆进场参考速度是根据飞机着陆时应保留的安全裕量而确定的一个速度，其大小为着陆构型失速速度 v_{S0} 的 1.3 倍，飞机着陆进场时，下降至距跑道表面 50 ft 时的速度必须大于等于 v_{REF}。飞机着陆构型和着陆重量都会影响其失速速度大小，从而影响到着陆进场参考速度的大小。着陆进场参考速度大，将使飞机的接地速度增加，使着陆距离以及着陆滑跑距离增长。

2. 接地速度 v_{TD}

飞机接地瞬间的速度，叫作接地速度。接地瞬间的升力大致与飞机重量相等，即

$$L = C_{LTD} \frac{1}{2} \rho v_{TD}^2 S = W$$

因此，接地速度可按下式近似计算

$$v_{TD} = k \sqrt{\frac{2W}{C_{LTD} \rho S}} \tag{7.9}$$

式中 v_{TD}——接地速度；

C_{LTD}——接地时的升力系数，此时飞机的构型为：发动机慢车，起落架放，襟翼及其他增升装置于着陆位，计及地面效应的影响；

k——速度修正系数。因飞机从构成接地姿态到接地，还要向前飘落一段距离，速度有所减小。

从式（7.9）中可看出，与离地速度一样，接地速度的大小取决于飞机着陆重量、空气密度和接地时的升力系数。着陆重量增加，飞机接地时所需的升力增加，接地速度相应增大。空气密度减小，为保持不变的升力，需相应增大接地速度。所以气温升高或在高原机场着陆时，接地真速都要增大（但接地表速不随密度变化）。接地升力系数的大小，取决于接地迎角和襟翼的位置。接地迎角大，升力系数大，接地速度就小。但接地迎角受飞机临界迎角和擦尾角的限制。襟翼放下角度越大，升力系数越大，接地速度就越小，所以一般飞机都放全襟翼着陆。

3. 着陆滑跑距离与着陆距离

飞机从接地到滑跑停止所经过的距离，叫作着陆滑跑距离。从高于跑道表面 50 ft 高度开始，下降接地滑跑直至完全停止运动所经过的水平距离，叫作着陆距离。飞机着陆距离的长短，是衡量着陆性能好坏的重要标志之一。

近似计算中，可认为整个着陆滑跑过程中为三点滑跑的匀减速运动，知道了飞机接地速度和滑跑中的平均减速度，则着陆滑跑距离可用下式计算，即

$$l_{\text{LDR}} = \frac{v_{\text{TD}}^2}{2a_{\text{AVG}}} \qquad (7.10)$$

式中的平均减速度 a_{AVG} 可按下法确定：在飞机接地瞬间，可认为机轮摩擦力为零，只有气动阻力起减速作用，应用 $L = W$ 的条件得此时的阻力为

$$D_{\text{TD}} = \frac{W}{K_{\text{TD}}}$$

当滑跑结束时，气动阻力减小到零，只有机轮摩擦力起减速作用，于是，整个滑跑过程中的平均减速力为

$$F_{\text{AVG}} = \frac{D_{\text{TD}} + F_f}{2} = \frac{1}{2}\left(\frac{W}{K_{\text{TD}}} + fW\right)$$

则滑跑中的平均减速度为

$$a_{\text{AVG}} = \frac{g}{W} F_{\text{AVG}} = \frac{1}{2} g \left(\frac{1}{K_{\text{TD}}} + f\right)$$

因此，着陆滑跑距离的近似计算公式为

$$l_{\text{LDR}} = \frac{v_{\text{TD}}^2}{g\left(\dfrac{1}{K_{\text{TD}}} + f\right)} \qquad (7.11)$$

着陆距离由着陆空中段水平距离和着陆滑跑段距离组成。着陆滑跑距离的计算前面已经讲过，对于着陆空中段水平距离的近似计算，可用能量法处理。

设飞机着陆空中段水平距离为 l_{AIR}，飞机在高度 H 处的速度为 v_H，着陆时发动机处于慢车状态，可认为拉力 $P = 0$，飞机从着陆至接地可认为是平均阻力作用下的匀减速运动，当下降角不大时，可认为航迹长度即为水平距离。

飞机在高度 H 处的能量 E 为

$$E_H = \frac{W v_H^2}{2g} + WH$$

飞机接地瞬间的能量为

$$E_{\text{TD}} = \frac{W v_{\text{TD}}^2}{2g}$$

飞机能量的减小是飞机阻力在运动路程上做功的结果，即

$$l_{\text{AIR}} D_{\text{AVG}} = E_H - E_{\text{TD}} = \frac{W\left(v_H^2 - v_{\text{TD}}^2\right)}{2g} + WH$$

$$l_{\text{AIR}} = \frac{W}{D_{\text{AVG}}}\left(\frac{v_H^2 - v_{\text{TD}}^2}{2g} + H\right)$$

因为 $L=W$,用 $W/D_{AVG}=K_{AVG}$ 代入上式,得

$$l_{AIR} = K_{AVG}\left(\frac{v_H^2 - v_{TD}^2}{2g} + H\right) \tag{7.12}$$

式中,平均升阻比 $K_{AVG} = \frac{1}{2}(K_H + K_{TD})$

4. 着陆性能图表

在实际飞行活动中,如同起飞一样,飞机的着陆性能是通过飞机飞行手册中提供的各种图表和曲线来确定的,这些图表和曲线给出了在特定着陆条件下,在不同的温度和机场压力高度下,飞机的着陆性能数据。

7.8

常见的性能图表以表格的形式给出,表 7.3 为某型飞机的着陆性能表格示例。

表 7.3 着陆性能表格

温度	距离	压力高度/ft				
		0	2 000	4 000	6 000	8 000
ISA − 20 ℃	滑跑距离	625	665	705	745	785
	50 ft 着陆距离	1 405	1 490	1 565	1 650	1 725
ISA	滑跑距离	675	720	765	805	850
	50 ft 着陆距离	1 475	1 595	1 675	1 760	1 840
ISA + 20 ℃	滑跑距离	720	775	825	875	920
	50 ft 着陆距离	1 610	1 700	1 770	1 875	1 960

条件:50 ft 速度 73 KIAS,重量 2 535 lb,襟翼着陆位。

它首先确定了着陆条件,即着陆重量 2 535 lb,襟翼着陆位,50 ft 速度 73 KIAS。使用该表时,如果知道着陆机场的 ISA 偏差和机场压力高度,即可得到在这种着陆条件下的着陆滑跑距离和着陆距离。

例 4 某机场压力高度为 2 000 ft,机场温度为 11 ℃,着陆重量为 2 535 lb,襟翼着陆位,确定其着陆滑跑距离和着陆距离。

解 首先确定机场的 ISA 偏差,由 ISA 大气条件可知:在 2 000 ft 处,ISA 标准温度为 11 ℃,因此机场 ISA 偏差为 ISA + 0 ℃,查表得,着陆滑跑距离为 720 ft,着陆距离为 1 595 ft。

由此例可看出,小型飞机的着陆距离中,空中距离与地面滑跑距离几乎各占一半。

如果机场 ISA 偏差不等于表中提供的三个选项,即不等于 ISA − 20 ℃,ISA,ISA + 20 ℃ 时,则须使用线性插值的方法计算。在飞行手册中,这样的表格一般给出几个,每个表格对应一个着陆重量。如果实际着陆重量与表格对应的着陆重量均不相等,仍然需要使用线性插值的方法进行处理。具体方法同起飞性能表格的使用一样。

另外一种常见的性能图表以曲线的形式给出。图 7.17 为某飞机的着陆性能曲线,对于曲线的使用我们举例说明。

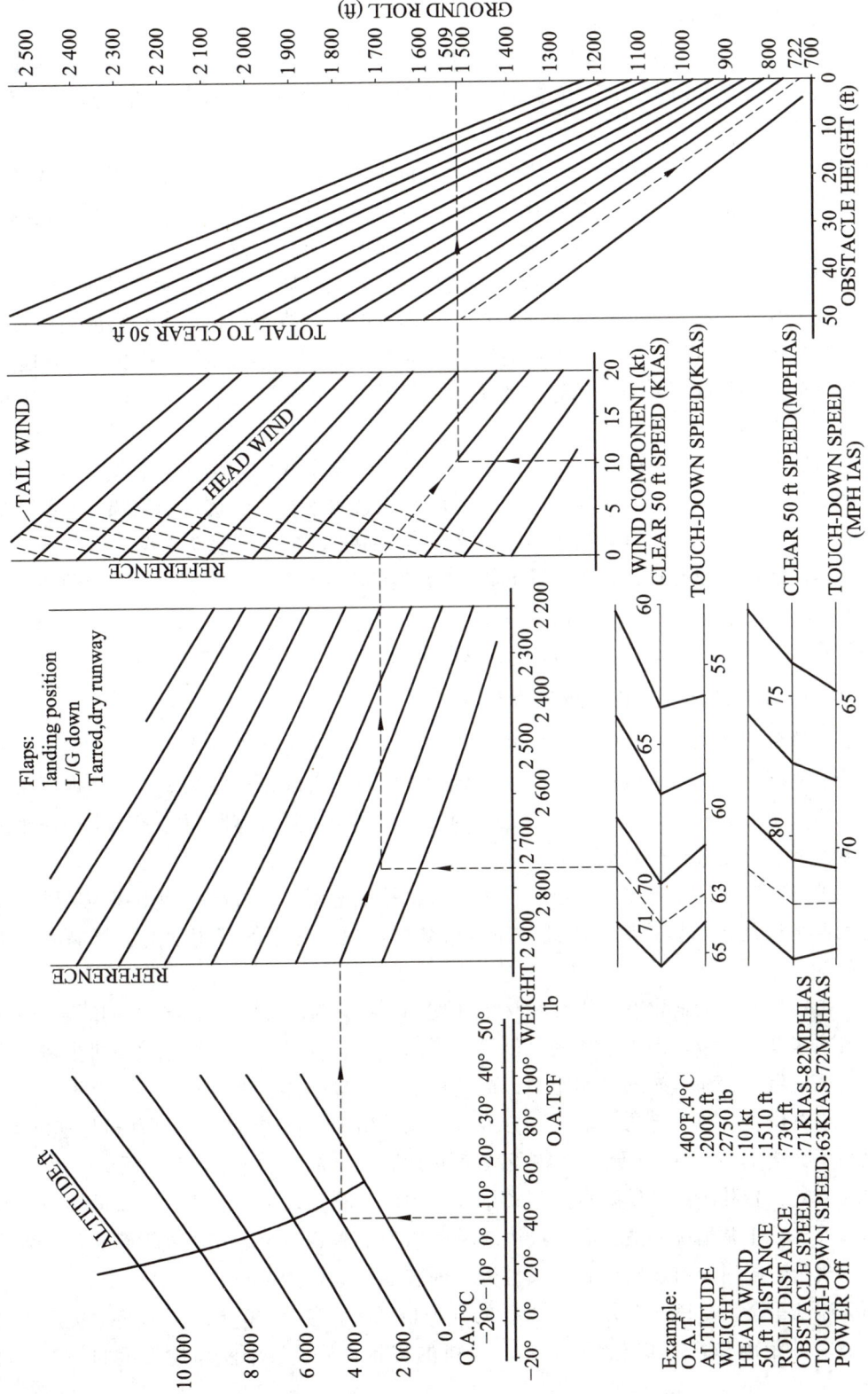

图 7.17 着陆性能曲线

例 5 机场温度 4 ℃，机场压力高度 2 000 ft，着陆重量 2 750 lb，逆风 10 kt 着陆，襟翼着陆位，求着陆滑跑距离与着陆距离。

解 此曲线分为若干栏，其走线方式为从左到右。从图中左下部分 OAT（Outside Air Temperature）开始，由 4 ℃ 向上引直线，与机场压力高度 2 000 ft 对应的曲线相交，再水平向右引直线进入重量一栏。

在重量一栏中找到标为参考线（Reference Line）的直线，从右边水平过来的直线经过参考线后，沿图中提供的一组提示线按比例偏折，与着陆重量 2 750 lb 处向上引来的直线相交于一点，再从这点水平向右引直线，进入风（Wind Component）这一栏。

同重量一栏中的走线一样，从左边水平过来的直线经过风这一栏的参考线后，沿图中提供的提示线按比例偏折。需要注意的是，这一栏提供的提示线有两组，实线对应逆风着陆，虚线对应顺风着陆。本例中由于是逆风着陆，应使用实线。按提示线偏折的走线与风速 10 kt 处向上引来的直线相交于一点，从这点水平向右引直线，进入障碍物高度（Obstacle Height）一栏。

在障碍物高度一栏中，从左边水平过来的直线如果直接穿过障碍物高度为 50 ft 的线，向右得到的数值即为着陆距离，本例中为 1 509 ft。从左边水平过来的直线如果顺提示线比例偏折到障碍物高度为 0 ft 处，得到的数值即为着陆滑跑距离，本例中为 722 ft。

使用本图还可以得到接地速度和飞机在 50 ft 处的速度。在重量一栏中，得到两条线的交点后，垂直向下进入速度一栏，按提示线比例偏折，可以得到接地速度和 50 ft 处速度，本例中分别为 63 KIAS 和 71 KIAS。KIAS 代表以海里/小时（kt）表示的表速（IAS）。

5. 影响着陆滑跑距离与着陆距离的因素

从前面的分析计算知，着陆滑跑距离的长短，取决于接地速度的大小和滑跑中减速的快慢。若接地速度小，滑跑中减速又快，则滑跑距离就短。着陆距离的长短，不但取决于着陆滑跑距离的长短，而且还取决于空中段距离的长短。影响着陆滑跑距离与着陆空中段距离的因素很多，下面对此进行简要分析。

（1）进场速度与进场高度。进场速度大，飞机接地速度大，着陆滑跑距离与着陆距离增长，且大速度进场，还易拉飘。因此，正确着陆的前提首先是保持正确的进场高度和进场速度。

（2）接地姿态。接地姿态直接影响接地速度的大小。接地姿态大，接地迎角大，升力系数大，接地速度小，着陆滑跑距离短。但接地姿态大，速度过小，可能导致飞机失速，也易造成飞机擦机尾。为缩短着陆滑跑距离，应使用规定的接地姿态接地。

（3）襟翼位置。放下襟翼着陆，一方面升力系数增加，使得 50 ft 速度和接地速度减小，同时阻力系数增大，下降、平飘和滑跑段减速快，所以着陆距离和着陆滑跑距离缩短。反之，不放襟翼着陆，着陆距离和着陆滑跑距离增长。因此，除训练飞行、襟翼系统故障以及其他特殊的情况外，正常情况一般都必须放襟翼着陆。为缩短着陆距离和着陆滑跑距离，各型飞机一般均规定着陆时应将襟翼放到最大位置，即着陆位襟翼。

（4）着陆重量。着陆重量增大，需要的升力也增大，使得 50 ft 速度和接地速度随之增大，引起着陆距离和着陆滑跑距离增长。飞机的实际着陆重量不能超过飞机的最大允许着陆重量。

（5）机场压力高度与气温。机场压力高度或气温升高时，空气密度减小。由于飞行中各速度均是按表速进行规定的，保持同样的 50 ft 表速和接地表速，则 50 ft 真速和接地真速增大，着陆距离和着陆滑跑距离增长。

（6）跑道表面质量。跑道表面光滑平坦，机轮与地面之间的摩擦力小，着陆滑跑距离增长。反之，跑道表面粗糙柔软，着陆滑跑距离短。

（7）刹车状况。着陆滑跑中，正确使用刹车是缩短着陆滑跑距离常用的有效方法。刹车效率对着陆滑跑距离影响很大，在被水或湿雪覆盖的跑道上着陆，刹车效率很低，滑跑距离大大增长。尤其是在下大雨，当跑道表面上有水层的情况下更为明显。因为轮胎在跑道上高速运动时（在较大的速度范围），轮胎表面与跑道之间的一层水，起着润滑作用，此时刹车效率更低，甚至刹车失灵。在这些情况下着陆，就必须要考虑到机场跑道长度是否够用。另外，刹车使用时机和刹车的使用度也有较大影响，使用刹车早，着陆滑跑距离缩短，刹车使用度越大，着陆滑跑距离缩短，但刹车使用度过大，将使刹车过度磨损，可能导致拖胎，严重时还可能引起爆胎事故。

（8）风向风速。在表速不变时，逆风着陆，50 ft 地速和接地地速小，着陆距离和着陆滑跑距离缩短。反之，顺风着陆，着陆距离和着陆滑跑距离增长。且风速越大，对着陆滑跑距离的影响越明显。如有可能，着陆方向应尽量选择逆风方向进行。在有风的情况下着陆，着陆滑跑距离可按下式近似计算，即

$$l_{\text{LDR}} = \frac{(v_{\text{TD}} \pm u)^2}{g\left(\dfrac{1}{K_{\text{TD}}} + f\right)} \tag{7.13}$$

式中，顺风取"＋"号，逆风取"－"号。

（9）跑道坡度。与起飞滑跑的情况相似，上坡滑跑，重力沿航迹方向的分力起减速作用，飞机减速快，着陆滑跑距离短。反之，下坡滑跑，着陆滑跑距离增长。在有坡度的跑道上着陆，着陆滑跑距离可用下式近似计算，即

$$l_{\text{LDR}} = \frac{v_{\text{TD}}^2}{g\left(\dfrac{1}{K_{\text{TD}}} + f \pm \sin\theta\right)} \tag{7.14}$$

式中，上坡着陆取"＋"号，下坡着陆取"－"号。

从以上分析可知，要缩短着陆距离和着陆滑跑距离，应严格控制好飞机在 50 ft 处的速度和接地速度，将襟翼放在着陆位，并尽可能向逆风和上坡方向着陆，接地时应将飞机拉成规定的接地姿态，滑跑中应及时正确地使用刹车，使飞机尽快减速。

7.4.3 着陆中常见的偏差及修正

着陆中的偏差是多种多样的，下面简单介绍几种常见的偏差。

1. 拉高和拉低

飞机在较高的高度上，过早地改变飞机的姿态，造成飞机姿态和高度不相适应，叫作拉高。飞机在较低的高度上，尚未形成相应的飞机姿态角，称为拉低。拉高和拉低的成因正好相反。

拉开始高度高，若仍按正常的动作拉杆，会形成拉高；反之便形成拉低。

下滑速度大，若仍按正常的动作拉杆，拉平过程中，飞机降低高度少，就会形成拉高；反之，下滑速度小，则形成拉低，如图7.18所示。

图7.18　拉高

下滑角过小，按正常的动作拉杆，拉平过程中降低高度少，也容易形成拉高；反之，下滑角过大，则容易形成拉低。

视线过远或过近，都将导致高度判断不准以及收油门和拉杆的动作配合不协调，也可能导致拉高或拉低。所以，拉杆的分量和快慢必须与飞机当时离地的高度、下沉的快慢和飞机的姿态相适应。

在拉平过程中发现有拉高趋势时，应适当减慢或停止拉杆，待飞机下沉到与当时姿态相适应的高度，再继续拉杆。如果在2 m左右的高度上飞机成为平飘，应及时稳杆，并稍加油门，待飞机下沉到合适高度，再收油门拉杆。如果在2 m以上高度形成平飘，应及时果断加油门复飞。

在拉平过程中发现有拉低趋势时，应特别注意看好地面，适当增大拉杆量，尽快形成与当时高度相适应的飞机姿态角，但应注意防止飞机飘起。发现拉低时，应在不使飞机飘起的前提下，尽快完成着陆姿态，以避免飞机重接地。

2. 拉　飘

在拉开始后，飞机向上飘起的现象，叫作拉飘，如图7.19所示。

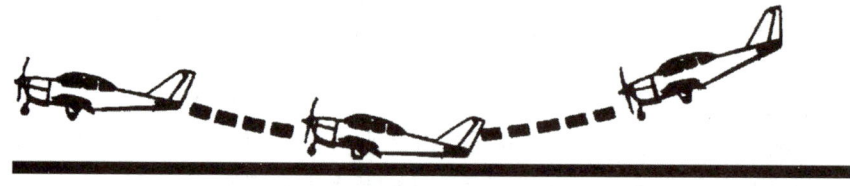

图7.19　拉飘

拉飘的主要原因是拉杆过多。在拉平中，如高度、速度判断不当，特别是在预计拉平低时，粗猛地拉杆，会导致飞机向上飘起。另外，在大逆风情况下，空速比地速大得多，虽然飞行员看地面的相对移动速度不大，但实际空速却很大，如果拉杆动作与无风时相同，就会引起升力过大而造成拉飘。

飞机出现拉飘后，迎角增加引起阻力增加，并且重力沿航迹方向的分力会使飞机速度迅速减小，易导致飞机失速。应根据拉飘程度，相应进行修正。

（1）如飞机飘起高度不够，应稳住杆，待飞机下沉时，及时带杆。

（2）如飘起高度较高，在最初应及时顶杆制止上飘。待飞机开始下沉时，根据下沉快慢，及时适量地拉杆，使飞机在正常高度上形成两点姿态接地。

（3）飘起高度超过 2 m 时，应果断加油门复飞。

3. 跳　跃

飞机接地后又跳离地面的现象，叫作跳跃，如图 7.20 所示。造成飞机着陆跳跃的原因很多。只要接地时飞机升力与机轮弹力之和大于飞机重力，就会产生跳跃。

图 7.20　重接地引起跳跃

在下列情况下接地可能产生跳跃：

（1）飞机以重两点或重三点接地。飞机三点接地时，三机轮将同时受到地面的反作用力。接地重，反作用力也就大。由前三点式飞机起落架构造特点知，主轮减振器吸收的能量比较多，而前轮减振器吸收的能量比较少，即是说，前轮的弹力比较大，机头上仰使迎角增大，升力也就增大，使飞机跳离地面，形成跳跃。

（2）飞机以前轮撞地。在着陆操纵中，动作不当，或拉飘修正顶杆过多，使前轮首先接地，前轮弹力大，使机头上仰迎角增大，升力也就增大，结果与上一样，也可能产生跳跃。

（3）接地时拉杆过量。迎角突增，升力增加，也可能产生跳跃。

修正跳跃的方法与修正拉飘的方法完全相同。

7.5　风对起飞、着陆的影响及修正

7.9

风是常见的自然现象，飞机经常要在有风的条件下起飞和着陆。因此，研究风对起飞着陆的影响及其修正方法，具有极其重要的现实意义。本节只分析稳定风场对起飞、着陆的影响及其修正方法。

飞行员起飞着陆前可以从多种途径得知地面风的状况，典型的如从 ATIS 或塔台处获知，从机场上的风速指示器也可得到地面风的参考，如图 7.21 所示。实际当中，风不一定是正侧风或顺逆风，而是从某一方向吹来，飞机的飞行手册中提供有风分量图（见图 7.22），以便于飞行员在这种情况下快速确定当前起飞着陆方向的顺逆风分量以及侧风分量。

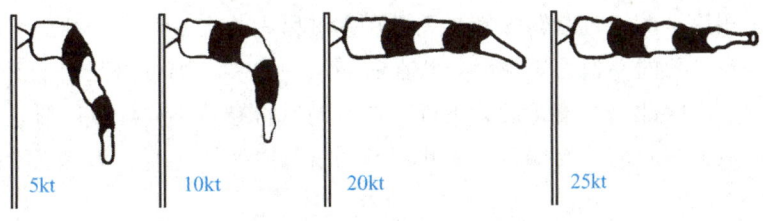

图 7.21　风袋风速指示参考

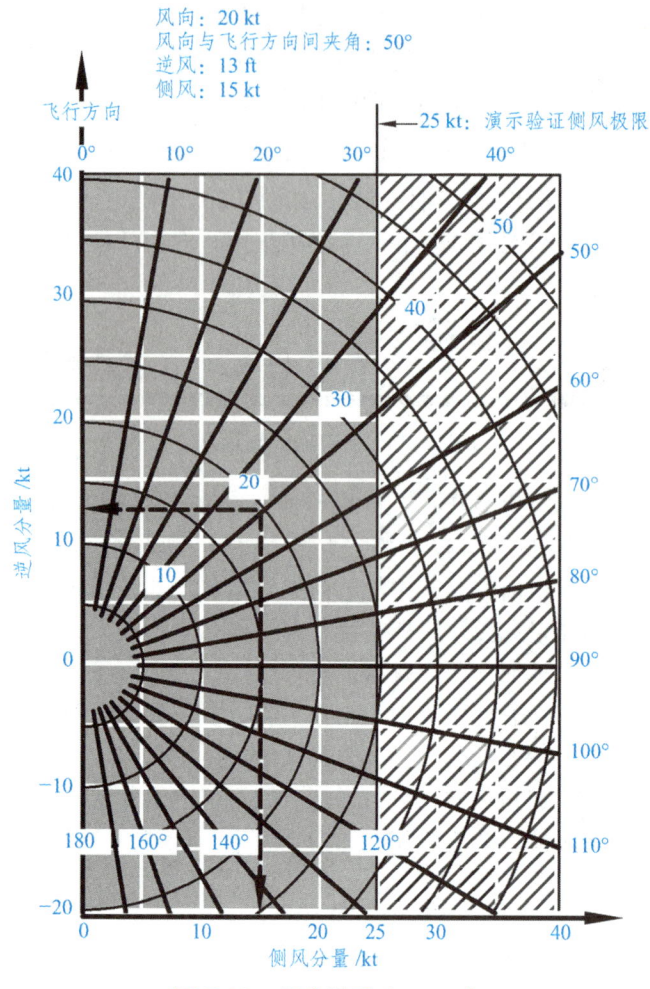

图 7.22 风分量图（TB20）

7.5.1 侧风情况下滑跑

侧风中滑跑，机轮的侧向摩擦力阻止着飞机向侧方运动，但侧风使空速与飞机对称面不平行而形成侧滑。侧滑产生的方向稳定力矩，使机头有向上风方向偏转的趋势。侧滑产生的横侧稳定力矩，使飞机有向下风方向倾斜的趋势。故不论是起飞滑跑或着陆滑跑，都应向上风方向压盘，向下风方向抵舵，以保持滑跑方向。

螺旋桨飞机在滑跑时，螺旋桨副作用也有使飞机偏转的趋势。这种影响可能与侧风的影响相同，也可能相反。例如，右转螺旋桨飞机在左侧风中起飞，侧风和螺旋桨副作用所引起的偏转力矩都向左，总的左偏力矩加大。若在右侧风中起飞，则可以互相抵消掉一部分，使总的偏转力矩减小。因此，对于螺旋桨飞机，左右侧风将导致不同的盘舵修正量。

由于脚蹬直接控制着前轮的偏转，因此，地面滑行以及滑跑时，为修正滑跑方向，舵量不宜过大。

随起飞滑跑速度的增大，舵面效应增强，应相应地减小压盘量，同时用舵保持滑跑方向。

滑跑时,适当顶杆增大前轮正压力,可增加偏转前轮时修正滑跑方向的效率。侧风往往伴随紊乱气流,为使飞机具有较好的安全裕度,可适当增大抬前轮速度。

而在着陆滑跑中,情形正相反,随滑跑速度的减小,需相应的增大压盘量,及时发现飞机运动偏差,用舵保持滑跑方向。

7.5.2 空中侧风导致的偏流及其修正

在正侧风情况下飞机离地后,阻止飞机向侧方移动的地面摩擦力随即消失,如果不加修正,经过短暂的时间过渡,飞机即随侧风按同一速度一起漂移,飞机与侧风间不再有相对运动,如图7.23(a)所示。这种航迹(即地速)与飞机对称面不一致的飞行状态,称为偏流。

产生偏流后,航迹(即地速)偏离飞机对称面,形成了如图7.23(a)所示的速度三角形。此时空速TAS与地速GS(Ground Speed)之间的夹角,叫作偏流角DA(Drift Angle)。偏流角的大小视空速、风速的大小及其方向而定。当空速和风向一定时,风速越大,航迹偏离越多,偏流角也越大。风速与风向一定时,空速越大,偏流角就越小,侧风的影响相对减弱。

这里必须注意,本节只讨论飞机进入稳定侧风后的飞行状态,没有讨论进入侧风中的过渡阶段。在正侧风中飞行若不加修正,产生偏流以后,飞机随侧风一起向侧方漂移,飞机侧移速度等于侧风速度,飞机与空气之间并不存在侧向的相对运动。从飞机上看来,相对气流方向从正前方过来,没有侧滑。因此,偏流对于飞机空气动力和飞行姿态,并不产生影响。如果不使用其他参照,是无法知道侧风的存在的。但在地面看来,飞机的地速却不平行于其对称面。

偏流的存在使飞机地面航迹发生偏斜,不能按原定计划飞向预定目的地,因此必须加以修正。修正偏流有两种方法:一是用改变航向法修正;二是用侧滑法修正。

1. 用改变航向法修正偏流

既然飞机地面轨迹向下风方向偏离原航向,那么操纵飞机使机头向上风方向偏转一个角度,使飞机改变的航向角正好等于偏流角,则航迹(地速)就与预定航迹一致,不再向下风方向偏离,从而修正了偏流,这种修正方法就称为改变航向法,如图7.23(b)所示。

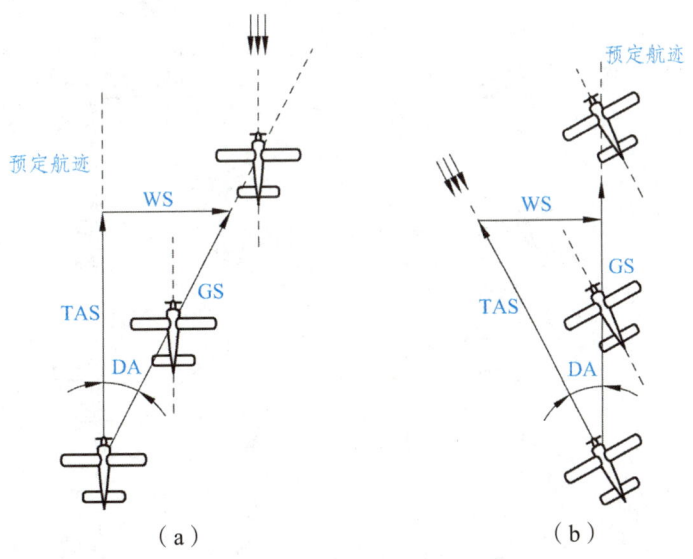

图7.23 用改变航向法修正侧风

改变航向法修正侧风时，飞机不带侧滑和坡度。如果没有其他参照，会认为飞机是朝着机头指向方向飞行的。但在地面看来，飞机一方面沿着机头指向飞行，一方面又沿着侧风方向随风下飘，其合速度（地速）就与预定航迹一致。在地面运输中，渡船穿越流动的河流垂直向对岸开过去时，也必须使船头偏向上游方向，才能垂直到达对岸预定地点。它与飞机的改变航向法修正侧风实质上是一样的。

用改变航向法修正偏流时，航向角的改变量必须与当时的侧风情况相适应，否则飞机航迹不能保持预定方向。例如，在左侧风中五边进近时，使用改变航向法修正，飞行员先盘舵协调地操纵飞机朝左偏转一个角度后，回盘回舵，使飞机不带侧滑和坡度，保持飞机航迹对准预定下降点下降。如果发现下降点在向下风方向移动，则意味飞机向上风方向飘去，说明航向角的改变量大了，应适当减小航向偏转角；反之亦然。可见，飞行员应根据航迹偏离的情况，适当调整航向偏转角，以保持飞机沿预定航迹飞行。

2. 用侧滑法修正偏流

为便于理解侧滑法修正偏流，我们先看一下静风情况下的直线下降侧滑。

在静风情况下的五边进近中，除了前面谈到的正常进近方式外，还可以使用直线下降侧滑，如图 7.24（a）所示。向预定侧滑方向压盘，同时向预定侧滑反方向蹬舵，飞机即进入直线下降侧滑状态。这时，压盘产生的横侧操纵力矩用于克服侧滑引起的横侧稳定力矩，蹬舵产生的方向操纵力矩用于克服侧滑引起的方向稳定力矩，而带坡度后升力倾斜，升力的水平分量用于克服侧滑引起的侧力。由于飞机带有侧滑和坡度，飞机阻力增大，下降角较大。直线下降侧滑可在不增大进近速度的情况下，增大下降角。

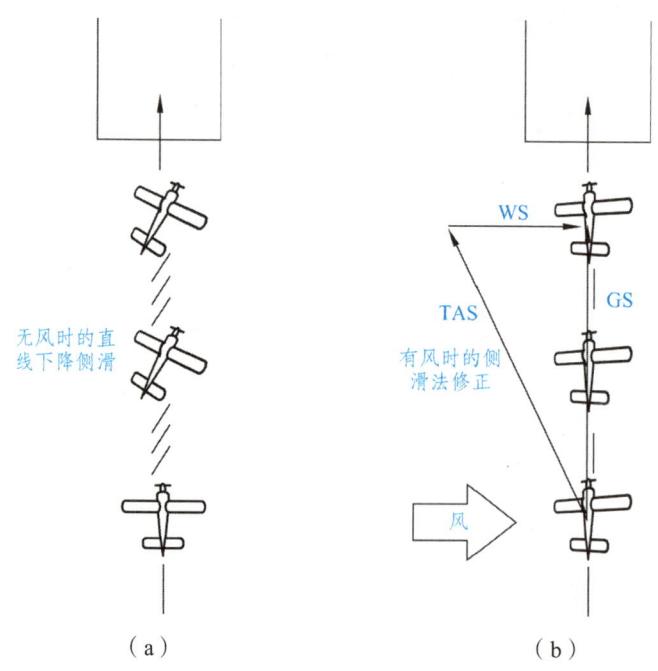

图 7.24　用侧滑法修正侧风

在有风情况下用侧滑法修正时，操纵动作与无风情况下的直线下降侧滑完全相同。进入侧滑法修正偏流时，飞行员压上风盘，使飞机向上风方向带坡度和侧滑（侧滑角应等于偏流角），同时蹬下风舵，保持机头指向跑道不变。这时，飞机上力和力矩的平衡关系完全同直线下降侧滑一样。如果没有任何参照，会认为飞机是朝着侧滑的方向飞去。但在地面看来，飞机一方面朝着上风方向飞去，一方面又随着侧风向下风方向飘移，因此其合速度（地速）即为原预定航迹，如图 7.24（b）所示。

用侧滑法修正偏流时，在飞行速度不变的情况下，侧风大小决定了压盘量、蹬舵量和下降角的大小。压盘和蹬舵的操纵量必须与当时的侧风情况相适应，否则飞机的航迹将偏离预定方向。例如，在左侧风中五边进近，使用侧滑法修正，压盘量以飞机无侧向漂移为准，蹬舵量以飞机机头对准跑道方向为准。如果飞机向上风方向飘去，说明压盘量大了，应适当回盘，同时调整舵量；而如果机头偏向下风方向，说明蹬舵量多了，应适当减小舵量，同时调整盘量。可见，飞行员应根据航迹、航向偏离的情况，协调调整压盘和蹬舵量的大小，以保持飞机沿预定航迹、航向飞行。

用侧滑法修正偏流，压盘蹬舵以后，由于升力倾斜，升力垂直分量将减小，飞机下降角要增大，如需要保持原下降角，可适当带杆并补油门。

3. 侧滑法和航向法的比较

用侧滑法修正偏流的优点是，飞机的航迹与机体纵轴一致，便于根据纵轴方向保持飞机的运动方向，飞机接地前改出侧滑法的修正量较易掌握。缺点是飞机在侧滑中，升力减小，阻力增大，升阻比减小，导致飞机气动性能变差。而且，保持飞机做直线侧滑，蹬满舵所对应的最大侧滑角是一定的。在大侧风的情况下，满舵对应的最大侧滑角可能小于保持直线飞行所需要的侧滑角，此时只用侧滑方法将无法完全修正偏流。

用改变航向法修正偏流时，飞机不带侧滑和坡度，升阻比大，没有气动性能损失。而且改变航向不受侧风限制，即使侧风很大，也能用改变航向法来修正。但由于航迹与纵轴不一致，飞行员不便于根据纵轴方向保持运动方向，而且飞机接地前改出航向法的修正量较不易掌握。

总之，两种方法各有优缺点，可以单独使用，也可以结合使用。究竟采用哪种方法好，应视具体情况而定。一般而言，飞机在绝大部分飞行阶段，都使用改变航向法修正侧风，只有在着陆进近阶段，为便于控制飞机下降方向，小型飞机才采用侧滑法修正，或采用侧滑法与航向法结合的方法修正。例如，在图 7.25 所示的起落航线飞行的第一、二、三、四边，常用改变航向修正法。飞机在左侧风下做左起落航线，飞行员应根据偏流角的大小确定转弯角度。一、四转弯的角度应小于 90°，二、三转弯的角度则应大于 90°，这样才能保持飞机在正常的航线上飞行。而在第五边，为了便于根据飞机纵轴来判断下滑方向，一般采用侧滑法修正。当侧风影响较大，用侧滑法不能完全修正偏流时，也可采用航向修正法，或二者综合使用。

大型飞机由于翼展较大，而且质量和飞行速度均远大于小型飞机，因此受风的影响程度较小。在接地前的所有飞行阶段中，一般只采用改变航向法修正侧风。

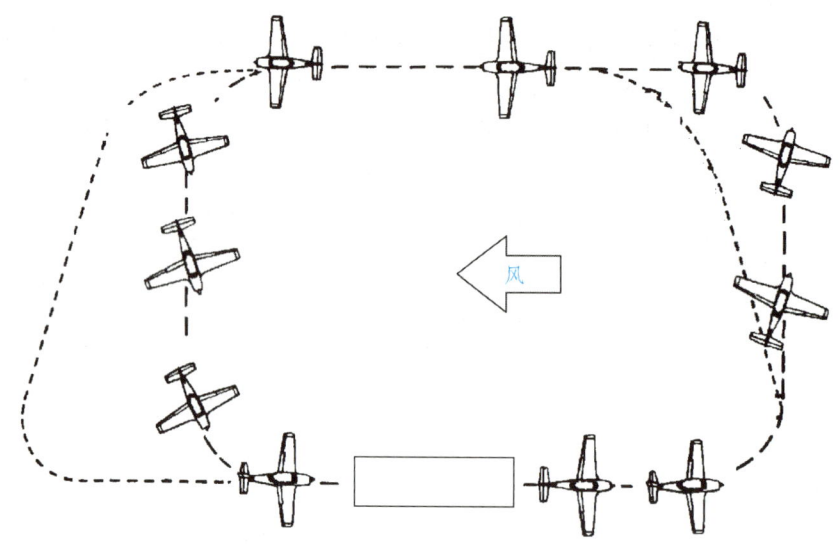

图 7.25 起落航线中侧风的修正

7.5.3 侧风情况下的起飞

飞机在侧风中起飞滑跑，为克服横侧稳定力矩，须压上风盘；为克服方向稳定力矩，须抵下风舵。开始滑跑时，舵面效应差，因此压盘量较大，随着滑跑速度的增加，当气动力引起的杆力逐渐出现并增大时，应逐渐减小压盘量。但如果压盘量不够，飞机可能出现上风机翼抬起的现象，这种现象往往表现为一系列的轻微弹跳，在弹跳当中，飞机向下风方向侧移，使起落架受到较大的侧向载荷，严重时甚至会损坏起落架。向上风方向压盘的同时，必须用舵保持飞机的滑跑方向，一般情况下，要求抵住下风舵，如图 7.26 所示。

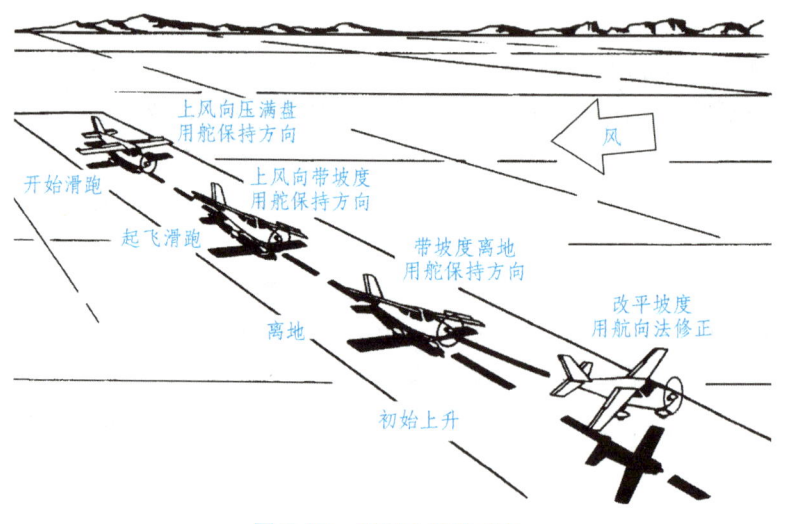

图 7.26 侧风中滑跑起飞

抬起前轮后，应及时调整压盘量。根据侧风大小，允许飞机适当向上风侧带小坡度离地（见图 7.27）。这样有利于飞机在离地后，克服侧风引起的偏流。

 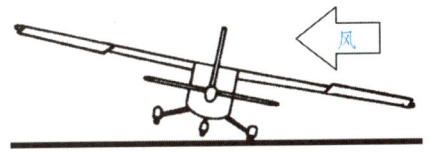

(a) 不正确的操纵　　　　　　　　　(b) 正确的操纵

图 7.27　侧风中起飞离地

飞机离地后，机轮侧向摩擦力消失，如果没有修正或修正不够，在侧风作用下，特别是在大侧风条件下起飞，飞机将向侧风方向侧移，形成偏流。为防止这种侧移，在起飞离地过程中以及离地后，应及时向侧风方向压坡度，用升力的水平分力平衡侧滑引起的侧力，同时加大下风舵保持飞机起飞方向，用侧滑法克服飞机的侧向漂移。

用侧滑法上升到一定高度后，应将飞机机头转向侧风方向，改平坡度，转入使用航向法修正继续上升。整个起飞地面航迹应保持原起飞方向，与跑道中心线平行。

在侧风中起飞，为便于飞机操纵和增加起飞安全裕度，也常常使用增大抬前轮速度、增大离地速度的方法。这种情况下，飞机以较大的速度离地，使侧滑法带坡度修正侧风时，有较好的失速安全裕度。

中、大型飞机起飞速度和飞机质量都比小型飞机要大，侧风对其起飞的影响较弱，不使用带坡度离地和侧滑法来修正侧风的影响。

7.5.4　侧风情况下的着陆

在最后进近与着陆阶段，可以采用航向法与侧滑法修正侧风，虽然航向法在五边进近时也易于掌握与操纵，但它要求飞行员在飞机接地前瞬间将飞机从航向法改出，这就要求飞行员必须具备准确的时间判断能力和较高的飞行技术。因此，在小型飞机特别是训练飞行中一般推荐采用侧滑法，或侧滑与航向法相结合的方法修正侧风。

如果五边使用航向法修正，可以在开始拉平前将飞机逐渐转入侧滑法修正。如果在五边中使用侧滑法修正，应将飞机地面轨迹和机头对准跑道中心线，根据飞机的侧向漂移情况，使用上风盘和下风舵进行协调修正。压盘的量取决于飞机的侧向漂移程度，如果飞机向上风方向飘移，则需减小盘量；反之，需加大盘量。舵量的大小则取决于飞机机头偏转的程度，如机头偏向上风方向，则需加大下风舵；反之，则需减小下风舵量，以使飞机机头和地面航迹对准跑道中心线。换句话说，用盘控制飞机的侧移，用舵控制飞机的航向。

拉平中，飞机需要继续保持向上风方向带坡度和侧滑。由于拉平中速度逐渐减小，舵面效率逐渐降低，因此应逐渐增大盘舵量，用盘保持飞机不带侧向漂移，用舵控制飞机机头对准跑道方向。这种状况一直持续到飞机拉平后的飘飞段直至接地前。

接地前，应操纵飞机改出侧滑法。应适当回盘，减小坡度至接近改平，使上风侧主轮稍先接地（见图7.28），同时少量回舵保持机头方向。由于速度不断减小，气动力不断减小，侧滑引起的横侧稳定力矩也不断减小，在保持盘量不变时，飞机本来就有减小坡度的趋势，所以改平坡度并不需要回盘过多。同样，为了保持机头方向，本应增加舵量，所以，伴随回盘的回舵量更少甚至不回舵。

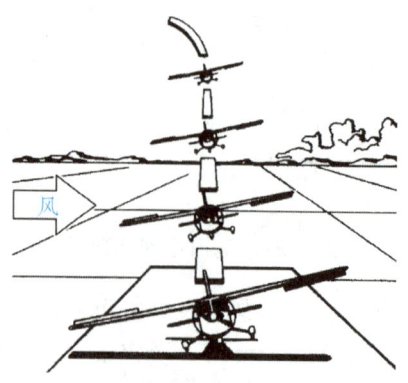

图 7.28 侧风情况下着陆

两点滑跑后，速度继续减小，舵面效率继续减弱，应继续增加盘舵量。为易于保持滑跑方向，也可提早放前轮转入三点滑跑。前轮接地前，必须快速放平脚蹬，以防止前轮带偏转接地。前轮接地后，顶杆过中立，以防止前轮再次离地。在三点滑跑阶段，适当使用刹车，随滑跑速度减小，应继续增加上风盘量，同时抵住下风舵保持方向。

整个进近着陆过程中，实际的侧风大小和方向不一定是稳定的，在阵风和紊流的情况下，更需要飞行员根据飞机状态进行及时、快速的盘舵修正。

大型飞机一般在接地前的整个飞行中均使用改变航向法修正，在接地前蹬下风舵使飞机纵轴与跑道平行，同时用盘保持飞机不带坡度，改出航向法。改出过早或过晚，都会出现飞机纵轴与运动方向不一致而形成带偏侧接地。

不管用侧滑法还是航向法，如果接地前的改出动作不当或时机不正确，都可能形成带偏侧接地。带偏侧接地有三种情形：第一种为飞机地速平行于跑道，但纵轴与跑道方向不一致；第二种为飞机纵轴平行于跑道，但地速与跑道方向不一致；第三种为前两种的组合。

带偏侧接地时，主轮向侧方滑移，因而产生侧向摩擦力，对于前三点式飞机，主轮上的侧向摩擦力对重心形成的力矩有消除交叉的趋势，使飞机机头偏回地速方向。接地带偏侧不大时，一般可不作修正，在接地瞬间，应及时注意用舵保持方向，待偏侧消失后，操纵飞机沿跑道中心线滑行。而对于后三点式飞机，带偏侧接地易使飞机进入地转，因此必须向地速方向蹬舵才能加以修正，如图 7.29 所示。

图 7.29 带偏侧接地的受力情况

带偏侧接地产生的侧向摩擦力，使起落架承受较大的侧向载荷，严重时可导致起落架支柱结构受损。作用在飞机重心处的惯性力还可能使飞机侧倾，导致偏侧方向的翼尖接地。因此，在平飘中以及接地前，应根据产生偏侧的情况，及时、果断、适量地进行修正，及时消除偏侧，使飞机纵轴方向、运动方向与跑道方向趋于一致。

思政小课堂

典型事件：带偏侧接地

2023年7月30日，某航B737-800飞机在济南机场19号跑道着陆过程中偏出跑道，导致跑道边灯和飞机受损，机上人员安全。

经调查，该事件是由于机组对夜间大雨天气运行风险管控能力不足，进近和着陆准备不充分，SOP执行不到位；飞机穿过决断高度以后，机长主要依靠HUD指示控制飞行，至30英尺跟丢HUD指引未及时复飞；30英尺以下，机长视线尚未及时完全散开，对飞机状态不清晰不掌握，导致飞机带左坡度（5.4度）、左交叉（7度）在着陆区中线左侧接地；接地后机长虽然立即持续蹬右满舵修正，但已无法制止飞机左偏趋势，飞机向左侧偏出跑道。

通过该事件，我们必须树立：

（1）严谨认真的科学态度。飞机带偏侧接地是飞行中可能遇到的一种复杂情况，需要飞行员具备严谨认真的科学态度，对飞行数据进行判断，以便准确修正侧风，确保飞行安全。不管是理论学习，还是模拟实践，应该养成严谨认真的态度，都应该真正做到位。带偏侧接地的事件通常与侧风、机组操作、飞行经验等因素有关。为避免类似事件，机组应加强侧风着陆的飞行训练，提高飞行经验，并规范操作程序。同时，飞行前应及时察看风向和天气情况，做好飞行准备，这就需要我们具备严谨认真的科学态度。

（2）责任意识和安全意识。对于飞机带偏侧接地这种可能危及飞行安全的情况，飞行员需要迅速做出反应，采取正确的修正措施，确保乘客和机组人员的安全。同样，作为地面保障人员，也需要高度的责任意识和安全意识，时刻保持警觉，空地团结协作，及时发现并处理可能的安全隐患。

作为新时代大学生，我们要始终保持严谨认真的科学态度，根植责任意识和安全意识。

7.5.5 侧风极限

用侧滑法修正侧风，必须向上风方向压盘，向下风方向蹬舵。侧风速或风角越大，侧滑角越大，修正侧风所需的压盘和蹬舵量就越大。当侧风增大到一定程度时，必须蹬满舵才能保持方向不变，这时的风即为最大可能修正的侧风。如果侧风超过这一值，起飞着陆将无法进行。

起飞滑跑抬前轮时，飞机失去前轮修正方向的作用，这时飞机抵抗侧风能力在起飞阶段处于最弱，保持方向需要的蹬舵量最大。这时蹬满舵能修正的侧风即为理论上的起飞侧风极限。起飞中延迟抬前轮，即增大抬前轮速度，可适当提高飞机起飞侧风极限。

飞机着陆两点接地时，修正侧风能力在着陆阶段处于最弱。若修正侧风所需蹬舵量达到满舵位置，飞机就保持不了方向。也就是说，理论上的着陆侧风极限是以飞机接地时蹬满舵所能修正的最大侧风值来定的。着陆中增加进近与接地速度，或放小角度襟翼，可适当提高飞机着陆侧风极限。

各型飞机速度重量不等，方向舵最大偏转角不同，修正侧风能力也不同。FAR 23.233规定：自1962年以后经过其型号审定的所有飞机（指正常类、实用类飞机），在正侧风不超过飞机着陆构型失速速度（v_{S0}）的0.2倍情况下着陆，必须具备满意的空中和地面操纵能力。如果飞机的着陆构型失速速度为60 kt，那么飞机应有能力在12 kt的正侧风中着陆。

飞机实际允许使用的最大侧风值要小于理论上的侧风极限值，常称为示范侧风速度（Demonstrated Crosswind）。飞机已经经过试飞验证，具备在不超过示范侧风速度情况下起飞着陆的侧风修正能力。超过示范侧风速度后，应禁止起飞和着陆。

示范侧风速度大小可以在飞行手册中的风分量图中得到，风分量图不但规定了该型飞机的最大使用侧风值，而且还规定了飞机可以使用的最大顺风值和最大逆风值。利用风分量图，我们还可以快速确定任意方向，任意大小风速情况下的侧风分量或顺、逆风分量。

中国民用航空条例 CCAR 93.140 规定：航空器通常应当逆风起飞和着陆，但是当跑道长度、坡度和静空条件允许，航空器也可以在风速不大于 3 m/s 时顺风中起飞和着陆。如果航空器驾驶员根据飞行手册或航空公司运行手册，请求在大于 3 m/s 的情况下顺风起飞和着陆，在空中交通情况允许的情况下，塔台管制员应当予以同意。当跑道侧风在航空器侧风标准附近时，是否起飞或着陆，由航空器驾驶员根据机型性能自行决定，管制员负责提供当时实际风向、风速。

7.5.6 顺/逆风起飞、着陆的特点

飞机在顺风中起飞、着陆有以下特点。

飞机顺风起飞，若保持同样表速抬前轮，则飞机加速到规定抬前轮速度的时机要晚些，起飞滑跑距离和起飞距离都增长。这时应根据跑道长度和飞机性能数据确定飞机能否安全起飞。飞机顺风着陆，若保持空速不变，则下降和平飘的距离都会增长。如果不修正，会造成目测高。此时应根据风速的大小，适当后移下降点修正。需要指出的是，在顺风情况下，如有可能，应考虑改变着陆方向的问题。

飞机在逆风中起飞、着陆具有如下的特点：

（1）飞机逆风起飞，若保持同样表速抬前轮，则飞机达到规定抬前轮速度的时机要早些，起飞滑跑距离和起飞距离较短，视线中参照物向后移动的速度较小。因此拉杆抬前轮时需注意动作要柔和；初始上升地速应减小，上升角应增大。大风往往伴随着地面空气的紊乱流动，为增强飞机的稳定性和操纵性，保证足够的安全裕量，抬前轮速度和离地速度可比正常速度稍大些，可采用少放襟翼或不放襟翼的方式实现。

（2）飞机逆风着陆，若保持空速不变，则下降和接地地速会变小，下降距离和平飘距离缩短，下降角增大，易造成目测低。为修正目测，可前移下降点。如果采用保持下滑线增大下降空速的办法，拉平时，舵面效用较强，因此拉杆动作应柔和，以防拉平高和拉飘。

7.6 着陆目测

7.10

"目测"问题在日常生活中常会遇到。打篮球时，为了把篮球投进篮筐，需要准确地进行目测。在目视进近着陆过程中，飞行员根据当时的高度以及飞机与预定接地点之间的距离进行目视判断，操纵飞机降落在预定接地点，这个过程叫作着陆目测，简称目测。目视进近着陆技术是飞行员的一项基本功，只有打好扎实的目视进近着陆技术基础，才可能学好较为高级的仪表着陆技术。小型飞机目视进近着陆的典型实施环境为矩形起落航线，下面我们就结合矩形起落航线就这个问题进行详细讨论。

7.6.1 目测的基本原理

准确的目测是操纵飞机在预定接地点一定范围内接地。没有达到这一范围就接地,叫作目测低;超过了这一范围才接地,叫作目测高。目测的基本原理有四点:正确选择下滑点,保持规定的下滑角,保持规定的下滑速度以及正确掌握收油门的时机。

1. 正确选择下滑点

飞机着陆进近,其五边下滑轨迹对准地面的一点,叫作下滑点。下滑点的位置与着陆拉平后的空中飘飞段距离有密切关系。飘飞距离的长短,主要取决于下滑速度、天气情况、襟翼位置、发动机工作状态等。一般根据经验,选择预定接地点后一定距离为下滑点。下滑点选定之后,应操纵飞机向着下滑点下降。

如果实际下滑点在预定下滑点之后,易形成目测低;反之,易形成目测高。

2. 保持规定的下滑角

在下滑点正确的前提下,必须保持规定的下滑角。飞机进近下降的下滑角一般为 3° 左右。下滑角过大或过小,直接影响下滑速度的大小,进而导致目测不准。下滑角增大,在同样油门情况下,下滑速度也增大,易形成目测高;反之,易形成目测低。

由几何关系可知:要保持好规定的下滑角,飞机在下滑过程中必须保持同样的高距比,即下滑过程中飞机的高度和距下滑点的水平距离的比值保持不变。这可以用在特定地点上空检查高度的方法来加以实施,特定地点可以是跑道中心延长线上的中指点标 MM(Middle Marker),外指点标 OM(Out Marker);或检查五边轨迹上的特定地标处的高度值,如道路交叉口、河流、大树等。如果在特定地点上空的高度偏大,则说明飞机的下滑角偏大;反之,则说明下滑角偏小。

五边下滑角是否正确,还取决于四转弯改出后的位置是否正确(见图 7.30)。改出四转弯后,飞机离下滑点的水平距离正常但高度较高,或高度正常但离下滑点的水平距离较近,都会使下滑角增大。反之,则会使下滑角减小。

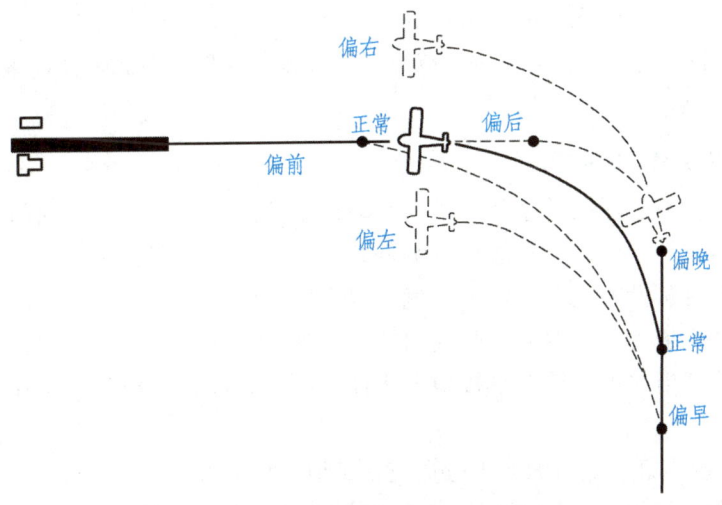

图 7.30 进入与改出四转弯位置的影响

四转弯改出的位置正确与否，还取决于进入四转弯时机的早晚、四转弯坡度以及四转弯下降率的大小。例如，进入四转弯的时机早，并以正常的坡度转弯，则改出转弯后飞机的位置将偏往跑道中心线的左侧。要想使飞机改出四转弯后处于跑道中心延长线的上空，就必须减小坡度，增大转弯半径。这样，飞机改出四转弯后虽在跑道中心延长线上空，但其位置却离预定接地点近了，从而引起下滑角增大。

进入四转弯的位置，还受到四边下降率、四边长度以及三转弯进入时机的影响。

可见，为了在五边保持好规定的下滑角以做好目测，实际上从三转弯开始，就应该根据飞机的状态进行调整和修正。所以说，在起落航线的目视进近着陆中，目测实际上从三转弯就开始了。

3. 保持规定的下滑速度

在飞机飞行轨迹正确的前提下，即在下滑点和下滑线正确的前提下，保持好规定的五边下滑速度就成为保证目测正确的重要条件。如果五边速度保持不好，势必引起着陆进场速度不正确，使着陆空中段距离发生变化，进而使目测不正确。如果五边速度大，飞机过跑道头的速度就大，飞机将越过预定接地点接地，形成目测高；反之，下滑速度小，形成目测低，如图 7.31 所示。

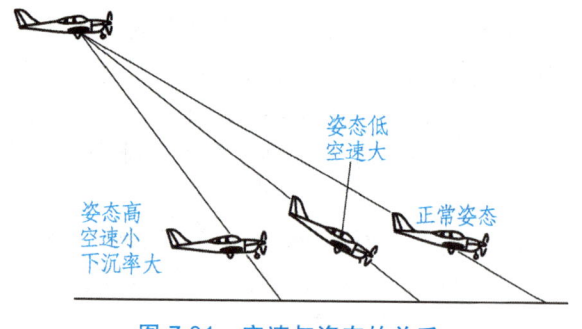

图 7.31 空速与姿态的关系

在保持飞机下滑点和下滑角正确的前提下，下滑速度的大小主要取决于油门位置。因此，着陆下降时，飞行员可以首先固定好下降点与下降角，然后适当调整油门来保持规定的下滑速度。

4. 正确掌握收油门的时机

正常情况下，一般在拉平过程中柔和均匀地收油门，拉平结束，油门收完。如果在拉平过程中收油门过早过快，势必造成目测低；反之，则目测高。如果飞机在过跑道头时，速度、高度、下滑角没有达到规定值，就可以根据实际情况，灵活掌握收油门的时机和快慢。如果飞机过跑道头速度偏大，收油门的时机就可以提前并适当加快；反之，收油门的时机就应推迟并适当放慢，最迟在接地前将油门收光，以达到控制飞机在预定接地点接地的目的。

综上所述，要做好着陆目测，飞行员应正确地选择下滑点，保持好规定的下滑角和下滑速度，以及掌握好收油门的时机和快慢，同时根据飞机实际状态，进行调整和修正。

7.6.2 目测的实施

目测的实施可以分为三个阶段,即概略目测、修正目测和精确目测。

1. 概略目测

飞机从起落航线的三转弯开始至四转弯改出阶段,称为概略目测阶段。此阶段的关键是控制好四转弯改出的位置和高度,使飞机正好处在 3°下滑道上,为五边目测创造良好的条件。

在正常情况下,正切预定接地点或跑道头后,开始计时至规定时间,然后进入三转弯。三转弯后即可改下降,根据情况调整四边下降率,在四边中,根据飞机纵轴延长线与跑道中心延长线的夹角,决定进入时机、快慢和下降率。

2. 修正目测

飞机从改出四转弯下滑至高度 100 ft 左右为修正目测阶段。此阶段的关键是控制飞机沿预定的 3° 下滑角下滑,飞向预定的下滑点。

改出四转弯后,随时检查高距比和速度大小,根据程序放襟翼至着陆位。偏差较大时,可用油门和改变放襟翼的时机进行调整。放襟翼着陆位后,飞机处于减速过程,应在高度 300 ft 左右使下滑速度相对稳定,并保持规定值。

3. 精确目测

高度 100 ft 左右至接地前,为精确目测阶段。此阶段的关键是根据实际情况,掌握好收油门的时机和快慢,使飞机降落在预定接地点。

高度 100 ft 左右,判断飞机与地面的相对运动,注意观察跑道入口。正常的情况下,飞机以 50 ft 高度进入跑道后,准确判断拉开始高度并开始拉平,同时柔和、均匀、协调地收油门。出现速度、高度等偏差时,可调整收油门时机和快慢,必要时,也可在飞机接地后再将油门收光。

7.6.3 目测的修正

在着陆目测中,由于客观条件的限制,或主观操纵不当,常会使目测发生偏差。因此,飞行员必须学会修正目测的方法。

1. 修正下滑点

如果发现飞机没有向正常下滑点下降,则应改变飞机的下滑角,重新对准下滑点。这时,飞机的阻力和重力沿航迹方向的分力要改变,下滑速度也随之改变,故需相应地调整油门以保持规定的下滑速度。

2. 修正下滑角

在下滑点正确的前提下,如果下滑角出现偏差,则需要用杆和油门进行修正,使飞机的高距比恢复正常,然后再让飞机对准正常下滑点下降。

如果下滑角过小,则应带杆加大油门,减小下滑角,待飞机接近正常高距比时,顶杆对准正常下滑点下降,同时适当收小油门以保持规定的下滑速度。反之,如果下滑角过大,则应顶杆收油门,待飞机接近正常高距时,再带杆对准正常下滑点下降,同时适当增加油门以保持规定的下滑速度,如图 7.32 所示。

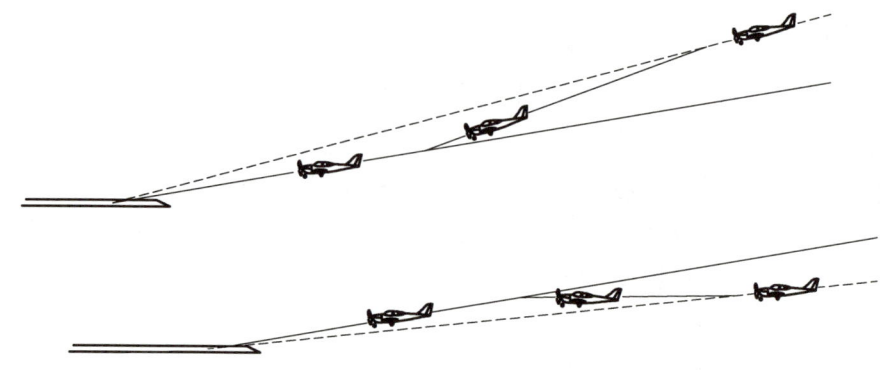

图 7.32 下滑角大与下滑角小的修正方法

3. 修正下滑速度

下滑速度不正确的原因有二：一是下滑角不合适；二是油门不合适。

修正下滑速度，应首先保持好规定的下滑点和下滑角，然后检查下滑速度。如果速度过大，应适当收小油门，随着速度减小，升力也减小，故应带杆保持下滑角不变。反之，如果速度过小，则应适当加大油门并顶杆，以保持规定的下滑速度和下滑角。

在修正目测时，必须考虑油门、下滑角、下滑速度之间的相互影响关系。当油门一定时，下滑角保持不好，下滑速度往往要改变。下滑速度保持不好，也要影响到下滑角的大小和下滑点的位置。油门改变了，下滑速度和下滑角也都随之变化。因而检查和修正目测时，要考虑上述诸因素之间的相互联系和相互影响，防止顾此失彼。

综上所述，杆和油门的配合，是修正目测高低最主要且常用的方法。此外，其他方法如侧滑下降等也可以改变飞机的下滑角，因而也能修正目测的高低。

7.6.4 风、气温及标高对目测的影响

1. 顺风、逆风对目测的影响

逆风使目测低，而顺风使目测高。逆风使下滑角增大，下滑距离缩短，拉平及飘飞距离缩短，故会造成目测低。反之，顺风使下滑角减小，下滑距离和飘飞距离都增长，故造成目测高。

逆风情况下着陆，目测修正方法可以分为两类：一是保持空速，调整下降轨迹；二是保持下降轨迹，调整空速。

对于第一类方法，空速不变，地速减小，为保持正确目测，需前移四转弯改出位置，使之靠近跑道头，以使飞机在预定接地点接地。

对于第二类方法，增加空速，保持正常下降轨迹和地速。通过带杆并加大油门以增大空速的方式，使飞机保持在正常的下降线上，这时，过跑道头空速和接地空速均有所增加，但地速和无风时相同。在逆风较大时，还可以采用少放襟翼或不放襟翼的方法来增大进近速度。

实际中由于空管规则的限制，以及大部分情况下均是使用仪表进近，要求飞机保持在正确的五边航迹上，因此上述的第二类方法使用得更为普遍。

顺风情况下，若采用保持正常下降轨迹、减小空速的方法，会使飞机失速的危险增加。而且法规规定，飞机以 50 ft 过跑道时的最小速度不能小于 1.3 倍着陆构型失速速度。实际中，小顺风一般不加修正，较大顺风情况下则需调整着陆方向或飞往备降场。

2. 侧风对目测的影响

侧风着陆时，小型飞机在第五边常采用侧滑法修正。由于飞机带有侧滑，阻力增大，升阻比减小，下降角增大，实际下降点后移，使飞机进入平飘时离预定接地点的距离增长，同时阻力增大还使平飘距离缩短，因而使目测低。

逆侧风着陆时，飞机同时受到逆风和侧风的影响，由前面分析知，这两种影响都将引起目测低。而顺侧风对着陆目测的影响则不同，顺风要使目测高，侧风要使目测低，具体结果则取决于这两种影响的综合。

3. 气温和标高对目测的影响

飞行员常感到"早晨目测容易低，中午目测容易高"，就是因为早晨气温低、中午气温高的缘故。

着陆下降是按照表速进行的。当气温变化时，空气密度要改变，飞机的真速也要改变。中午气温比早晨高，空气密度减小，在同样表速的情况下，中午真速大，平飘距离要增长，故目测易高。此外中午气温高，跑道上的上升气流往往比较强，使下滑角减小，下滑距离和平飘距离增长，也造成目测高。

同理，机场标高高，空气密度小，真速大，平飘距离长，容易目测高。

7.7 特殊情况下的起飞、着陆

7.12

飞行员不仅要掌握好正常和有风条件下的起飞着陆本领，而且还应掌握在其他不同条件下起飞着陆的本领。本节将分析不放襟翼着陆；高温高原机场起飞着陆；短跑道上起飞着陆；软道面上起飞着陆；冰雪跑道上的起飞着陆；复飞；起落架故障着陆；停车迫降等有关问题。

7.7.1 不放襟翼着陆

正常着陆中，通常都放大角度襟翼，即把襟翼放在着陆位。放下大角度襟翼后，飞机升力系数增加，阻力系数增加，升阻比减小。升力系数增加，使飞机可以以更小的速度飞行，从而可以减小进近速度和接地速度；阻力系数增加，可以帮助飞机减速，缩短着陆滑跑距离。但在有些特殊情况下，如侧风过大、逆风过大、风切变、大气紊流等不稳定情况下，或襟翼操纵系统发生故障时，为保证飞机具有良好的操稳特性和足够的安全裕度，常常需要放小角度襟翼（如襟翼放在起飞位），甚至不放襟翼着陆，以增大进近速度。不放襟翼着陆是飞行员需要掌握好的一项基本技能。

不放襟翼着陆与放襟翼着陆相比较，有以下几个特点：

1. 飞机的下降角小，俯角小，下降速度大

放小角度襟翼或不放襟翼，飞机升阻比较大，由下降部分的性能分析可知，升阻比大，下降角小，飞机俯角小（见图 7.33）；不仅如此，放小角度襟翼或不放襟翼，飞机升力系数较小，为产生足够的升力，飞机必须增大下降速度。下降速度增大，可以使飞机的稳定性和操纵性均增强，从而增加了飞机在不稳定气流中飞行的安全裕度。但下降速度增大，也使飞机的着陆滑跑距离与着陆距离增加。

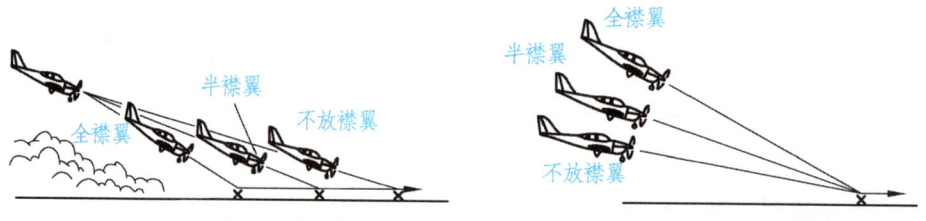

图 7.33 襟翼角度对下滑点与下滑角的影响

2. 拉平开始高度稍低

放小角度襟翼或不放襟翼，飞机俯角小，速度大，因此飞机减速慢，下降慢，拉平过程中高度降低少，所以，拉平开始高度稍低。

3. 操纵动作应更柔和

放小角度襟翼或不放襟翼，飞机下降速度大，舵面效用较强，因此操纵动作应更加柔和，特别是在拉平中，应根据高度和飞机姿态柔和均匀地拉杆，配合好收油门的动作，防止拉平高和姿态过大。

4. 易目测高

放小角度襟翼或不放襟翼，不仅升阻比大，下滑角小，实际下滑点前移，而且阻力系数小，拉平中阻力小，飞机减速慢；又因升力系数小，速度大，所以拉平空中距离长，故易目测高。

7.7.2 在高温高原机场起飞、着陆

在高温高原机场，空气密度小，飞机性能降低。这种性能的降低包括两方面：一方面，空气密度减小，使进入发动机内的气体质量减小，因而发动机产生的拉力或推力减小，发动机性能降低，使飞机增速慢；另一方面，空气密度减小，表速和真速的差异增大，在同样的抬前轮表速情况下，飞机阻力不变，但抬前轮真速和地速增大，使加速到这一速度所需要的时间增长，结果使飞机的起飞和着陆性能都降低。

1. 起　飞

在高温高原机场起飞时，飞机加速慢，加速到同一表速时的真速大，滑跑距离和起飞距离都将增长，起飞后的初始上升阶段中上升梯度减小。因此应注意：

（1）起飞前必须根据飞机的性能图表确定飞机的起飞滑跑距离与起飞距离，确保飞机在该起飞重量下和预计起飞跑道上可以安全起飞。同时还需根据性能图表确定飞机的上升性能，确保飞机有能力越障。

（2）尽可能利用所有对起飞性能有利的因素起飞，如满油门、顺风、下坡等，适当时可以减小飞机起飞重量。

（3）同一表速时，若起飞真速或地速偏大，则应严格按照性能图表上确定的抬前轮表速抬轮。

2. 着 陆

在高温高原机场着陆时，同一表速接地，真速大，着陆距离和着陆滑跑距离都增加，因此应注意：

（1）着陆前必须根据飞机的性能图表确定飞机的着陆滑跑距离与着陆距离，确保飞机在预计着陆重量下和预计着陆跑道上可以安全着陆。

（2）尽可能利用所有对着陆性能有利的因素着陆，如大角度襟翼、逆风、上坡、各种减速装置等。

（3）同一表速时，进近与着陆真速或地速均偏大，因此易形成目测高。拉平中应根据地速大的特点修正目视感觉，应严格按照性能图表上确定的过跑道头速度操纵。

7.7.3 在积水和冰雪跑道上着陆

当跑道上有积水或冰雪时，会使飞机的起飞、着陆性能发生明显变化，在操纵方法上也就有其特殊的方面。

所谓积水跑道一般是指积水比较厚，水深可测量出来的情况。小型飞机在积水跑道上起飞，一般对起飞性能影响不大。而着陆时，积水道面能显著地降低轮胎与道面之间的摩擦系数，当水层较厚和滑行速度较高时，轮胎与道面之间的水膜可能会使机轮完全脱离道面，出现"滑水"现象，使摩擦系数急剧减小，刹车效能完全丧失，着陆滑跑距离大大增长。对于大型飞机而言，在积水道面上着陆可能会导致严重的安全事故。

冰雪跑道包括结冰跑道和积雪跑道。结冰跑道是指道面结冰刹车摩擦系数为0.05的非常滑的跑道。在结冰跑道上着陆，不仅使滑跑距离成倍增长，而且给飞机在起飞、着陆滑跑中保持方向带来困难。

积雪跑道特别是半融雪跑道，具有与积水跑道相似的性质，可能在高速滑行时会产生滑水现象。在不滑水的速度上，根据积雪情况，飞机可能要犁雪前进，使滑跑阻力增大。

在积水和雪泥跑道上起飞，如果飞行手册提供有这些情况相对应的性能图表，则应利用这些图表尽可能准确计算起飞性能；如果没有，须按经验对正常情况下的起飞着陆数据进行修正，减轻起飞全重，用最大功率起飞。同时应避免在伴随大侧风情况下起飞。前三点飞机在积雪道面上起飞时，可使用软道面上的起飞技术。

在结冰跑道上起飞比较困难，尤其在伴随侧风或道面不平的情况下，困难更大，很难保持方向，若无较高的个人飞行技术，一般不宜起飞。

在结冰或可能发生滑水的道面上着陆，除应进行着陆性能的估算，减轻着陆重量外，在操纵上应该注意：

（1）应避免顺风和大侧风着陆。因在这些条件下，增加了保持方向的困难。

（2）飞机接地时，不要过分强调落地轻，而应强调扎实和接地点准确，扎实接地可撞透积水，减轻滑水现象。

（3）飞机接地后应及时使用减速装置，飞机三点滑跑后，稳定刹车减速。

7.7.4 在短跑道上起飞、着陆

在短跑道上起飞着陆的关键是，严格保持方向，尽可能缩短起飞、着陆滑跑距离。短跑道通常还伴随着净空条件差等问题，若遇到这种情况，还需要考虑飞机起飞后能否安全越障的问题。

1. 起 飞

在短跑道上起飞，首先必须确保跑道长度在飞机的极限起飞性能之内，根据飞行手册中的飞机性能图表，可以确定在特定情况下飞机的起飞距离与滑跑距离，根据经验对飞机的实际起飞性能进行判断和修正；根据机场净空条件，正确估算飞机离地后的上升能力，对飞机初始上升阶段进行越障分析，以确保飞机可以在特定条件下安全起飞。尽可能利用所有对起飞性能有利的因素，使用最大功率，逆风、下坡起飞并尽可能减小飞机起飞重量。

从短跑道上起飞或上升，要求飞行员操纵飞机以发挥其极限起飞性能。为使飞机得到最短的滑跑距离和最陡的上升角，飞行员需要练习对飞机姿态和速度的准确控制。在任何情况下，如有可能，关于功率设定、襟翼设定、空速值和飞行程序，应按照飞行手册中给出的执行。

为了安全地获得最大起飞性能，飞行员必须熟悉如何使用和有效利用所飞飞机的陡升速度和快升速度。以陡升速度飞行，上升角最大，而以快升速度飞行，上升率最大。这两个特定速度在飞行手册中都已给出。资料表明：对于推荐的速度，即使只有 5 kt 的速度偏差，也会使预计上升性能显著降低。因此，精确的空速操纵在这种情况下是至关重要的。

从短跑道上起飞，要求飞机从跑道的最端点开始。在跑道头上将飞机对准预计起飞方向，在松刹车前，油门加至最大。起飞滑跑前，应将襟翼角度设为飞行手册中的推荐值。这样，将使飞行员的注意力完全集中在起飞中的飞行技术和飞行性能上。在离地前才放襟翼的做法并没有多大优势。

在起飞滑跑过程中，对于前三点式飞机而言，其三点滑跑状态的总阻力最小，因此整个起飞滑跑过程中，都应保持三点滑跑，直至飞机加速至离地速度。

为使飞机在离地后得到最陡的爬升和最好的越障，当加速滑跑至陡升速度时，应平稳坚定地向后带杆使飞机离地。离地后飞机加速增快，应用杆使飞机速度保持不变。一旦升空，应保持陡升速度进行直线爬升直到越障，或如果没有障碍物时，直到到达距起飞表面 50 ft。随后，适当减小姿态，加速并保持以快升速度状态上升，如图 7.34 所示。

短道面起飞，由于发动机功率相对固定，因此速度的调整是通过姿态的调整实现的，任何提前升空或爬升过陡的尝试，都可能导致飞机重新接地或不能安全越障。

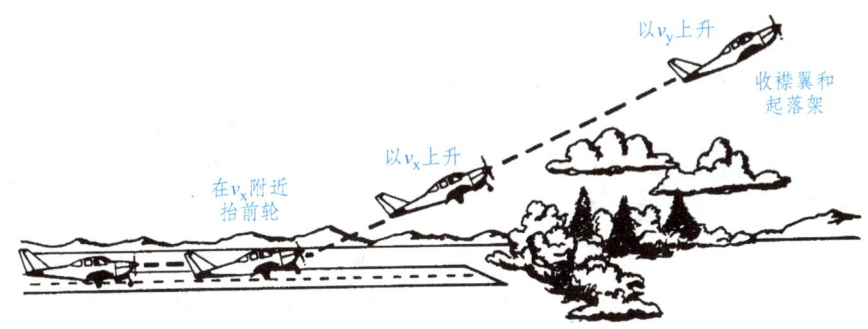

图 7.34 短跑道起飞

在飞机已经越障并达到快升速度以后,可以开始收襟翼,通常建议分段收襟翼,以避免升力的突然减小。襟翼全部收完后,收起落架并调整起飞功率至正常上升功率。

2. 着 陆

在短道面上着陆,如同在短道面上起飞一样,要求飞机发挥其最大性能,这种小速度带功率进近着陆与空中小速度飞行技术较为接近,如图 7.35 所示。

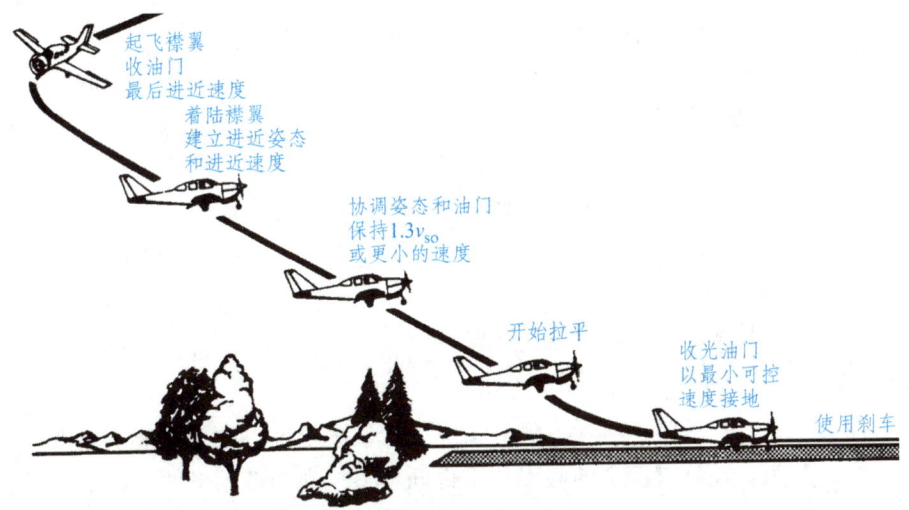

图 7.35 短道面进近着陆

在正常的进近着陆中,飞机接地的精确地点往往是变动的,因为下滑速度、下滑角以及下沉率、风等导致的漂移、姿态的变化以及拉平后的飘飞等等,都对接地点有较大的影响。

然而,在短道面或限制区域内着陆时,飞行员必须对飞机的状态有一个精确的控制,以达到越障进近、实现无飘飞的拉平,然后在最短的距离内将飞机停止下来。

进近时使用全襟翼,在距接地区域至少 500 ft 高度上建立稳定的最后进近状态,飞行手册中没有指出时,应使用不超过 $1.3v_{so}$ 的五边进近速度。进近速度过大将导致接地点距跑道入口太远,并使滑跑距离超过可用的着陆距离。

在放下起落架和全襟翼后,飞行员应调整飞机功率和俯仰姿态,以维持适当的下滑角和下滑速度。功率和姿态的调整应协调进行,如果飞机越障裕度较大,接地点超过预定接地点而导致跑道长度不够时,应适当收油门,并顶杆增大下降角;反之,如果下降角不足以安全越障时，应适当加油门并带杆减小下降角。进近中应避免速度过低，如果速度进入第二范围，带杆和加油门只会使下降率更大。

由于飞机下降角大，速度接近飞机的失速速度，因此必须精确控制飞机的拉平过程，以避免未拉平即接地或拉平过程中失速导致的下沉撞地。下滑速度正确时，应保持飞机拉平后没有飘飞，在可控状态下接地。

接地速度应控制在飞机的最小可操纵速度附近，而接地姿态保持在无功率失速俯仰姿态。飞机准备接地时，收油门不能过快，因为过快的收油门会导致飞机以较大的下沉率接地而造成重接地。

接地后，对于前三点式飞机，只要升降舵还继续有效，就应带杆保持这个姿态，这将导致较大的空气阻力以使飞机减速。一旦主轮接地，即可稳定地使用刹车减速，使滑跑距离达到最短。

7.7.5 在软道面上起飞、着陆

软道面包括草地、沙滩、泥泞地、雪地等道面，在软道面上起飞着陆时有以下一些特点：

（1）摩擦力大，起飞滑跑增速慢，同时也使着陆滑跑减速快。

（2）起飞或着陆滑跑时抬前轮后俯仰姿态不易保持，比如飞机从土质硬的地方滑至土质较软的地方，机轮摩擦力突然增大，下俯力矩突然增大，使飞机姿态降低。反之，从土质软的地方滑至土质较硬的地方，机轮摩擦力突然减小，上仰力矩突然增大，使飞机姿态增加。

（3）滑跑方向不易保持。土质软硬不同将造成两轮摩擦力不相等，从而引起滑跑方向的改变。摩擦力大小的改变和道面不平造成的冲击，还将使机轮受到的载荷增加，高速滑行时，还可能使起落架结构受损。

（4）崎岖不平的场地还可能使飞机滑跑时产生跳跃。

1. 起　飞

在软道面上起飞时，要求飞机在可能的情况下尽快升空，以减小草地、软沙、泥泞、雪地等道面引起的阻力。在软道面上的起飞技术也同样适于在粗糙不平的道面上起飞。

软道面使飞机在起飞加速滑跑时阻力增加，如果使用正常起飞时所使用的技术，飞机加速到正常起飞速度的时机要大大延长，有时甚至达不到。

在这种道面上的起飞程序是有别于在坚硬、平滑的短道面上的起飞程序的。为减小阻力，必须尽快将支持飞机重力的地面支撑力转换到机翼升力上来。为此，起飞前将襟翼放在起飞位置，在滑进软道面的滑行过程中，如可能，飞机应保持一个较大的滑行速度，直至起飞滑跑。停止滑行可能导致飞机陷入泥泞或积雪。

飞机对正预计起飞方向后，平稳、快速地加油门至最大功率，对于前三点式飞机，向后带杆以减小前轮正压力，在起飞滑跑中，应尽可能早地使用升降舵将飞机维持在一个较大的迎角或较高的姿态上进行两点滑跑，随着速度增加，升力增加，地面的摩擦阻力和冲击阻力随之减小。如果飞机的姿态得以很好地维持，飞机最后将以小速度升空，由于地面效应的存在，这个速度甚至小于飞机能安全爬升的速度。

飞机离地后，应柔和地降低机头，使飞机维持在一个刚好离开地面的高度上飞行，平飞加速至快升速度，如果同时伴随着净空条件不好，则应加速至陡升速度。低高度平飞加速时，必须特别注意控制飞机，以防止飞机重新接地。由于地面效应只在接近地面飞行时才存在，因此，任何提前爬升的尝试都可能由于地面效应的减弱而导致飞机重新接地。

待飞机建立确定的上升状态和飞机速度超过快升速度以后，再收起落架和襟翼。

在起飞后即需越障的情况下，越障爬升应以陡升速度进行，越障后再加速至快升速度，然后收襟翼和起落架，同时减小发动机功率至正常上升状态。

2. 着 陆

软道面着陆的要点是：在着陆滑跑中控制飞机，使机翼升力在尽可能长的时间范围内支持飞机重量，减小机轮和道面间的正压力，以减小阻力和机轮受到的冲击。

在较长的软道面上进近时使用的技术，和正常进近的技术基本是一样的，进场着陆时，其区别在于：软道面着陆，要求飞机接地前尽可能保持在离地 1~2 ft 的高度上飘飞减速，使飞机以最小速度接地。

着陆时应使用全襟翼，以减小接地速度。对于下单翼飞机，着陆时机轮上扬起的泥泞、石子和雪浆可能对襟翼造成损坏。尽管如此，不推荐在着陆滑跑过程中收起襟翼，因为着陆中维持对飞机的完全控制要更为重要。

对于前三点式飞机，主轮接地后，飞行员应带杆抬起前轮，直到用气动力不能保持两点滑跑为止，然后再轻柔地使前轮接地。

滑跑中应避免使用刹车，因为刹车的使用会导致前轮早接地或重接地，从而使前轮承受较大的载荷，滑跑中软道面本身就能提供足够的减速力。在较软的道面上滑跑或滑行时，可能需要带油门保持一定的速度，以使飞机不至于陷入道面。

7.7.6 复 飞

由于着陆场地有障碍或有其他不宜着陆的条件存在时，终止进近并使飞机转入上升的过程叫作复飞。复飞的主要特点是要在速度较小和高度较低的情况下，保证飞机能迅速增速和安全上升。

引起复飞的原因有多种，比如着陆场地突然出现了飞机或障碍物；着陆目测过高或过低；着陆拉飘过高或弹跳过高；侧风过大或侧风修正不当；飞行员没有着陆信心等等，都将导致飞机不能正常着陆。

在气象条件不好的情况下，飞机进近下降至一个规定的最低高度时，仍然没有足够的目视参考时，必须复飞。对于精密进近，飞机下降至决断高（DH）时，若仍然看不见跑道或引进标志，便要求飞行员及时操纵飞机复飞；对于非精密进近或盘旋进近，此高度则为最低下降高（MDH）。决断高和最低下降高以跑道入口标高为基准。

塔台管制员发出着陆许可，应当具备下列条件：在航空器进近着陆的航径上，没有其他航空器活动；跑道上无障碍物；符合尾流间隔规定。发出着陆许可后，上述条件有变化的，塔台管制员必须立即通知航空器复飞，同时简要说明复飞原因。复飞航空器高度在 100 m 以下的，跑道上的其他航空器不得起飞。是否着陆或者复飞由航空器驾驶员最后决定，并且对其决定负责。

如果可能，复飞决定应尽早做出，推迟至最后一刻才决定复飞可能会危及飞行安全。一旦做出复飞决定后，应立即将油门推至起飞功率，同时带杆使飞机转入规定的复飞姿态，以减小或停止下降。复飞加油门时，视线看好地面，余光照顾飞机状态，判断离地高度，用盘舵修正螺旋桨副作用，使飞机保持好预定方向和不带坡度。

在起飞油门下，飞机速度将很快增加，逐渐转入上升。在确保飞机有稳定的正的上升速度后，收起落架。过早收起落架，或在飞机没有建立稳定上升的情况下收起落架，如果飞机在复飞过程中二次接地，就可能导致飞机机体撞地事故。

随着速度增大，应适当稳杆以保持规定姿态，并拉平飞机。速度增加到规定值时，收襟翼至起飞位，进一步增速至规定值后，再收至全收位，同时带杆保持飞机姿态。收襟翼过早或一次性收完，飞机升力降低过多，可能导致飞机高度降低而坠地。同时，收襟翼后飞机失速速度增加，因此必须确保飞机速度大于收襟翼后失速速度一定值，才能收襟翼。

有的飞机由于襟翼与起落架阻力大小的因素，规定先部分收襟翼，然后再收起落架，具体次序应严格按各型飞机手册中规定的复飞程序执行。

随着高度和速度的增加，至规定值时收油门至上升功率。

复飞后的程序和路线，应按照机场使用细则中的规定执行，如图 7.36 所示。一般先飞往机场附近规定的区域上空进行等待飞行，根据管制员指令再次进近着陆，或飞往预定备降场。

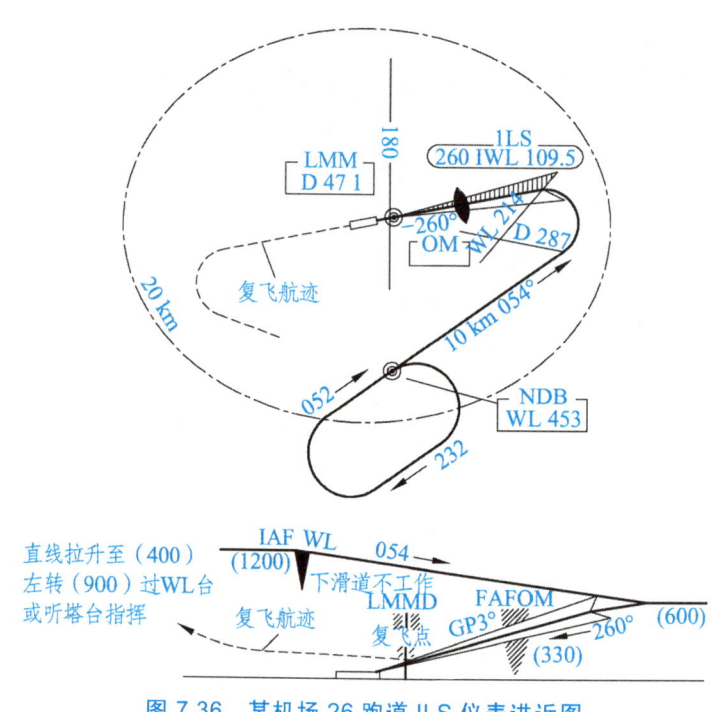

图 7.36 某机场 26 跑道 ILS 仪表进近图

7.7.7 起落架故障着陆

着陆时，可能发生起落架故障，起落架放不下来，这种情况下的着陆称为起落架故障着陆。典型的起落架故障分为单侧主起落架放不下来和前起落架放不下来两种情况。下面分别加以分析。

1. 单侧主起落架故障

如果飞机左起落架未放下，右主轮接地后，右主轮受到的地面正压力对飞机重心形成滚转力矩，使飞机向左倾斜。同时，右主轮的摩擦力向后，对飞机重心形成偏转力矩，使飞机向右偏转。随着滑跑速度不断减小，机轮与道面间的正压力和摩擦力不断增大，导致滚转力矩和偏转力矩不断增大，如图 7.37 所示。

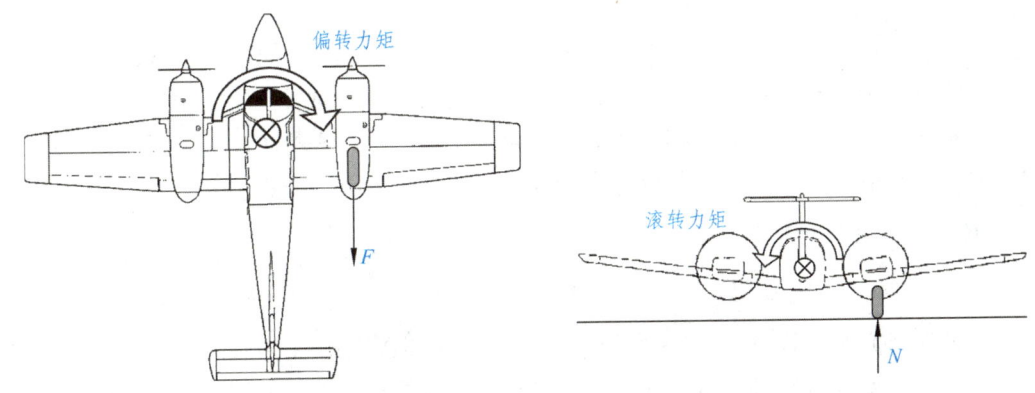

图 7.37　左侧主轮未放下接地时的飞机受力情况

因此，在一侧主轮未放下的情况下着陆，要求飞行员操纵杆舵保持力矩平衡，维持直线滑跑。飞行员在操纵上应注意：

（1）防止拉高或拉飘，强调轻接地。因为拉高、拉飘以后，飞机的下降率大，导致重接地，接地瞬间产生较大滚转力矩，使飞机倾斜，严重时，会造成翼尖擦地的失控状态。因此，飞机接地前，可向主轮放下一侧稍带坡度接地。

（2）主轮接地后，为便于维持滑跑方向，应尽早放下前轮滑跑，用舵保持方向。随着滑跑速度的不断减小，滚转力矩不断增大，同时舵面效用降低。应不断增大压盘量，以保持横侧力矩平衡。如果把盘压到尽头仍不能平衡滚转力矩时，应再让翼尖接地。此时速度已经很小，一般不会使飞机受到严重损伤。

（3）单轮着陆，一般不宜使用刹车减速。因为用刹车会使机轮摩擦力和惯性力增大，偏转力矩随之增大，不利于保持滑跑方向。

2. 前起落架故障

在前起落架故障而主起落架正常的情况下，可按正常的着陆程序着陆。此时要求飞行员具有良好的操纵技术，强调轻两点接地，接地后，应继续带杆，使飞机在尽可能长的时间内保持正常的上仰姿态；两点滑跑阶段不应使用刹车；当带杆到底也不能保持飞机两点滑跑时，可让机头柔和接地。

这种操纵程序在这种情况下被认为是最安全和经济的方法，这样仅使飞机受到局部损伤，完全可以避免人员的伤亡。

除了起落架故障放不下来以外，有时在紧急情况下需要收起落架着陆。例如，在柔软道面如田地里迫降时，飞行手册一般都建议收起落架着陆。

需要指出的是，不管在任何情况下，遇到起落架故障，如果燃油允许，就不要急于着陆。大部分飞机除了有正常液压收放起落架的方法以外，还普遍安装有多套应急放起落架的措施，如手摇或一次性的高压气瓶放起落架等方式。机组人员在反复尝试各种方法都不能放下起落架后，才能做出带起落架故障着陆的决定。同时地面应做好应急准备措施，尽量减小人员和飞机可能受到的伤害。

7.7.8 停车迫降

发动机在空中停车的情况固然极少，但对于单发飞机，一旦发生了空中停车，发动机空中启动不成功时，飞行员就应根据当时条件，正确操纵飞机，进行迫降。为了正确处理停车迫降，确保飞行安全，飞行员必须学习正确处理停车迫降的有关知识。

1. 停车后的飞行性能

1）停车后的附加阻力

对于低速螺旋桨飞机而言，发动机在空中停车后，螺旋桨产生自转或停转，产生附加阻力。小型飞机一般没有顺桨装置，停车后，应将变距杆拉至最后，使桨叶角达到最大，以减小螺旋桨附加阻力。

图 7.38 所示为发动机停车和工作两种状态下的极曲线，从图中可以看出，发动机停车后，最大升阻比减小，同时，最大升阻比对应的迎角有所增大，对应的速度有所减小。在无风和零拉力情况下，升阻比即等于滑翔比。

2）下滑速度

下滑速度不同，滑翔比也不同。在无风情况下，用最小阻力速度下滑，滑翔比最大，消失同样高度的下滑距离最长；用最小功率速度下滑，下滑率最小，消失同样高度的留空时间最长。由于最小功率速度偏小，飞机稳定性和操纵性较差，而且停车迫降选择下

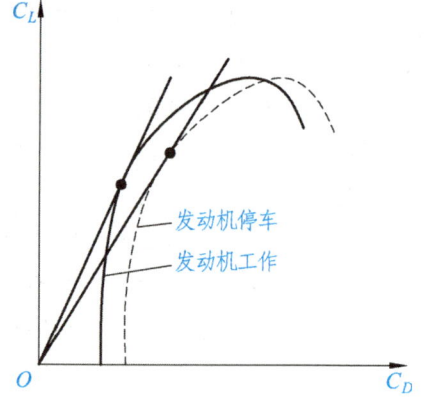

图 7.38 发动机停车对极曲线的影响

滑距离最长更有意义。因此，停车迫降，一般选择最小阻力速度下降，即以最大滑翔比方式下降。飞行手册中一般会给出一个停车迫降最佳下滑速度，它是由理论上的最小阻力速度来确定的。

在发动机刚停车时，飞行速度一般较大，这时就应该将飞机的动能优势变为高度优势，尽可能地利用飞机具备的能量。一般采用先升后降的方法减速，即先拉杆使飞机上升，减速至接近停车迫降最佳下滑速度时，再保持该速度下滑。这样，下滑距离可更长，飞行员也可以在更大的范围内选择迫降场地。

3）襟翼

放下襟翼后，飞机的升阻比减小，滑翔比随之而减小，飞机的飞行速度减小，飞机下滑的距离相应缩短，飞机可以选择的迫降范围缩小。因此对于停车迫降放襟翼的时机，一般应在飞机飞到迫降场上空以后，再根据目测的高低来决定，为减小接地速度，着陆接地前应放全襟翼。

图 7.39 所示为放襟翼和不放襟翼的飞机极曲线，从图中可看出，放襟翼后最大滑翔比减小，最大滑翔比对应的迎角增大、速度减小。

4）起落架

放下起落架以后，阻力增大，升阻比和滑翔比减小，使飞机的滑翔距离减小。对停车迫降，究竟放不放起落架，要看迫降场地而定。一般说来，在场内迫降，应放起落架，而在场外迫降，就不能放起落架。

图 7.40 所示为放和不放起落架的飞机极曲线。从极曲线上可看出，放下起落架，最大滑翔比和获得最大滑翔比的下滑速度都要减小。

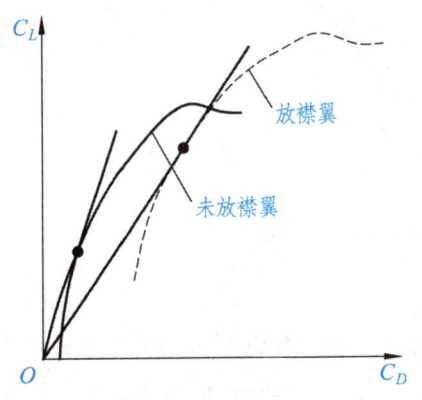

图 7.39　放襟翼对极曲线的影响

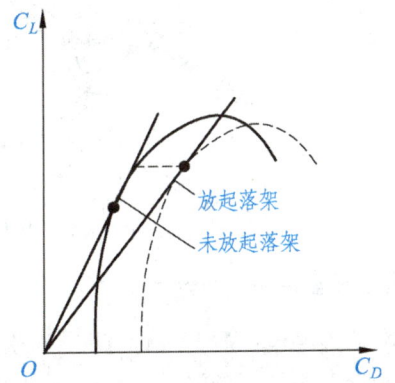

图 7.40　放起落架对极曲线的影响

场内迫降，放起落架的时机应根据目测进行。如发现目测高，可适当提早放起落架，以增大下滑角，缩短下滑距离。反之，若发现目测低，则应适当延迟放起落架的时机。

场外迫降，场地一般较松软且凹凸不平。如放起落架迫降，在接地和滑跑中，容易产生剧烈的跳跃、颠簸，起落架插入松软道面中，极易使起落架折断，导致飞机失去控制。不放起落架用机身后半部分先接地，则可避免上述不良后果，且阻力大飞机减速快，可使飞机在面积较小的场地内迫降。

5）风向与风速

在高度一定的情况下，逆风下滑，地速减小，下滑角增大，下滑距离缩短，滑翔比减小。相反，顺风下滑，地速增大，下滑角减小，下滑距离增长，滑翔比增大。风速越大，对滑翔比的影响也越大。在侧风中下滑，如用侧滑修正侧风的影响时，阻力增大，升阻比减小，滑翔比也减小。

由此可知，风对滑翔比和下滑距离的影响较大，所以在停车迫降时，飞行员应考虑到当时风对下滑距离的影响，如果可能，应尽量选择逆风方向迫降，以减小接地速度。

在某些情况下，可能无法采用逆风方向迫降，这些情况包括：转入逆风方向的机动飞行将导致飞机处于一个较低的危险高度；逆风方向着陆的场地长度较顺风方向着陆的场地长度短得多；逆风方向着陆为下坡方向或净空不好等，这时可采用侧风着陆或顺风着陆。具体实施时，应根据风和障碍物综合判断迫降方向，如图 7.41 所示。

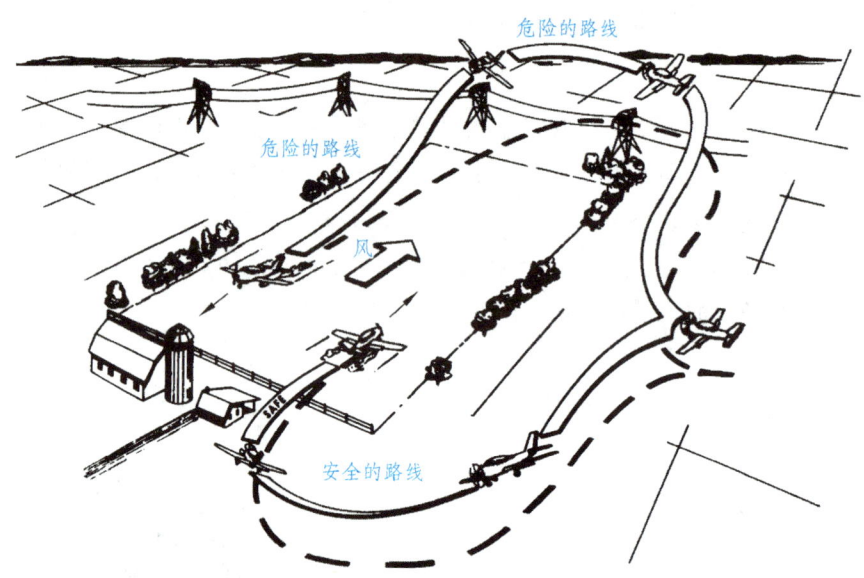

图 7.41　根据风和障碍物综合判断迫降方向

6）停车后的下滑转弯

发动机停车以后，飞行方向不一定恰好对正机场或预备迫降场，这就需要做下滑转弯来改变飞行方向。下滑转弯中，往往要求飞机损失的高度最小，以便有足够的高度来正确处理停车迫降。

转弯坡度大，飞机损失的高度就大，飞行员应在平时的模拟迫降训练中，掌握并熟知所飞机型在典型坡度下下降转弯的高度损失情况，以供停车迫降决策参考。另外，转弯坡度越大，飞机的失速速度也越大。为了防止失速，保持对飞机的有效控制，实际转弯时，应根据飞机高度、迫降场地的方向和远近以及目测情况来决定使用多大的坡度，一般应使坡度小于 45°。

如果飞机高度较高，飞机可以在 360° 范围内选择迫降场地，实施 180° 转弯飞行。但如果高度较低，飞机可能来不及向后做 180° 转弯，因而应选择前方 180° 范围内迫降，如图 7.42 所示。比如，飞机从机场起飞，一般的起飞方向为逆风方向，低高度上发动机停车，若选择起飞机场为迫降场，180° 转弯迫降将导致顺风着陆，在侧风和顺风情况下的转弯将导致高度损失更大，更严重的是，顺风导致地速增大，易使飞行员为控制速度而带杆过多，使飞机失速而坠地。因此，对小型飞机，一般要求高度 100 m 以下发动机停车，通常应前方直线迫降。

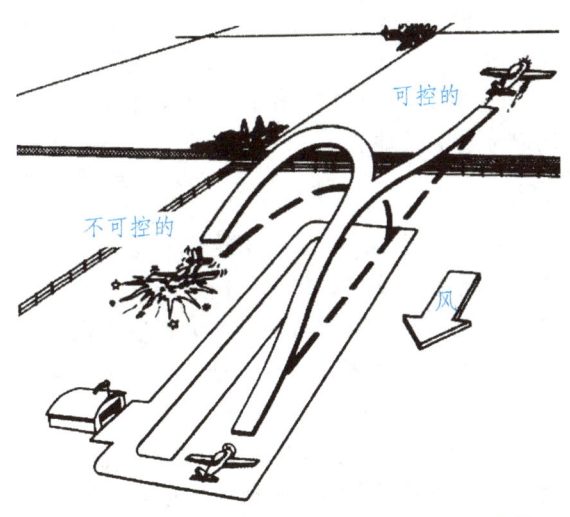

图 7.42 低高度 180° 转弯可能导致飞机失控

2. 停车迫降修正目测的方法

停车迫降时，由于没有发动机拉力可用，使目测修正的方法受到限制。一般只能采用下述方法来修正目测：

（1）调整放襟翼的时机和角度。如发现目测高，飞机会超过迫降地点，可早一些放下襟翼，增大下滑角，缩短下滑距离。反之，如发现目测低，则应晚一些放襟翼，以增长下滑距离，使飞机到达预定的迫降地点。

（2）用侧滑法修正目测高。直线下降侧滑可以减小升阻比，增大下滑角，缩短下滑距离，而不致使飞机超过预定的迫降地点。

（3）用 S 形转弯修正目测高。做 S 形转弯（即左右交换的下滑转弯）能缩短下滑距离，而不致使飞机超过预定的迫降地点。

（4）在较宽的场地上迫降时，可利用四转弯改出的时机来控制目测高低，如图 7.43 所示。

（5）对于场内迫降，还可调整放起落架的时机来修正目测高。

图 7.43 利用四转弯改出的时机来控制目测高低

由上述可知：停车迫降、修正目测高的方法较多且比较容易修正，而修正目测低的方法基本没有。飞行员目测应充分考虑到这个特点，做到停车迫降目测宁高勿低。首先要确保飞机能够飞至预定迫降地点，然后可采用在预定接地点上空盘旋下降、加入起落航线、五边直线进近或其他进近的方式迫降着陆接地。

3. 迫降的其他注意事项

（1）迫降时，左右座要明确分工，由机长做出迫降决定，并亲自操纵飞机。副驾驶应积极主动协助，观察和选择迫降场地，及时提醒机长按迫降程序适时做好其他工作。

（2）按照飞机停车迫降的应急飞行程序逐项地、沉着地进行。除了速度的调整外，对于小型活塞式发动机飞机，一般还包括：无线电调至规定频率或国际应急频率 121.5 MHz；混合比杆拉至最后即关断位；变距杆拉至最后；磁电机关断；总电门关断；燃油选择器关断；固定或收拾好飞机上可自由移动的东西并松开进出舱门开关；系好机上所有人员的安全带等。

（3）迫降场地应尽量选择在地形平坦的开阔地带，夜间要避开灯光。在庄稼地迫降时，应以农作物梢部当作地面进行迫降，沿垄沟方向进行；在森林或灌木丛迫降时，应选择一片树木较矮，树梢稍密的地方，以树梢当作地面进行迫降；如有可能，应使飞机按由低向高的方向接地。

（4）接地时仰角可大些。场外迫滑，在不失速和不失控的前提下，飞机接地前的拉杆量可比正常着陆稍大些，使接地迎角比正常着陆稍大，接地速度比正常着陆稍小。这样可以减弱飞机与地面的撞击，减轻人员的伤亡和飞机的损坏。

（5）在水上迫降时，通常应与浪涛平行，如有可能，应在仍有动力的情况下进行，以选择最有利的条件。不放起落架，触水前打开舱门，控制好飞机的下沉率，让飞机机腹先接地，并抬高机头，防止飞机钻入水中。

复习思考题

1. 起飞过程中飞机各力及力矩是怎样变化的？简述起飞过程中飞机操纵原理。
2. 如何使用起飞着陆性能图表进行计算？
3. 着陆特别是侧风情况下着陆时，力和力矩的变化及相关操纵原理如何？
4. 着陆中有哪几种常见偏差与修正方法？
5. 简述目测原理与修正方法。
6. 简述短道面与软道面上的起飞着陆特点。
7. 停车迫降时飞机的性能如何变化？

第 8 章　特殊飞行

本章将介绍飞机在飞行中,可能遇到的一些特殊情况和飞机的操纵速度限制。这些特殊情况主要是失速、螺旋、颠簸飞行、飞机积冰、低空风切变等。了解这些特殊情况对于保证飞行安全意义十分重大。

8.1　失速和螺旋

运输机在飞行中,使用的迎角一般都不大,即使在起飞和着陆时使用的迎角较大,也达不到飞机的临界迎角。因此,运输机在正常飞行中出现迎角超过临界迎角而失速的情况是很少的。但是,若飞行员操纵错误或遭遇强烈的扰动气流等,有可能使飞机迎角超过临界迎角而造成飞机失速后,如又受到扰动使机翼自转,飞机就会进入螺旋,这样会危及飞行安全。所以,飞行员应该清楚知道所飞飞机的失速性能,这样才能防止飞机进入失速和螺旋。如飞机误进入失速和螺旋,也才能正确及时地改出,以保证飞行安全。

8.1.1　失　速

1. 飞机失速的产生

失速是指飞机迎角超过其临界迎角,不能保持正常飞行的现象。

当飞机迎角超过临界迎角时,气流就不再平滑地流过机翼的上表面,而产生强烈的气流分离,由于气流分离而飞机产生气动抖动,同时由于升力的大量丧失和阻力的急剧增大,飞机的飞行速度迅速降低、高度下降、机头下沉等等,飞机不能保持正常的飞行,从而进入失速状态。飞机失速的根本原因是飞机的迎角超过其临界迎角。因此,失速可以出现在任何空速、姿态和功率设置下。

失速一般可分为带动力(或无动力)失速和水平(或转弯)失速。带动力失速与起飞、离地、爬升状态有关,无动力失速与进近状态有关。水平失速和转弯失速用于描述飞机开始失速时的飞行姿态。

2. 失速警告

要想防止飞机进入失速并及时改出失速,首先需要正确判断飞机是否接近或已经失速。这就要求当飞机接近失速时,给飞行员提供一个正确无误的失速警告,唤起飞行员的注意,以便及时采取措施,避免飞机进入失速。失速警告分自然失速(气动)警告和人工失速警告。

1）自然失速（气动）警告

飞机接近临界迎角时，由于机翼上表面气流分离严重，会出现一些接近失速的征兆，主要表现为飞机以及驾驶杆和脚蹬的抖动，飞机有一种操纵失灵的感觉。当飞机在大迎角飞行中，出现上述现象时，飞行员应及时地向前推杆减小迎角，防止飞机失速。

这是因为飞机接近临界迎角时，机翼上表面的气流产生强烈的分离，产生大量的涡流。气流的这种分离是周期性的，这些涡流时而被吹离机翼，时而又在机翼上产生；机翼表面的气流分离时而严重，时而缓和，使得机翼的升力时大时小，整个机翼升力的这种周期性变化，促使飞机产生抖动。气流分离产生的大量涡流，陆续流过副翼和尾翼，不断地冲击各舵面，带动驾驶杆和脚蹬也产生抖动。

2）人工失速警告

随着机翼翼型设计的改进，流过机翼表面的气流分离大大推迟，飞机失速前的自然警告很不明显。单靠自然失速（气动）警告很难防止飞机失速。现在的飞机都安装了人工失速警告，主要形式为失速警告喇叭、失速警告灯、振杆器。

失速警告喇叭和失速警告灯主要用在轻型通用航空飞机上。这种警告系统由装在机翼前缘的简易迎角探测器（风标式失速传感器或压力传感器）和警告喇叭（或警告灯）组成，机翼接近临界迎角时，迎角探测器被气流激活，电路接通，触发失速警告喇叭或失速警告灯。多数警告系统在速度大于失速速度约 5~10 kt 时触发失速警告喇叭或失速警告灯。

振杆器主要用于大型飞机，也是由迎角探测器探测飞机迎角，当飞机迎角增大至离临界迎角一定值时（速度大于失速速度的 7%），电路接通，启动电动机，使驾驶杆抖动发出失速警告。

3. 失速速度

飞机刚进入失速时的速度，称为失速速度，用 v_s 表示。失速的产生取决于飞机迎角是否超过临界迎角，而在飞行状态一定（载荷因数一定）的情况下，速度与迎角有着一定的关系，当飞机速度接近失速速度时，飞机迎角也接近临界迎角，飞机速度为失速速度时，飞机迎角为临界迎角，因此，可以根据飞机迎角的大小来判断飞机是否接近失速或已经失速。

飞行状态不同、载荷因数大小不同，失速速度的大小也不一样。也就是说，不管什么飞行状态，其失速速度的大小均应根据载荷因数（n_y）来确定。

8.3

飞机平飞时的失速速度（$v_{s平}$）可表示为

$$v_{s平} = \sqrt{\frac{2W}{C_{L\max} \cdot \rho \cdot S}} \quad (8.1)$$

其他飞行状态，飞机失速时的升力为

$$L = C_{L\max} \cdot \frac{1}{2}\rho v_s^2 \cdot S$$

则

$$v_s = \sqrt{\frac{2L}{C_{L\max} \cdot \rho \cdot S}} \quad (8.2)$$

由载荷因数定义,得

$$L = n_y W$$

将上式代入式(8.2)得

$$v_s = \sqrt{\frac{2n_y W}{C_{L\max} \cdot \rho \cdot S}} = v_{s平} \cdot \sqrt{n_y} \tag{8.3}$$

由式(8.3)可知,飞机重量增加,失速速度增大;放下襟翼等增升装置,飞机的最大升力系数增大,失速速度相应减小;不同飞行状态下的失速速度是平飞失速速度的$\sqrt{n_y}$倍。飞机在水平转弯或盘旋中,随着坡度的增大,载荷因数增大,对应的失速速度也增大。表8.1列出了在不同坡度时,盘旋失速速度与平飞失速速度的比值。

表8.1 盘旋失速速度与平飞失速速度的比值

坡度 γ	0°	15°	30°	45°	60°
载荷因数 n_y	1	1.04	1.16	1.41	2
盘旋失速速度与平飞失速速度之比	1	1.02	1.1	1.2	1.4

飞行手册通常给出飞机在某一特定重量下,不同飞行状态、不同襟翼位置的失速速度。

4. 失速的改出

失速警告可以帮助飞行员防止飞机进入失速,但若飞行员思想麻痹或操纵错误,仍有可能使飞机进入失速。因此,飞行员应学会改出失速的方法。

飞机失速是由于迎角超过临界迎角。因此,不论在什么飞行状态,只要判明飞机进入了失速,都要及时向前推杆减小迎角,当飞机迎角减小到小于临界迎角后(一般以飞行速度大于$1.3v_s$为准),柔和拉杆改出,如图8.1所示。在推杆减小迎角的同时,还应注意蹬平舵,以防止飞机产生倾斜而进入螺旋。

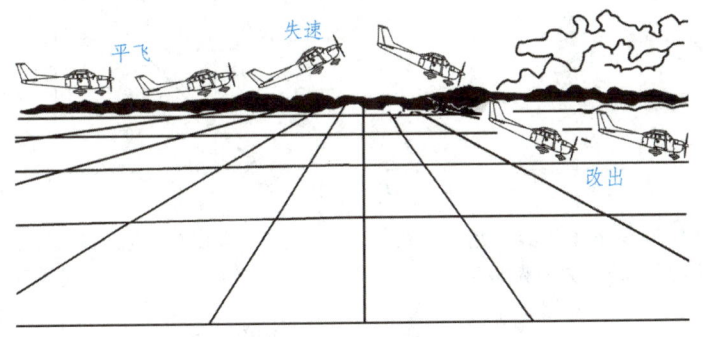

8.4

图8.1 飞机的失速

值得注意的是,在推杆使飞机下俯减小迎角的过程中,绝不可单以飞机的俯仰姿态作为飞机是否改出失速的依据。因为向前推杆后,机头虽不高,甚至呈下俯状态,但由于飞机运动轨迹向下弯曲,飞机的迎角仍会大于临界迎角,若此时飞行员误认为飞机已经改出失速,过早地把飞机从不大的俯冲姿态中拉起,飞机势必重新增大迎角,而陷入二次失速,以致更难改出,甚至改不出来。所以,掌握好从俯冲中改出的拉杆时机很重要,一方面要防止高度损失过多,速度太大;另一方面要避免改出动作过快,以致陷入二次失速。

8.1.2 螺　旋

螺旋是指飞机失速后产生的一种急剧滚转和偏转的运动,伴随滚转和偏转,飞机机头向下,同时绕空中某一垂直轴,沿半径很小和很陡的螺旋线急剧下降的飞行状态。

1. 螺旋的原因

螺旋是由于飞机超过临界迎角后机翼自转引起的。在螺旋形成前,一定会出现失速。失速是协调的机动飞行,因为两个机翼失速程度相同或几乎相同,而螺旋则是两个机翼失速不一致的不协调的机动飞行。在这种情况下,完全失速的机翼常常先于另一个机翼下沉,机头朝机翼较低的一边偏转。

例如,当飞机迎角小于临界迎角而处于正常飞行时,若飞机受一扰动后向右滚转,从飞机的升力系数曲线可以看出,下沉的右翼迎角增大,升力系数也增大;上扬的左翼迎角减小,升力系数也减小,如图 8.2 所示。两翼升力之差对重心构成与滚转方向相反的阻转力矩,阻止飞机滚转,迫使滚转角速度逐渐减慢。

然而,当飞机迎角大于临界迎角而处于失速状态时,情况就完全不同了。飞机受扰动向右滚转,下沉右翼的迎角虽然增大,但升力系数却减小;上扬左翼的迎角虽然减小,但升力系数却增大,如图 8.3 所示。这样,两翼升力之差构成的力矩,不但不能防止飞机滚转,反而加速飞机滚转,促使滚转角速度增大。也就是说,当迎角超过临界迎角时,只要飞机受一点扰动(如气流、操纵错误等)而获得一个初始角速度,飞机就会以更大的滚转角速度绕纵轴自动旋转,这种现象称为机翼自转。

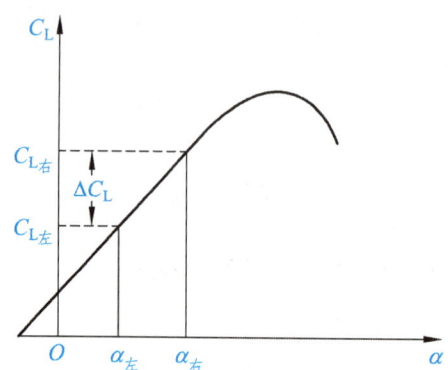

图 8.2　飞机迎角小于临界迎角,飞机
滚转时两翼的升力系数变化

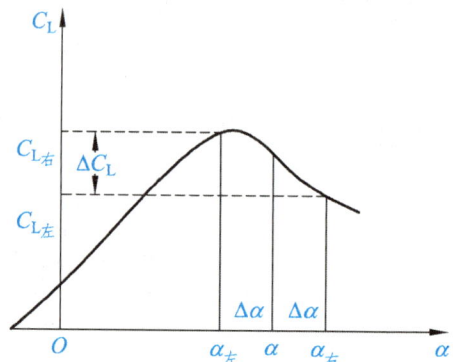

图 8.3　机迎角大于临界迎角,飞机
滚转时两翼的升力系数变化

飞机进入自转后,下沉机翼的阻力远大于上扬机翼的阻力(失速后阻力系数随迎角的增大而增大得更显著),两翼阻力之差产生很大的偏转力矩,促使飞机绕立轴向自转方向急剧偏转。飞机自转后,升力降低且方向随着机翼的自转不断倾斜,升力不能平衡飞机重量,飞机迅速掉高度,运动轨迹由水平方向趋于垂直方向。升力趋于水平,起向心力作用,使飞机在下降中还做小半径的圆周运动,如图 8.4 所示。所以在螺旋中,飞机不仅要绕纵轴旋转,而且还要绕立轴和横轴旋转。这就使飞机形成了一边旋转、一边沿螺旋线轨迹下降的螺旋。

2. 螺旋的阶段

在轻型训练飞机上，完全的螺旋由三个阶段组成：初始螺旋、螺旋形成和螺旋改出，如图 8.5 所示。初始螺旋是指从飞机失速且开始旋转到螺旋全面形成的阶段。螺旋全面形成是指从一圈到另一圈的旋转中旋转角速度、空速和垂直速度比较稳定，而且飞行路径接近垂直的阶段。螺旋的改出是从施加制止螺旋的力开始，直至从螺旋中改出的阶段。

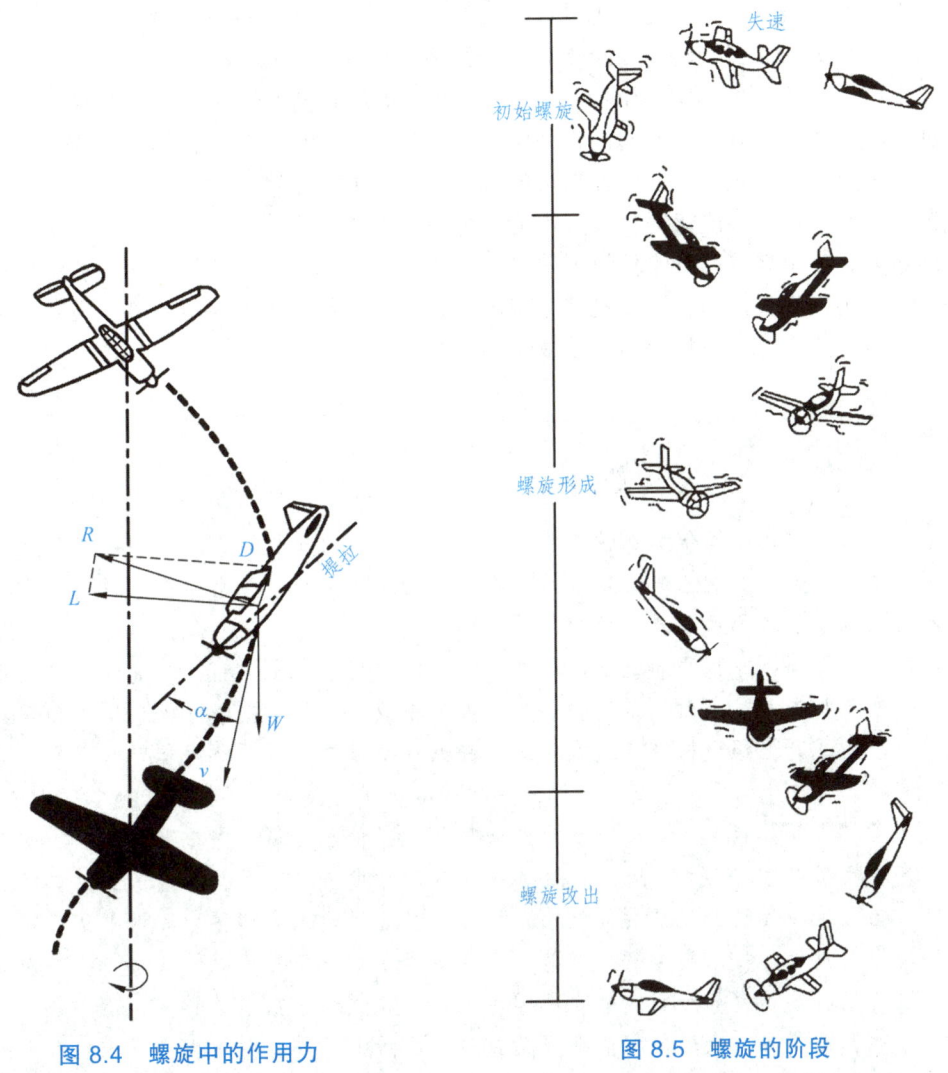

图 8.4 螺旋中的作用力　　　图 8.5 螺旋的阶段

在轻型飞机上，初始螺旋通常发生迅速（为 4~6 s），大概由旋转的头两圈组成。大约在半圈时飞机几乎直指地面，但由于倾斜的飞行路径，迎角大于失速迎角。当接近一圈时，机头恢复朝上，迎角继续增大。随着飞机继续旋转进入第二圈，飞行路径变得更接近于垂直，并且俯仰、滚转和偏转运动开始重复，这是螺旋全面形成的开始。在最后阶段，螺旋的改出始于制止螺旋的力克服延迟螺旋的力。在改出期间，两个机翼的迎角减小到小于临界迎角，且旋转速度变慢。此阶段的范围从四分之一圈到几圈不等。

3. 螺旋的改出

螺旋是飞机失速后机翼自转产生的，因此改出螺旋的关键在于制止机翼自转和改出失速。改出失速只要推杆使迎角小于临界迎角即可。制止机翼自转的有效办法是向螺旋反方向蹬舵。蹬舵产生的操纵力矩，可制止飞机的偏转，同时造成内侧滑，内翼升力大，外翼升力小，可有力地制止飞机的滚转。

因为飞机进入螺旋前一定先失速，所以飞行员应做的第一件事是在螺旋形成前尽量使飞机从失速中改出。若反应太慢使飞机进入了螺旋，应将油门收到慢车，盘放在中立位置，向旋转的反方向蹬满舵。当旋转速度减慢时，轻快地推杆减小迎角。当旋转停止时，蹬平舵使方向舵处于中立位置，用足够的力逐渐向后拉杆使飞机从急剧下俯的姿态中改出。在改出时，应避免过大的空速和过载。在拉起的过程中，过多过猛地向后拉杆、使用方向舵和副翼都可能造成二次失速和再次螺旋。在全面形成的螺旋中，有时由于离心力对燃油系统的作用使发动机停车。因此，在螺旋改出时，或许不能立即获得动力。

归纳起来，改出螺旋的基本操纵方法是：首先蹬反舵制止飞机旋转，紧接着推杆迅速减小迎角，使之小于临界迎角；当飞机停止旋转时，收平两舵，保持飞机不带侧滑；然后在俯冲中积累到规定速度时，拉杆改出，恢复正常飞行。

思政小课堂

重要人物：空军传奇试飞员李中华

李中华是一位中国空军优秀的试飞员，他在长期的试飞生涯中多次面对极高的风险和挑战，展现出了高超的飞行技术和丰富的试飞经验，为中国的航空工业做出了巨大的贡献。他的事迹不仅激励了后来的试飞员们，也展现了中国空军在航空领域的实力和能力。

李中华在俄罗斯国家试飞学院学习时，主动向俄罗斯教员要求试飞失速螺旋，表现出了极高的专业素养和勇气。当时，他驾驶的是一架米格-21飞机，在飞机爬升到12 000 m的指定空域后，李中华开始给飞机减速，准备进入失速螺旋状态。随着飞机速度的下降，它逐渐进入了失速状态，并开始螺旋下坠。飞机以每秒300 m的速度坠向大地，产生了强大的负载。李中华进入了"黑视"状态，短暂失明后又恢复，此时他承受着2倍重量的载荷，脸部也瞬间肿胀起来。飞机持续以4 s一圈，一圈约600 m的速度滚转下坠，已经达到了莫斯科国家试飞学院和国际试飞界失速尾旋的极限值。尽管承受着巨大的生理压力，李中华仍保持着清醒的头脑。凭借过硬的技术和冷静的判断，李中华成功改出了失速螺旋状态，安全着陆。他的这次试飞不仅打破了世界纪录，也为中国在飞行试验领域赢得了荣誉。

李中华的勇敢和专业素养使他能够成功应对这次险情，并成为中国飞行试验史上的一个传奇人物。在他的试飞生涯中，先后经历过空中特大险情5次，重大险情15次。

在一次三轴变稳飞机的试飞任务中，李中华与战友共同驾驶飞机。在飞机准备着陆时，突遇故障，飞机瞬间失去控制，发生翻滚，进入"倒扣"状态，急速向地面坠去。此时飞机的高度仅有500 m，情况万分危急。面对险情，李中华决定放弃弃机逃生的机会，选择挽救飞机。在短短7 s内，他进行了一系列复杂且精准的操作：蹬舵、压杆、重启电源、按下紧急按钮，并最终意识到问题可能出在变稳系统上，于是果断地切断了飞机电传操纵系统的总电门。李中华的迅速反应和准确操作使飞机在距离地面仅剩200 m时恢复了正常操纵。他成功地将

"倒扣"的飞机翻转过来，冲上天空，挽回了自己和战友的生命。更重要的是，他挽回了当时全国仅此一架的"国宝"级三轴变稳飞机，保住了上万名科研人员几十年的智慧和心血，为国家挽回了数亿元损失。

曾经有试飞专家评价李中华这一代试飞员，说他们是知识型的，"他们不仅是新型战机的试飞员，也是设计研制的主要参与者，他们准确的称号是'试飞工程师'"。

在歼-10战机试飞中，李中华先后提出10多项设计改进意见和建议，使歼-10战机的多项性能达到世界先进水平。2006年，李中华因对歼-10战机研制贡献突出，荣获"国家科技进步特等奖"，是仅有的两名获奖试飞员之一。

李中华1983年入伍，先后驾驶和试飞过歼击机、歼击轰炸机和运输机等3个机种27个机型，安全飞行3 150 h。参加并完成了十余项重大科研试飞任务；在新机鉴定试飞和新技术验证试飞中填补了两项国内空白；为一批批新型战机放飞蓝天签发了"通行证"；在国家和军队刊物上发表文章20余篇。2007年，李中华被中央军委授予"英雄试飞员"荣誉称号。2017年，李中华获"八一勋章"。

李中华在几十年的军旅生涯中展现出了爱国主义精神、高度责任感与专业精神、团队协作与互助精神、创新与探索精神。作为新时代大学生，在今后的工作中，要始终牢记"爱国是立身之本，责任与担当、技术与专业、协作与互助、创新与探索是成才之基"。

8.2 在扰动气流中的飞行

8.6

飞机在扰动气流中飞行，会产生颠簸、摇晃、摆头以及局部抖动等现象，这就是所谓的飞机颠簸。

8.2.1 颠簸的形成

飞机飞过地表面受热不均匀和地形起伏的上空、暖锋与冷锋的交界面、积雨云或浓积云，受到不稳定气流（即阵风）作用，使迎角、侧滑角和相对气流速度改变，进而引起作用于飞机的空气动力及其力矩发生变化，空气动力及其力矩的变化又引起飞机的平衡和载荷因数的变化，从而使飞机产生颠簸。

阵风方向在一般情况下是与飞机运动方向不一致的，为便于分析问题，可把飞机在飞行中所遇到的各种不同方向的阵风，分解为水平阵风（水平气流）、垂直阵风（升降气流）和侧向阵风。侧向阵风会引起飞机摇晃、摆头而破坏侧向平衡，但只有大迎角时才比较明显，一般情况下不考虑，这里也就不再分析。下面只分析水平阵风和垂直阵风形成的颠簸。

1. 水平阵风形成的颠簸

飞机在平飞中若遇到速度为 u 的水平阵风，如图8.6所示，飞机迎角不变，而相对于飞机的气流速度由原来的 v 增大到 $v+u$，引起飞机升力增大。飞机在升力增量 ΔL 的作用下，向上做曲线运动，高度升高，飞机上仰，载荷因数增大，飞行员有压向座椅的感觉。与此相反，若水平阵风从飞机后面吹来，相对气流速度减小，飞机升力减小，飞机向下做曲线运动，高度降低，飞机下俯，载荷因数减小，飞行员有离开座椅的感觉。阵风使相对气流速度时大时小，升力也就时大时小，飞机就会忽上忽下而形成颠簸。

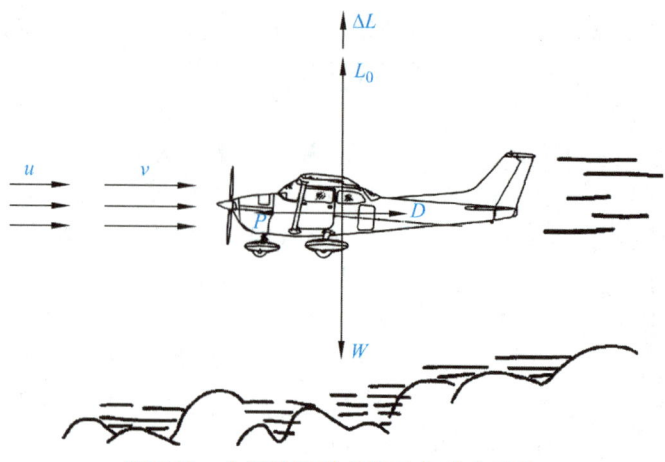

图 8.6 水平阵风引起的飞机升力变化

2. 垂直阵风形成的颠簸

飞机以速度 v 平飞，迎角为 α，若遇到速度为 u 的垂直阵风，如图 8.7 所示。这时不仅相对气流速度由 v 增大到 w，且相对气流速度方向也发生改变，使迎角由原来的 α 增大为 $\alpha+\Delta\alpha$。由于迎角和相对气流速度都增大，引起飞机升力增大。与此相反，当飞机平飞中遇到向下的垂直阵风时，相对气流速度虽也增大，但因相对气流速度方向的改变而使飞机迎角减小，由迎角减小所引起飞机升力的减小远大于由相对气流速度增大所引起飞机升力的增加，结果飞机升力减小。

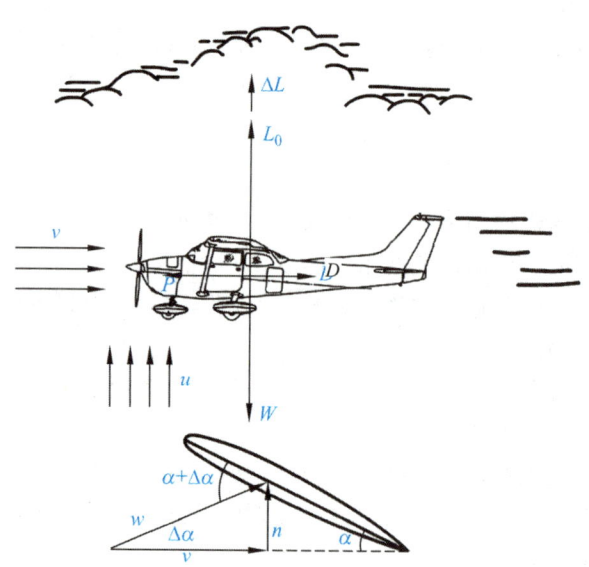

图 8.7 垂直阵风引起飞机的迎角和升力的变化

扰动气流的垂直阵风起伏不定，速度也多变，升力产生时大时小的急剧变化，也就使飞机忽升忽降形成颠簸。若作用在左右机翼上的垂直阵风的方向和大小不一致，飞机就会产生摇晃。若垂直阵风冲击飞机的时间短促且频繁，还可能引起飞机局部部位的抖动。

在扰动气流中，水平阵风和垂直阵风虽都能引起飞机升力的不规则变化而形成颠簸，但颠簸的强度却不一样。在空速和阵风风速都相同的情况下，垂直阵风对飞机形成的颠簸要比水平阵风对飞机形成的颠簸强得多。这是因为，水平阵风仅改变相对气流速度的大小，由于水平阵风风速比飞机空速小得多，所以对升力的影响比较小；而垂直阵风虽使飞机相对气流速度变化不大，但会使迎角发生大的变化，对升力的影响也就大多了。也就是说，垂直阵风使飞机升力的变化要比水平阵风大得多，所以形成的颠簸也就强得多。可见，飞机颠簸主要是由扰动气流中的垂直阵风所引起的。

必须指出，飞机在垂直阵风的扰动气流中飞行并不一定都会发生颠簸。根据研究，只有当垂直阵风的水平范围与飞机的尺度相当（对于现代飞机来说为 10~100 m），或扰动脉动周期与飞机的自然振动周期相近（即产生共振现象）时，才会使飞机升力产生明显变化从而造成颠簸。如果飞机遇到的是许多范围比飞机尺度小得多的垂直阵风，不论其强度如何，只要是均匀的，则可认为许许多多个垂直阵风同时按时撞击在飞机的各部分，作用的结果大致互相抵消，不会产生颠簸。但若阵风强弱不均匀，也会产生不同程度的颠簸。如果垂直阵风的范围比飞机尺度大得多，比如几公里以上，除飞机进出这个范围的顷刻会产生颠簸之外，飞机进入后，便与空气的运动相适应，随着垂直阵风平稳地上升或下降，不会产生颠簸。

8.2.2 阵风载荷因数和颠簸强度等级的区分

1. 阵风载荷因数

为便于看出飞机在某一飞行状态下受力的严重程度，我们引入了载荷因数的概念。所谓载荷因数（n）就是飞机所受外载荷（R）与飞机重力（W）之比，即

$$n = \frac{R}{W}$$

升力方向（法向）的载荷因数（n_y），就是升力（L）与飞机重力（W）之比，即

$$n_y = \frac{L}{W} \tag{8.4}$$

由于机动飞行或在扰动气流中飞行，升力方向的载荷因数往往很大，飞机结构受力最严重，故升力方向的载荷因数（n_y）就成了我们研究的重点。

1）水平阵风作用下的载荷因数

参看图 8.6，飞机在平飞中遇到水平阵风时，其升力（L）为

$$L = L_0 + \Delta L = C_L \cdot \frac{1}{2}\rho(v+u)^2 \cdot S$$

载荷因数（n_y）为

$$n_y = \frac{L}{W}\left(1+\frac{u}{v}\right)^2 \approx 1 + 2\frac{u}{v} \tag{8.5}$$

载荷因数变化量（Δn_y）为

$$\Delta n_y = \frac{\Delta L}{W} = 2\frac{u}{v} \tag{8.6}$$

2）垂直阵风作用下的载荷因数

当飞机在平飞中遇到垂直阵风时，如图 8.7 所示，其迎角的增量（$\Delta\alpha$）为

$$\Delta\alpha = \frac{u}{v}$$

升力系数增量（ΔC_L）为

$$\Delta C_L = C_L^{\alpha} \cdot \Delta\alpha$$

式中，C_L^{α} 为升力系数曲线斜率。

相对气流速度（w）为

$$w = \sqrt{v^2 + u^2}$$

此时的升力（L）为

$$L = L_0 + \Delta L = L_0 + C_L^{\alpha} \cdot \Delta\alpha \cdot \frac{1}{2}\rho v^2 \cdot S$$

若考虑向下的垂直阵风，则升力（L）可表示为

$$L = L_0 + \Delta L = L_0 \pm C_L^{\alpha} \cdot \Delta\alpha \cdot \frac{1}{2}\rho v^2 \cdot S$$

载荷因数（n_y）为

$$n_y = 1 \pm \frac{C_L^{\alpha} \cdot \Delta\alpha \cdot w^2 \cdot \rho \cdot S}{2W} \tag{8.7}$$

由于 $v \gg u$，取 $w \approx v$。再将 $\Delta\alpha = u/v$ 代入式（8.7）得

$$n_y = 1 \pm \frac{C_L^{\alpha} \cdot \rho \cdot u \cdot v \cdot S}{2W} \tag{8.8}$$

载荷因数变化量（Δn_y）为

$$\Delta n_y = \pm \frac{C_L^{\alpha} \cdot \rho \cdot u \cdot v \cdot S}{2W} \tag{8.9}$$

2. 飞机颠簸强度等级的区分

飞机颠簸的强度通常根据飞行状态变化的程度来确定，即用感觉和目测来划分飞机颠簸强度的等级。比较客观的办法，是按飞机在升力方向上载荷因数的变化量来划分，这可通过载荷因数表准确测出来。

根据在不稳定气流中飞行时，飞行状态的变化和载荷因数变化量的大小，我国现行将飞机颠簸分为弱颠簸、中度颠簸和强颠簸三个等级。各等级中飞行状态的变化和载荷因数变化量见表 8.2。

表 8.2 飞机颠簸强度的等级

飞机颠簸等级	飞 行 状 态	载荷因数变化量
弱颠簸	飞机轻微摇晃，被轻轻地抛上抛下，空速表指示时有改变	$|\Delta n_y|<0.2$
中度颠簸	飞机抖动，频繁地抛上抛下、左右摇晃，操纵费力，空速表指针跳动达 10 km/h	$0.2\leqslant|\Delta n_y|\leqslant 0.5$
强颠簸	飞机强烈抖动，频繁地剧烈抛上抛下，高度改变达 20~30 m，空速表指针跳动达 15~20 km/h	$|\Delta n_y|>0.5$

8.2.3 扰动气流中飞行的特点

1. 平飞最小允许速度和平飞最大允许速度的变化

低速飞行中，迎角增大到一定时，机翼局部翼剖面的上表面附面层气流发生明显分离，会引起飞机抖动，迎角越接近临界迎角，范围越广，气流分离越严重，抖动越明显。这种由迎角大小决定的抖动称为低速抖动。

高速飞行中，由于机翼上表面产生了局部超音速区和局部激波，使附面层分离，也会引起飞机抖动，称作高速抖动。

飞机开始抖动的迎角叫作抖动迎角。现代大型高亚音速飞机，为保证安全，把抖动迎角作为飞行中最大允许迎角，其所对应的升力系数叫作抖动升力系数或最大允许升力系数。以抖动迎角平飞所对应的平飞抖动速度就是平飞最小允许速度。若只要求飞机不失速，而允许飞机迎角超过抖动迎角，显然，这时的最大允许迎角就是临界迎角，平飞最小允许速度就是平飞失速速度。

如前所述，在扰动气流中飞行，遇到向上的垂直阵风，飞机迎角要增大，有可能达到抖动迎角或临界迎角。为了使增大后的迎角仍不大于抖动迎角或临界迎角，飞行时使用的最大迎角就应该小于抖动迎角或临界迎角，也就是说，在扰动气流中飞行，为了避免飞机迎角超过抖动迎角或临界迎角，平飞最小允许速度应该大于平飞抖动或平飞失速速度。向上垂直阵风越强，迎角增加越多，为了飞机迎角不超过抖动迎角或临界迎角，平飞最小允许速度应该比平飞抖动速度或失速速度大得多。

前面分析了平飞中遇到上升阵风，由于迎角增大，使飞机升力和载荷因数增大。载荷因数超过最大允许使用载荷因数，飞机将产生永久变形，甚至破坏。在低空做大速度飞行，若遇到较大的上升阵风，飞机承受的载荷因数有可能超过最大允许使用载荷因数。为了使飞机承受的载荷因数不超过最大允许使用载荷因数，以保证飞行安全，飞机平飞的最大允许速度就应减小。

2. 飞行速度选择

由前面分析知，在扰动气流中飞行，速度小，飞机迎角增加过多，有可能超过抖动迎角或临界迎角，引起飞机抖动甚至失速；速度大，飞机的载荷因数有可能大于最大使用载荷因数，引起飞机结构损坏。即是说，在扰动气流中飞行，必须选择适当的飞行速度，飞行速度既不能过大也不能过小，一般应选择机动速度（v_A）。

3. 最大飞行高度的限制

由于抖动升力系数随 M 数增大而下降，所以，飞行高度升高，飞行 M 数增加，实际飞行的升力系数越接近抖动升力系数，即升力系数裕量小。这样，遇到垂直阵风，就有可能出现抖动现象。为了保持足够的升力系数裕量，就要限制飞行高度的增加。所以颠簸飞行的最大高度比平稳气流飞行的最大高度应低一些，以保证安全。

4. 操纵特点

（1）在颠簸气流中飞行，除了会产生机动载荷因数外，还产生阵风载荷因数。为减小飞机总的载荷因数，必须尽可能减小机动，避免产生机动载荷因数。需要机动飞行时，也应避免动作粗猛，转弯坡度应比正常时小。

（2）一般飞机在达到最大允许迎角时仍具有较好的纵向稳定性和侧向稳定性。在轻、中度颠簸气流中飞行时，飞行员只需稍用力握盘、抵舵，使舵面不自由偏转，以增强飞机稳定性即可。飞行状态偏差不大时，不必急于修正，主要依靠飞机本身的稳定性。这是因为阵风的大小、方向是未知的，飞行员的修正动作往往"落后"于飞机姿态的变化，而且如果修正不当反而会使飞机扰动增大。

在轻、中度颠簸气流中飞行，可以用手操纵也可用自动驾驶仪驾驶飞机。在强烈颠簸情况下应断开自动驾驶仪，因这时使用自动驾驶仪会加速"过后操纵"，引起飞机姿态的更大变化，从而造成危险过载。有阻尼装置的飞机，在扰动气流中飞行应打开阻尼装置，以减轻颠簸。

（3）遇到较大颠簸气流时，飞机偏差较大，而飞机本身的稳定力矩不能使飞机完全恢复平衡状态，这时飞行员应手脚一致，随着飞机颠簸趋势，适时适量地操纵杆舵进行修正，动作要柔和；注意飞行仪表反映的飞机状态的延迟误差，尽可能减小舵面偏角。修正时要注意反复，同时注意速度的保持。

（4）飞机接近升限飞行时，由于迎角已接近最大允许迎角，飞机在扰动气流中飞行的性能变差。此时，若遇到强度大的上升阵风，应绕飞或适当降低高度。

（5）飞机一般不宜在中度颠簸以上的扰动气流中飞行，如果飞行区域有中度颠簸以上的扰动气流，应根据情况，改变飞行时间，或采取绕飞、改变飞行高度的方法，脱离颠簸。绝对禁止进入浓积云和雷雨区。

（6）若飞机误入强烈颠簸区，此时不要力求准确地按高度和速度保持飞机的起始状态，更不要急剧改变坡度和粗猛用杆，而应按地平仪的平均指示，采用"半握盘式"操纵飞机进行飞行。

8.3 在积冰条件下的飞行

飞行中，飞机的某些部位由于大气中冰晶体的沉积、水汽的直接凝固、过冷水滴的冻结，出现霜或积有冰层的现象，称为飞机积冰。

飞机积冰会使飞机的空气动力性能变坏，稳定性、操纵性变差，飞行性能下降，发动机工作不正常，飞行仪表指示发生误差，风挡玻璃模糊不清，等等，从而给飞行带来一定的困难，甚至危及飞行安全。现代飞机已装有相当完善的防冰除冰装置，在对流层上部和平流层下部高速飞行时，一般不会发生危险；但对于没有除冰设备的飞机，在飞行高度和飞行速度都较低的条件下飞行时，积冰有时仍然是严重的问题。

本节主要说明积冰对飞行的影响以及在积冰条件下飞行的操纵特点。

8.3.1 飞机容易积冰的部位和常见的冰层类型

飞机积冰主要发生在中、低云族中飞行时，在雾、冻雨或湿雪中飞行时也可能发生；大气温度在 0 ℃ ~ −40 ℃（甚至更低），都有积冰的可能，但发生率最高的在 0 ℃ ~ −20 ℃；积冰首先在飞机突出的迎风部位开始，曲率半径越小的部位，单位时间内所积的冰层越厚。飞机容易积冰的部位是机翼、尾翼、螺旋桨叶、发动机进气道前缘、风挡、空速管、天线等。

由于云中含水量、水滴大小、冷却冻结程度以及飞行速度大小不同等原因，飞机上聚积的冰层在结构、附着强度和外观上也各有不同，最常见的有毛冰（楔形冰）、混合冰和明冰（双角冰）等，如图 8.8 所示。

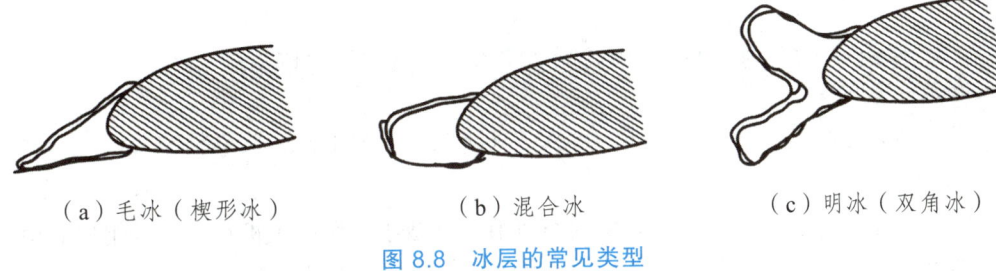

(a) 毛冰（楔形冰）　　　(b) 混合冰　　　(c) 明冰（双角冰）

图 8.8　冰层的常见类型

8.3.2 机翼积冰对飞机气动性能的影响

机翼积冰，既影响附面层内气流的流动，又改变了机翼原来形状，破坏机翼的流态，使升力系数曲线斜率减小，阻力系数增大，同一迎角下的升阻比变小，机翼的最大升阻比降低。机翼积冰后，飞机将在更小的迎角发生气流分离，致使临界和抖动迎角变小，最大升力系数和抖动升力系数随之降低。总之，机翼积冰使飞机的空气动力性能变坏。

思政小课堂

典型事件："11·21"包头航空事故

2004 年 11 月 21 日 8 时 21 分，包头飞往上海的 MU5210 航班起飞后出现事故，坠入包头市南海公园的湖中并发生爆炸起火，机上 47 名乘客，6 名机组人员以及地面 2 人共 55 人在事故中丧生。经调查，事故原因是飞机起飞过程中，由于机翼污染使机翼失速临界迎角减小。当飞机刚刚离地后，在没有出现警告的情况下飞机失速，飞行员未能从失速状态中改出，直至飞机坠毁。事故调查组认为，飞机在包头机场过夜时存在结霜的天气条件，机翼污染物最大可能是霜，而飞机起飞前并没有进行除霜。

民航从业人员应始终牢记，并用优良的作风、扎实的理论和精湛的技术落实习近平总书记关于民航"两个绝对安全"（确保航空运行绝对安全和确保人民生命绝对安全）的指示。

作为当代大学生，在学习和成长的道路上，应当秉持着一种全面而深入的学习态度，即"把知识学到位"。这意味着不应满足于对知识的表面了解，而是要深入挖掘其背后的原理、方法和应用场景，确保自己真正掌握并能够熟练运用。无论是理论学习还是实践操作，都应该认真对待每一个知识点和技能点，确保自己对其有清晰的认识和理解。同时，还要注重知识的连贯性和系统性，将所学内容有机地串联起来，形成完整的知识体系。

（1）牢固树立人民生命至上的安全意识。

飞行安全无小事，如果机组树牢生命至上的安全意识，在飞行前能够认真分析当地的气象资料，绕机检查时能够更加仔细，也许能够避免这次事故的发生。

（2）具备有深度、厚度、宽度的学习态度。

机翼污染（如结冰/霜），临界迎角减小，这既是专业知识，也是机组人员应掌握的常识。机组人员应具有基本的常识、扎实的飞行技术和专业知识，要将理论与实践结合起来，用理论指导实践。

8.3.3 尾翼积冰对飞机力矩平衡、稳定性和操纵性的影响

尾翼积冰除了使飞机阻力增加外，还会破坏飞机的力矩平衡，使飞机的稳定性和操纵性变坏。

平尾积冰，平尾的正、负临界迎角的绝对值急剧减小，保证飞机具有正常俯仰静稳定性和正常升降舵效能的飞行范围也随之大大缩小。尤其在着陆进近阶段，放下大角度襟翼，下洗流增强，平尾负迎角很容易超过平尾的负临界迎角而使平尾失速。一旦出现这种情况，不仅平尾产生的抬头力矩大大减小，飞机失去俯仰力矩平衡，而且升降舵也失去效用，造成拉杆也无法制止飞机下俯的危险情况。

垂尾积冰，与平尾一样，会使垂尾的临界侧滑角减小，当侧滑角超过垂尾临界侧滑角时，垂尾侧力急剧减小，使侧向操纵性变差，甚至出现反常操纵。因此，在积冰条件下操纵飞机时，侧滑角应有一定限制。螺旋桨飞机，由于螺旋桨扭转气流的影响，常使垂尾两侧积冰强度有着明显区别，迎扭转气流一侧积冰强，而背扭转气流一侧积冰弱，这就造成飞机总是有向一边偏转的趋势，给航行方向的保持带来困难。

在舵面偏转的情况下，机翼、尾翼前缘积冰，舵面可能出现过补偿，引起操纵异常。现以平尾前缘积冰，升降舵出现过补偿为例说明。为了减小枢轴力矩，以减轻飞行员操纵杆、舵的力量，将舵面枢轴安装位置从前缘向后移一定距离，如图8.9（a）所示。当舵面下偏时，枢轴前边补偿面的空气动力（$R_{补偿面}$）对枢轴形成的力矩$R_{补偿面} \cdot b$，方向与枢轴后边舵面上的空气动力（$R_{舵}$）对枢轴形成的力矩$R_{舵} \cdot a$相反，减小了舵面的枢轴力矩，从而减轻了杆力。这种装置称之为空气动力补偿。一般情况下，$R_{舵}$对枢轴形成的力矩比$R_{补偿面}$对枢轴形成的力矩大，飞行员要保持一定的升降舵的向下偏角，就需用力推杆。但是，当平尾前缘积冰时，下偏升降舵，平尾负迎角更大，在平尾下表面发生严重的气流分离。枢轴后面的舵面上产生

的空气动力（$R_{舵}$）大大减小，如图 8.9（b）所示，以致 $R_{舵}$ 对枢轴形成的力矩小于 $R_{补偿面}$ 对枢轴形成的力矩，飞行员要保持一定的升降舵的向下偏角，不仅不需用力推杆，反而需要用力拉杆，即出现过补偿。在这种情况下，如果飞行员不及时将原来的推杆力改成拉杆力，升降舵的向下偏角就会继续增大，造成机头急剧下降的危险情况。

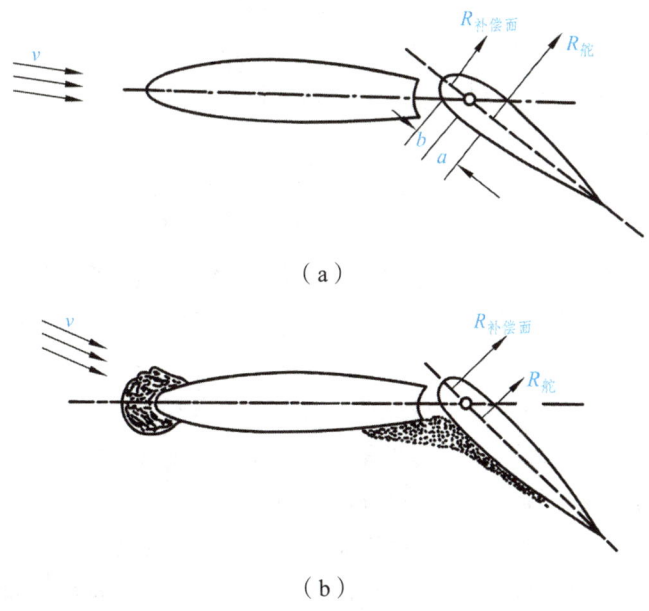

图 8.9　平尾前缘积冰对升降舵枢轴力矩的影响

8.3.4　积冰后飞机飞行性能的变化

飞机积冰后，阻力增大，平飞所需功率或所需拉（推）力增加，平飞最大速度、上升角、上升率和上升限度均减小。飞机积冰后，由于最大升力系数和抖动升力系数降低，所以平飞最小速度（平飞失速速度）和平飞最小允许速度增大，平飞速度范围缩小。

在起飞中，机翼表面以及襟翼前缘积冰时，不仅飞机的空气阻力显著增大，且在相同迎角和速度下，飞机升力比不积冰时小，使起飞滑跑过程中的摩擦阻力增大，其结果是飞机加速力减小，起飞滑跑距离大大增长。若保持相同的离地迎角，由于升力系数小，离地速度就要增大；若保持相同的离地速度，离地迎角就应增大，这又要导致机尾擦地。离地后，因飞机阻力增大，剩余功率或剩余推力减小，飞机加速到安全速度的时间增长，起飞后的爬升梯度也减小，增加了越障的困难。

飞机积冰后，将使小时燃料消耗量和公里燃料消耗量增大，飞机续航性能变差。

8.3.5　积冰条件下飞行的操纵特点

各型飞机在积冰条件下飞行，操纵上各有其特点，各型飞机飞行手册中均有详细说明，这里仅就一些共性的问题作一介绍。

飞行前，应仔细研究航线上特别是起飞和着陆机场区域的气象情况，如云、降水和气温分布情况，特别是 0 ℃、−2 ℃、−8 ℃ 和 −20 ℃ 各等温线的位置。资料表明，云中过冷水滴多存在于 −20 ℃ ~ 0 ℃，而出现积冰频数最大和积冰最严重的范围在 −8 ℃ ~ −2 ℃。结合飞行速度等条件判断可能积冰的区域，从而确定绕过积冰区域的途径。当必须与积冰区域相遇时，可选择积冰最弱和通过积冰区域时间最短的航线。

现代飞机，一般都在易积冰的部位装有防冰装置，飞行前，应仔细检查这些防冰装置工作是否良好。起飞前应清除掉飞机表面上的冰、雪和霜，飞机表面积有冰、雪和霜时，严禁起飞。

如果积冰强度不大，对飞行安全没有多大影响，且预计在云中飞行的时间很短，那么可按原定航线和高度飞行。飞行中，当飞机积冰时，应根据积冰强度和各型飞机的具体规定及时地使机翼和尾翼的防冰装置持续工作或间断工作，并注意观察积冰是否除掉。如果积冰严重，防冰装置不能把冰除掉，就应采取改变飞行高度或改变航向的方法，迅速脱离积冰区。

在积冰条件下飞行，对使用涡轮螺旋桨或涡轮风扇等发动机的飞机，应及早持续地接通进气口、进气导向叶轮及螺旋桨等防冰装置。过迟接通进气口和进气导向叶轮的防冰装置，会使已形成的冰块落入发动机，引起发动机损坏和停车。

如果发动机进气口已积冰，对多发动机飞机，不要马上接通所有发动机防冰装置，可先接通一台或成对两台发动机的防冰装置。每接通一次，要容许有足够时间，以便判明发动机是否继续正常工作。

装涡轮螺旋桨或涡轮风扇发动机的飞机，其机翼和尾翼的防冰装置的热空气多来自发动机的压缩器，这就使得发动机的功率或推力因压缩器给涡轮的进气量减小而下降。如果不改变发动机的工作状态，飞行速度会减小，若要保持原有飞行速度，就应增大油门。这在起飞时是无法办到的，所以规定，起飞时一般不允许接通机翼、尾翼防冰装置。同理，中断着陆进行复飞时，一般应关掉机翼、尾翼防冰装置，待飞到一定高度后再接通。

在机翼、尾翼都有积冰的情况下着陆时，应尽可能用防冰装置将冰除掉，若除不掉或来不及除掉时，只允许放小角度襟翼，以免造成拉杆也无法制止飞机下俯的危险情况。

8.4 低空风切变

风切变对飞行的影响是很大，尤其是低空风切变，曾多次导致严重事故。随着大型高速飞机的发展，机场吞吐量的加大，这个问题更加突出。这样，不仅地面的风速风向（相对于跑道轴线）是决定飞机起飞着陆的一个气象条件，而且，低空风切变也是影响起飞着陆安全的决定因素。

这一节主要介绍低空风切变的形式、低空风切变对起飞上升和着陆下降的影响以及如何避免低空风切变的危害。

8.4.1 什么叫风切变

风向和风速在特定方向上的变化叫作风切变,它是指在同一高度上或在不同高度上的很短距离内,风向风速发生的变化,以及在较短距离内升降气流变化的一种现象。

风向和风速在水平方向(同一高度的短距离内)的变化叫作水平风切变;在垂直方向(不同高度的短距离内)的变化叫作垂直风切变。由于垂直风切变的影响比水平风切变的大,所以这里主要分析垂直风切变。

风切变不仅影响飞行性能(如风速的垂直梯度会影响爬升率),强烈的风切变还直接威胁着飞行安全。强烈风切变常出现在高空急流附近和雷雨云体下部。强烈的低空风切变对起落航线上的飞机危害极大。

风切变的强度是以单位距离(或高度)的风速变化值来衡量的。例如,高度变化 30 m,风速变化 2 m/s,则其强度为 2/30(m/s·m^{-1}),即 0.07 s^{-1}。风切变的强度划分,目前国际上还没有统一的标准,国际民航组织曾建议低空风切变的强度可划分为四级,见表 8.3。

表 8.3 低空风切变强度等级

等级	高度变化 30 m 时风速的变化值/(m/s)	强度/(s^{-1})
轻度	0~2	0~0.07
中度	2.1~4	0.08~0.13
强烈	4.1~6	0.14~0.19
严重	>6	>0.19

8.4.2 低空风切变的形式

风切变的形式很多,有时以单一形式出现,但往往是多种形式同时出现,而以其中一种为主。一般形式有:

(1)顺风切变。指飞机从小的顺风区域进入到大的顺风区域;或者从逆风区域进入到顺风区域;或者从大逆风区域进入小逆风区域等几种情况。它使飞机空速减小,升力下降,飞机下沉,是一种较危险的风切变形式。

(2)逆风切变。指飞机从小的逆风区域进入大的逆风区域;或者从顺风区域进入逆风区域;或者从大顺风区域进入小顺风区域等几种情况。它使飞机空速增大,升力增大,飞机上升,其危害性比顺风切变小。

(3)侧风切变。指飞机从某一方向的侧风(或无侧风)区域进入另一方向的侧风区域。它会使飞机发生明显的侧滑,形成侧力,飞机向一侧滚转和偏转。

(4)下冲气流切变。指飞机从无明显的升降气流区进入强烈的下降气流区。有的资料认为,下降气流小于 3.6 m/s 时,称为升降气流;大于 3.6 m/s(相当于一般喷气飞机离地 90 m 时的起飞上升率或着陆下降率)则称为下冲气流切变。它会使飞机急剧下沉,这种切变具有猝发性,危害最大。

8.4.3 低空风切变对起飞上升和着陆下降的影响

风切变对起飞上升和着陆下降的影响,性质上是相同的,只是起飞遇到风切变,由于飞机不断增速,高度不断增高,比着陆下降中遇到风切变更容易处理,不至于严重威胁安全。这里以着陆下降为例,说明低空风切变的影响,分以下几种典型情况来讨论。

1. 飞机着陆下降遇到顺风切变

图 8.10 表示飞机着陆下降中遇到顺风切变,即在风的切变层内,从上层到下层,逆风突然转为顺风。飞机进入切变层时,空速会突然减小,升力下降,飞机向下掉。如果有足够的高度,飞行员可以通过反复动作进行修正,保持正常目测着陆。修正动作是:及时加油门增大空速,并带杆减小下降角,接近正常下降线。当飞机超过正常下降线以后,再松杆增大下降角,并收小油门,减小多余的空速,并沿正常下降线下降,完成着陆。如果风切变的高度较低,飞行员只完成前一半动作,而来不及做后一半的修正动作,那么飞机就会以较大的地速接地,导致滑跑距离增长,甚至冲出跑道。如果风切变层的高度更低,飞行员来不及做修正动作,飞机就可能撞地,造成事故。

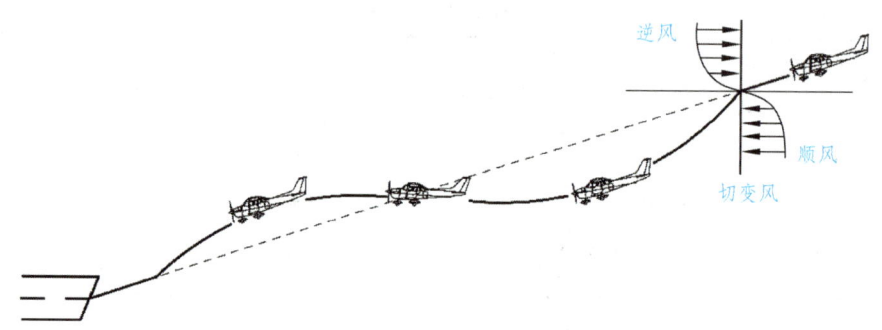

图 8.10 顺风切变对着陆下降的影响

2. 飞机着陆下降时遇到逆风切变

图 8.11 表示飞机着陆下降时遇到逆风切变的情况。在风的切变层内,从上层到下层,顺风突然转为逆风(或逆风突然增大)。飞机进入切变层时,空速突然增大,升力增大,飞机突然抬起,脱离正常下降线。这时,飞行员要及早收油门,利用侧滑或蹬舵方法来增大阻力,使飞机空速迅速回降,并推杆回到预定下降线之下,然后再带杆和补些油门,回到正常下降线下降,完成着陆。这种逆风切变,与顺风切变相比,危害稍小。

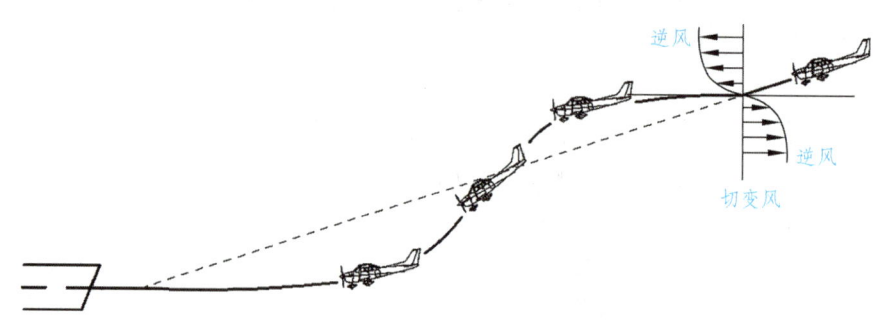

图 8.11 逆风切变对着陆下降的影响

3. 飞机在着陆下降中遇到侧风切变

在着陆下降中遇到侧风切变，飞机会产生侧滑，带坡度并偏离预定下降着陆方向。飞行员要及时修正。如果侧风切变层高度较低，飞行员来不及修正，飞机会带坡度和偏流接地，影响着陆滑跑方向。这种侧风切变的影响较小。

4. 飞机在着陆下降中遇到下冲气流

在雷暴云下面，常会伴随着强烈的下冲气流，有时下冲气流强度很大，曾经测到的雷暴下冲气流强度高达 41 m/s。

飞机在雷暴云下进场着陆时，常会遇到强烈的下冲气流，并伴随其他形式的风切变。下冲气流使飞机迎角减小，升力下降，并迫使飞机急剧下降。若要保持飞行高度，只有加大油门，使飞机进入上升。如果下冲气流速度小于飞机的上升率，飞机才有能力爬升到安全高度，脱离危险区。如果上升率不够，飞机就会被迫下沉。飞机倘若不能及时冲出下冲气流，就会撞地坠毁。可见，能否有效克服下冲气流的影响，首先取决于飞机本身的上升性能。

下冲气流对飞机着陆下降的影响如图 8.12 所示。

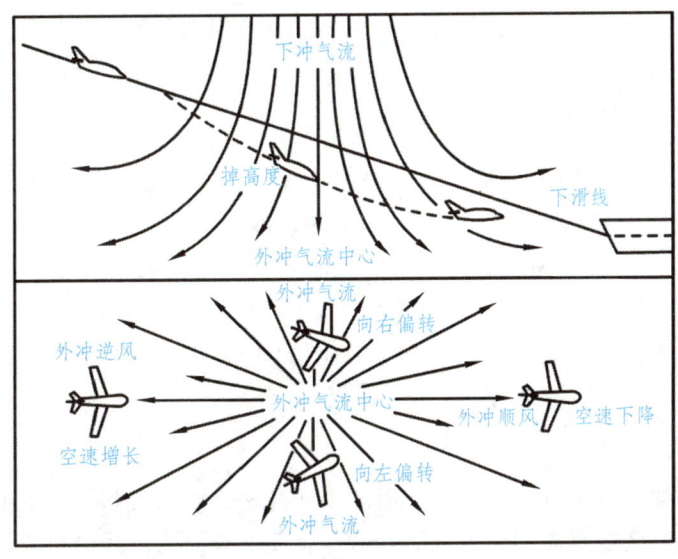

图 8.12 下冲气流对着陆下降的影响

8.4.4 怎样避免低空风切变的危害

对付风切变的根本办法是事先预测、进行回避，这就需要建立和健全风切变的预测和通报系统。由于技术上存在各种问题，近期内还难以实现这一目标。当前比较现实的方法，是尽力避免和减轻风切变的危害，在不得已相遇的情况下，力争安全地进行脱离。为此，飞行员应注意以下几点：

（1）飞行员要养成仔细研究气象预报和天气形势报告（尤其是风和大气紊流）的习惯，随时注意前机通报。前机通报发现风切变，后机应警惕并做好应变准备。

（2）飞机飞近雷暴、锋面和强逆温层或飞过地形复杂区域（如滨海机场和山地机场）以及夜间飞行（特别是下半夜）时，更要警惕风切变，因为在这些情况下，风切变比较容易形成。

（3）飞行中如发现空速突然增加、机头突然上仰、飞机突然上升等情况，飞行员不要过急地收小油门，减小空速，以防风切变消失后，空速过小而造成操纵困难。为了保证着陆安全，应掌握一定的速度余量，以便补偿风切变的影响。当操纵发生困难时，最好复飞，不要勉强着陆。对于那些强度很大，区域较小的风切变，尽可能绕开，以保证安全。

8.5 "吃气流"

8.7

飞机尾后的气流称为尾流。飞行中飞机产生的尾流虽然对本飞机飞行没有影响，但却影响着后随飞机的飞行。随着大型运输机和重型轰炸机大量投入使用，同一机场各型飞机起落日趋频繁，这就有可能出现中、小型飞机进入大型飞机尾流并导致事故的问题，也就是习惯上说的"吃气流"。据统计，中、小型飞机因进入大型飞机尾流而发生的事故，半数发生在着陆阶段，30%发生在起飞阶段，20%发生在空中。进入前机尾流的危险性，就在于尾流是看不见的，但其气流却很强，这就会导致飞机不由自主地剧烈改变飞行状态。

8.5.1 尾流的物理特性

飞机飞行中的尾流包括螺旋桨产生的滑流、放襟翼和机身产生的紊流、喷气发动机排出废气形成的喷流以及翼尖涡流，这些都在不同程度上影响着后随飞机的飞行，其中对后随飞机影响最大的，主要是翼尖涡流形成的尾涡。所以尾流有时又专指翼尖涡流形成的尾涡。据测定，波音747飞机起飞时，在发动机后面20 m处，喷流速度高达150 m/s，温度为80°C，因此可能吹毁或烧毁跑道灯等地面设施。下面着重说明翼尖涡流所形成的尾涡及其物理性质。

1. 尾涡的形成

飞行中，当机翼产生正升力时，下翼面的压强高于上翼面压强，在上下翼面的压强差作用下，下表面气流就绕过翼尖流向上表面。这样就使下翼面的流线由机翼的对称面向翼尖偏斜，而使上翼面的流线由翼尖偏向对称面。由于上下翼面的气流在后缘处具有不同的流向，所以在机翼后缘形成自由涡。由机翼后缘每一点拖出的自由涡，形成一个涡面，叫作自由涡面。自由涡面在机翼后面将卷成两个集中的大涡，叫作翼尖涡。它沿飞行轨迹拖在飞机后部很远很远，所以也常称它为尾涡。

2. 尾涡的间隔和强度

两条集中尾涡的间隔通常小于翼展（b）。在中等迎角下，多数机翼两条集中尾涡的间隔约为 $0.8b$；后掠翼和三角翼、平直翼在大迎角下以及增升装置放下时，其值多为（$0.72 \sim 0.75$）b。

对于同一架飞机，尾涡强度与 n_y 成正比，与 ρ、v 成反比。对于不同的飞机，在一定飞行状态下，尾涡强度与飞机重量成正比，与翼展成反比。一般而言，重型、小翼展的高速飞机的尾涡强度比轻型、大翼展的低速飞机的强得多。

3. 尾涡的诱导速度和向下移动

在尾涡内部（涡核），空气绕心线旋转（如同固体一样），离涡心越远，速度越大。在尾涡外部，空气是无旋流动，离涡心越远，诱导速度越小。

飞机后面的两条集中尾涡各自形成诱导速度，因此，飞机后部气流的向下速度主要是这两个尾涡的诱导速度的叠加，如图 8.13 所示。

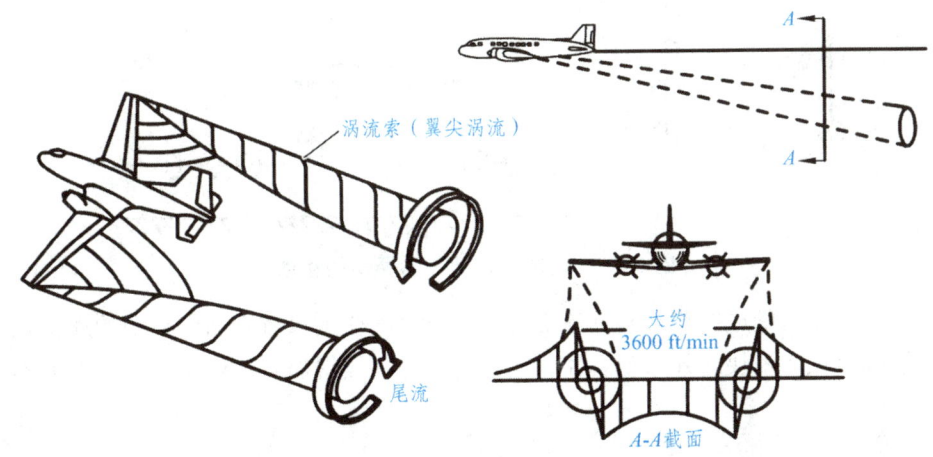

图 8.13　尾涡的形成和后部尾流的速度分布

根据对 C-5A 飞机的测定，在飞机后面 2.4 km 处或飞机通过 30 s 之后，向下的速度最大可达 3 600 ft/min（18.3 m/s）。这个向下的速度与飞机重量成正比，而与翼展、空气密度和飞行速度成反比。可见，起飞、着陆时，由于速度比较小，大型、高速飞机的诱导速度特大，这也是起落时要特别防止大型前机尾流的一个原因。

尾流离开飞机后要向下移，这是两条尾涡互相受对方的诱导作用引起的。根据美国用波音 747、C-5A、波音 707 等飞机所做的飞行试验表明，大型机尾流以 2.0～2.5 m/s 的速度向下移动（小型飞机则按比例变小），但当下降到飞行轨迹以下 210～270 m 的地方，尾流趋于水平，不再下降了，如图 8.14 所示。

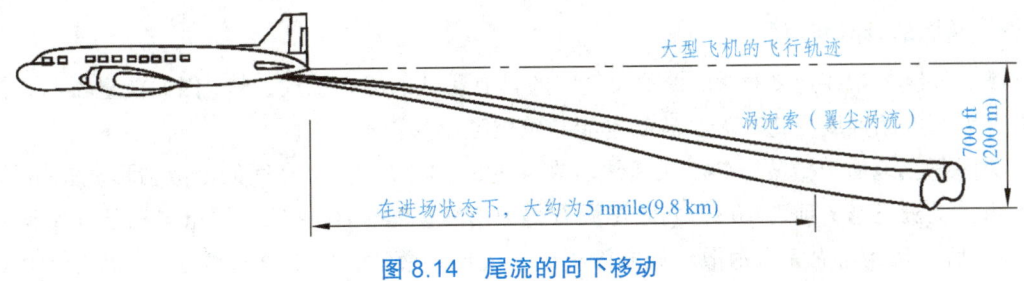

图 8.14　尾流的向下移动

4. 地面效应和侧风对尾涡的影响

左右两股尾涡在接近地面时，受地面阻挡，大约到离地面半个翼展至一个翼展的高度，不再下降，而逐渐转为横向移动，并以和下移速度相同的速度分别向外横移，互相离开，如图 8.15 所示。

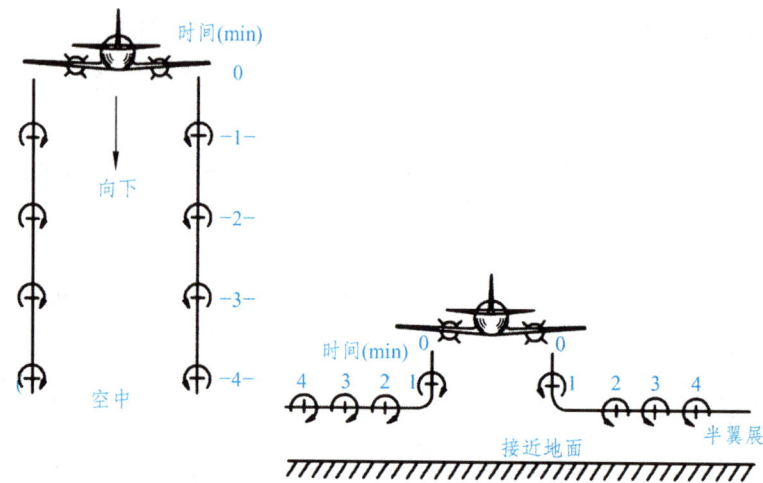

图 8.15 无风、近地面时尾涡的移动

有侧风时,尾涡随风飘移。接近地面时,一股尾涡受侧风影响向外移动的速度减慢,而另一股尾涡随侧风而加快向外移动。在一定风速下,一股尾涡可能停留在地面上方不动,如图 8.16 所示。

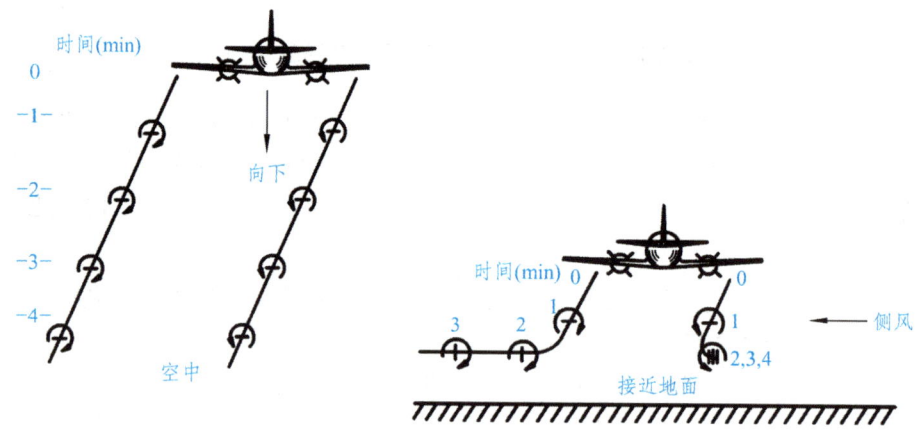

图 8.16 尾涡受侧风的影响

5. 尾涡的衰减和消散

尾涡外缘的切线速度很大,带动大气中的具有黏性的静止空气旋转,因而能量不断扩散。此外,大幅度的温度变化和大气波动也能导致尾流很快消散。

美国曾在地面拍摄波音 747 飞机尾流在 4 900 ft(1 500 m)高度的消散情形。拍摄的照片表明,飞机飞越头顶后 10 s,两条尾涡看得很清晰;90~100 s 后,两条尾涡已开始消散;130 s 之后,两条尾涡完全消散。如放襟翼或大气比较紊乱,尾流消散得更快。离地 5 000 ft(1 500 m)以下,尾涡寿命完全取决于风速,风速越大,消散越快。

8.5.2 前机尾涡对后机飞行的影响

根据飞机尾涡的特性,不难看出,后机以不同的方向和位置进入前机尾涡,飞机动态反应会明显不同。有如下几种典型情形：横穿前机尾涡；从正后方进入前机尾涡；从正后方进入前机的尾涡中心以及从前机旁边（前机翼尖外侧）遭遇尾涡，如图 8.17 所示。

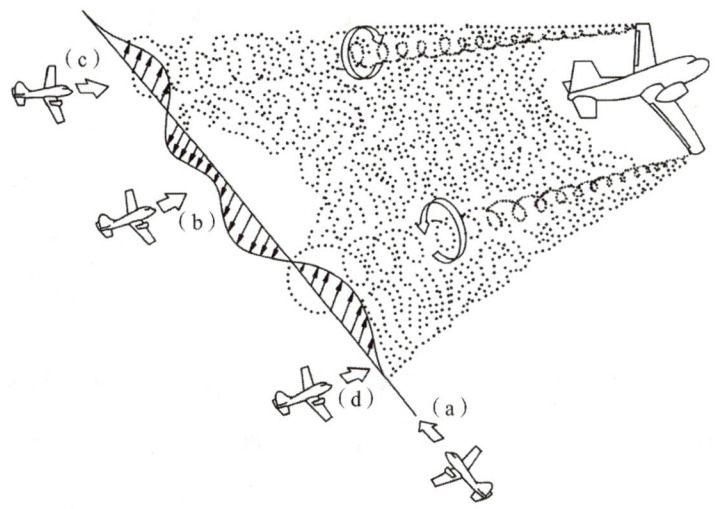

图 8.17　进入前机尾涡的四种情形

1. 横穿前机尾涡[图 8.17（a）]

横穿前机尾涡中心，会忽上忽下，出现颠簸，承受很大的正、负载荷。开始进入尾涡，受尾涡向上速度的影响，飞机被吹起，飞行轨迹向上弯曲。为此，如果飞行员顶杆使飞机下俯，此时飞机有可能正进入尾涡速度向下地区，飞行轨迹变得更加向下弯曲，而使飞机承受的负载荷增长。如果此时飞行员带杆修正，有可能飞机又正进入涡流速度向上地区，而使飞机所承受的正载荷增长，有可能超过最大使用载荷因数与破坏载荷因数，使结构发生损坏。

飞机横穿前机尾涡，如果不是正好穿过尾涡中心线，而是在其上下横穿而过，那么，所承受的载荷因数要小得多，这也就是飞机横穿尾涡很少出现结构损坏而发生事故的原因。

实际上，当飞机横穿尾涡时，尾涡的作用如同冲击载荷一样，使飞机颠簸，但由于逗留时间只有十分之一秒到几秒，飞机运动参数来不及变化，所以对飞行安全不会构成多大威胁。

2. 从正后方进入前机尾涡[图 8.17（b）]

当飞机从正后方进入前机尾涡时，受尾涡向下移动的影响，会出现上升率降低，下降率增大，飞机颠簸。如果在进场着陆时进入尾涡，若飞行员不注意，在接近地面上空，飞机会突然降低高度，而此时给飞行员脱离尾涡的时间又很短促，搞不好就可能招致事故。

3. 从正后方进入前机的尾涡中心[图 8.17（c）]

从正后方进入前机尾涡中心，飞机一边机翼遭遇上升气流，一边机翼遭遇下降气流，两翼迎角相差很多，飞机承受很大的滚转力矩而急剧带坡度或滚转。图 8.18 是不同型号的飞机进入 C-5A 大型运输机尾涡中心，在其后不同距离上测出的坡度和滚转速度。从图中可以看出坡度和滚转速度都是很大的。

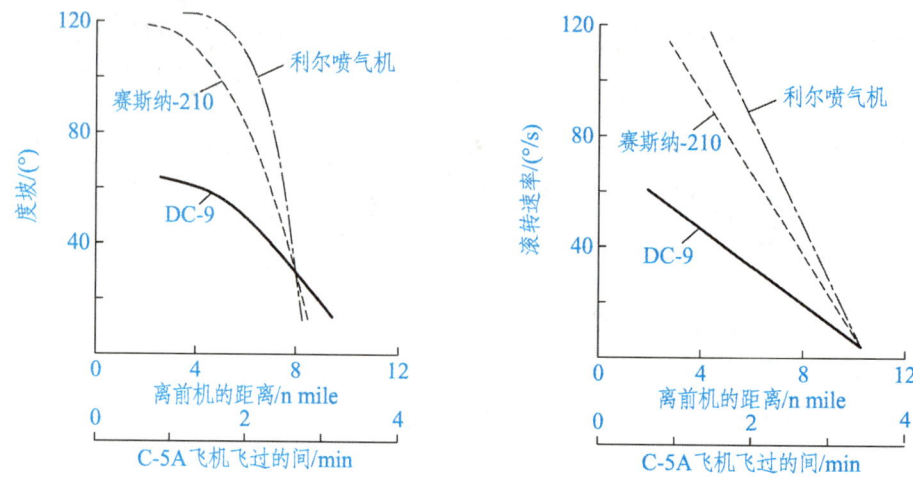

图 8.18　飞机进入 C-5A 飞机尾涡中心之后，呈现出的坡度和滚转速率

例如，利尔喷气机和赛斯纳 210 飞机，在 C-5A 飞机后 5～6 n mile（9～11 km），受尾涡影响，坡度会突然超过 90°，滚转速度也超过 90°/s。在起飞着陆时，进入 C-5A 飞机尾涡中心，显然是危险的；若起飞着陆时规定坡度不得大于 30°，从图上可找出与前机的距离不得小于 8 n mile（15 km）。

飞行试验结果还表明，后机翼展长短，对进入前机尾涡中心承受的滚转反应强弱具有重要影响。后机翼展越长，进入前机尾涡中心的滚转反应越弱，如图 8.19 所示。

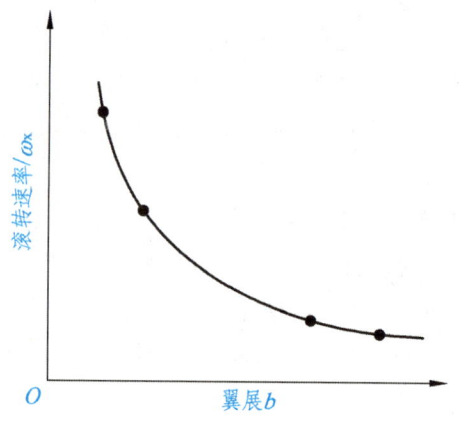

图 8.19　不同翼展飞机进入前机尾涡中心

4. 从前机旁边遭遇尾流[图 8.17（d）]

据飞行试验得知，如进入前机翼尖外侧的尾流，由于一侧机翼受到较大的上升气流作用，飞机会向外带坡度，被推出尾流。

8.5.3　预防进入前机尾流的措施

现将目前一些国家预防进入前机尾流的措施归纳如下：

（1）机场附近进行仪表飞行，距离应保持 5 n mile（8 km）以上，大型飞机（质量超过

136 000 kg 的飞机）距离也应保持在 3 n mile（4.8 km）以上，高度差最少要保持 1 000 ft（300 m）。

（2）机场附近目视飞行，应最少保持 2 min 的时间间隔（相当于 5 n mile 或 8 km）。

（3）同一空域飞行，应保持 5 n mile（8 km）的距离，1 000 ft（300 m）高度差。

（4）中、小型飞机应在大型飞机起飞离地点之后 3 000 ft（900 m）处开始离地，在大型飞机着陆接地点之前 2 500 ft（770 m）处着陆接地。

（5）中、小型飞机与大型飞机的飞行轨迹的上、下距离不得少于 1 000 ft（300 m），并保持在大型飞机飞行轨迹的上风。

8.8

8.6 飞机的操纵限制速度

飞机在飞行中的速度除了受飞机气动性能的限制外，还要受到很多的因素限制，其中主要受飞机结构强度（即最大载荷因数）和飞机操纵性的限制。下面介绍这两种因素对飞行速度的限制，并由此定义有关的飞行限制速度。主要的操纵限制速度有：机动速度 v_A、结构强度限制的最大巡航速度 v_{NO}、极限速度 v_{NE}。

图 8.20 示出了飞机速度与载荷因数的关系，通常用此图来分析飞机的操纵限制速度。图上的虚线 SL 表示飞机平飞，即飞机的载荷因数为 1。曲线 OA 表示在临界迎角时，飞机在不同速度下的载荷因数。直线 AD 表示飞机在任何飞行速度下的最大允许载荷因数，图上的最大允许载荷因数为 3.8。曲线 OG 表示在负的临界迎角时，飞机的负载荷因数随飞行速度的变化。直线 GF 表示飞机的最大允许负载荷因数，图上的最大负载荷因数为 −1.5。直线 DE 表示在任何载荷因数下的最大飞行速度。

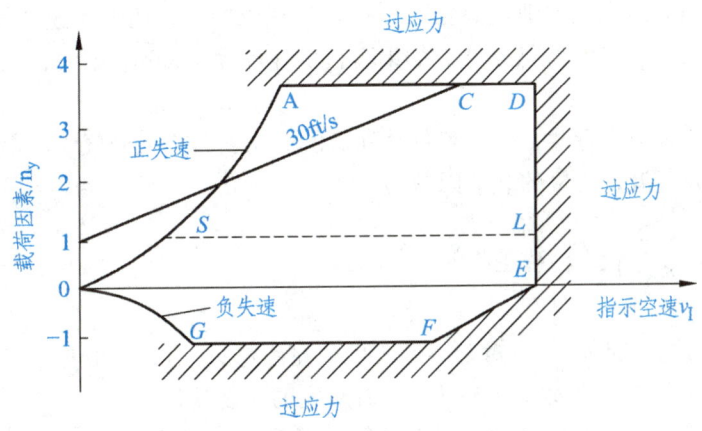

图 8.20　速度与载荷因数图

8.6.1 机动速度

飞机做机动飞行时，飞机的升力大于重力，即飞机的载荷因数大于 1。飞机的载荷因数大，则飞机的受力也大，如载荷因数超过最大载荷因数，会使飞机的结构受到严重损伤，危及飞行安全。对于小型螺旋桨飞机（实用类），最大载荷因数一般为 3.8。飞机以临界迎角飞行时，其升力系数最大，相同速度下产生的升力最大；随速度的增大，飞机的载荷因数增大，如图 8.21 所示。

机动速度就是指以临界迎角飞行，载荷因数为 3.8 时的飞行速度，以 v_A 表示。当飞行速度小于机动速度飞行时，即使拉杆过多使飞机失速，飞机的载荷因数也不会超过 3.8；当飞行速度大于机动速度飞行时，即使拉杆增大迎角时飞机没有失速，也可能会使飞机的载荷因数超过 3.8，如图 8.22 所示。因此，在飞行速度大于机动速度时，飞行员不能做突然或全量的操纵，以防飞机的载荷因数超过最大允许载荷因数。

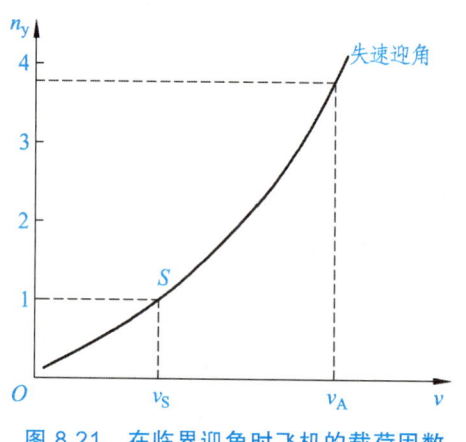

图 8.21　在临界迎角时飞机的载荷因数随飞行速度的变化

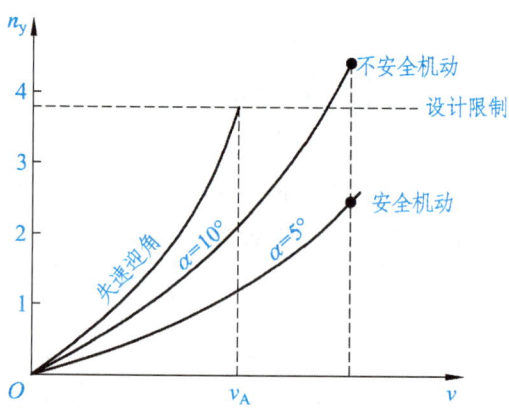

图 8.22　飞行速度大于机动速度的机动

8.6.2　结构强度限制的最大巡航速度

结构强度限制的最大巡航速度是指飞机在扰动气流中飞行的最大速度，以 v_{NO} 表示，如图 8.20 所示 C 点对应的速度。飞行中，如果飞机的速度大于该速度，飞机只能在平静的大气中飞行。

飞机在扰动气流中飞行时，会受到扰动气流的影响，其中上升气流的影响最大。在巡航时，飞机遇到上升气流，飞机的载荷因数为

$$n_y = 1 + \frac{C_L^\alpha \cdot \rho \cdot u \cdot v \cdot S}{2W}$$

飞行中的变量主要是 u、v，对于小型飞机，在确定 v_{NO} 时，一般是给定某一风速（如有的飞机为 30 ft/s），这样，当载荷因数为 3.8 时对应的速度就是 v_{NO}。

由于飞机一般都是在非平静的大气中飞行，因此，结构强度限制的最大巡航速度 v_{NO} 就是飞机在正常操纵范围内的最大飞行速度。

8.6.3　极限速度

极限速度是指飞机在所有飞行中的最大飞行速度，如图 8.20 中 E 点对应的速度。飞机在

任何飞行中的飞行速度严禁超过该速度，否则会使飞机的载荷因数超过最大设计载荷因数，引起飞机结构损伤甚至失效，危及飞行安全。

8.6.4 襟翼放下时的最大速度

飞机放下襟翼时，会改变飞机机翼的上下表面压力分布，使机翼表面的应力增大，特别是襟翼部分。这样，在飞行中，如果飞行速度过大，飞机的动压很大，使襟翼受力过大，影响襟翼的结构强度，严重时还会引起襟翼变形。因此，当飞机的襟翼在放下位时，应有一个最大速度限制。

襟翼在放下位时，允许的增大飞行速度称为襟翼放下时的最大速度，以 v_{FE} 表示。这里应注意，飞机的襟翼在不同的位置时，襟翼放下时的最大速度不同。

8.6.5 起落架限制速度

飞机在起飞上升到规定高度和规定速度时，要收起起落架。飞机在着陆时要放下起落架。一般飞机收放起落架时的速度都较小。当飞机的起落架放下时，相对气流作用在起落架上，使起落架受到很大的力，特别是起落架与机身连接处的应力很大，这对起落架的结构强度不利。如飞机在收放起落架时的速度大，则会使起落架的受力很大，同时使飞机的俯仰变化大，这对飞行安全不利。因此，收放起落架以及当起落架在放下位时，应有一个最大速度限制。这里涉及两个起落架限制速度。

1. 收放起落架时的最大速度

收放起落架时的最大速度是指在进行起落架收放操纵时的最大允许速度，以 v_{LO} 表示。当飞机的飞行速度大于该速度时，不允许收起或放下起落架。

2. 起落架放下时的最大速度

起落架放下时的最大速度是指当飞机的起落架在放下位时允许的最大飞行速度，以 v_{LE} 表示。

各型飞机对操纵限制速度都有严格的规定，为了保证飞行安全，飞行员必须清楚所飞机型的操纵限制速度，并在飞行中严格保证飞行速度不超过限制。

8.9

8.7 空中一台发动机失效后的飞行

多发飞机一台或多台发动机失效后，形成左右拉力（推力）不对称的飞行，常称为不对称拉力（推力）飞行，其中双发飞机一台发动机失效时的飞行常称为单发飞行。不对称拉力（推力）飞行发生的可能性虽然很低，但直接影响飞行安全，因此是多发飞机飞行员必须掌握的基本飞行技术。

各种不对称拉力（推力）飞行的特点基本相同。本节以双发螺旋桨飞机为例，介绍一发失效后飞行状态的变化、一发失效飞行操纵原理和性能特点。

8.7.1 一发失效后飞机飞行状态的变化

一台发动机失效后,作用在飞机上的力和力矩发生变化,飞机的纵向平衡和侧向平衡都将遭到破坏,如果飞行员没有及时修正,飞机的飞行状态将会出现迅速变化。螺旋桨飞机一发失效后,在工作发动机(简称工作发)拉力和失效发动机(简称失效发)阻力形成的偏转力矩作用下,飞机将向失效发动机侧迅速偏转进而形成侧滑;偏转时左右机翼速度不同,两翼升力差形成的滚转力矩和侧滑产生的横侧稳定力矩使飞机向失效发动机侧倾斜形成坡度(见图 8.23)。若没有顺桨,失效后一侧阻力增加更多,飞机将偏转得更快,而且还因为失效发动机一侧没有螺旋桨滑流,飞机倾斜得也更快。在偏转和滚转的同时,由于拉力减小和阻力增大,飞机的速度会明显减小,升力也随之减小,飞机会下降高度,在俯仰力矩的作用下,机头还会下俯。

螺旋桨飞机在起飞离地前后关键发动机失效、螺旋桨又处于自转状态时,状态变化最为剧烈。飞机在起飞离地时,发动机处于起飞工作状态并且飞行速度小,螺旋桨拉力大,如果失效发动机未顺桨,阻力也大,这将使得偏转力矩大为增加,飞机状态迅速变化。如某型飞机 2~3 s 内可能偏转 10°,坡度达到 20°~30°之多。此外,发动机的布局也会影响一发失效后飞机的状态变化,发动机安装在机翼上的飞机要比发动机安装在尾部的飞机的状态变化剧烈。

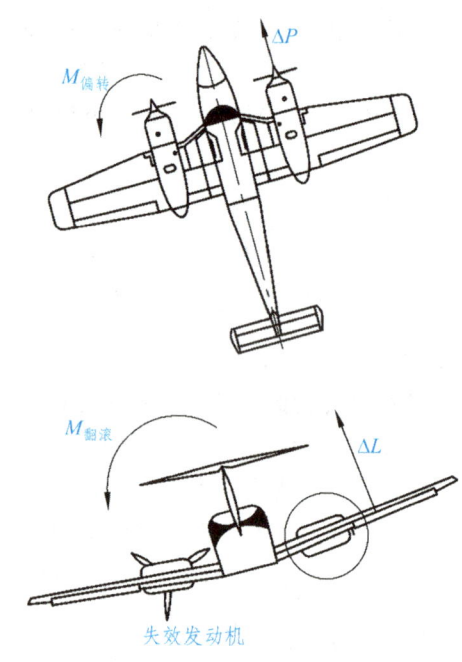

图 8.23 一发失效后飞机状态变化

关键发动机是指失效后对飞机性能与操纵性影响最不利的那台发动机。对于螺旋桨飞机,主要从螺旋桨的反作用力矩、螺旋桨滑流、螺旋桨因素等的影响来确定关键发动机。例如对于右转螺旋桨,在大迎角时,螺旋桨因素使得右发动机的拉力作用线外移,左发动机的拉力作用线内移,结果左发动机失效时的偏转力矩比右发动机失效时的偏转力矩大(见图 8.24),考虑到螺旋桨吹风作用对升力的影响,左发动机失效时的滚转力矩也要比右发动机失效时的滚转力矩大;从滑流扭转作用方面考虑,由于只有左发动机的滑流能吹到垂尾上,右发动机失效时左发动机的滑流扭转力矩可以抵消一部分偏转力矩,而左发动机失效时则不能抵消(见图 8.25);此外,右转螺旋桨会产生左滚反作用力矩,使得左发动机失效时的滚转力矩增强,右发动机失效时的滚转力矩削弱;因此,左发动机失效对飞机性能与操纵性影响更不利,左发动机为关键发动机。

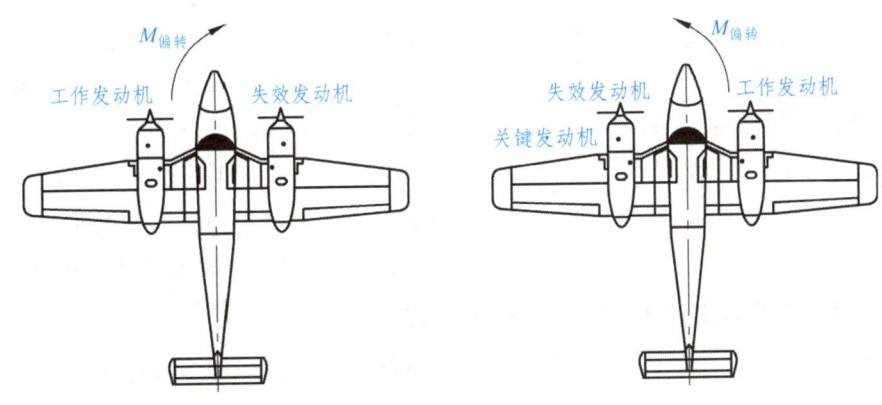

图 8.24　右转螺旋桨飞机的关键发动机

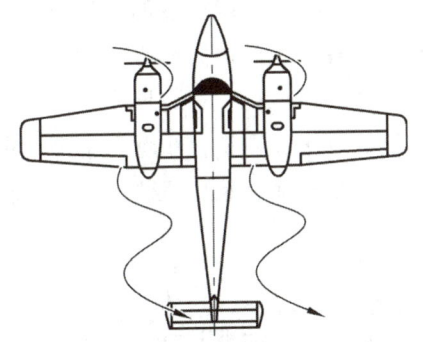

图 8.25　右转螺旋桨飞机的滑流

对于对转螺旋桨飞机(如西门诺尔 PA-44)或喷气式飞机,左右发动机失效对飞行特性的影响相同或差别极小,因而可以按发动机对电气或液压系统的影响大小来确定关键发动机。

8.7.2　一发失效的飞行操纵原理

飞行中一台发动机失效,随着时间的延迟,飞机的侧滑角和坡度越来越大,要想恢复飞机的平衡状态,需要的修正量也会更大。一发失效后飞机出现侧滑本身并无太大危险,但由侧滑所引起的倾斜、滚转却比较危险,而要避免飞机倾斜、滚转,则必须先避免飞机侧滑。因此,在确实判明发动机失效以后,飞行员应果断地向工作发动机一侧蹬舵,制止飞机偏转;向工作发动机一侧压盘,制止飞机滚转,保持飞机力和力矩的平衡;此外,飞行中一般还应根据飞机当时的状态,加油门或调整飞机姿态以保持规定速度,然后使用配平片配平杆舵力,以及按要求实施发动机保护程序。由于蹬舵、压盘量的不同,一发飞行状态也不尽一致。根据侧滑的不同,可以分为不带侧滑、向失效发动机一侧侧滑和向工作发动机一侧侧滑三种典型飞行方法。

1. 不带侧滑，向工作发动机一侧带坡度的飞行方法

这种飞行方法是向工作发动机一侧蹬舵和压盘，飞机向工作发动机一侧带一小坡度[坡度的大小依机型而定，如西门诺尔（PA-44）为 2°~3°]。

参看图 8.26（a），向工作发动机一侧蹬舵产生的操纵力矩与一发失效后的偏转力矩取得平衡，制止飞机偏转；向工作发动机一侧压盘形成坡度，使重力侧向分力正好平衡方向舵侧力，以保持直线飞行。由于螺旋桨滑流的影响，两翼升力不等以及垂尾侧力都会形成改平坡度的滚转力矩，因此需要向工作发动机一侧压住盘，保持坡度不变。

该方法的优点是：飞机无侧滑，阻力较小，单发性能好；同时，航向与航迹一致，便于保持方向。该方法的不足之处是：侧滑仪的小球在自身重力的作用下，略偏向工作发动机一侧（西门诺尔为 1/2 个球径），因此不便于用侧滑仪的小球位置判断飞机是否有侧滑。

2. 无坡度，向失效发动机一侧侧滑的飞行方法

与无侧滑的飞行方法相比，这种飞行方法是向工作发动机一侧多蹬些舵、少压些盘，保持飞机不带坡度。

参看图 8.26（b），向工作发动机一侧多蹬些舵的目的，一是制止飞机偏转，二是使飞机向失效发动机一侧侧滑。此时，侧滑产生的侧力和方向舵侧力相平衡。由于飞机向失效发动机一侧侧滑，因此只需少压些盘就可以保持飞机无坡度。

这种飞行方法的优点是：机翼水平，侧滑仪小球在中央，在云中和仪表飞行时，便于用姿态仪保持飞机姿态；缺点是蹬舵量较多，且飞机侧滑，阻力较大，气动性能稍差一些。

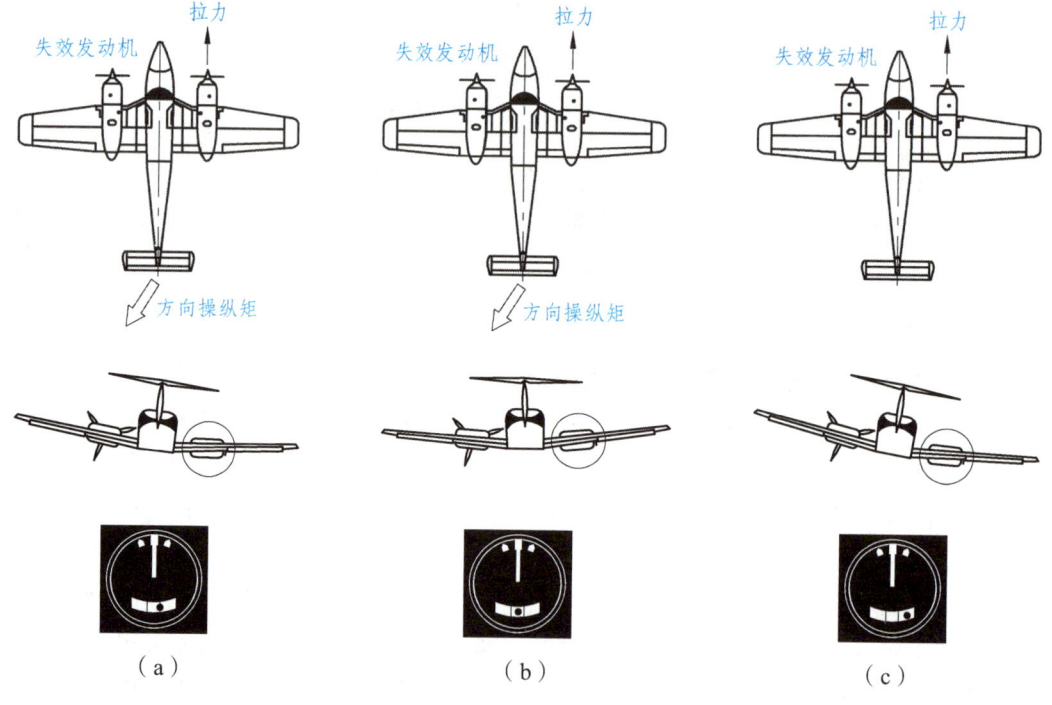

图 8.26 一发失效后的飞行方法

3. 向工作发动机一侧倾斜和侧滑的飞行方法

与无侧滑的飞行方法相比，这种飞行方法是向工作发动机一侧少蹬些舵（或不蹬舵）、多压些盘，向工作发动机一侧多带些坡度。

参看图 8.26（c），由于向工作发动机一侧多压了些盘，飞机向工作发动机一侧带稍大坡度并侧滑，蹬舵和侧滑产生的方向力矩与偏转力矩平衡，侧滑产生的侧力与方向舵侧力方向相同，与重力的侧向分力平衡。

这种方法的特点是：蹬舵量较少，方向舵余度大；但由于压盘量大，飞机坡度和侧滑角相对较大（在不蹬舵时，坡度达到可能达到 10°左右），阻力大，性能较差；侧滑仪小球偏离中央位置较多。

上述三种一发失效飞行方法各有优缺点，不同的机型究竟采用哪种方法，应按各机型操作手册中的要求或根据具体的飞行条件而定。比如双发螺旋桨飞机，一般采用无侧滑的飞行方法，特别是在起飞阶段；而对于喷气式飞机，则通常采用两翼水平的飞行方法；向工作发动机一侧倾斜和侧滑的飞行方法由于阻力大，因而较少使用。

8.7.3 一发失效的飞行性能特点

与单发飞机相比，多发飞机必须考虑一发失效时能否控制飞机方向、保持直线飞行。对于螺旋桨飞机，随着飞行速度减小、拉力增大，一发失效后的偏转力矩将不断增加，而蹬舵产生的方向操纵力矩却随速度的减小而减小。如果偏转力矩仅由方向操纵力矩来平衡，则当飞行速度减小到一定程度时，蹬舵将不能制止飞机偏转。所谓最小操纵速度就是当方向操纵力矩和偏转力矩刚好相等时的速度，也即能维持一发失效飞行方向控制的最小速度（见图 8.27）。法规对最小操纵速度有严格的定义，通常要求临界发动机失效，向失效发动机一侧带不超过 5°的坡度，蹬舵力不超过 150 lb 等。为保证一发失效飞行的安全，CCAR-23 部要求对于多发飞机，v_R 必须不小于 $1.05v_{MC}$，v_2 必须不小于 $1.1v_{MC}$。

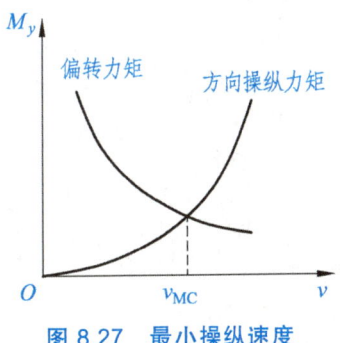

图 8.27 最小操纵速度

由于实际飞行中（包括着陆进近）速度都大于最小操纵速度，因此，上述条款规定了最不利情况下的最低安全标准。从这些规定不难看出，现代民用运输机，即使在最不利的情况下发生一发失效，只要按规定程序去处置，飞机的飞行安全也完全可以得到保证。

一发失效飞行时，拉力减小，阻力增大（包括了螺旋桨阻力和一发失效飞行时方向舵和副翼偏转所产生的额外阻力），飞行性能显著变差（一发失效，拉力减少了约 50%，但剩余拉力却减少了 80%左右）。主要表现在：一发失效飞行最小速度增大，最大速度减小，平飞速度范围缩小；加速性能降低，上升率和上升梯度减小，相应的升限高度降低；同时，最大上升角速度和最大上升率速度减小。

复习思考题

1. 飞机的失速是如何产生的？根本原因是什么？
2. 飞机失速前后的主要现象有哪些？
3. 什么是失速速度？影响失速速度的主要因素有哪些？
4. 飞机进入失速后如何改出？
5. 飞机螺旋的原因是什么？飞机进入螺旋后如何改出？
6. 飞机的颠簸是怎样产生的？说明在扰动气流中飞行的主要特点。
7. 飞机积冰对气动性能、飞行性能有何影响？说明在积冰条件下的飞行特点。
8. 什么是低空风切变？低空风切变对飞机起飞、着陆有何影响？如何避免低空风切变的危害？
9. 飞机的尾涡是如何移动的？前机尾涡对后机有何影响？
10. 说明 V-G 图边界的含义。
11. 什么是机动速度？机动速度对飞行安全有何重要意义？
12. 一发失效后飞机的飞行状态是如何变化的？说明原因。
13. 什么是关键发动机？
14. 一发失效后的飞行方法有几种？分别如何操纵？
15. 什么是最小操纵速度？
16. 说明一发失效后飞机的飞行性能特点。

第 9 章　重量与平衡

飞机的重量与平衡包括两个方面的内容：实际重量是否超过最大允许的重量、飞机的重心是否在规定范围内。

飞机性能的所有方面几乎都会受到重量的影响。例如，与装载适当的飞机相比，超重的飞机有较长的起飞滑跑距离、更大的起飞速度、更小的上升率、更小的巡航速度和航程、更大的失速速度。在紊流中飞行、着陆重接地以及机动飞行中，重量过重，会增加飞机受到结构损坏的危险。严重超载的飞机不能飞行。

9.1

除了重量检查外，还必须确保飞机是平衡的，即重心必须在规定的极限范围内。平衡的检查必须首先确定飞机的重心位置 C.G.（Center of Gravity），重心位置对飞机稳定性及操纵性至关重要，飞机载重不平衡将导致严重的操纵问题。重心过于靠前，操纵性变差，特别是在起飞着陆阶段，会导致操纵困难；重心过于靠后，飞机稳定性降低，使飞机改出失速或螺旋的能力降低。重心过于靠后还会使飞机杆力变轻，导致飞机容易超载。

飞机制造厂商在飞机设计和审定过程中，在广泛测试的基础上，建立了飞机装载的安全极限。这些极限包括飞机的最大起飞重量、最大着陆重量、重心包线等。这些数据在飞机进行初始适航取证时，得到管理当局（如 FAA、CAAC）的批准后，载入飞行手册，作为飞机在考虑性能、强度等方面的操作极限。

每次飞行前都需确定飞机的重量与平衡，以确保其在飞行手册中批准的范围内。如果重量与平衡在规定范围内，则飞机的飞行是安全的，如果超出了这个范围，必须重新安排燃油、乘客和货物的量及位置，直到达到规定的范围内。不但在起飞前需满足这一点，而且在飞行中任意时刻也必须保证这一点。

小型飞机审定注册的类（Category）常常超过一种（如同时满足正常类与实用类审定的规范），因此，可能会有不同的重量与平衡数据。

9.1　重　量

9.1.1　重量相关的定义及关系

1. 基本空机重量 BEW（Basic Empty Weight）

基本空机重量包括标准飞机重量、选装设备、不可用燃油、全部工作液体（如发动机滑油）。基本空机重量是飞机进行装载的基础。型号相同但编号不同的飞机，其基本空机重量可能不同，因为它们的选取设备可能不同。同一架飞机的基本空机重量在飞机的整个运行寿命中可能多次改变，如设备的安装与拆除，这些设备可能

9.2

包括新的仪表、无线电装置、机轮整流罩、发动机附件等。任何重量和重心位置的变化必须由工程人员登录在飞机载重与平衡资料中。这些内容可能小到安装一副新天线，大到去掉起落架换装成浮筒。因此，计算中必须确保使用最新的载重与平衡资料。

2. 运行空机重量 OEW（Operating Empty Weight）

运行空机重量是在 BEW 基础上增加机组和旅客服务设施后得到的重量。大部分小型飞机较少使用这个概念，而是把机组和旅客同等看待，即在 BEW 的基础上进行重量的加减。

3. 干使用重量 DOW（Dry Operating Weight）

干使用重量是在起飞重量的基础上扣除起飞燃油和商载后的重量，是飞机处于可运行状态下的最小重量。干使用重量是计算无燃油重量、着陆重量和起飞重量的基础。航空公司根据自身的实际需要决定干使用重量中所包含的项目。在实际配载计算中，由于每次航班的实际飞行任务需求不同，需要在航班已知的干使用重量基础上，对机组、配餐、航材和附加设备等项目进行临时性修正。修正后的干使用重量才是航班载平计算的依据。

干使用重量与运行空机重量在配载工作中没有本质的差异，只是定义的方法有所不同，实际使用机型的舱单及其手册用的是哪一种定义，就在其基础上进行计算。这两个重量一般用于中、大型进行商业航线运营的飞机中，可以认为它是大型飞机处于运行状态的最小重量。对于大型飞机，一般在 OEW/DOW 基础上进行重量的加减。

4. 停机坪重量 RW（Ramp Weight）

停机坪重量为飞机在地面停机坪上操纵时的重量，它必须小于最大停机坪重量 MRW。

5. 起飞重量 TOW（Takeoff Weight）

起飞重量指飞机在跑道上开始起飞滑跑时的重量，它必须小于最大起飞重量 MTOW。

最大停机坪重量大于最大起飞重量，其间的差值为发动机启动与检查及飞机滑向跑道所消耗的燃油。对于轻型飞机，这两个重量的差值较小，对于大型运输机，最大停机坪重量与最大起飞重量的差值可能高达数千磅之多。

6. 着陆重量 LW（Landing Weight）

着陆重量为飞机着陆接地时的重量，它受飞机着陆时起落架强度的限制，必须小于最大着陆重量 MLW。同时着陆时起落架受到的载荷比起飞时要大，所以 MLW 一般小于 MTOW。

7. 商载 PL（Payload）

商载是指可用于获取收益的那部分重量，如乘客与货物，显然，它不包括机组和燃油重量。为增加运输飞行的经济性，常常需要在最大起飞重量的限制下，在燃油和商载的装载量上进行平衡。

8. 零燃油重量 ZFW（Zero Fuel Weight）

零燃油重量是飞机去掉可用燃油后的那部分重量。重量与平衡计算中，必须确保 ZFW 不超过最大零燃油重量 MZFW，同时，零燃油重心必须在规定范围。

9. 可用燃油（Useful Fuel）

可用燃油是指飞机实际装载用以维持飞机安全正常运行的燃油。它包含滑行燃油、航程燃油和储备燃油。

滑行燃油（Taxi Fuel）指飞机起飞前预计消耗的燃油量，主要用于供发动机启动、发动机试车，以及飞机从停机位滑行至松刹车点。滑行燃油的多少取决于机场、机型、机位和跑道的具体情况。

航程燃油（Trip Fuel）指考虑到运行条件，允许飞机从起飞机场或从重新签派或放行点飞到目的地机场着陆所需的燃油量。

储备燃油（Reserve Fuel）指为了保障飞行安全，考虑到突发状况，按照规章要求所携带的一部分额外燃油，如备降等。

综上所述，飞机各重量之间的关系可用以下式子来表示：

$$
\begin{aligned}
\text{基本空机重量} + \text{机组和服务设施} &= \text{使用空机重量} \\
\text{使用空机重量} + \text{商载} &= \text{零燃油重量} \\
\text{零燃油重量} + \text{可用燃油} &= \text{停机坪重量} \\
\text{停机坪重量} - \text{滑行燃油} &= \text{起飞重量} \\
\text{起飞重量} - \text{航程燃油} &= \text{着陆重量}
\end{aligned}
$$

9.1.2 最大重量的限制

在实际运行中，需要检查实际的停机坪重量、起飞重量、着陆重量和无燃油重量不超过其最大值的限制，而这些最大重量的限制一般是基于结构强度和性能的限制而得到的。飞机在设计过程中，通常会根据机型的自身能力、用途和需求确定出机体结构能够承受的重量上限，称为结构强度限制的最大重量。从飞机的重量平衡手册中查到的最大重量就是由该飞机制造厂商经适航审定的结构强度限制的最大重量。这些重量数据需要获得局方适航审定批准，也可以称为审定的最大重量。与实际运行条件有关的限制称为飞机性能限制。

1. 最大停机坪重量（MRW）的限制

最大停机坪重量受到结构强度的限制。

结构强度限制的最大停机坪重量是飞机停在机坪，开始地面滑行时自身结构强度所允许的最大重量。由于飞机在停放和滑行时仍在地面，不考虑机场环境条件变化对飞行能力的影响。

2. 最大起飞重量（MTOW）的限制

最大起飞重量主要受到结构强度和性能限制。

结构强度限制的最大起飞重量是飞机在起飞滑跑时自身结构强度所能够承受的最大重量。

性能限制的最大起飞重量是受到起飞机场环境条件约束的可以安全运行的最大重量。起飞常见的限制因素包括机场标高、环境温度、风向、风速、跑道长度、跑道坡度、地形障碍物、道面污染状况等。

3. 最大着陆重量（MLW）的限制

最大着陆重量主要受到结构强度和性能限制。

结构强度限制的最大着陆重量是飞机在正常着陆时自身结构强度所能够承受的最大重量，主要考虑的是起落架的结构强度。

性能限制的最大着陆重量是受到着陆机场环境条件约束的可以安全运行的最大重量。着陆常见的限制因素包括机场标高、环境温度、风向、风速、跑道长度、跑道坡度、地形障碍物、道面污染状况、复飞梯度等。

同一架飞机在不同的大气环境条件和机场条件影响下，飞机性能限制因素会发生变化，使飞机的性能也随之变化。一旦飞机性能限制因素过于苛刻，人们就不得不对飞机的最大重量进行削减。由于全球机场众多，地理位置差异导致各个机场的运行条件也不相同，所以性能限制的最大重量数据无法由制造厂商通过手册直接提供，往往需要由飞机使用者根据机型和机场的实际情况进行分析才能得到。对于运行条件复杂的机场，性能限制因素可能比结构强度限制因素更加苛刻。受性能限制的最大重量比受结构强度限制的最大重量更小时，性能成为影响飞机最大重量的主要因素。

4. 最大零燃油重量（MZFW）的限制

最大零燃油重量受到结构强度的限制，主要是翼根部位的结构强度。

结构强度限制的最大零燃油重量是飞机在未加装业载，只加装燃油的情况下能够承受的最大重量。它用于确保机翼和机身结合部在装业载而未装燃油的情况下，不会因遭受过大的结构应力而出现变形和破坏。当飞机在空中飞行时，机翼的升力会对翼根产生扭矩使得机翼向上弯曲，而机翼中安装的油箱里面的燃油重量也会对翼根产生扭矩，该扭矩方向使得机翼向下弯曲，如此机翼机身连接部位所承受的扭矩不至于过大，如图 9.1 所示。然而，如果油箱中没有了燃油，机翼升力对翼根产生的向上扭矩可能使得机翼折断。因此，基于翼根部位所能承受的最大结构强度，需要限制无燃油时的最大重量。

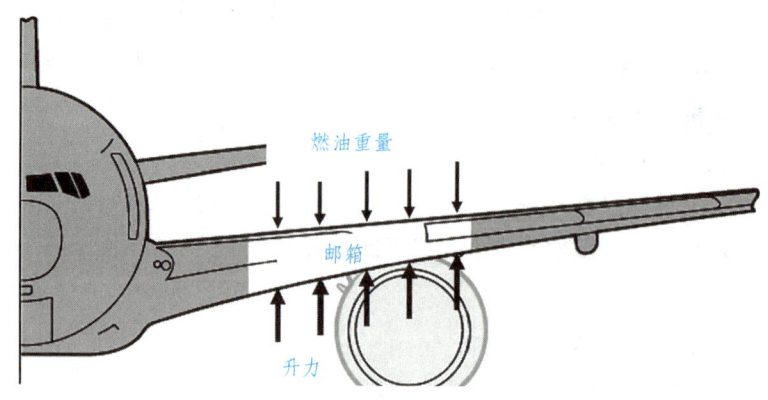

图 9.1 最大零燃油重量限制的示意图

运行限制的最大重量是指在飞机运行的各个阶段，为确保安全运行应该遵循的一系列重量限制条件，既包括结构强度的限制，也包括性能的限制。在确定运行限制的最大起飞重量和最大着陆重量时，均需同时考虑结构强度限制和性能限制，二者中的较小者作为飞机运行限制的最大重量用于装载计算。

配载工作的一个重要目的就是防止飞机的实际重量超过相应的最大重量限制。在实际运行过程中，要确保实际重量不大于运行限制的最大重量，以确保运行安全。小型通用飞机自身重量轻、结构简单，能够携带的人员和行李不多，加装的燃油也较少，机体结构应力小，所以在进行载重平衡计算和舱单填写时，通常主要保证实际起飞重量不超过最大起飞重量。大型运输飞机体型庞大，能够容纳许多乘客和货物，同时也携带了大量燃油，在确保飞机实际起飞重量不超过最大起飞重量的前提下，还需要进一步核实实际着陆重量不超过最大着陆重量，实际零燃油重量不超过最大零燃油重量的限制。

9.1.3 地板承重限制

即使重量不超过允许的最大重量，也不一定能够确保飞机内部结构不会遭到破坏，这是由飞机结构的特殊性造成的。无论是客舱还是货舱，其所承载物体的重量通过地板传递给飞机结构框架，在地板下有桁条和横梁结构进行支撑，横梁再与主梁相连。由于机体形状所限，不同舱段位置的桁条和横梁分布各不相同。在客舱舱段，乘客的重量通过座椅传递给桁条，桁条又将其传递给横梁；在货舱舱段，货物与地板相接触，货物的重量也会通过地板传递给桁条和横梁。所以，采用桁条和横梁结构的地板承载能力也应当引起注意。

无论是小型通用飞机还是大型运输飞机，为了确保飞机结构安全，实施装载的人员必须考虑所装载的业载是否会超过以上各类飞机结构的承重极限。对于飞行员，应着重了解纵向载荷限制、面积载荷限制、联合承载重量限制。

1. 纵向载荷（Linear/Runing Load）

纵向载荷也称线性载荷，是指沿机身纵向单位长度地板能够承载的最大重量，单位为 lb/ft 或 kg/m。纵向载荷与接触面积无关，即使具有相同重量的物体的长宽不同，其产生的纵向载荷也会不同，所以纵向载荷与物体摆放的朝向有着密切关系。

2. 面积载荷（Area/Distribution Load）

面积载荷是指单位面积的地板能够承受的最大重量，单位为 lb/ft^2 或 kg/m^2。面积载荷与接触面积有关，相同重量的物体，接触面积越大，所产生的面积载荷越小。面积载荷与物体摆放的朝向无关，但是与接触面面积的大小有着密切关系。

无论如何，在进行装载时都需要确保所装载的载量同时满足地板对于纵向载荷和面积载荷的限制

例 1 如图 9.2 所示，已知物体 A 和 B 具有相同的形状，长、宽分别为 5 m 和 1 m，重量均为 300 kg，现分别按照横向和纵向两个方向进行摆放。计算物体 A 和 B 的纵向载荷和面积载荷分别是多少？

解 物体 A 在纵向所占的长度为 1 m，施加给地板的纵向载荷为 300÷1=300 kg/m。

物体 B 在纵向所占的长度为 5 m，施加给地板的纵向载荷为 300÷5=60 kg/m。

物体 A 和物体 B 的尺寸相同，它们与地板的接触面积也相同，因此，它们施加给地板的面积载荷相等，均为 300÷5=60 kg/m^2。

纵向载荷与摆放的方向密切相关，当物体重量和接触面积不变时，一旦摆放方向改变，则纵向载荷就会改变。面积载荷与接触面积有关，当物体重量不变时，只要接触面积不变，则面积载荷不变。

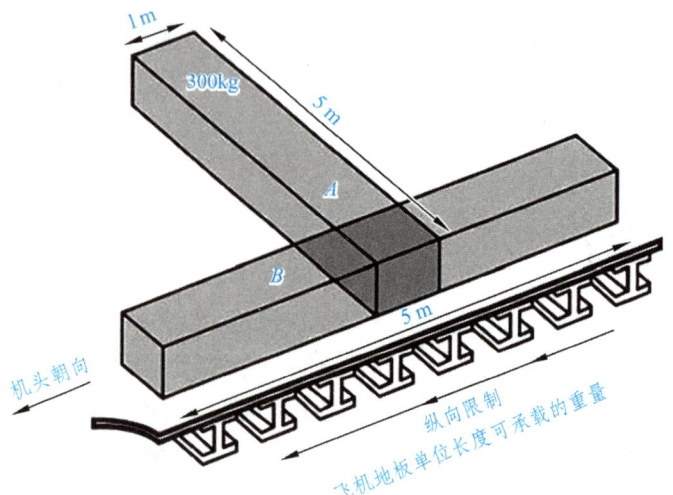

图 9.2 物体放置方式对地板承载的影响

例 2 某机型前货仓的承载能力如图 9.3 所示。现欲将宽 10 in，长 20 in，重 200 kg 的集装箱放入前货舱的前段，分（a）（b）两种情况摆放，如图 9.4 所示，试判断能否满足装载要求。

FORWARD CARGO COMPARTMENT

BA – IN	220	280	340	500
MAXIMUM COMPARTMENT RUNNING LOAD IN KG PER INCH	10.5	8.9		15.12
MAXIMUM DISTRIBUTION LOAD INTENSITY KG PER SQUARE FOOT		60		
MAXIMUM COMPARTMENT LOAD KG	630	534		2419.2
MAXIMUM TOTAL LOAD KG		3583.2		
HOLD CENTROID B.A.- IN		280		

图 9.3 某机型前货仓的承载能力

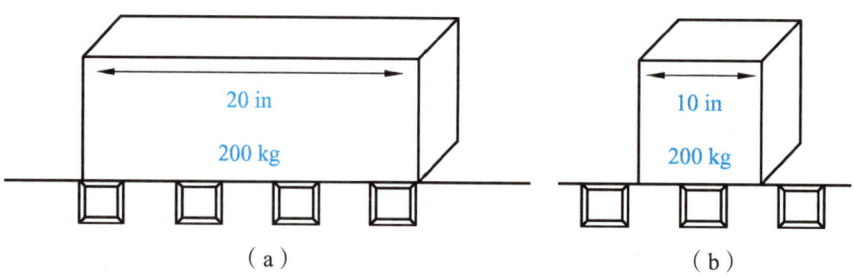

图 9.4 集装箱在前货仓中的摆放情况

解 针对图 9.4（a）的摆放：

纵向载荷为

$$200 \text{ kg} \div 20 \text{ in} = 10 \text{ kg/in}$$

可以看出实际纵向载荷小于该段 10.5 kg/in 纵向载荷的限制。
面积载荷为

$$\text{集装箱面积为 } 10 \text{ in} \times 20 \text{ in} = 200 \text{ in}^2 \div 144 \text{ in}^2/\text{ft}^2 = 1.39 \text{ ft}^2$$

面积载荷为 200 kg ÷ 1.39 ft² = 143.88 kg/ft²，远远超过了货舱能够承受的 60 kg/ft² 的限制。
针对图 9.4（b）的摆放：
纵向载荷为

$$200 \text{ kg} \div 10 \text{ in} = 20 \text{ kg/in}$$

超过了货舱前端能够承受的纵向载荷限制。
面积载荷与图 9.4（a）摆放的面积载荷大小一样。
因此，无论按照图 9.4（a）的摆放，还是图 9.4（b）的摆放，均不能满足装载要求。

9.2 重　心

当飞机装载完成，首先进行重量的计算并检查是否超过最大允许的重量，如果重量满足要求，接下来就需要进行重心的计算和检查。

9.2.1 重心的定义

重心可以视为整个物体全部质量的集中点，同时它也是物体的平衡点。飞机的重力是飞机各部件、燃料、乘员、货物等重力的合力，飞机重力的着力点叫作飞机的重心（Center of Gravity，CG）。重力着力点的所在位置，即为重心位置。

9.2.2 重心的表示方法

飞机的重心位置包括重心的前后位置、上下位置和左右位置。这里重点讨论重心前后位置。重心的前后位置有两种表示方法，一是平衡力臂法，二是平均空气动力弦表示法。

1. 平衡力臂表示法（Balance Arm，BA）

通常，飞机的重心可以用重心所在位置到某一参考面的距离来表示，该距离称为力臂。在配载计算中，这一参考面也叫作基准。基准是一个假想的垂直平面，所有水平距离均以到基准的距离来度量。典型的基准位置为机头、发动机防火墙、特定翼型前沿，甚至在飞机外部前面空间的某一点上。基准的位置由飞机制造厂商确定和建立，并在飞机操纵手册中的重量与平衡章节中定义给出。在力矩的计算中，力臂（Arm）即为部件重心到基准的水平距离我们把用重心到基准的距离来表示重心前后位置的方法称为平衡力臂法，常见的单位有英寸、英尺、厘米、米等，如图 9.5 所示。该表示方法多用于按照 CCAR23 部进行适航取证的飞机。

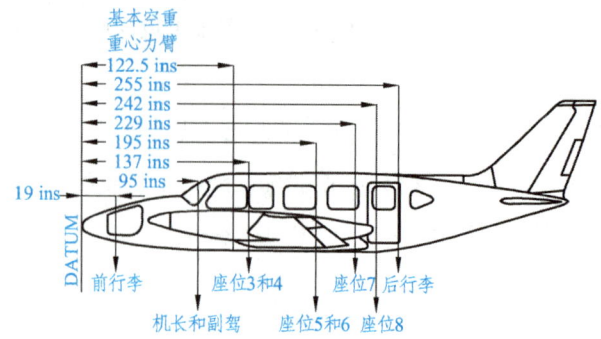

图 9.5　重心的平衡力臂表示法示意图

2. 平均空气动力弦表示法（Mean Aerodynamic Chord，MAC）

对于大型运输机，其重心的表示方法多用平均空气动力弦表示法。重心的前后位置，常用重心在平均空气动力弦上的投影点到该翼弦前端的距离占该翼弦的百分数来表示。这一特定翼弦，就是平均空气动力弦。

已知平均空气动力弦的位置和弦长后，即可确定飞机重心的前后位置。如图 9.6 所示，重心在平均空气动力弦上的投影点到其前缘的距离为 x_G，则飞机重心的前后位置即可表示为

$$X_{CG} = (x_G / b_A) \times 100\%$$

平衡力臂表示法和平均空气动力弦表示法表示的重心位置可以互相转换。

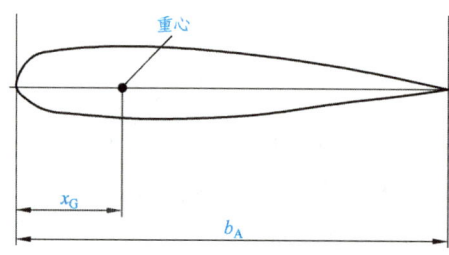

图 9.6　重心的 MAC 表示法示意图

例 3　如图 9.7 所示，某飞机重心到基准的距离为 33 ft，其平均空气动力弦前缘到基准的距离为 31 ft，且已知平均空气动力弦长为 10 ft，则将重心位置转换为 %MAC 形式应为多少？

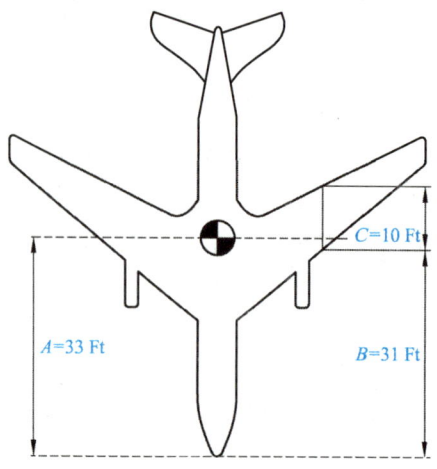

图 9.7　平衡力臂表示法和平均空气动力弦表示法互换

解 根据图 9.7 所示，MAC%=（A – B）/C × 100%=（33 – 31）/10 × 100%=20%。

飞机的重心随飞机装载数量和位置的变化而变化，如旅客和（或）货物重量的增减及移动、燃油消耗等，均会引起重心位置的改变。只要飞机装载（含燃油）的重量和位置不变，无论飞机的运动状态如何变化，其重心位置均保持不变。

9.2.3 重心计算的原理

对于飞机装载而言，作用在飞机各部件及装载上的力是由于地球引力引起的物体重力，用公斤（kg）或磅（lb）来表示。力臂是力作用点到飞机基准的距离，用米（m）或英寸（in）来表示。若力作用点在基准之后，力臂为正；若力作用点在基准之前，则力臂为负。

对于大部分小型飞机，包括飞行员，一般只有几个座位，所以均是在基本空机重量 BEW 的基础上，装载燃油、乘客（即商载）和飞行员。对于稍大型飞机，一般在使用空机重量 OEW 的基础上，装载燃油和商载，如图 9.8 所示。

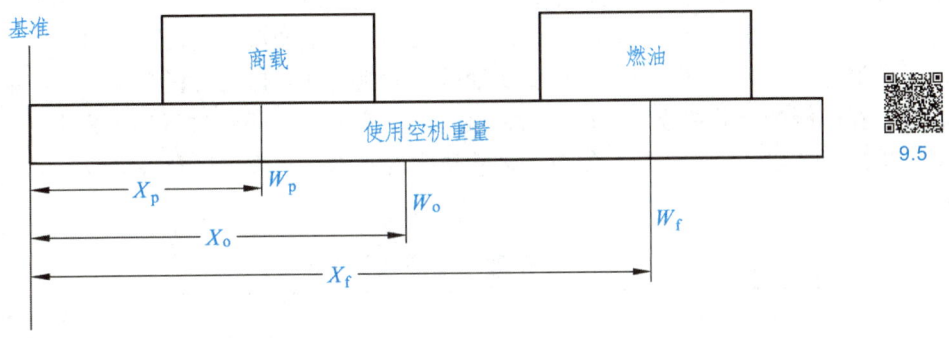

图 9.8 力矩与力臂

重心的计算主要依据合力矩定理，即一个力系的合力对某点的力矩，等于该力系中各个分力对同一点的力矩之和。

设全机重心到基准的力臂为 X_{cg}，全机重量为 W_t，使用空机重量、商载、燃油的重心到基准的力臂分别为 X_o、X_p、X_f；它们的重量分别为 W_o、W_p、W_f。则根据合力矩原理，可以用以下方法确定全机的重心位置：

$$X_{cg} \cdot W_t = X_p \cdot W_p + X_f \cdot W_f + X_o \cdot W_o$$

全机重心位置 X_{cg} 为

$$X_{cg} = \frac{X_p \cdot W_p + X_f \cdot W_f + X_o \cdot W_o}{W_t} = \frac{总力矩}{总重量}$$

上式中，使用空机重量、商载、燃油的力臂 X_o、X_p、X_f 均为已知量，可以在手册中重量与平衡数据中获得。在飞机的运行寿命中，一旦 BEW 或 OEW 改变，手册中登记的相应重心位置也需要修改。实际上，这些重心位置可通过对飞机称重的方法求出。例如，某前三点式飞机在基本空机重量如下：

前轮处载荷	910 lb	前轮距基准距离	2 ft
左主轮处载荷	2 150 lb	左主轮距基准距离	8 ft
右主轮处载荷	2 145 lb	右主轮距基准距离	8 ft

则基本空机重心距基准的距离为

$$X_b = \frac{总力矩}{总重量} = \frac{910 \times 2 + 2\,150 \times 8 + 2\,145 \times 8}{910 + 2\,150 + 2\,145} = 6.95 \text{ ft}$$

9.6

9.2.4 重心的计算方法

小型飞机的重心计算方法一般分为三种：计算法、表格法和曲线法。

1. 计算法

通常，重量与平衡计算的第一步是确定飞机与各种载荷的总重量是否在飞机的最大重量限制范围内。从基本空机重量开始，列出所有装载的清单，包括飞行员、乘客、行李等装载的实际重量和这次飞行所需装载的燃油。燃油的装载最初可以按最大燃油进行，然后根据总重对燃油重量进行调整。也可以根据燃油政策的规定和具体飞行任务进行燃油量的计算进行装载。在印刷的装载单或自己准备的装载单上，需对各个重量进行逐项列出。表 9.1 为某小型飞机的装载单，也称为简易舱单，装载单中的基本空机重量以及各项载荷力臂在飞机飞行手册中给出。

表 9.1 计算法使用表格

Weight & Balance	PIPER PA28-161		
	Weight /lb	Arm /in	Moment /（in·lbf）
Basic Empty Weight			
Pilot and Front Passenger			
Passenger（Rear Seats）*			
Fuel（48 US Gallon Maximum）			
Baggage*（200 lb Maximum）			
Ramp Weight（2 447 lb Normal, 2 027 lb Utility）			
Fuel Allowance For Engine Start, Taxi and Run-up			
Total Loaded Airplane（2 447 lb Normal, 2 027 lb Utility）			
Totals must be within approved weight and CG limits. It is the responsibility of the airplane owner and the pilot to insure that the airplane is loaded properly. The Basic Empty Weight CG is noted on the Weight and Balance Data Form. if the airplane has been altered, refer to the Weight and Balance Record for this information.			
* Utility Category Operation -- No Baggage or aft passengers allowed.			

首先要确定飞机的各项装载以及飞机的总重，检查总重是否超过飞机的重量限制，如果超过最大重量限制，必须对重量进行重新调整。譬如减小燃油或商载，当满足重量限制后，就需要计算飞机的重心位置。各项装载的力臂是从基准测量中得到的，如果调整了座椅的前

后位置，就需要对飞行手册中给出的力臂值进行相应的修正。将重量和力臂值填入装载单以后，通过重量乘以相应的力臂即得到相应的力矩，再将总力矩除以总重量即得到全机重心到基准的位置。

表9.2为一次实际的装载过程。首先，重量上装载符合该型飞机正常类要求：停机坪重量2 377 lb小于最大停机坪重量2 447 lb；起飞重量2 370 lb小于最大起飞重量2 447 lb。但本次装载不满足实用类要求，说明本次飞行不能超出正常类飞机的机动限制。重量验算结束后，可进一步计算重心位置。通过前面给出的公式，可以得到停机坪重心位置和起飞的重心位置，分别为90.8 in和90.8 in，它们相等。

表 9.2 计算法使用表格示例

Weight & Balance	PIPER PA28-161		
	Weight /lb	Arm /in	Moment /（in·lbf）
Basic Empty Weight	1 500	85.9	128 850
Pilot and Front Passenger	340	80.5	27 370
Passenger（Rear Seats）*	170	118.1	20 077
Fuel（48 US Gallon Maximu m）	267	95.0	25 365
Baggage*（200 lb Maximum）	100	142.8	14 280
Ramp Weight（2 447 lb Normal，2 027 lb Utility）	2 377	90.8	215 942
Fuel Allowance For Engine Start，Taxi and Run-up	-7	95.0	-665
Total Loaded Airplane（2 447 lb Normal，2027 lb Utility）	2 370	90.8	215 277

最后检查飞机的重心范围，在重心范围-重量包线图（见图9.9，后面将详细介绍）中，以起飞重量数据2 370 lb在纵坐标中找到相应的值，以起飞重心数据90.8 in在横坐标中找到相应的值，沿相应的坐标提示线，就可以在图中可得到起飞重心对应的点。如果该点处于包线内，则装载是可以接受的，否则必须调整装载。从图可知本次装载的重心在包线范围内，符合要求。

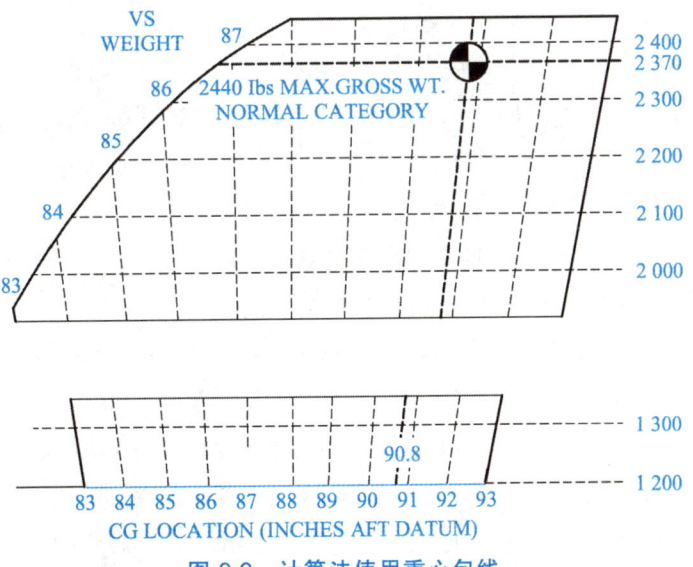

图 9.9 计算法使用重心包线

2. 表格法

表格法使用飞机制造厂商提供的一系列的力矩表来得到相应载荷的力矩,它不需要使用者进行乘法和除法的计算,只需使用加法即可得到各载荷的力矩值。力矩表提供了各装载位置在各种装载下的力矩,如前排、后排、燃油以及行李区域等。为计算重心位置,首先根据载荷的大小,在表中查到相应的力矩值,填入图中空白表格或自己准备好的纸张中,再将各项载荷重量相加,得到总重量。根据总重量,查表得到该重量对应的最大力矩和最小力矩范围,检查前面得到的力矩值,如果落在这个范围内,则装载符合要求,否则,需要重新调整装载。

例 4 某小型飞机前排乘坐两人(包括驾驶员),重量分别为 130 lb 与 170 lb;后坐一人,190 lb,行李 30 lb,主油箱燃油 44 gal,使用表 9.3 确定其装载是否符合要求。

解 在 Occupants 子表中查到的前排总力矩为 254 in·lbf,后排总力矩为 230 in·lbf;在 Baggage 子表中查到的行李总力矩为 42 in·lbf;在 Usable Fuel 子表中查到的燃油总力矩为 198 in·lbf,空机重量为 2 015 lb,空机力矩为 1 554 in·lbf。飞机总重量为 2 799 lb,总力矩为 2 278 in·lbf。以 2 799 lb 为已知数查表,可知飞机总力矩应在 2 254~2 381 in·lbf 范围内,核查结果为 2 278 in·lbf 处于该范围中,说明本次装载符合要求。

需要指出的是,表格法使用的是圆整后的重量和近似的力矩,因此它不如计算法精确,但这种方法也可以减少一些可能的计算错误。另外,表格法中一般没有给出重心范围的具体值,只给出了重心范围对应的力矩范围,这同样也可以减少计算法最后一步中可能出现的除法错误。

3. 曲线法

曲线法类似于表格法,它是使用曲线的形式而不是表格的形式来表示各种装载位置处的力矩大小,因此,可以使用真实的重量而不是圆整后的重量进行力矩的插取。这种方法只需使用两张曲线图,即装载图(见图 9.10)和重心力矩包线图(见图 9.11)。装载图用于得到各种大小装载对应的力矩,重心力矩包线图用于确定本次装载是否处于重量平衡的极限范围内。

例 5 某飞机已知装载为:前排人员重 340 lb,后排人员重 300 lb,燃油 40 gal,行李 1 区 20 lb,利用图 9.10 和图 9.11 判断本装载是否满足要求。

解 在装载图 9.10 中,从纵坐标 240 lb 处做水平线交于 Fuel 线后,垂直向下得到燃油对应的力矩为 11.5 in·lbf;从纵坐标 340 lb 处做水平线交于 Pilot & Front Passenger 线后,垂直向下得到前排人员对应的力矩为 12.6 in·lbf;从纵坐标 300 lb 处做水平线交于 Rear Passengers 线后,垂直向下得到后排人员对应的力矩为 21.8 in·lbf;从纵坐标 20 lb 处做水平线交于 Baggage Area 1 or Passenger on Child's Seat 线后,垂直向下得到行李 1 区对应的力矩为 1.9 in·lbf;填入表 9.4 后,累加得到总重量为 2 367 lb,总力矩为 104.8 in·lbf。

表 9.3　表格法使用表格

USEFUL LOAD WEIGHTS AND MOMENTS

OCCUPANTS

FRONT SEAT ARM 85		REAR SEATS ARM 121	
Weight	Moment/100	Weight	Moment/100
120	102	120	145
130	110	130	157
140	119	140	169
150	128	150	182
160	136	160	194
170	144	170	206
180	153	180	218
190	162	190	230
200	170	200	242

BAGGAGE OR 5TH SEAT OCCUPANT ARM 140

Weight	Moment/100
10	14
20	28
30	42
40	56
50	70
60	84
70	98
80	112
90	126
100	140
110	154
120	168
130	182
140	196
150	210
160	224
170	238
180	252
190	266
200	280
210	294
220	308
230	322
240	336
250	350
260	364
270	378

USABLE FUEL

MAIN WING TANKS ARM 75

Gallons	Weight	Moment/100
5	30	22
10	60	45
15	90	68
20	120	90
25	150	112
30	180	135
35	210	158
40	240	180
44	264	198

AUXILIARY TANKS ARM 94

MAIN WING TANKS ARM 75

Gallons	Weight	Moment/100
5	30	22
10	60	56
15	90	85
19	114	107

*OIL

Quarts	Weight	Moment/100
10	19	5

*Included in basic Empty Weight

Empty Weight ~ 2015
MOM/100 ~ 1554

MOMENT LIMITS vs WEIGHT

Moment limits are based on the following weight and center of gravity limit data (landing gear down).

WEIGHT CONDITION	FORWARD CG LIMIT	AFT CG LIMIT
2950 lb (takeoff or landing)	82.1	84.7
2525 lb	77.5	85.7
2475 lb or less	77.0	85.7

Weight	Minimum Moment/100	Maximum Moment/100
2100	1617	1800
2110	1625	1808
2120	1632	1817
2130	1640	1825
2140	1648	1834
2150	1656	1843
2160	1663	1851
2170	1671	1860
2180	1679	1868
2190	1686	1877
2200	1694	1885
2210	1702	1894
2220	1709	1903
2230	1717	1911
2240	1725	1920
2250	1733	1928
2260	1740	1937
2270	1748	1945
2280	1756	1954
2290	1763	1963
2300	1771	1971
2310	1779	1980
2320	1786	1988
2330	1794	1997
2340	1802	2005
2350	1810	2014
2360	1817	2023
2370	1825	2031
2380	1833	2040
2390	1840	2048
2400	1848	2057
2410	1856	2065
2420	1863	2074
2430	1871	2083
2440	1879	2091
2450	1887	2100
2460	1894	2108
2470	1092	2117
2480	1911	2125
2490	1921	2134
2500	1932	2143
2510	1942	2151
2520	1953	2160
2530	1963	2168
2540	1974	2176
2550	1984	2184
2560	1995	2192
2570	2005	2200
2580	2016	2208
2590	2026	2216
2600	2037	2224
2610	2048	2232
2620	2058	2239
2630	2069	2247
2640	2080	2255
2650	2090	2263
2660	2101	2271
2670	2112	2279
2680	2123	2287
2690	2133	2295
2700	2144	2303
2710	2155	2311
2720	2166	2319
2730	2177	2326
2740	2188	2334
2750	2199	2342
2760	2210	2350
2770	2221	2358
2780	2232	2366
2790	2243	2374
2800	2254	2381
2810	2265	2389
2820	2276	2397
2830	2287	2405
2840	2298	2413
2850	2309	2421
2860	2320	2426
2870	2332	2436
2880	2343	2444
2890	2354	2452
2900	2365	2460
2910	2377	2468
2920	2388	2475
2930	2399	2483
2940	2411	2491
2950	2422	2499

SAMPLE LOADING PROBLEM

	WEIGHT	MOMENT/100
BASIC EMPTY WEIGHT	2015	1554
FUEL MAIN TANKS (44 Gal)	264	198
* FRONT SEAT PASSENGERS	300	254
REAR SEAT PASSENGERS	190	230
BAGGAGE	30	42
TOTAL	2799	2278/100

* You can interpolate or, as in this case, add appropriate numbers.

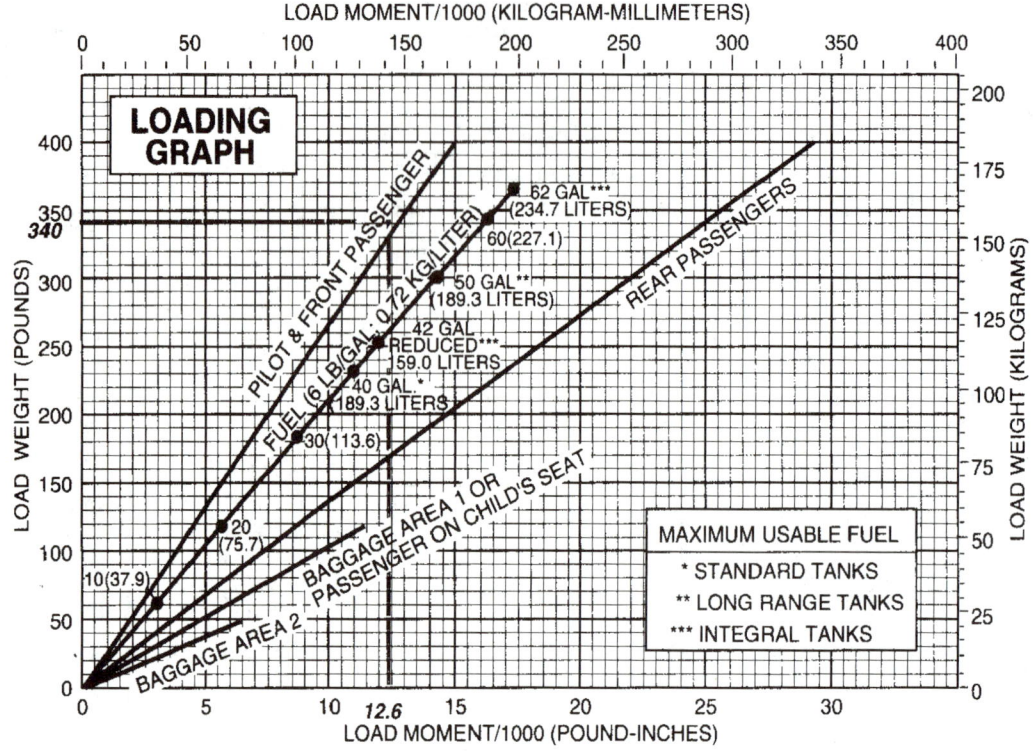

图 9.10　曲线法使用的装载图

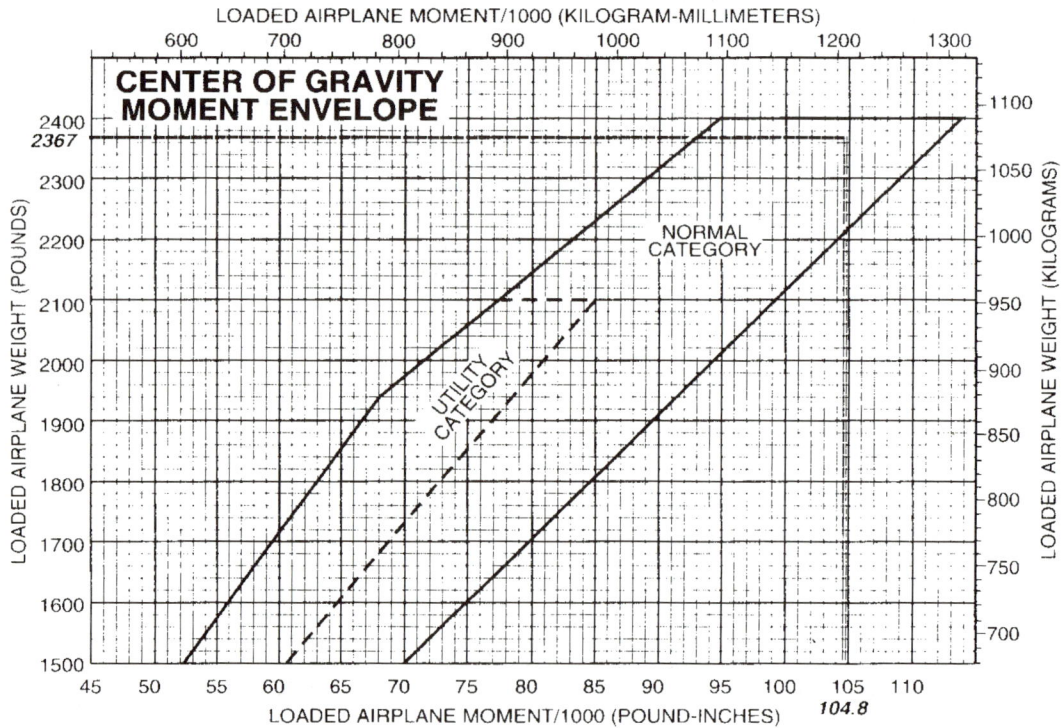

图 9.11　曲线法使用的重心力矩包线图

表 9.4　曲线法使用表格示意

Sample Loading	Sample Airplane	
	Weight/lb	Moment/（in·lbf/1 000）
Basic Empty Weight	1 467	57.3
Usable Fuel（At 6 lb/gal）	240	11.5
Pilot and Front Passenger （Station 34 to 46）	340	12.6
Rear Passengers	300	21.8
Baggage Area 1 （Station 82 to 108）	20	1.9
Baggage Area 2 （Station 108 to 142）		
Total	2 367	104.8

然后，在图 9.11 中，从横坐标 104.8 in·lbf，纵坐标 2 367 lb 出发引直线，两线相交于一点，该点在该型飞机正常类重心范围内，符合正常类装载要求。但此次装载不符合实用类要求。

对于图表法，除用笔记录下各项装载的力矩值这种方法以外，还可将装载图制作在透明塑料尺上，并把装载图中的各项装载线刻成透通槽，这样就可使用装载图模板直接在重心力矩包线图上画线得到终点的位置。

4. 装载移动、增减后重心位置的确定

飞行员应该有能力快速和精确处理任何重量移动、增加、减小后的飞机重心问题。例如，装载的重量在飞机的重量限制范围内，但是重心超出了飞机的重心极限范围，这种情况下最好的解决办法就是移动行李或乘客。同时，飞行员还应该有能力确定为使飞行安全所需的最小载荷移动量，有能力确定当载荷移至新的位置后飞机重心仍在重心限制范围内。对于这些问题有一些标准的处理方法。

1）重量的移动

当重量从一个位置移向新的位置时，飞机的总重量没有发生变化，而总力矩却发生了变化，总力矩的变化量取决于重量移动的方向以及移动的距离大小。当重量前移时，总力矩减小；当重量后移时，总力矩增加。飞机一般都有多个可存放行李的位置，可以通过将重量进行移动来调整重心的位置。将新的总力矩除以飞机的总重量就能得到新的重心位置。

为确定新的总力矩，首先需要找出重量移动后的力矩增加或减小量。假设 100 lb 的重量从力臂 30 in 后移至力臂 150 in 处，则总力矩的增加量为 12 000 in·lbf，原总力矩为 616 000 in·lbf，则新的总力矩为 12 000 + 616 000 = 628 000（in·lbf），飞机总重量不变，为 8 000 lb，则新的重心位置等于 628 000 / 8 000 = 78.5（in）。

可以使用一个标准的公式来处理以上问题，即

$$\frac{移动的重量}{飞机总重量}=\frac{重心改变量}{重量移动的力臂改变量}$$

用这一公式来处理以上问题可得

$$\frac{100}{8\,000} = \frac{\Delta C_G}{120}$$

$$\Delta C_G = 1.5 \text{ (in)}$$

重心改变量加上原来重心位置 77 即可得到新的重心位置：

$$\text{新重心位置} = 77 + 1.5 = 78.5 \text{ (in)}$$

当重心移动量为已知时，也可以用重量移动公式计算需要移动的载荷重量大小。

例 6 已知飞机总重量为 7 800 lb，重心位置 81.5 in，重心后极限为 80.5 in。行李装在后行李舱，后行李舱力臂为 150 in，前行李舱力臂为 30 in。试确定：最少需要将多少重量的行李从后行李舱移至前行李舱？

解 为满足装载要求，飞机的最小重心移动量为 81.5 − 80.5 = 1（in），其对应的重量移动量即为最小重量移动量，应用重量移动公式计算如下：

$$\frac{\text{移动的重量}}{7\,800} = \frac{1}{120}$$

$$\text{移动的重量} = 65 \text{ (lb)}$$

所以，最少需要将 65 lb 的行李从后行李舱移至前行李舱，此时飞机的重心位置处于其后极限 80.5 in 处。

2）重量的增减

当装载完成后，常常碰到需要对飞机装载量进行调整的情况。这时需要进行新的重心位置以及总重量检查，以确保它们不超过限制范围。典型的情况是：当装载完毕准备飞行时，被通知还有其他的货物或人员装载；执行空投货物任务或飞行中的燃油消耗。大部分小型飞机燃油箱的位置靠近其重心位置，因此，对这些飞机来说，燃油的消耗对飞机重心的影响不是很大。

载荷增加或减小引起的重心位置变化的确定工作必须在飞行前完成。重量增加或减小情况下新的重心位置确定的方法类似于前面讲的重量移动的处理方法。新的公式为

$$\frac{\text{重量的改变量}}{\text{新的总量}} = \frac{\text{重心改变量}}{\text{增减重量与原重心的距离}}$$

重量增加为正，重量减小为负；重心改变量后移为正，前移为负。

例 7 飞机原总重 6 680 lb，原重心位置 80 in，准备在力臂为 150 in 的行李舱中增加行李 140 lb。试确定新的重心位置。

解 应用重量增减公式，可得

$$\frac{140}{6\,680 + 140} = \frac{\Delta C_G}{150 - 80}$$

所以，$\Delta C_G = 1.4$（in）。由于是在重心后增加重量，全机重心是后移的，因此，新的重心位置为 80 + 1.4 = 81.4（in）。

例 8　飞机原总重 6 100 lb，原重心位置 78 in，准备在力臂为 150 in 的行李舱中减去行李 100 lb。试确定新的重心位置。

解　应用重量增减公式，可得

$$\frac{-100}{6\,100-100} = \frac{\Delta C_G}{150-78}$$

所以，$\Delta C_G = 1.2$（in）。由于是在重心后减去重量，全机重心是前移的，因此，新的重心位置为 78 − 1.2 = 76.8（in）。

9.8

9.2.5　重心的检查——重心包线图

无论是大型航线运输机使用装载表和配平图，还是小型通用类飞机使用简化舱单和配载包线，在完成相关配载操作的过程中，重心包线都是用来帮助运行人员了解飞机重量和重心是否位于安全范围以内的重要工具。民航局下发的咨询通告《航空器重量与平衡控制规定》（AC-121-FS-2019-027）要求运营人应当为其运行的每架航空器建立适用的重心包线。包线应该包括所有有关的重量与平衡限制，以确保航空器的运行总是在适当的重量与平衡限制中。建立包线时，将考虑旅客、燃油和货物的装载，飞行中旅客、航空器部件和其他装载物体的移动，燃油和其他消耗品的消耗或移动等因素。运营人必须能够证明，在使用了明确说明的合理假设后，航空器在运行时不会超出其经审定的重量与平衡限制。

重心包线是一个封闭的安全区域，用于约束飞机的重量和重心。

大型航线运输机的重心包线图的轮廓与小型通用类飞机的有所不同。本书仅介绍小型通用类飞机的重心包线图。小型飞机的重心包线轮廓与机型有关，不同的制造商提供的包线略有不同。

图 9.12 给出了某小型飞机的重心包线图。图中被粗实线边界围成的区域，其上下边界约束重量，其左右边界约束重心，纵坐标表示重量，横坐标表示重心。在上下边界之间，用重量等值线划分出不同的重量大小，同一等值线上的重量相同。在左右边界之间，用重心等值线划分出不同的重心位置，同一重心等值线上的重心到基准距离相同，但是其产生的力矩不同。在重心包线图中，一旦由重量和重心确定出的交点超出了边界，就表明当前的装载条件不安全。

图 9.12 的重心包线标记了从点 A 至点 H 共 8 个重量重心交点，其中点 E 的重心最靠前，它位于重心定位线 95 in 之前；点 A 最靠近重心前极限，它位于前极限边界

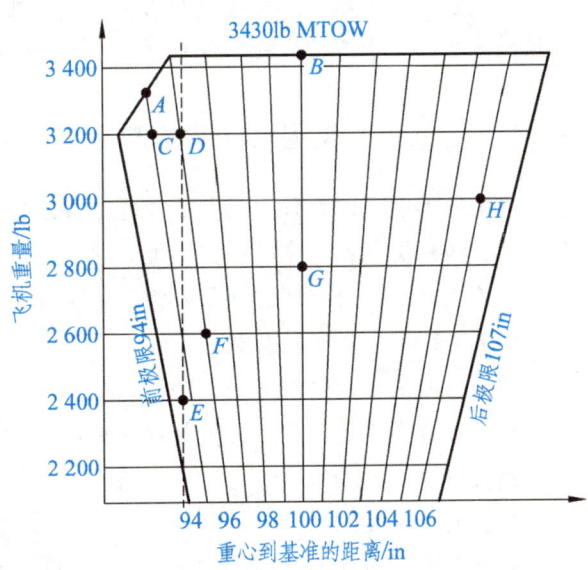

图 9.12　某小型飞机的重心包线图

上；点 A 和点 C 位置相同，均位于 95 in 处；点 D 和点 F 位置相同，均位于 96 in 处；点 B 和点 G 位置相同，均位于 100 in 处；点 D 和点 E 力矩相同，点 B 和点 G 力矩相同；点 H 力矩最大，点 A 力矩最小；点 C 和点 D 的重量相同；点 B 的重量最重，点 E 的重量较轻；点 B 达到重量上限。

思政小课堂

典型事件：某航班起飞擦机尾事件

2018 年 11 月 12 日，某航 B737-800 飞机执行西安—乌鲁木齐航班，因乌鲁木齐天气原因备降吐鲁番，后续执行吐鲁番—乌鲁木齐航班。飞机在吐鲁番机场起飞滑跑初始阶段，机头非指令上仰，机组中断起飞。地面检查发现尾撬磨损、机身蒙皮有多处擦伤，飞机停场维修。调查发现，此次事件是由于旅客座位安排与舱单不符，实际业载重心超出该机型性能包线，导致航空器在起飞滑跑过程中机尾擦地受损，构成一起责任原因运输航空严重事故征候。

该事件是典型的组织因素引发的严重不安全事件，原因包括：安全管理不到位、规章制度不完善、沟通机制不健全、载重平衡手册缺少风险管控措施、培训教育不落实、知识掌握不全面、对飞机重心的正常范围缺乏基本概念等，最终导致当事航班飞机重心超出安全性能包线，在起飞关键阶段出现非指令上仰和操纵困难，使飞机受损，严重危及飞行安全。事件中，涉事配载员输入舱单信息时发生错误，并将有错误内容的舱单上传。这暴露出配载单位风险管控不到位，未针对运行人员工作作风、规章制度落实等问题开展专项安全风险管理；对关键指令未规范标准用语，对涉及业载调整、重心变化等关键性指令，未制定、发布规范性用语。

民航专业人员应树牢安全意识，任何岗位都应严格执行检查单制度。各岗位人员，要有基本的跨学科综合能力。当代大学生在学习过程中，应努力拓宽自己的知识面，掌握不同学科领域的知识和方法，提高综合素质。

9.2.6 飞机不同类别时的重量与平衡问题

飞机的类别不同，其重量和重心范围极限也不相同。大多数训练用的小型飞机一般可同时适用于两种类别：正常类和实用类。它们之间的差异就在于规定的重量极限和重心范围不同，而使飞机的飞行范围和强度限制有所不同。飞行员必须清楚知道这一点，并根据飞机的实际任务进行不同类别的装载。

我们以派泊公司的 Warrior 飞机为例对以上问题加以说明。

对于正常类飞行而言，其限制数据为：

最大重量：2 440 lb；

最大行李：200 lb；

重心范围：重量为 2 440 lb 时，重心前极限 88.0 in，重心后极限 93.0 in；

重量为 1 950 lb 及更少时，重心前极限 83.0 in，重心后极限 93.0 in；

最大飞行载荷因数：+3.8；

禁止所有的特技机动包括螺旋飞行。

对于实用类飞行而言，其限制数据为：

最大重量：2 020 lb；

禁止后坐乘客及行李；

重心范围：重量为 2 020 lb 时，重心前极限 83.8 in，重心后极限 93.0 in；

重量为 1 950 lb 及更少时，重心前极限 83.0 in，重心后极限 93.0 in；

最大飞行载荷因数：+4.4；

可以做坡度不超过 60° 的机动飞行，包括大坡度盘旋、懒 8 字以及急上升转弯（Chandelle）。

复习思考题

1. 简述重量与平衡的基本术语与力学原理。
2. 重量与平衡有哪几种制定方法？
3. 如图 9.13 所示，已知某小型飞机称重结果如下：

导向轮处称重为 130 lb，右侧主机轮处称重为 1 825 lb，左侧主机轮处称重为 1 865 lb。

导向轮位于 +4 ft，主机轮位于 +10 ft。

LEMAC 位于 +8 ft，MAC 长 5 ft 9 in。

试求出重心相对于主机轮的位置以及以 %MAC 表示的数值大小。

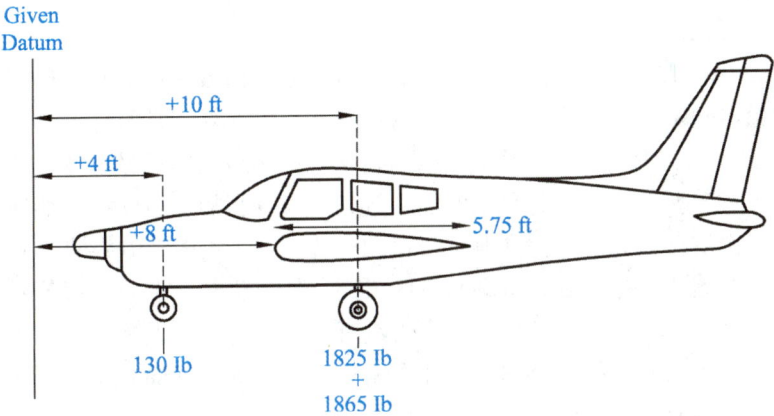

图 9.13　某小型飞机称重示意图

第 10 章　飞行计划

飞行计划是指在每次飞行任务前，需要根据飞机状况、起降机场及备降机场条件航行情报等，按照有关的规章要求和运行限制，计算确定可带的最大商载及完成本次飞行任务所需要的飞行时间和燃油量。详细的飞行计划还要计算出到达各航路点的时间、所消耗的油量、在各航路点的速度、航向等参数。因此，制订飞行计划对保障飞行安全，提高经济性具有重要意义。本书仅介绍按照《一般运行和飞行规则》（CCAR-91 部）运行时所涉及的飞行计划内容，主要包括飞行计划制作流程、目视和仪表飞行规则下飞行计划的主要内容、运行标准及燃油量要求等。

10.1　飞行计划简介

10.1

在开始飞行之前，机长应当确认航空器的配载和乘载符合安全飞行要求，熟悉本次飞行的所有相关资料。这些资料应当包括，对于仪表飞行规则飞行或者机场区域以外的飞行，起飞机场和目的地机场天气报告和预报，燃油要求，不能按预定计划完成飞行时的可用备降机场，以及可用的航行通告资料和空中交通管制部门的有关空中交通延误的通知等，这些内容需要通过制作飞行计划来完成。

对于按照 CCAR-121 或-135 运行航空器，飞行计划的内容更多，包括确定最大起飞重量和最大着陆重量、确定飞行剖面中各段的高度和速度、燃油计划计算、给出相关航路资料，包括航路点的位置、经纬度、导航设备的电台频率、各航路点的代号、各航段的航向和距离等。通过制订飞行计划，可以得到合适的加油量，选择有利的飞行航线、巡航高度和飞行速度，以及采取二次放行等方法，提高航空公司的经济效益。同时，在制订飞行计划时，会充分考虑航班执飞机型的性能限制、机场和航路限制、气象资料、航行情报等对飞行的影响，从而确保飞行安全。此外，飞行计划能对飞机进行及时、合理的调配，以减少飞机本身原因造成的航班延误，提高航班的正点率。因此，制订飞行计划对保障航空公司的效益、安全、正点率都具有重要意义。

10.1.1　飞行计划的制作流程

10.2

飞行计划的一般制订流程包括以下步骤：

（1）航空器适航限制分析。主要内容包括飞机状况、机载设备和适航性维修放行。首先分析飞机的故障保留情况是否符合 MEL、CDL 条款的规定；其次对通信、导航及应急救生设备进行分析；最后查看维护记录。

（2）机组资格检查。主要内容包括机组与执飞机型匹配度、运行限制及飞行时间与值勤时间限制等。首先是机组成员是否持有该机型执照，是否满足运行标准，如果拟飞航线是特殊机场、复杂航线，还必须满足公司特殊机场的运行要求；其次是检查机组飞行时间及值勤时间是否符合规定；最后是机长检查天气标准。

（3）航行资料分析。对航班所涉及起降及备降机场、航路的航行资料进行分析，核对航行通告中是否有相关变更内容。

（4）天气资料分析。根据航线的天气实况及预报、重要天气图和高空风图，查看是否有危险天气现象。

（5）备降机场的选择。根据相关规章要求，确定是否需要选择备降机场。

（6）航行要素分析。综合分析航路图、仪表进近图、进/离场图、最新的航行通告等要素，确定最优航路。

（7）航路资料查找。针对所选航路，查找航路点、航段长度、磁航向、航路代号等。

（8）航路资料总结。根据航路资料，分别计算出飞行任务阶段和储备阶段的总航程、平均磁航向；根据高度层分配表及高空风资料确定最优巡航高度；根据所选高度层，确定高空风向、风速、气温及 ISA 偏差。

（9）燃油计划制订。利用飞行计划图表，按照规章中加油量的要求，计算所需燃油量和时间。

（10）ICAO 飞行计划填写。准备签派放行单及领航计划报（FPL 报）。

10.1.2 飞行计划的提交

为了规范民用航空飞行动态固定格式电报的使用，保证飞行动态信息及时准确传递，保障空中交通安全、有序和高效，民航局制定了《民用航空飞行动态固定格式电报管理规定》（AP-93-TM-2012-01）。

管理规定中明确：飞行计划的提交和审查，电报的编辑、拍发、接收和传递等应当符合民用航空飞行动态固定格式电报管理规定的要求。航空器营运人及其代理人获得相关预先飞行计划批复后方可提交飞行计划。提交飞行计划的内容应当与预先飞行计划批复一致。航空器营运人及其代理人不得为同一飞行活动重复提交飞行计划。当已拍发飞行计划需要取消或者预计需要取消时，航空器营运人及其代理人应当及时提交取消申请，需要时，可重新提交新的飞行计划。

管理规定中要求：航空器营运人及其代理人应当于航空器预计撤轮挡时间 2 h 30 min 前提交飞行计划。遇有特殊情况，经与计划受理单位协商，最迟不晚于航空器预计撤轮挡时间前 75 分钟提交飞行计划。国内航空器营运人执行国内飞行任务不得早于预计撤轮挡时间前 24 小时提交飞行计划；航空器营运人执行其他任务不得早于预计撤轮挡时间前 120 小时提交飞行计划。

管理规定中要求：当航空器飞行计划变化时，航空器营运人及其代理人应当于航空器预计撤轮挡时间前 45 分钟提交飞行计划修改，并应在最后通知的预计撤轮挡时间后 3 小时 30 分钟以内提交飞行计划修改。当航空器飞行计划预计或者已经推迟 30 分钟以上时，航空器营运人及其代理人应当立即提交飞行计划延误情况。

10.1.3 飞行计划的主要内容

1. 目视飞行计划的内容

如本场空域符合目视气象条件，可以在本场按目视飞行规则飞行；如当前气象报告或当前气象报告和气象预报的组合表明本场、航路和目的地的天气符合目视气象条件，可以按照目视飞行规则进行航路飞行。

CCAR-91 部中第 91.349 条中明确航空器驾驶员提交的按目视飞行规则飞行计划必须包括以下内容：

（1）该航空器国籍登记号和无线电呼号（如需要）；
（2）该航空器的型号，或者如编队飞行，每架航空器的型号及 编队的航空器数量；
（3）机长的姓名和地址，或者如编队飞行，编队指挥员的姓名 和地址；
（4）起飞地点和预计起飞时间；
（5）计划的航线、巡航高度（或者飞行高度层）以及在该高度的 航空器真空速；
（6）第一个预定着陆地点和预计飞抵该点上空的时间；
（7）装载的燃油量（以时间计）；
（8）机组和搭载航空器的人数；
（9）局方和空中交通管制要求的其他任何资料。

2. 仪表飞行计划的内容

CCAR-91 部中第 91.359 条中规定除经空中交通管制同意外，仪表飞行规则飞行计划应当包括下列内容：

（1）目视飞行计划的内容[CCAR-91 部中第 91.349 条（b）款中要求的内容]；
（2）备降机场。

如果满足不选备降机场的条件[条件见 CCAR91.357 条（b）款]，可以不选用备降机场。

10.2 航空器运行管理规定

10.3

为了保障民用航空器的飞行运行安全，规范民用机场飞行程序和运行最低标准的管理工作，中国民航局制定了《民用机场飞行程序和运行最低标准管理规定》（CCAR-97 部）。该规定适用于中华人民共和国境内民用机场（含军民合用机场的民用部分）飞行程序设计和运行最低标准拟定、批准、使用、维护，以及与飞行程序和运行最低标准相关的航行服务研究活动。

航空器在空中需按照一定的路径和规则飞行，即所谓的飞行程序。飞行程序是指为航空器在机场区域运行所规定的、按顺序进行的一系列机动飞行的要求，如飞行区域、航迹、高度、速度的规定和限制等，一般包括起飞离场程序、进场程序、进近程序、复飞程序和等待程序等，分为仪表飞行程序和目视飞行程序两类。仪表飞行程序包括传统导航飞行程序和基于性能导航（PBN）飞行程序。

作为飞行员，当在已建立仪表或目视飞行程序的机场运行时，需要了解该机场的运行最低标准,结合当前获取的相关资料,判定能否安全的起飞和着陆,衡量机场运行标准的参数主要有能见度/跑道视程、云底高、最低下降高/高度、决断高/高度等。

10.2.1 相关定义

1. 仪表进近程序(Instrument Approach Procedure,IAP)

仪表进近程序是根据飞行仪表和对障碍物保持规定的超障余度所进行的一系列预定的机动飞行。这种机动飞行是从起始进近定位点或从规定的进场航路开始,直至能够完成着陆为止;如果不能完成着陆,则开始进行复飞,加入等待或重新开始航路飞行。

2. 精密进近(Precision Approach,PA)

有精确的方位和垂直引导,并根据不同的运行类型规定相应最低标准的仪表进近。

3. 类精密进近(Approach with Vertical Guidance,APV)

有方位和垂直引导,但不满足建立精密进近和着陆运行要求的仪表进近。

4. 非精密进近(Non-Precision Approach。NPA)

只有方位引导,没有垂直引导的仪表进近。

5. 盘旋进近

为仪表进近的延续,飞机在仪表进近程序中不能直线进近着陆时,着陆前在机场上空保持目视着陆跑道或跑道环境并最终对正着陆跑道的机动飞行。

6. 决断高度(Decision Altitude,DA)或决断高(Decision Height,DH)

在精密进近和类精密进近中规定的一个高度或高,在这个高度或高上,如果不能建立为继续进近所需的目视参考,必须开始复飞。决断高度(DA)以平均海平面为基准。决断高(DH)以入口标高为基准。

7. 最低下降高度(Minimum Descent Altitude,MDA)或最低下降高(Minimum Descent Height,MDH)

在非精密进近或盘旋进近中规定的高度或高。如果不能建立为继续进近所需的目视参考,不得下降至这个高度或高以下。MDA以平均海平面为基准;MDH以机场标高为基准,如果入口标高在机场标高之下大于2 m,则以入口标高为基准。盘旋进近的MDH是以机场标高为基准。

8. 跑道视程(Runway Visual Range,RVR)

RVR表示在跑道中心线上,航空器上的驾驶员能看到跑道面上的标志或跑道边灯或中线灯的距离。RVR不是直接测量的气象元素,它是经大气投射仪测量后考虑大气消光系数、视觉阈值和跑道灯强度而计算的数值。RVR数值的大小与跑道灯光的强度有关。当RVR小于飞机起飞、着陆要求的数值时,应考虑将跑道灯光强度调大直至最强(5级灯光),以提高飞机运行的正常性。

9. 能见度（Visibility，VIS）

当在明亮的背景下观测时，能够看到和辨认出位于近地面的一定范围内的黑色目标物的最大距离；在无光的背景下观测时，能够看到和辨认出光强为 1000 堪德拉（cd）灯光的最大距离。

在可同时获得 RVR 和 VIS 值时，以 RVR 为准。VIS 允许使用的最小数值为 800 m。我国民航气象服务机构一般提供的是主导能见度（prevailing visibility）报告，即观测到的达到或超过四周一半或机场地面一半的范围所具有的能见度值。

10. 云底高（cloud ceiling）

又称云幕高，在运行中一般是指云量为多云（BKN）或满天云（OVC）的最低云层的云底距机场标高的垂直距离。

11. 机场运行最低标准

机场可用于起飞和进近着陆的运行限制，用以下数据表示：

（1）对于起飞，用 RVR 和/或 VIS 表示，如需要，还包括云底高；

（2）对于 PA 和 APV 着陆，用 DA/H 和 RVR/VIS 表示；对于 NPA 和盘旋进近着陆，用 MDA/H 和 RVR/VIS 表示。

10.2.2 目视飞行规则的最低天气标准

1. 基本目视飞行规则的最低天气标准

CCAR-91 部中第 91.351 条规定了基本目视飞行规则的最低天气标准，要求如下：

在修正海平面气压高度 3 000 m（含）以上，能见度不小于 8 000 m；修正海平面气压高度 3 000 m 以下，能见度不小于 5 000 m；离云的水平距离不小于 1 500 m，垂直距离不小于 300 m。

除运输机场空域外，在修正海平面气压高度 900 m（含）以下或者离地高度 300 m（含）以下（以高者为准），如果在云体之外，能目视地面，允许航空器驾驶员在飞行能见度不小于 1 600 m 的条件下按目视飞行规则飞行。但是必须符合下列条件之一：（i）航空器速度较小，在该能见度条件下，有足够的时间观察和避开其他航空器和障碍物，以避免相撞；（ii）在空中活动稀少，发生相撞可能性很小的区域。

2. 特殊目视飞行规则的最低天气标准

在运输机场空域修正海平面气压高度 3 000 m 以下，允许按本条天气最低标准和条件实施特殊目视飞行规则飞行，无须满足 CCAR-91 部中第 91.351 条的规定。CCAR-91 部中第 91.353 条规定了特殊目视飞行规则的最低天气标准，要求如下：

（1）得到空中交通管制的许可；

（2）云下能见；

（3）能见度至少 1 600 m（直升机可以用更低标准）；

（4）除直升机外，驾驶员满足 CCAR-61 部仪表飞行资格要求，航空器安装了 CCAR-91 部中第 91.203 条（c）款要求的设备，否则只能昼间飞行。

除直升机外，只有地面能见度（如无地面能见度报告，可以使用飞行能见度）至少为 1 600 m，航空器方可按特殊目视飞行规则起飞或者着陆。

3. 目视飞行规则的巡航高度和飞行高度层

CCAR91 部第 91.355 条规定了目视飞行规则的巡航高度和飞行高度层。

除经空中交通管制批准外，驾驶航空器按目视飞行规则在离地 900 m 以上做水平巡航飞行时，应当按照下述飞行高度层飞行：

（1）真航线角在 0°～179°范围内，飞行高度由 900～8 100 m，每隔 600 m 为一个高度层；飞行高度由 8 900～12 500 m，每隔 600 m 为一个高度层；飞行高度 12 500 m 以上每隔 1 200 m 为一高度层。

（2）真航线角在 180°～359°范围内，飞行高度由 600～8 400 m，每隔 600 m 为一个高度层；飞行高度 9 200～12 200 m，每隔 600 m 为一个高度层；飞行高度 13 100 m 以上，每隔 1 200 m 为一个高度层。

10.2.3 仪表飞行规则的最低天气标准

1. 起飞最低天气标准

CCAR-91 部中第 91.365 条规定：航空器驾驶员在民用机场按仪表飞行规则起飞时，气象条件必须等于或者高于公布的该机场仪表飞行规则起飞最低天气标准。在未公布起飞最低天气标准的机场，应当使用下列最低天气标准：

（1）对于单台或者两台发动机的航空器（直升机除外），机场跑道能见度至少 1 600 m；

（2）对于两台以上发动机的航空器（直升机除外），机场跑道能见度至少 800 m；

（3）对于直升机，机场跑道能见度至少 800 m。

2. 着陆最低天气标准

CCAR-91 部中第 91.365 条规定：在需要仪表进近着陆时，民用航空器驾驶员必须使用为该机场制定的标准仪表离场和进近程序。

在所用进近程序中规定了决断高度/高（DA/DH）或者最低下降高度/高（MDA/MDH）时，经批准的决断高度/高（DA/DH）或者最低下降高度/高（MDA/MDH）是指下列各项中的最高值：

（1）进近程序中规定的决断高度/高（DA/DH）或者最低下降高度/高（MDA/MDH）；

（2）为机长规定的决断高度/高（DA/DH）或者最低下降高度/高（MDA/MDH）；

（3）根据该航空器的设备，为其规定的决断高度/高（DA/DH）或者最低下降高度/高（MDA/MDH）。

除经局方批准外，只有符合下列条件，航空器驾驶员方可驾驶航空器继续进近到低于决断高度/高（DA/DH）或者最低下降高度/高（MDA/MDH）：

（1）该航空器持续处在正常位置，从该位置能使用正常机动动作以正常下降率下降到计划着陆的跑道上着陆，并且，对于按照 CCAR-121 部或者 CCAR-135 部规章的运行，该下降率能够使航空器在预定着陆的跑道接地区接地；

（2）飞行能见度不低于所使用的标准仪表进近程序规定的能见度；

（3）除Ⅱ类和Ⅲ类进近（在这些进近中必需的目视参考由局方另行规定）外，航空器驾驶员至少能清楚地看到和辨认计划着陆的跑道的下列目视参考之一：

（i）进近灯光系统，但是如果驾驶员使用进近灯光作为参照，除非能同时清楚地看到红色终端横排灯或者红色侧排灯，否则不得下降到接地区标高之上 30 m（100 ft）以下；

（ii）跑道入口；

（iii）跑道入口标志；

（iv）跑道入口灯；

（v）跑道端识别灯；

（vi）目视进近下滑坡度指示器；

（vii）接地区或者接地区标志；

（viii）接地区灯；

（ix）跑道或者跑道标志；

（x）跑道灯。

当飞行能见度低于标准仪表进近程序中的规定时，航空器驾驶员不得驾驶航空器着陆。下列任一情况存在时，航空器驾驶员必须马上执行复飞程序：

（1）在下列任一时刻，不能获得本条（c）款要求的目视参考：

（i）航空器到达决断高（DH）、最低下降高度（MDA）或者复飞点；

（ii）在决断高（DH）或者最低下降高度（MDA）以下失去目视参考。

（2）航空器在最低下降高度（MDA）或者以上进行盘旋机动飞行时，不能清晰辨认该机场特征部分的参照物。

如果驾驶涡轮动力飞机，CCAR-91 部中第 91.533 条规定：对于涡轮动力的飞机，如果航空器的机长在该型别航空器上担任机长的飞行经历时间不足 100 小时，则其最低下降高度（MDA）或者决断高（DH）和能见度最低标准应当是在局方公布的最低标准之上增加 30 m 和 800 m。但对于用作备降机场的机场，该标准不低于该机场规定的云底高度和能见度最低标准即可。

3. 跑道视程（RVR）和地面能见度的换算

除 II 类或者 III 类运行外，如果在仪表起飞离场和进近程序中规定了起飞或者着陆的最低跑道视程，但在该跑道运行时没有跑道视程的报告，则需按表 10.1 将跑道视程转换成地面能见度，并使用最低能见度标准实施起飞或者着陆。

表 10.1 跑道视程（RVR）和地面能见度对照表

跑道视程	能见度
500 米（1 600 英尺）	400 米（1/4 英里）
750 米（2 400 英尺）	800 米（1/2 英里）
1 000 米（3 200 英尺）	1 000 米（5/8 英里）
1 200 米（4 000 英尺）	1 200 米（3/4 英里）
1 400 米（4 500 英尺）	1 400 米（7/8 英里）
1 600 米（5 000 英尺）	1 600 米（1.0 英里）
2 000 米（6 000 英尺）	2 000 米（$1^{1/4}$ 英里）

4. 仪表飞行规则运行的最低高度

CCAR91 部第 91.367 条规定了按仪表飞行规则运行的最低高度。

航空器按仪表飞行规则（IFR）运行时，除起飞和着陆需要外，必须遵守下列最低飞行高度的规定：

（a）在进入机场区域内飞行时，不得低于仪表进近图中规定的最低扇区高度；在按照进离场程序飞行时，不得低于仪表进离场程序中规定的高度；在没有公布仪表进离场程序或者最低扇区高度的机场，在机场区域范围内，航空器距离障碍物的最高点的高度，平原地区不得小于 300 m，高原、山区不得小于 600 m。

（b）按仪表飞行规则飞行时，在距预定航路中心、航线两侧各 25 000 m 水平距离范围内，在平原地区不得在距最高障碍物 400 m 的高度以下，在高原和山区不得在距最高障碍物 600 m 的高度以下飞行。

5. 仪表飞行规则的巡航高度和飞行高度层

CCAR91 部第 91.369 条规定了仪表飞行规则的巡航高度和飞行高度层。

（a）航空器驾驶员在按仪表飞行规则巡航平飞时，必须保持空中交通管制指定的高度或者飞行高度层。

（b）飞行高度层按照以下标准划分：

（1）真航线角在 0°～179°范围内，飞行高度由 900～8 100 m，每隔 600 m 为一个高度层；飞行高度由 8 900～12 500 m，每隔 600 m 为一个高度层；飞行高度 12 500 m 以上每隔 1 200 m 为一个高度层。

（2）真航线角在 180°～359°范围内，飞行高度由 600～8 400 m，每隔 600 m 为一个高度层；飞行高度 9 200～12 200 m，每隔 600 m 为一个高度层；飞行高度 13 100 m 以上，每隔 1 200 m 为一个高度层。

（3）飞行高度层根据标准大气压条件下假定海平面计算。真航线角从航线起点和转弯点量取。

例 1　某飞行学员计划进行空域科目训练任务。机型为 SR20，目视飞行，空域活动的气压高度范围为 1 500～2 100 m，起降机场为广汉机场，飞行前获取的气象条件为：云底高 650 m，能见度 6 000 m。请参考图 10.1 回答：① 判断是否满足起飞标准。② 判断是否满足空域飞行标准。③ 当空域科目完成后，预报广汉机场天气在预计到达时间恶化，云底高度将降至 200 m，能见度降至 1 000 m，试判断能否着陆。

解　① SR20 飞机为单发飞机，根据图 10.1（a）可知，单发飞机在广汉机场的起飞标准为 VIS=1 600 m。由于当前广汉机场的 VIS=6 000 m>1 600 m，满足起飞标准，因此，可以起飞。

② 根据规章要求，在修正海平面气压高度 3 000 m 以下飞行时，能见度不小于 5 000 m。由于空域活动的气压高度范围为 1 500～2 100 m，而能见度为 6 000 m>5 000 m，因此，满足空域飞行标准。

③ 由于能见度降为 1 000 m<1 600 m，因此不能着陆。

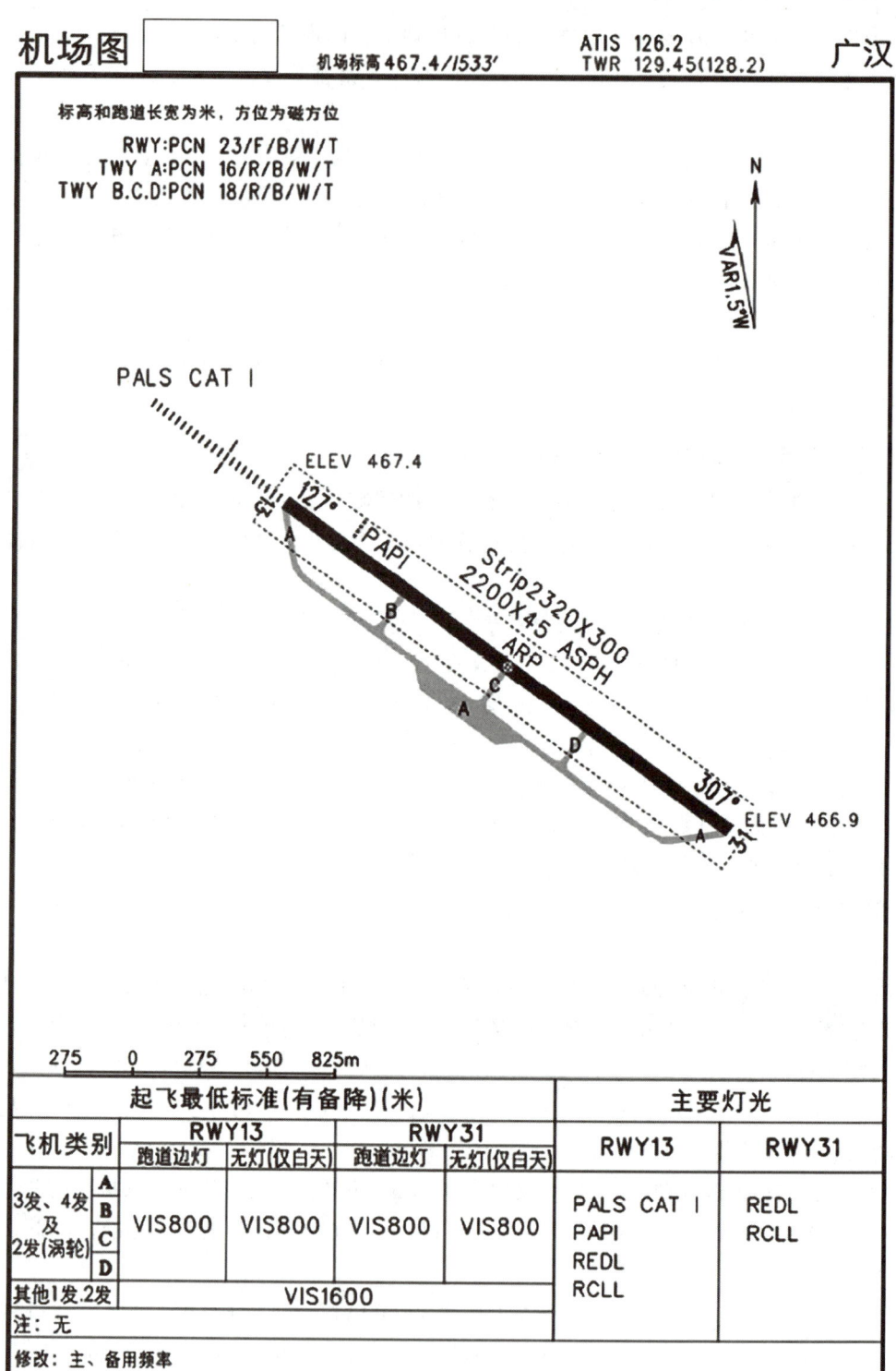

（a）机场图

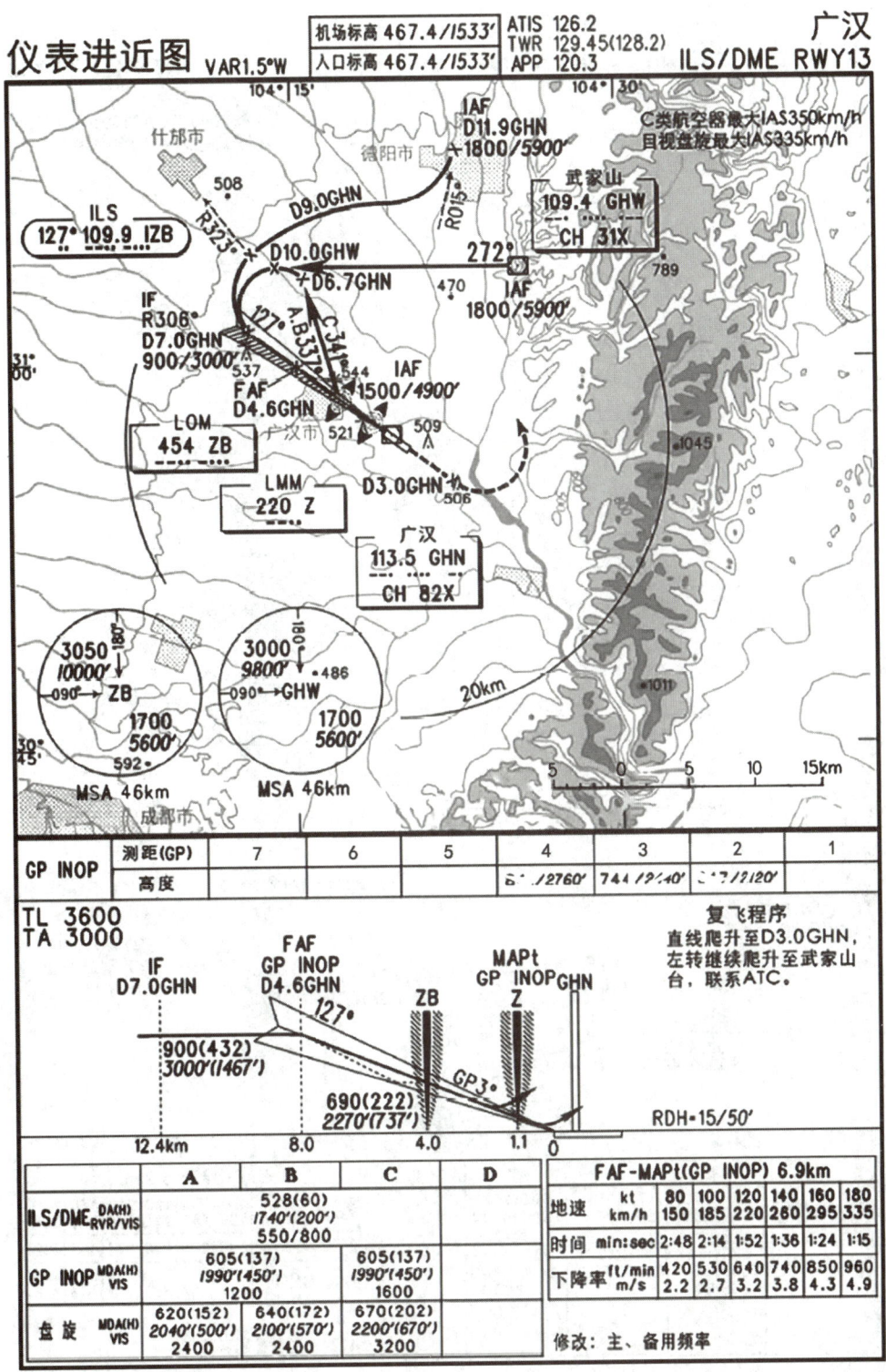

(b) ILS/DME 进近图

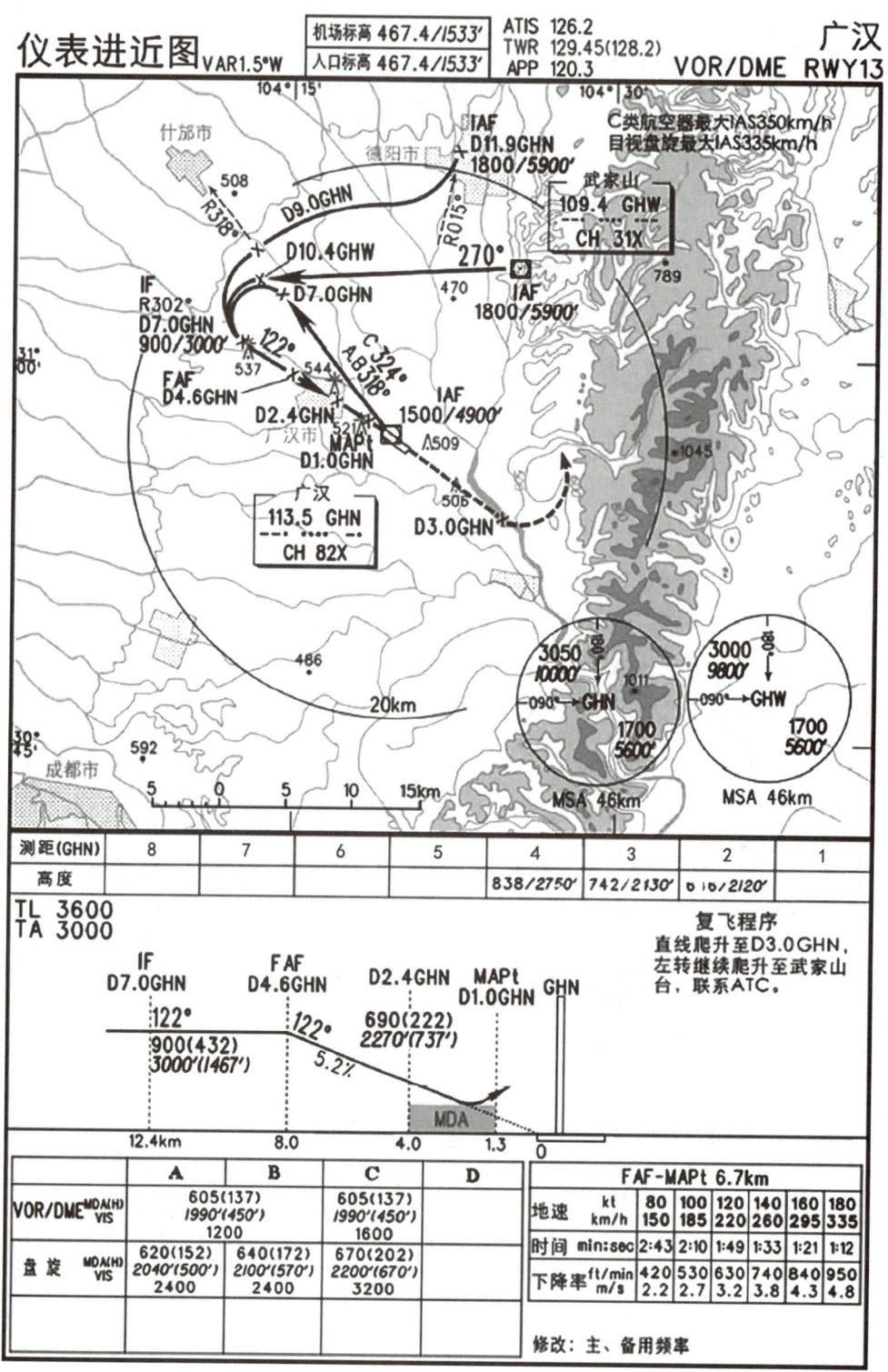

（c）VOR/DME 进近图

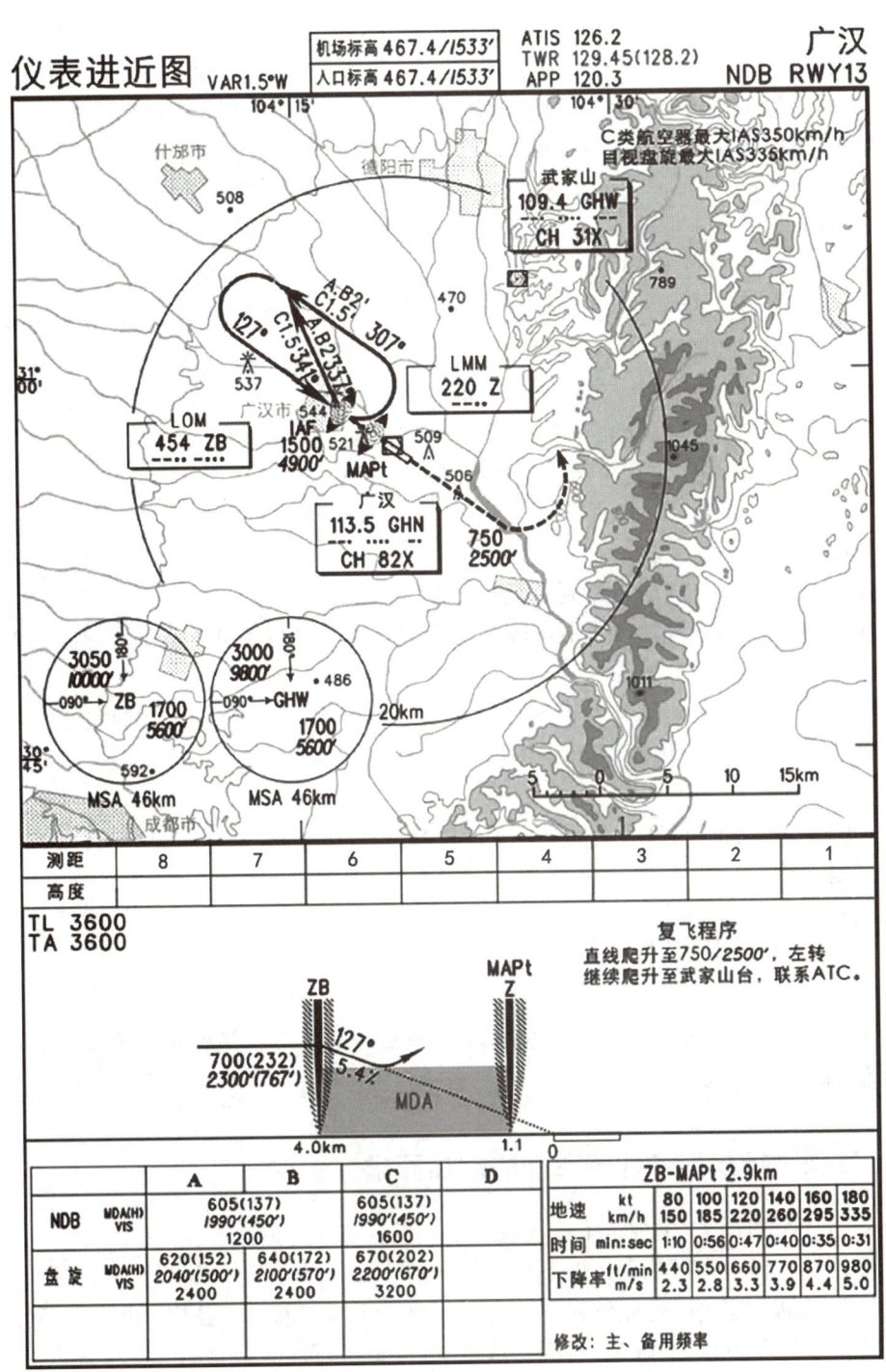

（d）NDB 进近图

图 10.1 广汉机场资料

例 2 某飞行学员计划进行广汉至绵阳的转场训练任务，备降机场为广汉机场，机型为 SR20，仪表飞行。起飞前，获得广汉机场的气象资料为：云底高 650 m，能见度 5 000 m；绵阳机场的气象资料为：云底高度 300 m，能见度 1 000 m。请参考图 10.1 和图 10.2 回答：① 判断广汉机场起飞能否满足标准。② 如果在绵阳机场实施 VOR 进近，判断能见度能否满足着陆标准。如果实施 ILS 进近，能否满足着陆标准。③ 当在绵阳机场实施 VOR 进近着陆时，当飞机下降到距离机场表面 150 m 时，无法看见跑道，此时该如何处理？当飞机继续下降到距离机场表面 120 m 时，仍无法目视可见跑道，此时又该如何处理？④ 当从绵阳机场返回广汉时，如果能见度没有变化，试问能够起飞吗？当能见度至少达到多少时，才可以起飞？⑤ 返回广汉机场着陆时，如果实施 ILS 进近，着陆的标准是多少？

解 ① SR20 飞机为单发飞机，根据图 10.1（a）可知，单发飞机在广汉机场的起飞标准为：VIS=1 600 m。由于当前广汉机场的 VIS=5 000 m>1 600 m，满足起飞标准，因此可以起飞。

② SR20 飞机为 A 类飞机，根据图 10.2（c）可知，A 类飞机的着陆标准为：VIS=1 400 m，MDH=120 m。而当前绵阳机场的 VIS=1 000 m<1 400 m，不满足着陆标准。

根据图 10.2（b）可知，A 类飞机着陆标准为：VIS=800 m，MDH=60 m。而当前绵阳机场的 VIS=1 000 m>800 m，满足着陆标准。

③ 根据图 10.2（c）可知，A 类飞机着陆标准为：VIS=1 400 m，MDH=120 m。当飞机下降到距离机场表面 150 m 时，未到最低下降高，可以继续进近下降。当飞机下降到距离机场表面 120 m 时，此时已到达了最低下降高，由于仍无法目视可见跑道，因此应立即执行复飞程序。

④ 根据图 10.2（a）可知，由于 SR20 飞机为单发飞机，因此在绵阳机场起飞标准为：VIS=1 600 m。当前绵阳机场的 VIS=1 000 m<1 600 m，不满足起飞标准，只有当能见度达到 1 600 m 时，方可起飞。

⑤ 根据图 10.1（b）可知，着陆标准为：RVR/VIS= 550 m/800 m，DA/DH =528 m/60 m。

10.3 航空器加油量规定

合适的油量是安全经济完成航班飞行任务的基础。每次飞行任务所需的加油量要依据有关规章规定的燃油政策来确定。

10.3.1 目视飞行规则条件下飞行的燃油要求

CCAR-91 部第 91.347 条规定了目视飞行规则条件下飞行的燃油要求。

飞机驾驶员在目视飞行规则条件下开始飞行前，必须考虑风和预报的气象条件，在飞机上装载足够的燃油，这些燃油能够保证飞机飞到第一个预定着陆点着陆，并且此后按正常的巡航速度还能够至少飞行 30 min（昼间）或者 45 min（夜间）。

直升机驾驶员在目视飞行规则条件开始飞行前，必须考虑风和预报的气象条件，在直升机装载足够的燃油，这些燃油能够保证直升机飞到第一个预定着陆点着陆，并且此后按正常巡航速度还能够至少飞行 20 min。

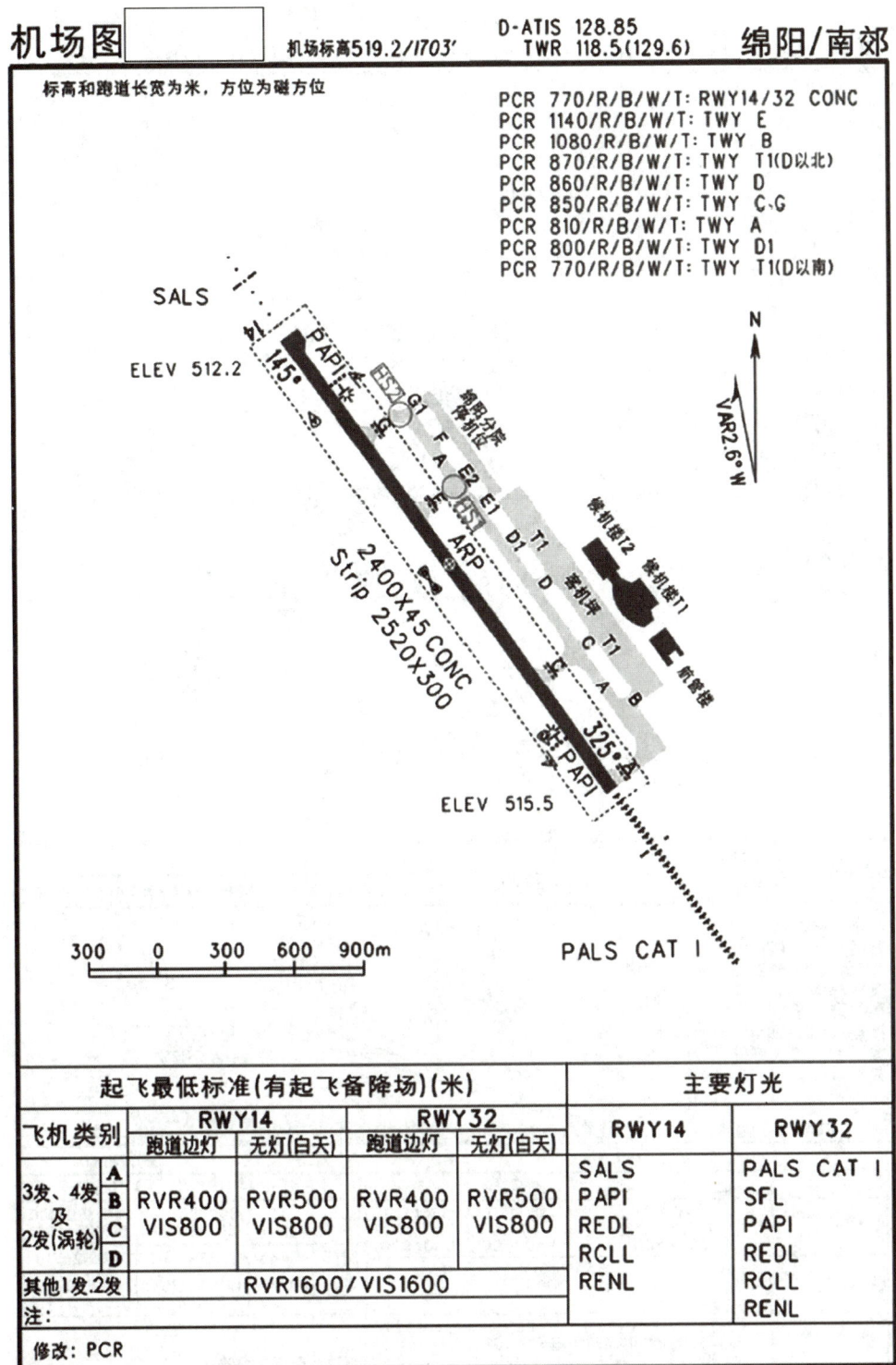

(a) 机场图

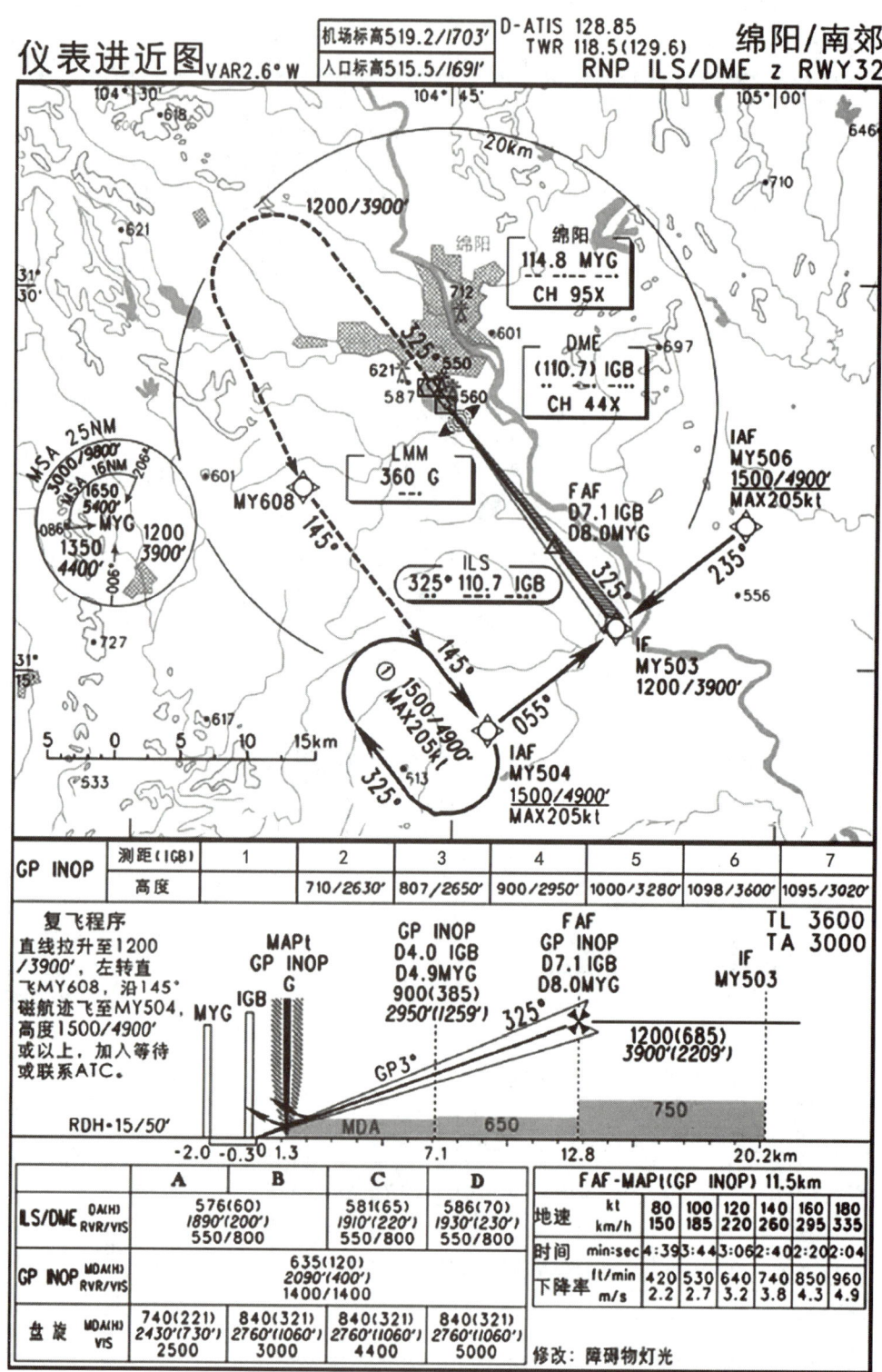

（b）ILS/DME 进近图

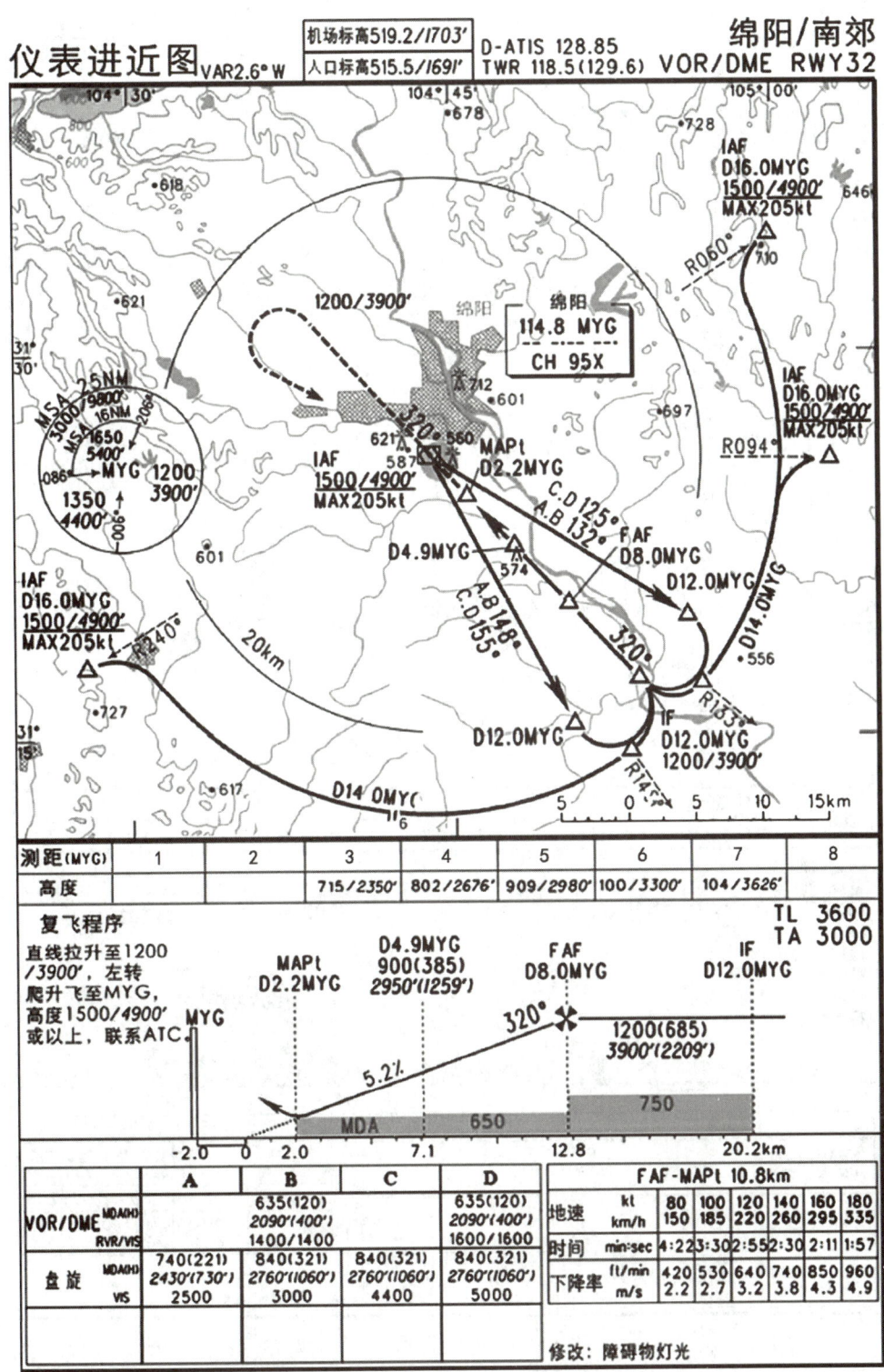

(c) VOR/DME 进近图

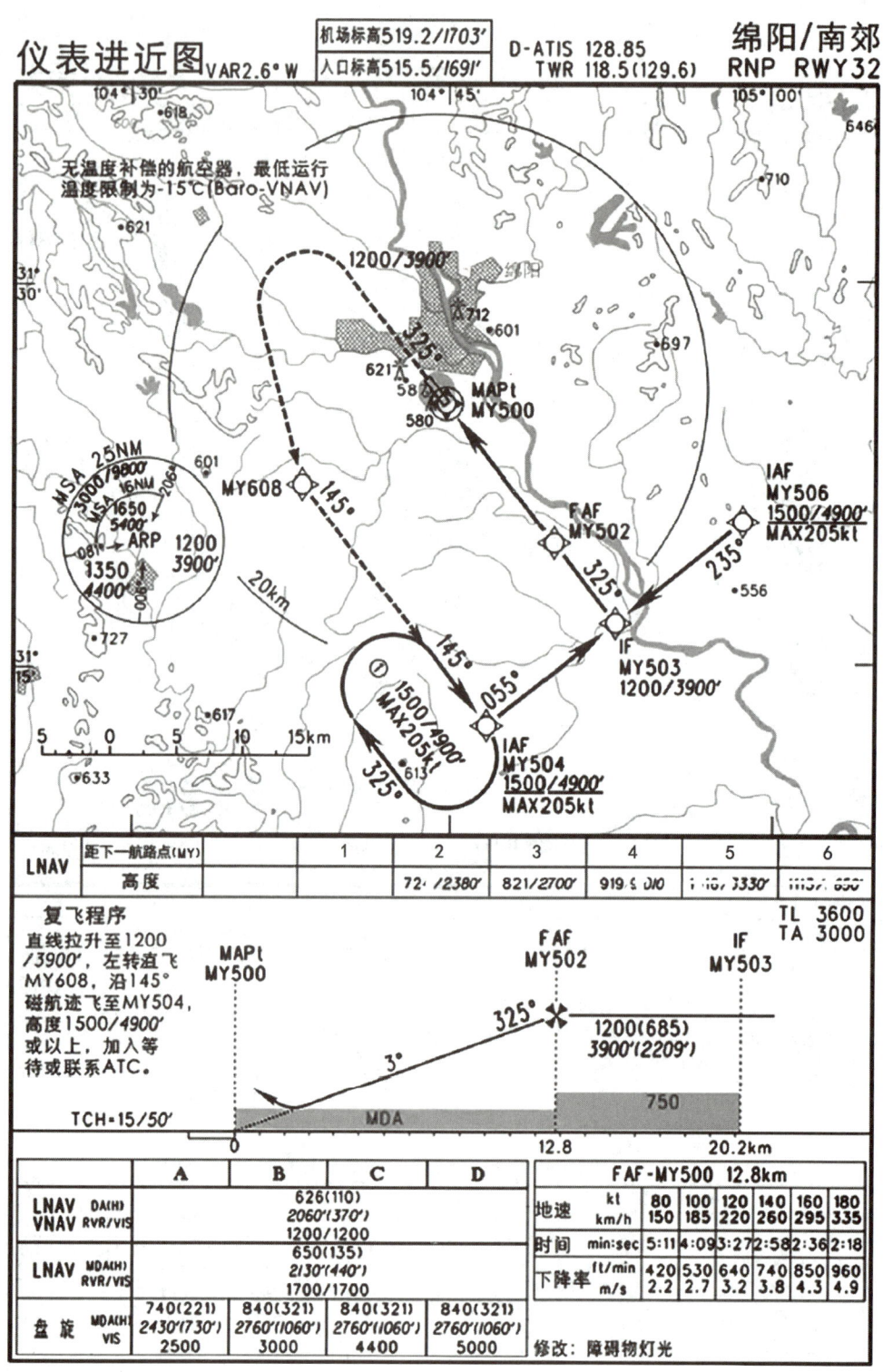

(d) RNP 进近图

图 10.2 绵阳机场资料

需要注意的是，在计算所需的燃油和滑油量时，至少必须考虑下列因素：
（1）预报的气象条件；
（2）预期的空中交通管制航路和交通延误；
（3）释压程序（如适用），或者在航路上一台动力装置失效时的程序；
（4）可能延误直升机着陆或者增加燃油、滑油消耗的任何其他情况。

10.3.2 仪表飞行规则条件下飞行的燃油要求

CCAR-91 部第 91.357 条规定了仪表飞行规则条件下飞行的燃油要求。

航空器驾驶员在仪表飞行规则条件下开始飞行前，必须充分考虑风和预报的气象条件，在航空器上装载足够的燃油，这些燃油能够：
（1）飞到目的地机场着陆；
（2）然后从目的地机场飞到备降机场着陆（不需要选择备降机场除外）；
（3）在完成上述飞行之后，对于飞机，还能以正常巡航速度飞行 45 min；对于直升机，备降起降点上空 450 m（1 500 ft）高度以正常巡航速度飞行 30 min，并且加上附加燃油量，以便在发生意外情况时足以应对油耗的增加；
（4）对于直升机，当没有适合的备降机场时，飞至这次飞行所计划的起降点然后以正常巡航速度飞行 2 h。

需要注意的是，直升机在计算所需的燃油和滑油量时，至少必须考虑下列因素：
（1）预报的气象条件；
（2）预期的空中交通管制航路和交通延误；
（3）仪表飞行时，在目的地起降点进行一次仪表进近，包括一次复飞；
（4）释压程序（如适用），或者在航路上一台动力装置失效时的程序；
（5）可能延误直升机着陆或者增加燃油、滑油消耗的任何其他情况。

10.3.3 备降机场的选择

备降机场是指当飞机不能或不宜飞往预定着陆机场或在该机场着陆时，可以飞往的另一个预先指定并满足相关要求的机场。备降机场包括起飞备降机场、航路备降机场和目的地备降机场。起飞机场也可以作为该次飞行的航路或目的地备降机场。

CCAR-91 部中没有明确规定起飞机场和着陆机场的备降机场的选取原则，而在 CCAR-121 部中则有明确要求。由于本书只介绍 CCAR-91 部，因此，不再描述备降机场的选择原则。下面重点介绍不选取备降机场的情况。

1. 不需要选择备降场的条件（飞机）

对于飞机，在符合下列条件时，可以不选用备降机场：
（1）预计着陆的目的地机场具有局方公布的标准仪表进近程序；
（2）天气实况报告、预报或者两者组合表明，在飞机预计到达目的地机场时刻前后至少 1 h 的时间段内，云高高于机场标高 600 m，能见度至少 5 000 m。

2. 不需要选择备降场的条件（直升机）

对于直升机，在符合下列条件时，可以不选用备降机场：

（1）云高高于机场标高 300 m 或者高于适用的进近最低标准之上 120 m（以高者为准），能见度 3 000 m 或者高于程序规定的最低标准 1 500 m（以高者为准）；

（2）（i）预定着陆起降点地处孤立，无适当的目的地备降起降点；（ii）该孤立的预定着陆起降点规定有仪表进近程序；（iii）当目的地为近海起降点时，确定了一个不能返航点。

3. 备降机场的最低天气标准

对于列入仪表飞行规则飞行计划中的备降机场，应当有相应的天气实况报告、预报或者两者组合表明，当航空器到达该机场时，该机场的天气条件等于或者高于下列最低天气标准：

（1）对于具有局方公布的仪表进近程序的机场，使用下列标准：

（i）对于直升机以外的航空器，在有一套进近设施与程序的机场，云高在最低下降高度/高（MDA/MDH）或者决断高度/高（DA/DH）上增加 120 m，能见度增加 1 600 m；在有两套（含）以上精密或者非精密进近设施与程序并且能提供不同跑道进近的机场，云高在最低下降高或者决断高上增加 60 m，能见度增加 800 m，在两条较低标准的跑道中选取较高值。

（ii）对于直升机，云高在所用机场进近程序最低下降高或者决断高上增加 60 m，能见度至少 1 600 m，但是不小于所用进近程序最低能见度标准。

（2）对于没有公布仪表进近程序的机场，云高和能见度应当保证航空器可以按照基本目视飞行规则完成从最低航路高度（MEA）开始下降、进近和着陆。

10.3.4　实例分析

C172 飞机计划白天目视执行从 A 机场飞往目的地 B 点的作业任务。已知起飞重量 2 550 lb，A 机场飞往作业点 B 的距离为 360 n mile，A 机场的机场标高为 2 000 ft，温度为 11 ℃，飞行高度为 8 000 ft，逆风 10 kt。起飞爬升功率为满油门，巡航功率为 72%最大连续推力，计算本次飞行任务的最低加油量（不考虑回程燃油量）。

解　1. 计算从 A 机场飞往目的地 B 点的飞行任务用油

本次飞行任务的包括两部分，一是利用上升性能图表计算从 A 机场起飞爬升至 8 000ft 高度的燃油量，二是利用巡航性能图表计算飞至作业点 B 的巡航燃油量。

① 查图 10.3 可知，从 2 000ft 爬升至 8 000ft 的时间为 11 min，燃油为 2.2 gal，距离为 15 n mile。由于温度为标准温度，无须修正。

② 查图 10.4 可知，8 000ft 巡航高度在标准大气条件下，72%的巡航功率的燃油流量为 9.9 gal/h；

巡航的距离为：360 − 15=345(n mile)，巡航的速度为 122 − 10=112（kt），则巡航时间为 345/112=3.1（h）

故巡航段的燃油量为 3.1 h × 9.9 gal/h=30.7 gal。

③ 发动机起动、滑行和起飞的油量为 1.4 gal。

因此从 A 机场飞往目的地 B 点的飞行任务用油=1.4+2.2+30.7=34.3（gal）

2. 计算备份油量

由于是白天目视飞行，按照规章要求，备份油量还能保证飞机继续飞行 30 min，因此备份油量为：60/30 × 9.9 gal/h=5gal。

综上，本次飞行任务的加油量为 34.3+5=39.3（gal）。

爬升时间、燃油和距离—2550 lb

条件:
　　襟翼收上
　　全油门
　　标准大气温度

压力高度 (ft)	温度 /°C	上升速度 /kt	上升率 /(ft/min)	时间 /min	自海平面油耗 /gal	距离 /n mile
sea Level	15	74	730	0	0.0	0
1 000	13	73	695	1	0.4	2
2 000	11	73	655	3	0.8	4
3 000	9	73	620	4	1.2	6
4 000	7	73	600	6	1.5	8
5 000	5	73	550	8	1.9	10
6 000	3	73	505	10	2.2	13
7 000	1	73	455	12	2.6	16
8 000	−1	72	410	14	3.0	19
9 000	−3	72	360	17	3.4	22
10 000	−5	72	315	20	3.9	27
11 000	−7	72	265	24	4.4	32
12 000	−9	72	220	28	5.0	38

注:
- 为修正发动机起动、滑行和起飞,增加1.4 gal燃油。
- 3 000 ft以上,混合比调贫至最大转速。
- 高于标准大气温度每10°C,时间、燃油和距离增加10%。
- 距离基于静风条件。

图 10.3　C172 飞机爬升性能图表

巡航性能

条件:
　　2 500 lb
　　建议在所有高度下按需调整贫油。

Pressure Altitude Feet	RPM	20C BELOW STANDARD TEMP			STANDARD TEMPERATURE			20C ABOVE STANDARD TEMP		
		%MCP	KTAS	GPH	%MCP	KTAS	GPH	%MCP	KTAS	GPH
2 000	2 550	83	117	11.1	77	118	10.5	72	117	9.9
	2 500	78	115	10.6	73	115	9.9	68	115	9.4
	2 400	69	111	9.6	64	110	9.0	60	109	8.5
	2 300	61	105	8.6	57	104	8.1	53	102	7.7
	2 200	53	99	7.7	50	97	7.3	47	95	6.9
	2 100	47	92	6.9	44	90	6.6	42	89	6.3
4 000	2 600	83	120	11.1	77	120	10.4	72	119	9.8
	2 550	79	118	10.6	73	117	9.9	68	117	9.4
	2 500	74	115	10.1	69	115	9.5	64	114	8.9
	2 400	65	110	9.1	61	109	8.5	57	107	8.1
	2 300	58	104	8.2	54	102	7.7	50	101	7.3
	2 200	51	98	7.4	48	96	7.0	45	94	6.7
	2 100	45	91	6.6	42	89	6.4	40	87	6.1
6 000	2 650	83	122	11.1	77	122	10.4	72	121	9.8
	2 600	78	120	10.6	73	119	9.9	68	118	9.4
	2 500	70	115	9.6	65	114	9.0	60	112	8.5
	2 400	62	109	8.6	57	108	8.0	54	106	7.7
	2 300	54	103	7.8	51	101	7.4	48	99	7.0
	2 200	48	96	7.1	45	94	6.7	43	92	6.4
8 000	2 700	83	125	11.1	77	124	10.4	71	123	9.7
	2 650	78	122	10.5	72	122	9.9	67	120	9.3
	2 600	74	120	10.0	68	119	9.4	64	117	8.9
	2 500	65	114	9.1	61	112	8.6	57	111	8.1
	2 400	58	108	8.2	54	106	7.8	51	104	7.4
	2 300	52	101	7.5	48	99	7.1	46	97	6.8
	2 200	46	94	6.8	43	92	6.5	41	90	6.2
10 000	2 700	78	124	10.5	72	123	9.8	67	122	9.3
	2 650	73	122	10.0	68	120	9.4	63	119	8.9
	2 600	69	119	9.5	64	117	9.0	60	115	8.5
	2 500	62	113	8.7	57	111	8.2	54	109	7.7
	2 400	55	106	7.9	51	104	7.5	49	102	7.1
	2 300	49	100	7.2	46	97	6.8	44	95	6.5
12 000	2 650	69	121	9.5	64	119	8.9	60	117	8.5
	2 600	65	118	9.1	61	116	8.5	57	114	8.1
	2 500	58	111	8.3	54	109	7.8	51	107	7.4
	2 400	52	105	7.5	49	102	7.1	46	100	6.8
	2 300	47	98	6.9	44	95	6.6	41	92	6.3

注:
- 使用推荐贫油混合比的最大巡航功率是75%最大连续推力。
- 表中高于75%MCP的数据仅用于差值计算。高于75%MCP。
- 运行时,必须使用全富油混合比。
- 表中的巡航速度为配有整流罩的飞机。无整流罩的飞机速度减小2节。

图 10.4　C172 飞机巡航性能图表

10.4 ICAO 飞行计划

10.4

每次飞行前，应填写飞行计划表，并拍发给沿航路有关空中交通服务单位。飞行计划表的内容应当包括飞行任务的性质、航空器呼号、航班号、航空器型号、机载设备、真空速或马赫数、起飞机场、预计起飞时间、巡航高度层、飞行航线、目的地机场、预计飞行时间、航空器国籍和登记标志、航空器携油量、备降机场等。其格式如图 10.5 所示。填写飞行计划表时，必须遵守《民用航空飞行动态固定格式电报管理规定》规定的要求。当报类代号填写 FPL 时，为领航计划报，是根据航空器运营人或其代理人提交的飞行计划数据，由运营人拍发给沿航路有关空中交通服务单位的电报。

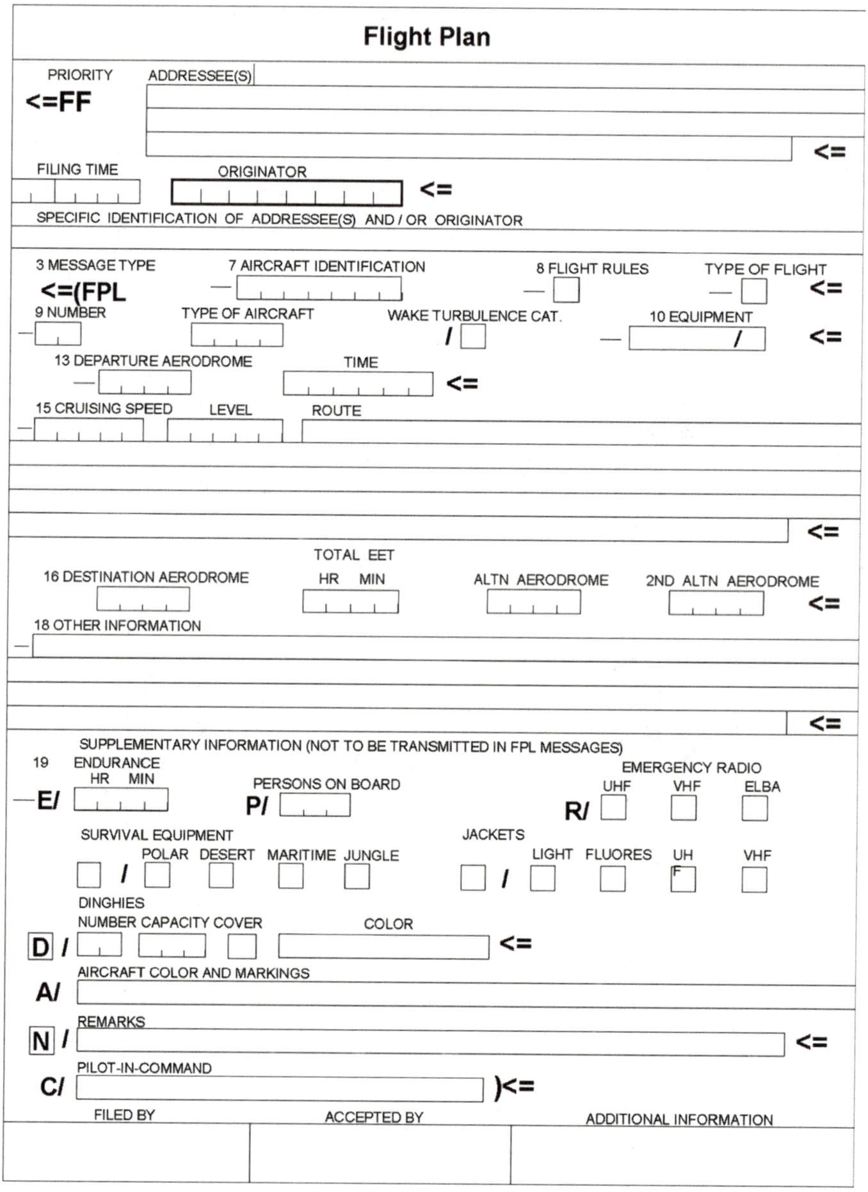
Flight Plan
PRIORITY
ADDRESSEE(S)
<=FF
<=
FILING TIME
ORIGINATOR
<=
SPECIFIC IDENTIFICATION OF ADDRESSEE(S) AND / OR ORIGINATOR
3 MESSAGE TYPE
7 AIRCRAFT IDENTIFICATION
8 FLIGHT RULES
TYPE OF FLIGHT
<=(FPL
<=
9 NUMBER
TYPE OF AIRCRAFT
WAKE TURBULENCE CAT.
10 EQUIPMENT
<=
13 DEPARTURE AERODROME
TIME
<=
15 CRUISING SPEED
LEVEL
ROUTE
<=
TOTAL EET
16 DESTINATION AERODROME
HR MIN
ALTN AERODROME
2ND ALTN AERODROME
<=
18 OTHER INFORMATION
<=
19 SUPPLEMENTARY INFORMATION (NOT TO BE TRANSMITTED IN FPL MESSAGES)
ENDURANCE
HR MIN
E/
PERSONS ON BOARD
P/
EMERGENCY RADIO
UHF VHF ELBA
R/
SURVIVAL EQUIPMENT
POLAR DESERT MARITIME JUNGLE
JACKETS
LIGHT FLUORES UH VHF
DINGHIES
NUMBER CAPACITY COVER
COLOR
D /
<=
AIRCRAFT COLOR AND MARKINGS
A/
REMARKS
N /
<=
PILOT-IN-COMMAND
C/
)<=
FILED BY
ACCEPTED BY
ADDITIONAL INFORMATION

图 10.5 ICAO 飞行计划表

10.4.2 结构和标点

领航计划报（FPL）报文内容结构和标点的主要要求如下：

（1）用"（"表示空中交通服务报文的开始，其后为各编组，如"（FPL…"。

（2）除第一编组（编组3）外，在其他编组中，均应用一连字符"-"表示该编组开始，且只应在该编组开始时使用一次，其后为各数据项，如"-STS/ALTRV HEAD"。

（3）各编组之间不应有空格，如"-A332/H-SDE3FGHIJ4J5M1RWY/LB1D1"。

（4）应用一个反括号"）"表示空中交通服务报文数据结束，如"…PBN/A1B1C1D1L1）"。

（5）每个编组由一个或几个不同内容的数据项构成时，中间应以空格或"/"隔开，如"-A332/H"。

（6）使用两种结构的数据框代表不同类型的数据项。数据框格式1：☐☐☐，这种封闭型数据框表示该数据项由固定数量的字符构成，此示例表示该数据项中含有3个字符。数据框格式2：☐   ☐，这种开放型数据框表示该数据项由非固定数量的字符构成，此示例表示该数据项中含有任意数量的字符。

10.4.3 编组内容

1. 编组3——电报类别、编号和参考数据

格式：☐A☐ ☐B☐ ☐C☐

数据项A：报类代号，用3个字母表示，对于领航计划报，应填入FPL。该电报等级为FF，加急报。

数据项B：电报号码，用1～4个字母表示发报的空中交通服务单位，后随斜线"/"，后随1～4个字母表示收报的空中交通服务单位，后随3个数字，表示所发电报的顺序号。

数据项C：参考数据，用1～4个字母后随斜线"/"，后随1～4个字母，后随3个数字，表示对B项回复的顺序号。

编组3通常情况下只包括数据项A，数据项B和数据项C只能在2个空中交通服务单位的计算机系统之间进行数据交换时由计算机生成。

示例：

—FPL 表示领航计划报。

2. 编组7——航空器识别标志和SSR模式及编码

格式：-☐A☐/☐B☐ ☐C☐

数据项A：航空器识别标志，不应多于7个字符，为不包含连字符或符号的字母或数字。当该航空器任务性质为补班飞行时，最后1个字符用1个英文字母对应替代，见表10.2。

表 10.2

| 0-Z | 1-Y | 2-X | 3-W | 4-V |
| 5-U | 6-T | 7-S | 8-R | 9-Q |

航空器识别标志包括两类：

（1）国际民用航空组织分配给航空器运营人的三字代号后随飞行任务的编号作为航空器识别标志，如 KLM511、CCA1501、CES510W（CES5103 的补班）、CSN303Z（CSN3030 的补班）。

（2）航空器的注册标志，如 B2332、ELAKO、4QBCD、N2567GA：

① 无线电话联络时航空器所使用的呼号仅包括此识别标志，如 OOTEK，或将国际民用航空组织航空器运营人电话代号置于其前，如 SABENA OOTEK；

② 航空器未装有无线电设备。

数据项 B：SSR 模式。用字母 A 表示"数据项 C"的 SSR 模式。

数据项 C：SSR 编码。用 4 位 8 进制数字表示由空中交通服务部门指定给航空器的 SSR 编码。

示例：

—HDA901 表示港龙航空 901 航班；

—CES510U 表示东航 5105 的补班。

3. 编组 8——飞行规则及种类

格式：- [A][B]

数据项 A：飞行规则。用一个字母表示为：

I——整个飞行准备按照仪表飞行规则运行；

V——整个飞行准备按照目视飞行规则运行；

Y——飞行先按照仪表飞行规则运行，后随对飞行规则的一个或多个相应修改；

Z——飞行先按照目视飞行规则运行，后随对飞行规则的一个或多个相应修改。

注：如果使用字母 Y 或 Z，计划改变飞行规则的各个航路点应按编组 15 的要求填写。

数据项 B：飞行种类。用一个字母表示为：

S——定期的航空运输飞行；

N——非定期的航空运输飞行，包括旅客包机飞行、货包机飞行；

G——通用航空飞行，包括播种飞行、公务飞行、人工降雨飞行、护林飞行、农化飞行、物理控矿飞行等；

M——军用运输飞行；

X——其他飞行，包括熟练飞行、校验飞行、调机飞行、试飞飞行、专机、急救等。

示例：

—VG 表示目视飞行规则通用航空飞行；

—IS 表示仪表飞行规则定期运输飞行。

4. 编组 9——航空器数目、机型和尾流等级

格式：- [A][B]/[C]

数据项 A：航空器数目（如多于一架）。此单项应仅用于多架航空器编队飞行中，用 1 位或 2 位数字表示航空器架数。

数据项 B：航空器机型。用 2~4 个字符，按国际民航组织文件 8643 号《航空器机型代码》的规定填写，如无指定的代号或在飞行中有多种机型，则填写"ZZZZ"；如使用字母 ZZZZ，则应在编组 18 "TYP/" 数据项中填入航空器的具体机型。

数据项 C：尾流等级。用一个字母表示航空器的最大许可起飞重量：H 为重型（≥136 t），M 为中型（大于 7 t 小于 136 t），L 为轻型（≤7 t）。

示例：

——B738/M 表示波音 737-800/中型机；
——B744/H 表示波音 747-400/重型机。

5. 编组 10——机载设备与能力

机载设备与能力主要由"在飞机上存在的相关可用设备""与机组成员资格能力相符的设备和能力"及"经过有关当局授权使用的"3 种元素组成。

格式：-[A]/[B]

数据项 A：无线电通信、导航及进近设备与能力。应填入 1 个字母表示：

N——航空器未载有无线电通信、导航、进近设备或此类设备不工作；

S——航空器载有标准的通信、导航、进近设备并可工作。

如果使用字母"S"，除非有关的空中交通服务当局规定了其他设备的组合，否则甚高频无线电话、全向信标接收机和仪表着陆系统都应视为标准设备。

填入"N"或"S"和（或）表 10.3 中一个或多个字符（建议按英文字母先后顺序排列），表示可以工作的通信、导航、进近设备与能力。

表 10.3 机载设备

A	GBAS 着陆系统	J7	管制员与驾驶员数据链通信、FANS 1/A、卫星通信（铱星）
B	LPV（星基增强系统的垂直引导进近程序）	K	微波着陆系统
C	罗兰 C	L	仪表着陆系统
D	测距仪	M1	空中交通管制无线电话、卫星通信（国际海事卫星组织）
E1	飞行管理计算机、航路点位置报告、航空器通信寻址与报告系统	M2	空中交通管制无线电话（多功能运输卫星）
E2	数据链飞行情报服务、航空器通信寻址与报告系统	M3	空中交通管制无线电话（铱星）
E3	起飞前放行、航空器通信寻址与报告系统	O	全向信标台
F	自动定向仪	P1～P9	保留给所需通信性能
G	全球导航卫星系统	R	获得 PBN 批准
H	高频、无线电话	T	塔康
I	惯性导航	U	特高频无线电话
J1	管制员与驾驶员数据链通信、航空电信网、甚高频数据链模式 2	V	甚高频无线电话
J2	管制员与驾驶员数据链通信、FANS 1/A、高频数据链	W	获得缩小垂直间隔批准
J3	管制员与驾驶员数据链通信、FANS 1/A、甚高频数据链模式 4	X	获得最低导航性能规范批准
J4	管制员与驾驶员数据链通信、FANS 1/A、甚高频数据链模式 2	Y	有 8.33 kHz 频道间距能力的甚高频
J5	管制员与驾驶员数据链通信、FANS 1/A、卫星通信（国际海事卫星组织）	Z	携带的其他设备或能力
J6	管制员与驾驶员数据链通信、FANS 1/A、卫星通信（多功能运输卫星）		

填写数据项 A 时应注意：

（1）如果使用字母 R，应在编组 18 中的 PBN/代码之后，填入能够满足基于性能的导航水平。对特定航段、航路和（或）区域适用基于性能导航的指导材料载于《基于性能导航手册》(Doc 9613 号文件）。

（2）如果在编组 10A 中有 W 项，则编组 18 中不能有 STS/NONRVSM，且如果在编组 18 中有 STS/NONRVSM，则编组 10A 项中不能有 W。

（3）如果使用字母"Z"，则应在第 18 项注明所载的其他设备，并视情况冠以 COM/、NAV/和（或）DAT/。

（4）如果使用字母"G"，则应在编组 18 中的 NAV/代码之后注明任何 GNSS 外部增强的类型，其间用空格隔开。

数据项 B：监视设备与能力。用表 10.4 ~ 表 10.7 中 1 个或最多 20 个字符来描述可用的机载监视设备与能力。

表 10.4　二次监视雷达 A 和 C 模式

N	没有应答机
A	应答机 A 模式（4 位数，4096 个编码）
C	应答机 A 模式（4 位数，4096 个编码）和应答机 C 模式

表 10.5　二次监视雷达 S 模式

S	应答机 S 模式，具有气压高度和航空器识别能力
P	应答机 S 模式，具有气压高度，但没有航空器识别能力
I	应答机 S 模式，具有航空器识别能力，但无气压高度发射信号能力
X	应答机 S 模式，没有航空器识别和气压高度能力
E	应答机 S 模式，具有航空器识别、气压高度发射信号和超长电文（ADS-B）能力
H	应答机 S 模式，具有航空器识别、气压高度发射信号和增强的监视能力
L	应答机 S 模式，具有航空器识别、气压高度发射信号、超长电文（ADS-B）和增强的监视能力

表 10.6　广播式自动相关监视

B1	具有专用 1090 MHz 广播式自动相关监视"发送"能力的广播式自动相关监视
B2	具有专用 1090 MHz 广播式自动相关监视"发送"和"接收"能力的广播式自动相关监视
U1	使用 UAT 广播式自动相关监视"发送"能力
U2	使用 UAT 广播式自动相关监视"发送"和"接收"能力
V1	使用 VDL 模式 4 广播式自动相关监视"发送"能力
V2	使用 VDL 模式 4 广播式自动相关监视"发送"和"接收"能力

表 10.7　契约式自动相关监视

D1	具有 FANS1/A 能力的契约式自动相关监视
G1	具有航空电信网能力的契约式自动相关监视

填写数据项 B 时应注意：
（1）在表 10.4 和表 10.5 中，"A""C""E""H""I""L""P""S""X"应只填写其一。
（2）在表 10.6 中，"B1""B2"只能出现一个，不应同时出现；"U1""U2"只能出现一个，不应同时出现；"V1""V2"只能出现一个，不应同时出现。
示例：
——ADE3RV/EB1 表示机载设备有 GBAS 着陆系统、测距仪、起飞前放行航空器通信寻址与报告系统、获得 PBN 批准、甚高频无线电话。监视设备与能力有应答机 S 模式，具有航空器识别、气压高度发射信号和超长电文（ADS-B）能力，并具有专用 1 090 MHz 广播式自动相关监视"发送"能力的广播式自动相关监视。

6. 编组 13——起飞机场和时间
格式：-[　A　][　B　]
数据项 A：起飞机场，使用国际民航组织规定的四字地名代码，如果该机场无四字地名代码，则用 ZZZZ 表示。此时，应在编组 18"DEP/"数据项中填入起飞机场名称和位置或航路的第一个点或者无线电信标标记。如果在空中申报飞行计划，则用"AFIL"表示；如果使用"AFIL"，应在编组 18"DEP/"数据项中填入可提供补充飞行数据的空中交通服务单位。
数据项 B：时间（UTC），用 4 位数字表示。在起飞前所发的 FPL 报中，填入起飞机场的预计撤轮挡时间（estimated off-block time）；按数据项 A 中的"AFIL"表示，从空中申报飞行计划的，应填写该计划适用的第一个航路点的实际或预计飞越时间。
示例：
——ZSSS2035 表示起飞机场为虹桥机场，预计撤轮挡时间为 20：35；
——AFIL1625 表示空中申报飞行计划，第一个航路点的实际或预计飞越时间为 16：25。

7. 编组 15——航路
格式：-[A][B]（空格）[C]
数据项 A：巡航速度（最多 5 个字符），飞行中第一个或整个巡航航段的真空速，按表 10.8 表示。

表 10.8 巡航速度或马赫数

"K"后随 4 位数字	真空速，单位为千米每小时（km/h），示例：K0830
"N"后随 4 位数字	真空速，单位为海里每小时（n mile/h），示例：N0485
"M"后随 3 位数字	最近的 1%马赫单位的马赫数，示例：M082（当有关 ATS 单位有规定时使用）

数据项 B：巡航高度层（最多 5 个字符），所飞航路的第一个或整个航段计划的巡航高度层按表 10.9 表示。

表 10.9 巡航高度层

"M"后随 4 位数字	表示以 10 m 为单位的海拔高度，示例：M0840
"S"后随 4 位数字	表示以 10 m 为单位的标准米制飞行高度层，示例：S1130
"A"后随 3 位数字	表示以 100 ft 为单位的海拔高度，示例：A045、A100
"F"后随 3 位数字	表示以 100 ft 为单位的飞行高度层，示例：F085、F330
"VFR"	表示不受管制的目视飞行规则飞行

数据项 C：航路（ATS route）。以空格隔开的表 10.10 中列出的 7 个类别的数据项。

无论次序如何，都能够准确地说明可行的航路情况，必要时应加上若干个"c"项，每项之前应有空格，见表 10.10。

表 10.10　航路

c1	标准离场航线代号，即从起飞机场到拟飞的已确定航路的第一个重要点的标准离场航路代号，其后可随以"c3"或"c4"。若无法确定将使用的标准离场航线，应不加"c1"
c2	空中交通服务航路代号，其后仅随以"c3"或"c4"
c3	重要点，包括航路加入点、航路退出点、航路转换点、航路和标准进离场航线之间的连接点、空中交通管制单位规定的强制性位置报告点等
c4	重要点、巡航速度或马赫数、申请的巡航高度层；距一重要点的方位和距离：重要点的编码代号后随 3 位数字，表示相对该点的磁方位度数，再随以 3 位数字表示距离该点的海里数。在高纬度地区，如有关当局确定参考磁方位度数不可行，可使用真方位度数。为使数位正确，需要时插入"0"，如距全向信标台（VOR）"DUB" 40n mile，磁方位 180°的一点，以"DUB180040"表示
c5	简字，表示如下： DCT——当下一个预飞点是在指定航路以外时，用 DCT 表示，除非这些点是用地理坐标或方位及距离表示。 VFR——在飞过某点后改为目视飞行规则（仅可跟随"c3"或"c4"）。 IFR——在飞过某点后改为仪表飞行规则（仅可跟随"c3"或"c4"）。 T——表明航空器的申报航路被压缩，压缩部分应在其他数据中或以前发的领航计划中查找。使用时，T 应是航路编组的结尾
c6	巡航爬高（最多 28 个字符）。在字母 c 后随一斜线"/"，然后填入计划开始巡航爬高点，后随一斜线"/"，然后按数据项 A 填写在巡航爬高期间应保持的速度，随以两个高度层（按数据项 B 表示），以确定在巡航爬高期间拟占用的高度夹层，或预计巡航爬升至其以上高度层，后随以"PLUS"，其间不留空格
c7	标准进场航线代号，即从规定航路退出点到起始进近定位点标准进场航线的代号。若无法确定将使用的标准进场航线，应不加"c7"

本编组中使用"DCT"时应注意以下问题：

（1）在设定有标准进离场航线的机场，在航线航路与标准进离场航线间连接点的前后不应填写"DCT"。当所飞机场没有标准进离场航线与航路相连时，在航线航路加入点之前或退出点之后，可使用"DCT"。

（2）当飞往下一点的飞行路线是在指定航路以外时，用"DCT"连接下一点；在没有连接点的两条航路之间转换时，一条航路的退出点和另一条航路的加入点之间可以使用"DCT"，除非连接飞行路线的点都是用地理坐标或方位及距离表示。

（3）当空中交通服务部门有要求时，应使用"DCT"。

本编组中填写"标准进离场航线"时应注意以下内容：

空中交通服务航路包括航线、航路、标准离场航线（SID）和标准进场航线（STAR）等。通常情况下，航路与标准进、离场航线是相连接的。在设有标准进、离场航线的机场，空中交通管制部门会适时向飞行员指定适当的标准进、离场航线，或通报实时雷达引导等，这些在领航计划报中是无法确定的。在这种情况下，按照国际民航组织有关文件（Doc4444）中的相关说明，在航线航路和标准进、离场航线间连接点的前后填写标准进、离场航线是不恰当的。因为这样不能准确地表述航路情况，也会与空中交通管制部门的要求相违背。

示例：
—K0882S1010 表示巡航真空速为 882 km/h，巡航高度为 10 100 m；
—M082F310 表示巡航马赫数为 M0.82，巡航高度为 31 000 ft。

8. 编组 16——目的地机场和预计总飞行时间、目的地备降机场

格式：-☐A☐ ☐B☐（空格）☐C☐

数据项 A：目的地机场，使用国际民航组织规定的四字地名代码。如果该机场没有四字地名代码，则填入字母"ZZZZ"。此时，在编组 18"DEST/"数据项中直接填入目的地机场名称或位置。然后，不留空格填写预计飞行总时间。

数据项 B：预计总飞行时间（total estimated elapsed time），用 4 位数字表示经过的总时间。从空中申报飞行计划的航空器，预计总飞行时间是指从飞行计划适用的第一航路点开始计算的预计时间至飞行计划终止点的预计时间。

数据项 C：目的地备降机场（alternate aerodrome）。必要时空格后可再填入 1 座备降机场，最多可填 2 座备降机场，使用国际民航组织规定的目的地备降机场四字地名代码。如果该机场没有四字地名代码，则填入字母"ZZZZ"。此时，在编组 18"DEST/"数据项中填写目的地备降机场名称或位置。

示例：
—ZSPD0200 ZSHC 表示目的地为上海浦东国际机场，预计飞行时间 2h，备降杭州萧山机场。
—ZBAA0230 ZBTJ ZYTL 表示目的地为首都机场，预计飞行时间 2h30 min，备降天津滨海国际机场，第 2 备降机场为大连国际机场。

9. 编组 18——其他情报

格式 1：-☐A☐
格式 2：-[ ]（空格）[ ]（空格）[ ] [ ]

本编组无任何信息时，按格式 1 在数据项 A 中填入数字"0"。本编组有信息时，按格式 2，根据表 10.11 中的先后次序，随以一斜线"/"填写有关情报。在各数据项中只能出现一次斜线"/"，且不应再出现其他标点符号，数据项间以空格隔开，若某个数据项无内容，则该项应省略，并且避免重复使用某个数据项。针对某个数据项有多条信息时，应用同一个数据项标识符，并用空格分隔各条信息。

表 10.11　其他情报

数据项	表示内容
STS/	只有下述内容可以填写在 STS/后面，如有两种以上情况需要特别说明的，应以空格分开。其他原因则填写到 RMK/后； ALTRV：按照预留高度运行的飞行； ATFMX：有关空中交通服务当局批准豁免空中交通流量管理措施的飞行； FFR：灭火； FLTCK：校验导航设施的飞行检测； HAZMAT：运载有害材料的飞行； HEAD：国家领导人性质的飞行；

续表

数据项	表示内容
STS/	HOSP：医疗当局公布的医疗飞行； HUM：执行人道主义任务的飞行； MARSA：军方负责管理的军用航空器最低安全高度间隔飞行，用以标明飞行时效时，要求编组 9 的飞机数量大于 1 架，用以标明从一个特定点开始时，在编组 18 的 RMK 项后紧跟航空器标识和进入作业区的时间； MEDEVAC：与生命攸关的医疗紧急疏散； NONRVSM：不具备缩小垂直间隔能力的飞行，准备在缩小垂直间隔空域运行； SAR：从事搜寻与援救任务的飞行； STATE：从事军队、海关或警察服务的飞行
PBN/	表示区域导航和/或所需导航性能的能力，只能填写指定的字符内容，最多 8 个词条，不超过 16 个符号，词条之间不用空格。 区域导航规范： A1 RNAV 10（RNP 10） B1 RNAV 5 所有允许的传感器 B2 RNAV5 全球导航卫星系统 B3 RNAV5 测距仪/测距仪 B4 RNAV5 甚高频全向信标/测距仪 B5 RNAV5 惯性导航或惯性参考系统 B6 RNAV 5 罗兰 C C1 RNAV2 所有允许的传感器 C2 RNAV 2 全球导航卫星系统 C3 RNAV2 测距仪/测距仪 C4 RNAV2 测距仪/测距仪/IRU D1 RNAV1 所有允许的传感器 D2 RNAV 1 全球导航卫星系统 D3 RNAV1 测距仪/测距仪 D4 RNAV1 测距仪/测距仪/IRU 所需导航性能规范： L1 RNP 4 O1 基本 RNP1 所有允许的传感器 O2 基本 RNP1 全球导航卫星系统 O3 基本 RNP1 测距仪/测距仪 O4 基本 RNP1 测距仪/测距仪/IRU S1 RNP APCH S2 具备 BAR-VNAV 的 RNP APCH T1 有：RF 的 RNP AR APCH（需要特殊批准） T2 无：RF 的 RNP AR APCH（需要特殊批准） 如 PBN/后面出现 B1、B5、C1、C4、D1、D4、01 或 04，则 10A 编组应填入 I； 如 PBN/后面出现 B1 或 B4，则 10A 编组应填入 0 和 D，或 S 和 D； 如 PBN/后面出现 B1、B3、B4、C1、C3、C4.Dl.D3、D4.01.03 或 04，则 10A 编组应填写 D； 如 PBN/后面出现 B1、B2、C1、C2、D1、D2、01 或 02，则 10A 编组应填写 G
NAV/	除 PBN/规定之外，按有关 ATS 单位要求，填写与导航设备有关的重要数据。在此代码项下填入全球导航卫星增强系统，两个或多个增强方法之间使用空格。 注 1：NAV/GBAS SBAS

续表

数据项	表示内容
COM/	按有关 ATS 单位要求，填写 10A 中未注明的通信用途或能力
DAT/	按有关 ATS 单位要求，填写 10A 中未注明的数据用途或能力
SUR/	按有关 ATS 单位要求，填写 10B 中未注明的监视用途或能力
DEP/	如在编组 13 中填入 "ZZZZ"，则应在此填入起飞机场英文全称、拼音全称或其他代号。如果在编组 13 中填入 AFIL，则应填入可以提供飞行计划数据的 ATS 单位的四字地名代码。对于相关的航行资料汇编未列出的机场，按以下方式填写位置： 以 4 位数字表示纬度数的十位数和个位数分数，后随 "N"（北）或 "S"（南）；再随以 5 位数字，表示经度数的十位数和个位数分数，后随 "W"（东）或 "W"（西）。为使数位正确，需要时插入 "0"，例如，4620N07805W（11 位字符）。 距最近重要点的方位和距离表示如下：重要点的编码代号，后随 3 位数字表示相对该点的磁方位度数，再随以 3 位数字表示距离该点的海里数。在高纬度地区，如有关当局确定参考磁方位度数不可行，可使用真方位度数。为使数位正确，需要时插入 "0"，如果航空器从非机场起飞，填入第一个航路点（名称或经纬度）或无线电指点标
DEST/	如在编组 16 数据项 A 中填入 "ZZZZ"，则在此填入目的地机场的名称和位置。对于相关航行资料汇编未列出的机场，按上述 DEP/的规定以经纬度填入机场位置或距最近重要点的方位和距离
DOF/	飞行计划执行日期（起飞日期）（YYMMDD，其中 YY 表示年，MM 表示月，DD 表示日）
REG/	当与编组 7 的航空器识别标识不同时，填入航空器的国籍、共同标识和登记标识
EET/	由地区航行协议或有 ATS 当局规定的重要点或飞行情报区边界代号和起飞至该点或飞行情报区边界累计的预计实耗时间，由一个或多个字符串组成。每个字符串包括 2~5 个字母、数字、字符或一个地理坐标，后随一个 4 位数的时间，为 000~9959（即 0~99 h，0~59 min）。 注 2：EET/CAP0745 XYZ0830 EET/EINN0204
SEL/	经装备的航空器的选择呼叫编码
TYP/	如在编组 9 中填入了 "ZZZZ"，则在本数据项填入航空器机型，必要时不留空格，前缀航空器数目，其间用一个空格隔开。 注 3：TYP/2F15 5F5 3B2
CODE/	按有关 ATS 当局要求的航空器地址（以 6 位 16 进制字符的字母代码形式表示）。 注 4：F00001 是国际民航组织管理的具体模块中所载的最小航空器地址
DLE/	航路延误或等待，填入计划发生延误的航路重要点，随后用时分（小时分钟）4 位数表示延误时间。航路重要点应与编组 15 数据项 C 中的一致，如果不一致，应进入错误信息处理过程。 注 5：DLE/MDG0030
OPR/	当与编组 7 的航空器识别标识不同时，填入航空器运行机构的 ICAO 代码或名称
ORGN/	如果无法立即识别飞行计划发报人，填入有关空中交通服务当局要求的发报人的 8 字母 AFTN 地址或其他相关联络细节。 在某些地区，飞行计划接收中心会自动插入 ORGN/识别符和发报人的 AFTN 地址，并限定在 8 个字符内
PER/	按有关 ATS 单位的规定，使用《空中航行服务程序——航空器的运行》(PANS-OPS，Doc 8168 号文件）第 I 卷《飞行程序》规定的 1 位字母，填写航空器性能数据。 注 6：A 类指示空速小于 169 km/h（91 n mile/h）； B 类指示空速 169~224 km/h（91~121 n mile/h）；

续表

数据项	表示内容
PER/	C 类指示空速 224~261 km/h（121~141 n mile/h）； D 类指示空速 261~307 km/h（141~16ln mile/h）； E 类指示空速 307~391 km/h（161~211n mile/h）； H 类为关于直升机的特殊要求
ALTN/	如在编组 16 数据项 C 中填入"ZZZZ"，则在此填入目的地备降机场的名称。对于相关的航行资料汇编未列出的机场，按上述 DEP/的规定以经纬度填入机场位置或距最近重要点的方位和距离
RALT/	按 Doc 7910 号文件《地名代码》的规定填入航路备降机场的 ICAO 4 字代码，或如果未分配代码，则填入航路备降机场名称。对于相关的航行资料汇编未列出的机场，按上述 DEP/的规定以经纬度填入机场位置或距最近重要点的方位和距离
TALT/	按 Doc 7910 号文件《地名代码》的规定填入起飞备降机场的 ICA0 4 字代码，或如果未分配代码，则填入起飞备降机场名称。对于相关的航行资料汇编未列出的机场，按上述 DEP/的规定以经纬度填入机场位置或距最近重要点的方位和距离
RIF/	至修改后的目的地机场的航路详情，后随该机场的国际民航组织四字代码。 注 7：RIF/DTA HEC KLAX RIF/ESP G94 CLA YPPH
RMK/	有关 ATS 单位要求的或机长认为对提供 ATS 有必要的任何明语附注，有别于"STS/"项中填写的内容。如果使用非标准的标识符，应在 RMK/后填写，并且如果在非标准标识符和随后的文本之间有"/"时，应删除该符号。 下列内容应为统一的标注： ACAS I 或 TCAS——RMK/ACAS II 或 RMK/TCAS； 极地飞行——RMK/P0LAR； 不具备 RVSM 能力的航空器获批在 RVSM 空域运行——RMK/APVD N0NRVSM； 返航——RMK/RETURN； 备降——RMK/ALTffiNATE。 CPL 报中"PMK/"数据项中应体现返航、备降的目的地机场，原目的地机场原因说明，如"RETURN""ALTERNATE ZHHH DEU ZSSS RWY"若某个数据项无内容，则该项省略。
	若某个数据项无内容，则该项省略。

示例：
—0 表示无任何信息；
—STS/HUM PBN/B1D1 NAV/GBAS SBAS 表示执行人道主义任务的飞行，具有 RNAV 5 所有允许的传感器和 RNAV 1 所有允许的传感器的 PBN 能力，全球导航卫星增强系统 GBAS 和 SBAS。

10. 编组 19——补充情报

格式：-[ ](空格)[ ](空格)[ ] … [ ]

本编组包括一连串可获得的补充情报，数据项间由空格分开。按表 10.12 中的先后次序，随以一斜线"/"填写有关情报。若某个数据项无内容，则该数据项省略。

表 10.12　补充情报

E/	续航能力，后随 4 个数字，表示以小时数和分钟数给出的飞机续航能力
P/	机上总人数。当相应的空中交通服务机构有要求时，用 1~3 位数字表示机上总人数（包括乘客和机组）。如果在提交申请时不知道总数，则输入 TBN
R/	无线电，后随以下一个或多个字母，其间无空格：U 表示特高频 243.0 MHz，V 表示甚高频 121.5 MHz，E 表示紧急示位信标
S/	救生设备，后随以下一个或多个字母，其间无空格：P 表示极地救生设备，D 表示沙漠救生设备，M 表示海上救生设备，J 表示丛林救生设备
J/	救生衣，后随以下一个或多个字母，其间无空格：L 表示救生衣配备有灯光；F 表示救生衣配备有荧光素；U 表示救生衣配备无线电特高频电台，使用 243.0 MHz 频率；V 表示救生衣配备无线电甚高频电台，使用 121.5 MHz 频率
D/	救生艇，后随以下一个或多个内容，其间用 1 个空格分开：2 位数字表示救生艇的数目，3 位数表示所有救生艇可载总人数，C 表示救生艇有篷子；用 1 个英文单词表示救生艇的颜色（如 RED 表示红色）
A/	飞机的颜色和标志，后随以下一个或多个明语内容，其间用 1 个空格分开：航空器的颜色，重要标志（包括航空器注册标志）
N/	附注，后随以明语，以示所载任何其他救生设备及其他有用的附注
C/	后随以机长姓名

示例：

——E/0745 R/VE S/M J/L D/2 8 C YELLOW 表示续航能力 7 h 45 min，有甚高频及紧急示位信标、海上救生设备，救生衣配备有灯光，配有 2 艘有篷黄色救生艇，可载 8 人。

参考文献

[1] 叶露. 飞行原理[M]. 北京：清华大学出版社，2022.

[2] 王可. 飞行性能与配载计划[M]. 北京：清华大学出版社，2025.

[3] 中国民用航空局. 民用航空器驾驶员合格审定规则（CCAR-61-R4）[S]. 2019.

[4] 中国民用航空局. 一般运行和飞行规则（CCAR-91-R4）[S]. 2022.

[5] 中国民用航空局. 商用驾驶员执照理论考试知识点（飞机）[S]. 2016.

[6] 中国民用航空局. 私用驾驶员执照理论考试知识点（飞机）[S]. 2015.

[7] 中国民用航空局. 仪表等级理论考试知识点（飞机）[S]. 2015.

[8] 张泽龙. 私用飞行员教程[M]. 成都：西南交通大学出版社，2000.

[9] 陈再新，等. 空气动力学[M]. 北京：航空工业出版社，1993.

[10] 范立钦，等. 飞机空气动力学[M]. 西安：西北工业大学出版社，1989.

[11] 徐华舫. 空气动力学基础（上）[M]. 北京：北京航空航天大学出版社，1987.

[12] 《美国联邦航空条例》编译委员会. 美国联邦航空条例（第1～4卷）[M]. 北京：北京交通印务实业公司，1993.

[13] Dale Crane. Dictionary of Aeronoutical Terms[M]. Avition Supplies&Academics Inc., 1997.

[14] FAR Aeronautical Information Manual[M]. Aviation Supplies&Academics Inc., 1997.

[15] Private Pilot Manaul[M]. Jeppesen Sandersan Inc., 2008.

[16] Instrument Comercial Manaul[M]. Jeppesen Sandersan Inc., 2008.

[17] Wings CBT[M]. PPL&CPL course, Swissair, 1996.

[18] FAA AC61-21A Flight Trainning Handbook[M]. FAA Flight Standards service, 1980.